绿色环保新兴领域
"十四五"高等教育教材

环境学（第三版）

● 左玉辉　柏益尧　孙平　主编

中国教育出版传媒集团

高等教育出版社·北京

内容提要

本书第二版是普通高等教育"十一五"国家级规划教材。本次修订保留《环境学》第二版的环境问题篇和环境学原理篇,对其中的有关资料和数据作了更新。本次修订的重点是吸收作者近年来的最新研究成果,重写第十一章第二节,并增加附录。本书第三版分为上下两篇,共12章。

本书可作为高等学校环境科学专业基础课程教材,也可作为非环境类专业环境教育课程教材,亦可作为社会读者了解环境科学基础知识的参考书。

图书在版编目(CIP)数据

环境学 / 左玉辉,柏益尧,孙平主编 . -- 3 版 .

北京:高等教育出版社,2024. 9(2025.1 重印). -- ISBN 978 -7-04-062960-6

Ⅰ. X

中国国家版本馆 CIP 数据核字第 2024QK8069 号

HUANJING XUE

策划编辑 陈正雄	责任编辑 曹 瑛	封面设计 赵 阳	版式设计 马 云
责任绘图 杨伟露	责任校对 窦丽娜	责任印制 赵 佳	

出版发行	高等教育出版社	网 址	http://www.hep.edu.cn
社 址	北京市西城区德外大街 4 号		http://www.hep.com.cn
邮政编码	100120	网上订购	http://www.hepmall.com.cn
印 刷	北京中科印刷有限公司		http://www.hepmall.com
开 本	787mm×1092mm 1/16		http://www.hepmall.cn
印 张	20.25	版 次	2002 年 7 月第 1 版
			2024 年 9 月第 3 版
字 数	480千字		
购书热线	010-58581118	印 次	2025 年 1 月第 2 次印刷
咨询电话	400-810-0598	定 价	43.50 元

第三版前言

《环境学》的研编始于 1990 年，旨在建立环境科学基础理论。第一版于 2002 年 7 月，第二版于 2010 年 1 月由高等教育出版社出版，本次修订为第三版。第一版共 10 章；第二版分环境问题篇（7 章）、环境学原理篇（5 章）、环境调控篇（5 章），共 17 章；第三版分环境问题篇（7 章）、环境学原理篇（5 章），共 12 章。本次修订保留第二版的环境问题篇和环境学原理篇，对其中的有关资料和数据作了更新。本次修订的重点是吸收作者近年来的最新研究成果，重写第十一章五律协同原理第二节，并增加附录。现就主要内容扼要介绍如下。

作者在第十一章第二节首次系统阐述五律协同原理三个基本要点：一体五律、一体五和、一体五则。一体五律指五律并存于同一事物（简称五律事物）；一体五和指五律事物追求的目标是五和（与五律对应的五类和谐），和谐是事物有序、均衡、融洽状态，体现中国社会主义核心价值观；一体五则指五类好规则协同统一于一体，是实现一体五和的必由之路。规则有好坏、对错、优劣之分，其判断标准是是否谋和谐、循规律、有实效。贯通五律协同原理的案例始终是国家、人口、经济、资源、环境、城市、农村、工程。案例以国家为首，国家五和是国家发展的总目标，国家规则统领全局，尤其是纲领性规则要谋五和、循五律、获五益（与五和对应的五类效益）。鉴于论题宏大，只能提纲挈领。

作者在附录中，以人生三梦为线索追述了《环境学》研编的历程。第一梦，江苏水污染治理方案研究成果落地生根，它是环境学原理的实践源泉。第二梦，探索环境科学基础理论，建立"两定四原理"架构，出版《环境学》。第三梦，作者自认为五律协同是最心仪的原始创新，梦想它进入国家决策、普及大众、落地中国。

《环境学》一直得到教育部高等学校环境科学与工程类专业教学指导委员会关注，曾是历次年会讨论的重点议题之一。衷心感激丁树荣教授、唐孝炎院士、金鉴明院士自始至终对作者的信任、理解、包容和鼎力支持。感谢青年才俊们为本书出版付出的辛勤劳动。参与第一版的有柏益尧、唐亮、冯琳、王庆九、华新、蒋勇、吴泓涛、许荣涛、徐建英、张毅敏。参与第二版的有柏益尧、华新、孙平、张徐祥、倪天华、梁英、邓艳、徐曼、张涨、张亚平、张毅敏。参与第三版修订的有孙平和柏益尧。

感谢高等教育出版社陈正雄编审和陈文编审对本书出版的关注、关心和关爱。衷心感谢盛连喜教授为本书审稿，陈正雄编审和曹瑛副编审为本书付出的辛勤劳动。

《环境学》受到读者和学界好评。2005 年作者主持南京大学环境学课程入选国家精品课程；以《环境学》为代表作 2005 年作者主持完成的教育部教改项目"环境类专业基础理论建立与课程体系整体优化研究"获国家级教学成果二等奖；2006 年作者获国家级教学名师；2008 年获批建立环境科学国家级教学团队；2011 年《环境学》第二版入选国家级精品教材；2012 年环境学原理入选国家精品视频公开课；2014 年环境学原理入选大学素质教育精品通选课。

左玉辉

2024 年 5 月

于南京大学环境学院

第二版前言

作为一门新兴的综合性学科，环境科学尚未建立起自己的理论体系，长期以来一直困扰着环境科学的学科建设和发展。教育部高等学校环境科学与工程教学指导委员会自1990年成立以来一直关注着环境科学基础理论的建设，期望出版一部系统阐述环境科学基础理论的教科书，并将之定名为《环境学》。作者自1990年开始，历时19年潜心研究这一学科难题，完成的代表作有《制约人类生存发展的第五类规律》（《科技日报》，1999年3月2日），《环境学》（高等教育出版社，2002），环境学系列专著（共5部，科学出版社，2009），环境调控系列专著（共8部，科学出版社，2008）。环境学理论研究和课程建设得到学界同仁的认可与肯定。《环境学》自2002年出版至2009年8年间印刷12次，总发行量70 000册，超过同期环境科学专业本科招生人数，先后入选面向21世纪课程教材、普通高等教育"九五"国家级重点教材、普通高等教育"十五"和"十一五"国家级规划教材。作者主持建设的"环境学"课程在2005年被评为国家级精品课程，以环境学研究成果为载体，作者主持完成的国家级教改项目"环境类专业基础理论体系建立与课程体系整体优化的研究"获2004年度江苏省教学成果特等奖、2005年度国家级教学成果二等奖。继《环境学》之后，作者带领研究团队先后完成环境调控系列专著和环境学系列专著两部系列专著。8位院士签署的出版论证意见指出："环境调控系列专著是国内运用环境学原理开拓我国宏观环境调控研究领域的首部系列专著。""该项研究具有开拓性、前瞻性、战略性，为我国实现科学发展提供了新理论、新视野、新策略。"11位院士签署的环境学系列专著出版论证意见指出："环境学系列专著对《环境学》奠定的环境科学基础理论起了夯实作用，具有理论性、战略性、应用性。"

《环境学》认为，制约人类生存发展的规律有五类（简称"五律"）：自然规律、社会规律、经济规律、技术规律和环境规律，并将环境规律定义为人与环境相互作用的规律。《环境学》认为，科学的任务在于揭示客观规律，环境科学的任务在于揭示环境规律，环境学的任务在于揭示环境基本规律。《环境学》将环境基本规律概括为环境多样性、人与环境和谐、规律规则，以及五律协同，在此基础上抽提出环境学的四个基本原理：环境多样性原理、人与环境和谐原理、规律规则原理，以及五律协同原理。《环境学》认为，五律协同原理建立了两个重要方法：五律解析系统分析方法和五律协同系统综合方法。五律协同是宏观环境调控的基本原理，也是可持续发展的必要条件和最终归宿。《环境学》指出，环境规律具有独立性，它不从属于自然规律。人与环境和谐的完整理念包括人与自然环境和谐、人与人工环境和谐，以及人工环境与自然环境和谐三层含义，人与自然和谐是一个不完整的理念，它只是人与环境和谐的一个组成部分。《环境学》指出，环境规律与生态规律的本质区别在于主体的不同，生态规律的主体是生物人，环境规律的主体是智慧人；从与环境相互作用的角度来看，生物人服从生态规律，智慧人遵循环境规律。

《环境学》建议将环境科学的学科结构概括为"1+4+1"。"1"指环境学，"4"指环境自然科学、环境技术科学、环境经济科学和环境社会科学，后一个"1"指建立在"1+4"基础之上的环境应用科学，如环境规划学、环境评价学、环境调控学等。环境自然科学按学科分类包括生态学、环境地学、环境化学、环境物理学、环境生物学、环境毒理学、环境数学，按环境要素分类包括水环境学、大气环境学、土壤环境学、生物环境学和物理环境学等。环境技术科学包括工业生态学、环境监测学、环境工程学等。环境经济科学包括资源经济学、生态经济学和环境经济学等。环境社会科学包括环境伦理学、环境法学和环境管理学等。《环境学》认为，对环境自然科学、环境技术科学、环境经济科学和环境社会科学这四个分支学科可以有两种理解：其一，它们分别研究环境规律与自然规律、技术规律、经济规律、社会规律的联合作用，依次揭示环境－自然规律、环境－技术规律、环境－经济规律、环境－社会规律；其二，它们分别是环境科学与自然科学、技术科学、经济科学、社会科学的交叉学科，分别对环境问题进行自然解析、技术解析、经济解析和社会解析。《环境学》认为，上述分类建议可以作为环境类专业课程体系设计的理论基础。

《环境学》第二版吸收了近年来环境科学研究的最新成果，分三篇展开论述：环境问题篇、环境学原理篇、环境调控篇。环境问题篇包括水环境、大气环境、土壤环境、固体废物、物理环境、生物环境、全球变化。环境学原理篇包括环境多样性原理、人与环境和谐原理、规律规则原理、五律协同原理、环境科学。环境调控篇包括人口－环境调控、经济－环境调控、资源－环境调控、生态－环境调控、可持续发展与科学发展。《环境学》充分注意到取材的科学性和广泛性，并开辟了"阅读材料"栏目，其内容包括新闻摘录、科研前沿、背景信息、案例分析等，以利于读者加深对教材内容的理解，开阔视野，试图建立一个开放式的知识体系。

《环境学》第一版的撰写前后历时十余年，一直得到教育部高等学校环境科学与工程教学指导委员会的关注，曾是历次年会的议题之一，衷心感谢丁树荣教授和唐孝炎院士所给予的充分理解和大力支持。环境学系列专著和环境调控系列专著得到国内学界的理解和支持，衷心感谢唐孝炎院士、金鉴明院士、李文华院士、冯宗炜院士、任振海院士、魏复盛院士、张全兴院士、张懿院士、郝吉明院士、孙铁珩院士、蔡道基院士、叶文虎教授、张远航教授、何平教授、苏福庆教授、任耐安高级工程师、李成教授、孙冶东书记、毕军教授、李爱民教授给予的真诚指导和热心支持。

完成本书第一版的团队成员有：柏益尧、唐亮、冯琳、王庆九、华新、蒋勇、吴泓涛、许荣涛、徐建英、张毅敏。完成本书第二版的团队成员有：柏益尧、华新、孙平、张徐祥、倪天华、梁英、邓艳、徐曼、张涨、张亚平、张毅敏。两批年轻学者先后为本书付出了辛勤的劳动，在此表示感谢，并祝愿他们在今后的学习研究中不断深入，为环境学的学科发展继续努力。同时，衷心感谢高等教育出版社策划编辑陈文为本书出版付出的辛勤劳动。

　　本书部分参考资料引自互联网相关网页，因无法查到作者或网页已不存在，因此未能在参考文献中全部列出，在此对其作者表示感谢。同时，热切希望本书得到广大读者的关注和指正。

左玉辉

2009 年 7 月

于南京大学环境学院

第一版前言

　　作为一门新兴的综合性学科，环境科学尚未建立起自己的理论体系，长期以来一直困扰着环境科学的学科建设和发展。教育部高等学校环境科学与工程教学指导委员会一直关注着环境科学基础理论的建设，期望出版一本系统阐述环境科学基础理论的教科书，并将之定名为《环境学》。《环境学》曾先后入选普通高等教育"九五"国家级重点教材和面向21世纪课程教材，2002年再次入选普通高等教育"十五"国家级规划教材。

　　《环境学》对环境科学基础理论作了探索性研究。《环境学》认为，制约人类生存发展的规律有五类（简称"五律"）：自然规律、社会规律、经济规律、技术规律和环境规律，并将环境规律定义为人与环境相互作用的规律。《环境学》认为，科学的任务在于揭示客观规律，环境科学的任务在于揭示环境规律，环境学的任务在于揭示环境基本规律。《环境学》将环境基本规律概括为环境多样性、人与环境和谐、规律规则，以及五律协同，在此基础上提出环境学的四个基本原理：环境多样性原理、人与环境和谐原理、规律规则原理以及五律协同原理。《环境学》认为，五律协同是宏观环境调控的基本原理，也是可持续发展的必要条件和最终归宿。《环境学》指出，环境规律具有独立性，它不从属于自然规律；环境问题的出现并不违背自然规律；人与自然和谐是一个不完整的理念，它只是人与环境和谐的一个组成部分。《环境学》指出环境规律与生态规律的本质区别在于主体的不同，生态规律的主体是生物人，环境规律的主体是智慧人；从与环境相互作用的角度来看，生物人服从生态规律，智慧人遵循环境规律。

　　《环境学》建议将环境科学的学科结构概括为"1+4+X"。"1"指环境学，"4"指环境自然科学、环境社会科学、环境经济科学和环境技术科学，"X"指建立在"1+4"基础之上的环境科学的其他分支学科，如环境规划学等。环境自然科学按学科分类包括环境地学、环境化学、环境物理学、环境生物学、环境毒理学和环境数学，按环境要素分类包括水环境学、大气环境学、土壤环境学、生物环境学和物理环境学等。环境社会科学包括环境伦理学、环境法学和环境管理学等。环境技术科学包括工业生态学、环境监测学和环境工程学等。《环境学》认为，对环境自然科学、环境社会科学、环境经济科学和环境技术科学这四个分支学科可以有两种理解：其一，它们分别研究环境规律与自然规律、社会规律、经济规律、技术规律联合作用的领域；其二，它们分别是环境科学与自然科学、社会科学、经济科学、技术科学交叉渗透的结果。这可以作为环境类专业课程体系优化整合的基础。

　　《环境学》在吸收近几十年来环境科学研究成果的基础上，力图以揭示环境基本规律为主线，从人口与环境、大气环境、水环境、土壤环境、物理环境、生物环境、人居环境、景观环境以及可持续发展等方面，多方位、多层次、多角度地展示人类与环境之间的相互作用。《环境学》充分注意到取材的科学性和广泛性，并开辟了"阅读材料"栏目，其内容包括新闻摘录、科研前沿、背景信息、案例分析等，以利于读者加深对教材内容的理解，开阔视野，试图建立一个开放式的知识体系。《环境学》充分注意到环境类专业课程体系的整合与优化，强调探索环境规律之源，为后续课程奠定理论基础，并力图避免课程之间内容的简单重复。

《环境学》的撰写前后历时十余年，一直得到教育部高等学校环境科学与工程教学指导委员会的关注，曾是历次年会的议题之一，衷心感谢丁树荣教授和唐孝炎院士对本书撰写所给予的充分理解和大力支持。衷心感谢高等教育出版社张月娥编审和陈文副编审为本书出版付出的辛勤劳动。衷心感谢一批年轻学者参与本书的著作，他（她）们是（以姓氏笔画为序）：王庆九（第二章）、冯琳（第三章、第六章）、华新（第八章、第九章）、许荣涛（第七章）、吴泓涛（第五章）、张毅敏（第七章）、柏益尧（第一章）、徐建英（第八章）、唐亮（第四章、第十章）、蒋勇（第九章）。

热切希望本书得到广大读者的关注和指正。

左玉辉

2002 年 3 月

于南京大学环境学院

目　录

上篇　环　境　问　题

下篇 环境学原理

上篇　环境问题

第一章 水 环 境

水是生命之源，水资源和水环境是人类生存、发展的基本要素之一。水资源短缺严重威胁着人类的生存和健康、工农业生产和社会繁荣，而水环境污染在侵害人类身体健康、破坏自然生态平衡的同时，进一步降低了稀缺水资源的可利用性，使得可供人类使用的清洁水资源更加短缺。实现人与水的和谐，是人类可持续发展的重要内容。

第一节　水资源和水环境

一、地球上的水

大约在 38 亿年前，地球上出现了水。水的出现，是地球发育史上的一个重大事件，极大地推动了地球进化，为地球生命的出现创造了最基本的条件。目前，地球表面约 71% 被水覆盖，因而从宇宙中看，地球是一颗蔚蓝色的星球。地球表层水体包括海洋、湖泊、河流、沼泽中的一切咸水和淡水，大气中的水蒸气、水滴和冰晶，土壤水、浅层和深层地下水，南北两极冰帽和各大陆高山冰川、冻土中的冰，以及生物体内的水，这些水构成了一个大体连续、相互作用、不断相互交换的圈层，称为水圈，是地球表面最为活跃的圈层之一。

（一）水量及其分布

据估计，地球上的水量总计约 13.86×10^8 km³，主要由海洋水、陆地水和大气水三部分构成。海洋水量为 13.5×10^8 km³，占地球总水量的 97.40%；湖泊、河流、冰川、地下水等陆地水量约 0.36×10^8 km³，占地球总水量的 2.60%，其中数量最大是冰盖和冰川，80% 位于两极地区难以开发利用，其次为地下水。能够直接供应人类生活、生产需要的河水和湖水的数量很少，只有 101 700 km³，是水资源中最为重要的组成部分。地球上水的分布见图 1-1 和表 1-1。

（二）水的自然循环

地球上的水以三种形态存在，即固态（冰、雪、雹）、液态（河湖淡水/咸水、海水）、气态（水蒸气）。地球上三种形态的水都处在不断运动与相互转换之中，形成了水循环。水循环是地球上最重要的物质能量循环过程之一，直接涉及自然界中一系列物理、化学、地学和生物过程，对于人类社会的生产生活乃至整个地球生态都有着非常重要的意

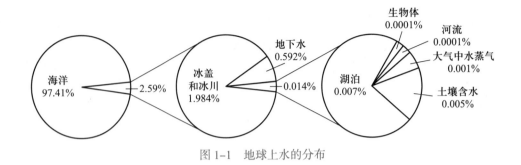

图 1-1   地球上水的分布

表 1-1   地球上水的分布

水的分布	估计数量 / km³
海洋水	1 350 000 000
陆地水	35 977 800
其中：河水	1 700
湖泊淡水	100 000
内陆湖咸水	105 000
土壤水	70 000
地下水	8 200 000
冰盖 / 冰川、冻土中的冰	27 500 000
生物体内的水	1 100
大气水	13 000
总水量	1 385 990 800

义。传统意义上的水循环即水的自然循环，是指地球上各种形态的水在太阳辐射和重力作用下，通过蒸发、水汽输送、凝结降水、下渗、径流等环节，不断发生相态转换的周而复始的运动过程。从全球范围看，典型水的自然循环过程可表达为：从海洋的蒸发开始，蒸发形成的水蒸气大部分留在海洋上空，少部分被气流输送至大陆上空，在适当的条件下这些水蒸气凝结成降水。海洋上空的降水回落到海洋，陆地上空的降水则降落至地面，一部分形成地表径流补给河流和湖泊，一部分渗入土壤与岩石空隙，形成地下径流，地表径流和地下径流最后都汇入海洋。由此构成全球性的连续有序的自然水循环系统（图 1-2）。

水循环的基本动力是太阳辐射和重力作用。在地表温度、压力下水可以发生气、液、固三态转换，这是水循环过程得以进行的必要条件。水循环服从质量守恒定律，地球水循环可视为闭合系统，而局部地区水循环则通常是既有水输入又有水输出的开放系统。局部地区水循环在空间和时间上的不均匀，可能导致某些时段及地区严重干旱，而另一些时段及地区则严重洪涝的情况。

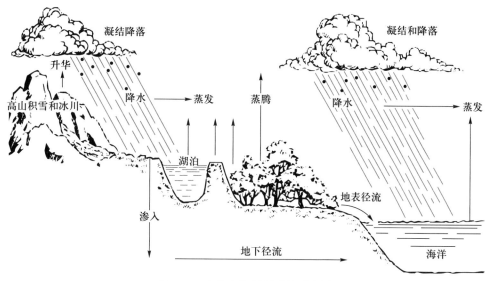

图 1-2 水的自然循环过程示意图

水循环的存在使地球上的水不断得到更新，水成为一种可再生的资源。不同水体在循环过程中被全部更换一次所需的时间（更替周期）各不相同，河流、湖泊的更替周期较短，海洋更替周期较长，而极地冰川的更新速度则更为缓慢，更替周期可长达万年（表 1-2）。水的更替周期是反映水循环强度的重要指标，也是水体水资源可利用率的基本参数。从水资源可持续利用的角度看，各种水体的储水量并非全部都适宜利用，一般仅将一定时间内能迅速得到补充的那部分水量计作可利用的水资源量。

表 1-2 地球各种水体的循环更替周期

水体类型	更替周期 /a	水体类型	更替周期 /a
海洋	2 500	沼泽	5
深层地下水	1 400	土壤水	1
极地冰川	9 700	河川水	16 d
永久积雪和高山冰川	1 600	大气水	8 d
多年冻土底冰	10 000	生物水	几小时
湖泊	17		

（三）天然水的物质组成

自然界不存在化学概念上的纯水。天然水在自然循环过程中不断地与环境物质发生作用，因此天然水是由溶解性物质和非溶解性物质所组成的化学成分极其复杂的溶液综合体。以海水为例，海水中含有大量的金属元素和化合物，目前世界上已知的 100 多种元素中，80% 可以在海水中找到。通常来讲，天然水中除了水本身以外，一般还含有溶解性物质（包括氧、二氧化碳等溶解气体，卤化物、碳酸盐、硫酸盐等盐类，以及可溶性有机物）、胶体物质（硅、铝、铁的水合氧化物胶体物质，黏土矿物胶体物质，腐殖质等有机高分子化合物等）和悬浮物质（泥沙、黏土等颗粒物，细菌、藻类及原生动物等）。此外，天然水体中一般还存在着结构复杂、形式多样的水生生态系统。

仅就化学组成而言，按不同组分含量与性质的差异，以及与水生生物的关系可以把天然水的化学成分分为六类：常量元素、溶解气体、营养元素、有机物、微量元素及有毒物质。

常量元素　又称为主要离子、恒量元素、保守成分，在水中含量高，性质稳定，在水中以多种形态存在，如海水中常量元素多以自由离子或离子对存在，少量以络离子存在。淡水中常量元素占水体溶解盐类总量的 90% 以上，主要的八大离子有 K^+、Na^+、Ca^{2+}、Mg^{2+}、HCO_3^-、CO_3^{2-}、SO_4^{2-}、Cl^-；海水中常量元素占海水中溶解盐类的 99.8%～99.9%，而且它们在海水中含量的大小有一定的顺序，其比例几乎不变，主要有 Na^+、Mg^{2+}、Ca^{2+}、K^+、Sr^{2+}、Cl^-、SO_4^{2-}、HCO_3^-（CO_3^{2-}）、Br^-、F^- 等。常量元素是决定天然水体物理化学特性的最重要因素，如 HCO_3^-、CO_3^{2-} 对维持水体的 pH 具有重要的意义。

溶解气体　天然水中溶有大气中所含有的各种气体，除了 N_2、O_2、CO_2 外，还有惰性气体 He、Ne、Ar、Kr、Xe、Rn 等，海水中也含有少量 H_2，在水交换较差的湖底及某些海区或孤立的海盆中有时也有游离的 H_2S 存在。溶解气体的含量与水的温度、水中动物代谢活动有关，含量有明显的昼夜、季节、周年变化特点和显著的水层差异。

营养元素　有时又称为"非保守成分"或"生物制约元素"，主要包括与水生生物生长有关的一些元素，如 N、P、Si 等。营养元素多以复杂的离子形式或有机物的形式存在于水体中。营养元素在水体中含量通常较低，受生物影响较大。

有机物　水体中的有机物可分为颗粒态有机物和溶解态有机物两大类。有机物在水体中的含量较低，通常是无机成分的万分之一，一般 1 L 水中仅几毫克。有机物成分复杂，种类繁多，包括糖类、脂肪、蛋白质及降解有机物等。有机物对水质及水生生物有着多方面错综复杂的影响，适量有机物的存在是使水质维持一定肥力的重要条件，而过量有机物的存在将会使水质恶化、鱼病蔓延。

微量元素　除了常量元素和营养元素以外的其他元素（如同位素等），都包括在这一类中。微量元素种类繁多，总量却非常少，仅占总含盐量的 0.1% 左右；微量元素中的 Fe、Mn、Cu 等与生物的生长有着密切的关系，称为微量营养元素。

有毒物质　天然水中的有毒物质，主要是由于地球化学异常和水体内部物质循环失调而生成并积累的毒物，如重金属、放射性同位素、硫化氢、氨、低级胺类、高浓度 CO_2 及赤潮生物的有毒分泌物等。有毒物质在浓度较低时就会对水生生物产生毒性作用，并破坏生态系统的平衡；其毒性的大小与该物质的存在形式有关，并受到多种水体物理化学性质的影响。

在不同的环境条件下不同水体所形成的天然水化学成分和含量差别很大，表 1-3 给出了我国主要河流的化学组成。

大气降水的组成与当地的气象条件和降水淋溶的大气颗粒物的化学成分有关。不同地区降水的化学组成差异性较大，表 1-4 为国外部分地区降水的化学成分，表 1-5 为国内部分城市降水的化学成分，表 1-6 为代表性雨雪水的主要成分及其含量。

表 1-3 我国主要河流的化学组成 单位：μmol/L

河流	Ca^{2+}	Mg^{2+}	Na^+/K^+	HCO_3^-	SO_4^{2-}	Cl^-	含盐量
黑龙江	11.6	2.5	6.7	54.9	6.0	2.0	83.7
松花江	12.0	3.8	6.8	64.4	5.9	1.0	93.9
黄河	39.1	17.9	46.3	162.0	82.6	30.0	377.9
长江	28.9	9.6	8.6	128.9	13.4	4.2	193.6
闽江	2.6	0.6	6.7	20.2	4.9	0.5	35.5
西江	18.5	4.8	8.1	91.5	2.8	2.9	128.6

资料来源：王凯雄，胡勤海．环境化学．北京：化学工业出版社，2006.

表 1-4 国外部分地区降水的化学成分 单位：μmol/L

城市	SO_4^{2-}	NO_3^-	Cl^-	NH_4^+	Ca^{2+}	Mg^{2+}	Na^+	K^+	H^+	pH
瑞典 Sjoangen（1973-1975）	34.5	31	18	31	6.5	3.5	15	3	52	4.30
美国哈巴德布鲁克（1973-1974）	55	50	12	22	5	16	6	2	114	3.94
美国帕萨迪纳（1978-1979）	19.5	31	28	21	3.5	3.5	24	2	39	4.41
加拿大安大略	45	19	10	21	11.5	5	—	—	11	4.96
日本神户	19.5	24	39	19	7.5	3	—	—	40	4.40

表 1-5 国内部分城市降水的化学成分 单位：μmol/L

城市	SO_4^{2-}	NO_3^-	Cl^-	NH_4^+	Ca^{2+}	Mg^{2+}	Na^+	K^+	H^+	pH
贵阳市区	206	21.0	8	79	116	28	10	26	85	4.1
重庆市区	164	29.9	25	152	135	11	15	8	51	4.3
广州市区	13	23.9	39	85	98	9	26	23	17	4.8
南宁市区	29	8.5	16	46	20	1	12	10	18	4.7
北京市区	137	50.3	157	141	92	—	141	42	0.2	6.8
天津市区	159	29.2	183	126	144	—	175	59	0.6	6.3

表 1-6 代表性雨雪水的组成及其含量 单位：μmol/L

成分	1	2	3	4	5	成分	1	2	3	4	5
SiO_2	0.0		1.2	0.3		HCO_3^-	3		7	4	0.0
Al^{3+}	0.01					SO_4^{2-}	1.6	2.18	0.7	7.6	6.1
Ca^{2+}	0.0	0.65	1.2	0.8	3.3	Cl^-	0.2	0.57	0.8	17	2.0
Mg^{2+}	0.2	0.14	0.7	1.2	0.36	NO_2^-	0.02		0.0	0.02	
Na^+	0.6	0.56	0.0	9.4	0.97	NO_3^-	0.1	0.62	0.2	0.0	2.2
K^+	0.6	0.11	0.0	0.0	0.23	TDS	4.8		8.2	38	
NH_4^+	0.0				0.42	pH	5.6	6.4	5.5	4.4	

资料来源：Snoeyink V L，Jenkins D．Water chemisty．New York：Wiley，1980.

注：表中第 1 行中 1 指雪样；2~4 指雨样；5 指某观察站共 180 个大气沉降样品的平均值。

当雨雪水降落到地面后与岩石、土壤发生化学作用，地面组成的不同和自然界的生物活动差异使水的成分各不相同。地表水水质与径流流程中的岩石、土壤和植被有关；地下水水质主要与含水层岩石的化学成分和补给区的地质条件有关；美国典型的地表水和地下水的组成如表 1-7 所示。

表 1-7   美国典型的地表水和地下水的组成   单位：μmol/L

成分	加利福尼亚州帕迪水库	纽约州尼亚加拉河	俄亥俄州地下水	成分	加利福尼亚州帕迪水库	纽约州尼亚加拉河	俄亥俄州地下水
SiO_2	9.5	1.2	10	HCO_3^-	18.3	119	339
Fe	0.07	0.02	0.09	SO_4^{2-}	1.6	22	84
Ca^{2+}	4.0	36	92	Cl^-	2.0	13	9.6
Mg^{2+}	1.1	8.1	34	NO_3^-	0.41	0.1	13
Na^+	2.6	6.5	8.2	TDS	34	165	434
K^+	0.6	1.2	1.4	总硬度（以 $CaCO_3$ 计）	14.6	123	369

注：资料来自 Snoeyink V L，Jenkins D.Water chemisty.New York：Wiley，1980.

二、水资源

所有的地球水体中，海水和其他水体中的咸水被直接利用的数量很小，两极冰盖和永久冻土中的水被直接利用的机会极少，岩石中的结晶水则更难为人类利用，冰川和积雪只在融化而汇入江河湖泊中后才容易被利用，人类可大量直接利用的是江河、湖泊、水库、土壤和浅层地下水中的淡水（含盐量 <0.1%），以及部分大气降水。由此可见，天然水量并不等于可利用水量，水资源一般仅指地球表层中可供人类利用并逐年得到更新的那部分水量资源。据估计，地球上可为人类直接利用的水资源总量约为 1×10^5 km³，仅占地球总水量的 0.007%。随着社会发展和科技进步，人类可通过海水淡化、人工降水、极地冰块的利用等手段，逐步扩大水资源的开发范围。

（一）水资源的特性

水资源与其他自然资源相比，具有如下一些明显的特点：

作用上的重要性   水资源在维持人类生命、发展工农业生产、维护生态环境等方面具有重要和不可替代的作用。

补给上的有限性   水资源属于可再生资源，地球上各种形态的水一般均可通过水的自然循环实现动态平衡。但随着社会经济的发展，人类对水资源的需求越来越大，而可供人类利用的水资源量却不会有大的增加，甚至会因人为污染等因素而质量变差，导致水质性缺水。因此水的自然循环所保证的水资源量是有限的，并非取之不尽、用之不竭。

时空上的多变性   水是自然地理环境中较活跃的因素，其数量和质量受自然地理因素和人类活动影响。不同地区水资源的数量差别很大，同一地区也多有年内和年际的较大变化。这是水资源时空分布的一个重要特点，也是人类对水资源进行开发利用时应考虑的一个重要因素。

利用上的多用性　即水资源具有"一水多用"的多功能特点。水资源的利用方式各不相同，有的需消耗水量（如农业用水、工业用水和城市供水），有的仅利用水能（如水力发电），有的则主要利用水体环境而不消耗水量（如航运、渔业等）。各种利用方式对水资源的质量要求也有很大差异，有的质量要求较高（如城市供水、渔业），而有的质量要求则较低（如航运）。因此对水资源应进行综合开发、综合利用、水尽其用，以满足不同用水方式的需要。

（二）人类对水资源的利用

人类与水的关系非常密切。作为人类生活、生产不可缺少的资源，水对人类社会发展的意义表现在三方面：生活用水、生产用水和生态用水。

1. 生活用水

水是人类的生命之源。水是构成人体的基本成分，平均占人体质量的60%（婴儿为70%，60岁人为49%）。水是人体新陈代谢的主要介质，人体缺水1%会觉得渴，缺水3%会烦躁和减少血量，缺水6%时体温升高、脉搏加快，缺水9%会精神错乱和虚弱，缺水11%时肝和肾受损、血容量降低；在没有食物、只有水的情况下，人的生命可延续20～30 d，而如果缺水，5～7 d就会死亡；为了维持正常的生命活动，每人每天需要2～2.5 L水，考虑到卫生方面的需求，实际用水量还远不止这个数字。一般每人每天可得清洁用水低于50 L时，就有可能发生与水有关的疾病。此外，研究发现，人体血液的矿化度为9 g/L，与30亿年前的海水相同，静脉点滴用的生理盐水浓度为0.9%，与原始海水一致。

对人类社会而言，生活用水可分为城镇生活用水和农村生活用水两类。城镇生活用水主要是家庭用水（饮用、卫生等），还包括各种公共建筑用水、消防用水及浇洒道路绿地等市政用水，受城市性质、经济水平、气候、水源水量、居民用水习惯和收费方式等因素的影响，人均用水量变化较大，发达地区一般高于欠发达地区，丰水地区一般高于缺水地区。受供水条件及生活水平所限，农村人均日生活用水量一般远小于城镇生活用水量，而且水质差别较大。根据《中国水资源公报2022》，2022年，全国用水总量为5 998.2亿 m³，其中生活用水量为905.7亿 m³，占总用水量的15.1%，人均生活用水量为176 L/d（其中人均城乡居民生活用水量为125 L/d）。

2. 生产用水

水是重要的生产资源。水在生产中的利用涉及水能、水量、水质多方面，按用途划分，生产用水主要包括农业用水、工业用水两部分。

农业用水　在人类历史长河中，水最早被用于农田灌溉。现代意义上的农业用水主要包括农业、林业、牧业灌溉用水及渔业用水。农业用水量由于受气候地理条件的影响，在时空分布上变化较大，同时还与作物的品种和组成、灌溉方式和技术、管理水平、土壤、水源及工程设施等具体条件有关。在我国华北地区，种一亩蔬菜需水25～35 m³，种一亩小麦需水40～50 m³。目前，农业用水占全球用水总量的65%（1997年），2022年，我国农业用水量为3 781.3亿 m³，占总用水量的63.0%。

工业用水　工业用水主要包括原料、冷却、洗涤、传送、调温、调湿等用水。工业用水量与工业发展布局、产业结构、生产工艺水平等多种因素密切相关。工业用水约占全球用水量的22%，美国工业用水量居世界首位，每年约4 720亿 m^3；2022年我国工业用水量为968.4亿 m^3，占总用水量的16.1%。工业用水主要集中在火（核）电、钢铁、纺织、造纸、石化和化工、食品和发酵等行业。2022年直流火（核）电冷却用水量482.7亿 m^3，占工业用水总量的49.8%。

3. 生态用水

良好的生态环境是保障人类生存发展的必要条件，但生态系统自身的维系与发展同时也要消耗一定的水量。例如，江河湖泊必须保持一定的流量，以满足水生生物生长的需要，并利于冲刷泥沙、冲洗盐分、保持水体自净能力，以及交通旅游等；植被蒸腾，土壤水、地下水和地表水蒸发，以及为维持水沙平衡及水盐平衡而必需的入海水量，均需一定的水量。从广义上说，维持全球生物地理生态系统水分平衡所需用的水，包括水热平衡、水沙平衡、水盐平衡等，都是生态用水；狭义的生态用水主要是指为维护生态环境不再恶化并逐渐改善所需消耗的水资源总量。生态用水在水源丰富的湿润地区并不构成问题，但在水资源紧缺的干旱、半干旱地区及季节性干旱的半湿润地区，由于人类活动范围和规模的加大，往往存在生活用水、生产用水严重挤占生态用水的情况，导致生态环境的恶化。2007年，全国生态与环境补水（仅包括人为措施供给的城镇环境用水和部分河湖、湿地补水）为105.7亿 m^3（其中城市环境用水占59.7%），占总用水量的1.8%。到2022年，我国人工生态环境补水为342.8亿 m^3，占用水总量的5.7%。

（三）水的社会循环

水在人类活动的影响下不断迁移转化，形成了水的社会循环。人类社会为了生产、生活的需要，从附近的河流、湖泊、地下水等自然水体中抽取淡水资源，通过给水系统的适当处理，用于工农业生产、社会服务、家庭生活和生态环境建设等，在此过程中，一小部分天然水通过蒸发等过程回归水的自然循环，大部分使用过的水和进入产品的水，最终成为农田尾水、工业废水和生活污水（废污水占新鲜用水的70%~80%），通过排水系统的妥善处理后排放进入自然水体。在这一过程中，水资源还可以被多次利用，如工业冷却水的循环使用、家庭和企业水的梯级利用、中水回用等。给水系统的水源和排水系统的受纳水体大多是邻近的河流、湖泊或海洋等，取之于自然水体，还之于自然水体，形成另一种受人类社会活动影响的水循环，这一过程与水的自然循环相对而言，称为水的社会循环，见图1-3。水的社会循环在一定的空间和一定的时间尺度上影响着水的自然循环。

水资源在社会循环过程中的一个典型特征就是水的性质在不断地发生变化。天然水资源需要经过不同的处理，才能满足人类的各种需求：饮用水需要满足生命对水的卫生和健康需求，某些工业生产需要去离子水或者更为纯净的蒸馏水，绿化和农业灌溉需要含有一定养分的水等。经过人类使用的水，会由于使用方式的不同而挟带大量的污染物质，这些污染物质进入环境水体，可能影响自然水体水资源的可利用性，因此需要污水处理厂等排水系统进行适当的处理和处置。

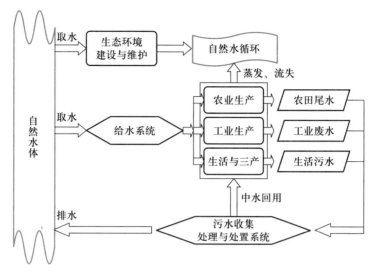

图 1-3 水的社会循环过程示意图

（四）水资源短缺

多少世纪来，人类普遍认为水是大自然赋予人类的取之不尽、用之不竭的天然资源，因而未加爱惜，恣意污染和浪费。但近年来，越来越多的人警觉到，水资源并不像想象中那么丰富，目前这种不可持续的水资源利用方式已经对许多地区的人类生活、经济发展和生态环境造成严重的不利影响。

由于受气候和地理条件的影响，北非和西亚很多国家（如埃及、沙特阿拉伯等）降雨量少、蒸发量大，因此径流量很小，人均及单位面积土地的淡水占有量都极少；相反，冰岛、厄瓜多尔、印度尼西亚等国，平均每公顷土地上的径流量比贫水国高出 1 000 倍以上。世界上占陆地面积 40% 的干旱与半干旱地区的径流仅占全球径流的 2%，而且大部分可获得水资源局限于几条河流：亚马孙河携带着全球 16% 的径流，而刚果河流域携带着非洲近 1/3 的河水流量。

世界银行最新提供的报告警告，世界上近 40% 的人口难保有足够的洁净用水，世界水资源已经到了严重不足的阶段。世界的水资源需求量从 1900 年到 1995 年已增长了 5 倍，是同期人口增幅的两倍以上。人类的水资源供给面临着前所未有的威胁，特别是在非洲、亚洲的中部和南部、美国西部、西亚等地区，水资源已处于供不应求的状态。联合国世界淡水资源综合评价报告指出，世界约 1/3 人口生活在中度和高度水紧张地区，水资源的短缺制约了当地经济和社会的发展，如果不采取行动，预计 2025 年世界人口的 2/3 或近 55 亿人口将面临这种风险。

（五）中国的水资源

1. 我国的水资源特点

（1）水资源总量不少，人均和亩均水量不多

大气降水是地表水、土壤水、地下水的主要补给来源，根据水利部对全国水资源进行的评价，我国多年平均降水总量约为 6.2×10^{12} m³，折合降水深 648 mm，低于全球平均降水深度约 20%。降水量中除经由土壤水直接利用于生态环境外，我国可通过水循环更新的

地表水和地下水的多年平均水资源总量为 2.8×10^{12} m³，占降水总量的 45%，其中全国河川多年平均径流总量 2.7×10^{12} m³（含地下水补给量 0.7×10^{12} m³），居世界第六位。但由于国土辽阔、人口众多，按人口、耕地平均占有的水资源量均低于世界平均水平：人均水资源量为 2 220 m³，约为世界平均水平的 30%，耕地亩均水资源量为 1 770 m³，约为世界平均占有量的 2/3。

（2）水资源的时间分布不平衡，年内和年际变化较大

由于受季风影响，降水的年内和年际变化较大。我国大部分地区冬季干寒少雨，夏季暖湿多雨，每年汛期四个月的降水量和径流量占全年 60% ~ 80%，集中程度超过欧美大陆，与印度相似。由于降水过于集中，不但容易形成旱涝，而且水资源量中大约有 2/3 是洪水径流量，形成江河的汛期洪水和非汛期枯水的现象。而降水量的年际剧烈变化，造成江河湖泊的特大洪水和严重枯水，甚至发生连续大水年和连续枯水年。我国主要河流都曾出现连续丰水年和连续枯水年的现象，如黄河在近 70 年中曾出现过连续 11 年（1922—1932 年）的少水期，平均年径流量比正常年份少 24%，也出现过连续 9 年（1943—1951 年）的丰水期，平均年径流量比正常年份多 19%。降水量和径流量随时间的剧烈变化，给水资源的开发利用带来极大困难，是我国农业生产不稳定和水资源供需矛盾尖锐的主要原因，也决定了我国开发利用水资源的长期性、复杂性和艰巨性。

（3）水资源的空间分布不均匀，水土资源组合不平衡

我国降水量和径流量的分布总趋势是由东南沿海向西北内陆递减。从黑龙江省的呼玛到西藏东南部边界，这条东北 – 西南走向的斜线，大体与年均降水 400 mm 和年均最大 24 h 降水 50 mm 的暴雨等值线一致，这是东南部湿润、半湿润地区和西北部干旱、半干旱地区的分界线。

从全国来说，长江及其以南地区耕地面积仅占全国耕地面积的 36%，却集中了全国 81% 的水资源，人均水资源量约为全国平均值的 1.6 倍，单位耕地占有的水资源量为全国平均值的 2.2 倍。淮河及其以北地区耕地面积占全国的 64%，而水资源仅占全国水资源总量的 19%，人均水资源占有量约为全国平均水平的 19%，单位耕地占有的水资源量则为全国平均值的 15%；其中黄河、淮河、海河三大流域，土地面积占全国的 13.4%，耕地面积占全国的 39%，人口占 35%，GDP 占 32%，而水资源量仅占 7.7%，人均水资源量约为 500 m³，耕地亩均少于 400 m³，是我国社会经济发展与水资源关系最为紧张的地区。

（4）水污染的蔓延，极大减少了我国的水资源可用量

我国水污染主要是由于废污水的排放导致地表水污染，进而影响水资源质量。我国废污水排放主要来源于农业灌溉排水、生活及工业废水。根据《中国生态环境统计年报 2021》，2021 年全国废水中化学需氧量排放量为 2 531.0 万 t。其中，工业源（含非重点）废水中化学需氧量排放量为 42.3 万 t，占 1.7%；农业源化学需氧量排放量为 1 676.0 万 t，占 66.2%；生活源污水中化学需氧量排放量为 811.8 万 t，占 32.1%；集中式污染治理设施废水（含渗滤液）中化学需氧量排放量为 0.9 万 t，占 0.04%。化学需氧量排放量排名前三的行业依次为纺织业、造纸和纸制品业、化学原料和化学制品制造业。三个行业的排放量合计为 16.6 万 t，占全国工业源重点调查企业化学需氧量排放量的 44.0%。废水氨氮排放

量为 86.8 万 t。其中，工业源（含非重点）氨氮排放量为 1.7 万 t，占 2.0%；农业源氨氮排放量为 26.9 万 t，占 31.0%；生活源氨氮排放量为 58.0 万 t，占 66.8%；集中式污染治理设施废水（含渗滤液）中氨氮排放量为 0.1 万 t，占 0.1%。水污染减少了水资源的可利用量，加剧了我国水资源短缺的形势。

2. 我国的水资源短缺

世界水资源研究所提出用四级水平来评估人均占有水资源量的多少：人均占有水量 <1 000 m^3 为最低水平，严重缺水；1 000～5 000 m^3 为低水平，缺水；5 000～10 000 m^3 为中等水平，不缺水；>10 000 m^3 为高水平，水资源丰富。此外，联合国可持续发展委员会将人均水资源量 1 750 m^3 确定为缺水警告线。

按照这个标准，我国人均水资源量处于低水平（1 000～5 000 立方米 / 人）的中低值，总体上缺水。而且我国的水资源分布极不均衡。北方人均水资源量仅为 988 m^3/ 人，低于最低水平 1 000 m^3；黄河、淮河、海河流域及内陆河流域共有 11 个省、直辖市、自治区的人均水资源拥有量低于 1 750 m^3 的缺水警告线，其中山东为 380 m^3，河北为 330 m^3，北京不足 300 m^3，天津仅为 150 m^3，是世界上最缺水的地区之一。更为严峻的，部分地区严重的水污染，造成合格水源减少，水质性缺水使得我国的水资源供给雪上加霜。例如，上海的水资源总量丰富，但由于受污染影响，人均水资源拥有量仅为全国平均水平的 40%，实际可供饮用的水仅占地表水资源的 20%。为此，联合国已将我国列为全球 13 个最缺水的国家之一。

目前，我国正常年份每年缺水量近 400 亿 m^3，农业缺水、城市缺水及生态环境缺水是我国水资源短缺的三大主要问题。

由于我国是农业大国，农业用水占全国用水总量的绝大部分。目前我国耕地的有效灌溉面积约为 0.481×10^8 hm^2，约占全国耕地面积的 51.2%，近一半的耕地得不到有效灌溉，其中位于北方的无灌溉耕地约占 72%。农业每年因旱成灾面积达 2.3 亿亩。河北、山东和河南三省缺水最多；西北地区缺水量也不少，而且大部分地区为黄土高原，人烟稀少，改善灌溉系统的难度较大；宁夏、内蒙古的沿黄灌区，以及汉中盆地、河西走廊一带，也亟须扩大农田的灌溉面积。随着社会经济的快速发展，由于受到工业用水及城市生活用水的挤占，农业缺水的形势将更加严峻。

城市是人口和工业、商业密集的地区，城市缺水问题在我国十分突出。据统计，在中国 669 个建制城市中，有 400 余座城市缺水，其中严重缺水的城市有 110 个，北方城市更为严重，如天津、哈尔滨、长春、青岛、唐山和烟台等地水资源已全面告急，而大多数南方城市则陷入水质性缺水的困境。

缺水不但给人民生产、生活带来严重影响，而且威胁生态环境的安全。目前，我国荒漠化面积达 188 万 km^2，接近国土总面积的 1/4；由于地下水超采，我国北方黄淮海地区近年来地下水位不断下降，地下水降落漏斗面积及漏斗中心水位埋深在不断增大；河北、河南豫北地区和山东西北地区的地下水降落漏斗已连成一片，形成包括北京和天津在内的华北平原地下水漏斗区，面积超过 4 万 km^2。据有关专家估计，我国生态环境用水的总量尚有超 110 亿 m^3 的缺口，主要分布在黄淮海流域和内陆河流域，需从区外调水补充。生态缺水将直接加剧生态环境的恶化，制约我国整体的可持续发展。

三、水灾害

水灾害是指水过多、过少所形成的对人类生存发展的不利影响。水灾害可分为水灾和旱灾两大类。水灾是指洪水泛滥（洪灾）、暴雨积水（涝灾）、海潮侵袭（潮灾）和土壤水分过多（渍灾）对人类社会造成的危害，其中尤以洪灾的发生频率最高，损失也最为严重。旱灾，即干旱灾害，是由于土壤水分不足和水源短缺所导致的农业减产、供水不足及生态破坏所形成的灾害。水灾害威胁人类生命安全，造成巨大财产损失，并对生态功能平衡产生不良影响，防灾治灾成为世界各国努力保证环境安全、促进社会经济发展的重要内容。

（一）洪水灾害

1. 洪水的危害

除南北极地、高寒地带和沙漠外，大约占全球陆地总面积 2/3 的地区都存在不同类型和不同成因的洪水灾害。中低纬度的季风带、台风影响区的洪水灾害最为突出，主要集中在南亚、东亚、非洲中部、澳大利亚北部及北美等地区。例如，1970 年 11 月 12 日巴基斯坦东部三角洲地区一次洪水造成 50 万人死亡，这是 20 世纪全球最严重的一次洪灾。同年，孟加拉国一次洪水夺去 30 万人的生命，约 100 万人无家可归。在印度，每年死于洪水的人数平均约 700 人，并有 1 600 万人长年受到洪水威胁。据统计，全世界因洪水每年平均死亡数千人，经济损失数十亿美元。在发展中国家，由于洪水预报、防治工作较差，由洪水造成的经济损失小于工业发达国家，但其死亡人数则远高于工业发达国家。例如，1947—1967 年间亚洲各国死于洪水者超过 154 000 人，在同一时期欧洲（除苏联外）死亡 10 540 人。随着世界人口密度和经济密度的加大，世界洪灾范围和损失程度有日益增加的趋势。

作为世界上洪水最频繁、损失最严重的国家之一，我国的洪水灾害有两大特点。一是发生的时间主要集中在 7、8 月份，此时正值我国大部分地区的多雨季节，加上地形、地质、土壤条件复杂，各种类型的水灾都有发生，我国历史上各次特大洪灾几乎都发生在这一期间。二是受灾地区面积广，我国约有 10% 的土地受洪水威胁，主要分布在珠江、长江、淮河、黄河、海河、辽河和黑龙江的中下游地区，其中尤以黄淮海平原和长江中下游平原湖区最为严重。这些地区不仅降雨量大，而且地势平坦，人口稠密，经济发达，受灾频率高，有时一年多灾，有时连年受灾。历史上曾多次出现洪水淹死数十万人乃至百余万人的惨剧。例如，1117 年（宋）黄河决口淹死百余万人，1642 年（明）黄河水淹开封城，全城 37 万人中被淹死 34 万人。1950—2007 年间，我国平均每年因洪涝灾害受灾农田面积为 971.98 万公顷，成灾面积 543.38 万公顷，因灾死亡 4 731 人，经济损失 1 135.94 亿元。

2. 洪水的成因

诱发洪水形成的因素多种多样，这些洪水成因有自然的，也有人为的，它们往往交织在一起导致洪水的暴发及洪水成灾。

自然因素　① 暴雨是造成绝大多数河湖洪灾的主要原因。在热带、亚热带沿海地区，季风、台风、热带气流常将海上潮湿空气带到大陆，生成暴雨，雨量超出当地防御能力即泛滥成灾。印度、巴基斯坦和孟加拉国在每年6—9月，从印度洋上吹来的西南季风，给内陆带来大量降雨，这三个国家至今仍是世界上暴雨洪灾最严重的国家。一般说来，暴雨面积大、强度大、总量大，主雨峰历时长，加上时程分配恶劣，暴雨区顺江河走向移动、扩张均可诱发较大的流域洪水的形成。② 地质活动在局部地区可导致洪水灾害的发生。例如，当大型滑坡体、崩塌体落入河湖或水库，可造成水体外溢成灾，或因泥石、激浪冲毁水坝，造成洪灾；由各种原因引起的海啸，可造成沿海地区洪灾；火山喷发使该地区冰雪消融，短时间内大量融水急流直下，在附近平原、河流两岸亦可造成洪灾。

人为因素 洪水是自然规律作用下的一种自然灾害，但在其发生、发展过程中，某些人为因素可能改变洪水的蓄积、宣泄机制，从而影响洪水灾害的发生及破坏程度。① 都市化。在城市地区，大量的建筑、道路等硬质下垫面减少了雨水向地下自然渗透的面积和水量，这一方面增大了地面径流量，另一方面也缩短了形成地面径流的滞后时间，加大了洪水灾害的发生频率和灾害程度，其具体数值大致与水泥、沥青覆盖地面的面积和建有下水道的地面面积成正比。一般而言，都市化地区洪灾发生概率为非都市化地区的三倍。② 修堤筑坝。人类修建堤坝以疏导、拦截或利用地面径流，但若堤坝过高或选址不当，受水力冲刷、滑坡、崩塌、断裂等事件影响，则有可能决口成灾。例如，1889年美国宾夕法尼亚州约翰斯敦溃坝和1979年8月11日印度曼朱二号溃坝，分别造成2 200余人和5 000余人死亡，成为水库洪水死亡人数最多的灾例。③ 荒地毁林。荒地毁林一方面削弱了天然植被对降水的调蓄，加大了地面径流量，增大了洪水发生概率和灾害程度，另一方面也加速了水土流失，增加了被地面径流带入河湖的泥沙量，造成河湖淤塞，泛滥成灾。

3. 防洪减灾战略与措施

在原始社会和奴隶社会，由于生产力水平低下，人类为了基本生存，只能适应水的特性，趋利避害。随着改造自然能力的增强，人类开始逐步采用土堤等简易工程措施防御洪水，扩大用地，并在一些河流上建成了堤防工程。近现代，由于生产力的进步和科技水平的提高，洪水防治开始利用先进的科学技术，建设了以大型的堤防和水库工程为代表的河流或地区的防洪系统，防洪能力有了较大提高。例如长江的荆江河段和黄河的主要堤防，在三峡枢纽、小浪底枢纽及相应的配套工程完成后，可以达到防御100年一遇以上洪水的标准，其他主要江河的防洪标准也均有较大程度的提高。

通过实践，人类逐渐认识到，河湖洪水是一种自然现象，要完全消除洪灾是不可能的。人类既要适当控制洪水，又须主动适应洪水的发生发展规律，协调人与洪水的关系。在防洪减灾方面，要约束人类自身各种破坏生态环境、过度开发占用土地的行为，从无序、无节制地与洪水争地转变为有序、可持续地控制洪泛区，发生大洪水时，有计划地让出一定数量的土地，为洪水提供足够的宣泄和调蓄空间，避免发生影响全局的毁灭性灾害，并将灾后救济和重建作为防洪工作的必要组成部分。总之，要从传统的以建设水利工程体系为主的防洪减灾战略，转变为在必要的防洪工程的基础上，建成全面的防洪减灾工作体系，实现人与洪水的协调共处。具体而言，防洪减灾措施可分为工程措施与非工程措施两大类。

（1）工程措施

工程措施是指兴建水库、修筑堤防、整治河道、开辟分洪区等工程，改变洪水的自然状况，包括调节蓄洪量、削减洪峰、加大泄量、分洪、滞洪等，以防止或减轻洪水灾害的不利影响。

水库工程　水库的主要作用是拦蓄洪水，削减洪峰，减轻下游防洪负担。此外，水库还有蓄水发电、供水、航运等综合功能，因此水库的建设已成为第二次世界大战后全球河流开发、治理的普遍形式。当然，水库工程投资大，需要淹没大量土地和人口迁移，对全流域的生态环境有部分不良影响，应全面考虑，综合分析利弊后实施。

堤防工程　堤防工程是防洪历史上最古老、最常用的措施，如用河堤、湖堤防御河湖的洪水泛滥，用围堤保护低洼地区不受洪水侵袭等。目前，世界各江河湖岸、洪水威胁比较严重的地区，基本上已为大堤所保护，堤防工程对防止或减轻洪水灾害起到了重要的作用。但不适当地加高堤防，将改变洪水的自然宣泄和调蓄条件，造成水流归槽、水位抬高，而且由于泥沙淤积等自然演变的影响，洪水位还有不断增高的趋势，增大了堤防风险和下游防洪负担。此外，一般堤线都较长，结构不能太复杂，筑堤材料和地基选择余地较小，堤身不宜太高。因此，用堤防工程"挡"的办法防御洪水在环境安全和技术经济上受到一定限制。

河道整治工程　由于河床边界对行洪过程有重要的影响，特别是河流下游的蜿蜒性河床，不仅减小河床比降，降低水流速度，对洪水宣泄极为不利，而且河道的侧向侵蚀易造成崩岸、溃堤。自然的裁弯取直是河道的自我调整方式，人工扩大河槽、裁弯取直则是因势利导的治河工程，可以增加泄洪量，降低洪水位，同时也提高航运效益。另外，及时清除行洪河道中的阻水性建构筑物、植物、泥石、冰凌等，也是河道整治工程的内容。

分蓄行洪工程　由于技术和经济的可行性，防洪工程只能达到一定标准，在发生大洪水时，必须安排各类分蓄行洪区作为辅助措施，分蓄（滞）河道超额洪水，避免造成毁灭性的灾害。分蓄行洪区一般都是利用河流中下游人口较少的袋形地区，如农业土地、低洼地及湖泊等，区内洪水年分洪调蓄，平水年可适当发展生产。

一条河流或一个地区的防洪，通常需要综合利用多种工程措施。防洪工程的布局，一般是根据自然地理条件，在上中游干支流山谷区修建水库拦蓄洪水，调节径流；在中下游平原地区，修筑堤防，整治河道，并因地制宜修建分蓄行洪工程，以达到防洪减灾的目的。

（2）非工程措施

从世界各国的实践来看，欲仅靠工程措施完全避免洪涝灾害，在目前和今后一段时期还很难做到。事实上，长期以来人们虽然建设了大量的防洪工程，但洪灾所造成的损失依然有增无减。因此，将非工程措施与工程措施相结合，努力减少洪灾损失，越来越为世界各国所重视。与工程措施相比，非工程措施不是直接控制洪水，而是通过法律、经济手段和工程以外的其他技术手段，加强防洪管理，调整洪水发生地区、洪水威胁地区的开发利用方式，以适应洪水的自然特性，减轻洪灾损失。

加强生态保护和建设　　良好的植被可增加流域的持水性，有利于延缓产流时间和汇流速度，降低洪峰水位，此外还可防治水土流失，减少入河泥沙，从而减轻洪水危害。因此，需积极加强江河中上游山丘地区的生态保护和生态重建工作，改善生态环境，防止洪水发生。1998 年大洪水后，我国亦作出了停止采伐长江上游、黄河上中游地区天然林的决定，在全国开始了退耕还林（草）、封山绿化的天然林保护工作。

建立洪水预报警报系统　　对于洪水灾害的预报期越长，精度越高，防洪抗灾的效果就越显著，因此世界各国均很重视洪水的预测预报工作。该项工作的主要内容是将实测或利用遥感收集到的水文、气象、降雨、洪水等数据，通过计算机信息处理和判断，提供力求准确的洪水预测、预报、预警和决策，以减少洪灾损失。

分蓄行洪区的运用和管理　　通过法律程序，确定分蓄行洪区（洪泛区）土地资源的开发利用要求，防止非法侵占行洪区，同步制定居民应急撤离计划和对策，配合分蓄行洪区的社会救济和防洪保险等补偿措施，变"被动蓄洪"为根据需要"主动蓄洪"，确保各类分蓄行洪区按规划运用。

完善救灾抢险体系　　通过经济、技术等救灾援助，可有效减少受灾地区的直接和间接损失，尽快恢复当地居民正常的生产生活。应建立符合现代防洪抗灾要求的专业救灾抢险队伍，提高在抗洪活动中的勘测、通信、查险、除险和抢险水平，逐步取代目前主要依靠大量人力的防汛抢险模式。

（二）干旱灾害

俗话说：洪灾一条线，旱灾一大片。旱灾是一种渐进性的灾害，严重的干旱灾害影响范围极广，损失也特别巨大。

1. 旱灾的危害

旱灾的危害主要表现在两个方面：第一是由于土壤水分含量低，作物的正常生长受到抑制，造成农业减产或无收；第二是地表径流减少，造成城市及工业用水短缺、人畜饮水困难、航运中断。由这两方面造成的灾害损失为直接损失。此外，干旱还可能诱发其他灾害的发生，如饥荒、疾病、火灾、虫灾、土地退化及空气质量恶化等。

旱灾是世界上最为普遍的一种自然灾害。年平均降雨量小于 250 mm 的干旱地区占全球陆地面积的 25%，主要集中在南北纬 15°～35°之间的副热带和北纬 35°～50°之间的温带、暖温带大陆内部，包括非洲、西亚、北美西部及澳大利亚大部。1988 年美国严重旱灾面积达 25%，旱灾总经济损失达 400 亿美元，是 1989 年旧金山 7.2 级大地震总损失的 2～3 倍。非洲是世界上旱灾最为严重的地区，20 世纪 60 年代末至 90 年代初持续 26 年的非洲大旱遍及 34 个国家，上亿人口遭受饥饿威胁，成为非洲近代史上最大的灾难。

我国是世界上干旱危害较严重的国家之一，旱灾发生的时空变化很大，而且极为频繁。秦岭—淮河以北地区多春旱，长江中下游地区主要是伏旱和伏秋连旱，西北大部分地区常年干旱，华南地区旱灾也时有发生。据历史资料统计，从公元前 206 年至 1949 年的 2 155 年间，我国曾发生较大旱灾 1 056 次。从 16 世纪至 19 世纪的 400 年间，全国出现受旱范围在 200 个县以上的大旱有 8 年。1876—1878 年连续三年干旱，遍及河南、山西、陕西、甘肃、山东、安徽等 18 个省，在旱灾中心地区 80% 的人被饿死，死亡人数达 1 300 万人，是我国近代各次自然灾害中最严重的一次灾难。20 世纪的大旱年有 1920 年陕、晋、豫、冀、鲁五省大旱，灾民2 000多万，死亡50余万人；1928年华北、西北、西南13省535个县特大干旱，灾民1.2亿，当时甘肃省550万人口中，灾民250万，饿死120万人；1942年大旱，仅河南一省饿死、病死者即达数百万人。近40年来全国农田受旱灾面积平均每年达3亿亩，减产粮食100亿公斤，工业的直接经济损失144.7亿元，社会经济损失均极为惨重。

2. 干旱的成因

降水和蒸发是干旱形成的两个基本气象气候因素，而其中又以降水与干旱的关系最为密切。

就大范围的干旱而言，由大气环流和海温异常引起的降水量的变化是干旱形成的主要原因。在我国，大范围的、长期性的干旱与西太平洋副热带高压位置和强度、西风环流形势稳定发展、太阳黑子活动和厄尔尼诺现象等因素有关。降水的时空变化对干旱形成与发展的影响主要表现在：第一，降水的地理分布不均，在降水较少的地区，干旱发生的概率较大；第二，降水的季节分配不均，干湿季节明显的地区，在降水较少的季节容易发生干旱；第三，降水的年际变化不均，不同区域受大气环流强弱和进退时间不同的影响，造成有些年份降水较多，有的年份降水较少，在降水较少的年份容易形成干旱。

降水是土壤水分收入的主要来源，而蒸发则是土壤水分损失的主要方式。蒸发量的大小主要取决于热量收支和水分供应情况，一年内蒸发量的变化则主要取决于气温和风力的变化。在降水量一定的情况下，蒸发量越大，土壤水分损失越多，越容易引起干旱。

此外，干旱严重程度也与地形地貌有关。例如，在我国南方山丘地区，虽然年降水量较多，但地面坡度较大或植被较差，土壤滞水保水能力较弱，因而干旱威胁也比较严重。

3. 旱灾的减灾措施

旱灾和洪灾是两种性质相反的气象灾害，它们在防灾减灾方面既有诸多共同之处，也存在一些不同之处，其差异大致表现在以下几个方面。

加强长期预报　干旱和洪水都主要是由降水量的变化引起的，但因洪水具有突发性，对降水的短期预报较有意义，而干旱表现为渐进性，对降水的长期预报则更为重要。现代的长期预报主要是在3S（遥感、地理信息系统、全球定位系统）等先进技术的支持下，根据干旱成因和干旱规律，从相关普查入手，运用一定的方法，预测未来干旱发生的时间、范围和强度。

推广人工降水　随着现代科技的发展，人工增加降水作为抗旱的一种技术手段，已受到广泛的重视。世界上大多数国家和地区都开展了这项工作，其中以美国、澳大利亚、中国和俄罗斯等国的人工降水规模较大。在我国一些干旱地区，人工降水的作业开展得较为普遍。例如，山西每年通过人工降水，平均增加雨量6亿~8亿 m^3，广东、浙江为缓解旱象和增加库存水量而进行的人工降雨，可增加水库区降水的5%~12%，这些均有效地缓解了当地的旱情。

发展节水灌溉　发展节水灌溉应以改进目前广泛采用的地面灌溉为主，因地制宜适度发展喷灌和滴灌，提高水的利用效率。喷灌是将通过管道输送来的有压水流用喷头喷射到空中，呈雨滴状散落到田间的灌溉方法，有利于调节田间小气候，可有效省水增产，适用性较广。滴灌是指灌溉水在水压力作用下，通过管道和滴头以水滴形式向作物根部供水供肥的灌溉方法，节水性能更高，减少了灌溉过程中的渗漏、地面流失和蒸发损失。滴灌技术在干旱缺雨的国家和地区得到较快的发展，但其投资较大，在我国的应用范围还不是很广。此外，实施抗旱耕作体系，优选抗旱作物，进行抗旱栽培，减少作物本身对水的需求，亦可减轻干旱对农业生产的危害。

第二节　水　污　染

水污染是指水体因某种物质的介入，而导致其化学、物理、生物或者放射性等方面特性的改变，从而影响水的有效利用，危害人体健康或者破坏生态环境，造成水质恶化的现象。水污染加剧了全球的水资源短缺，危及环境健康，严重制约人类社会、经济与环境的可持续发展。

一、主要水污染物及其环境效应

介入环境水体导致水环境污染的物质和因素是多种多样的，这些污染物质在不同的条件下产生的环境效应也具有多样性。通常来讲，水环境污染物包括悬浮物、耗氧有机物、植物营养物、重金属、难降解有机物、石油类、酸碱、病原体、热污染和放射性物质等。

1. 悬浮物

悬浮物（suspended solids，简称 SS），是指悬浮在水中的细小固体或胶体物质，主要来自水力冲灰、矿石处理、建筑、冶金、化肥、化工、纸浆和造纸、食品加工等工业废水和生活污水。悬浮物除了使水体浑浊，从而影响水生植物的光合作用外，悬浮物的沉积还会使水底栖息生物窒息，破坏鱼类产卵区，淤塞河流或湖库。此外，悬浮物中的无机物质和胶体物质较容易吸附营养物、有机毒物、重金属、农药等，形成危害更大的复合污染物。

2. 耗氧有机物

耗氧有机物是当前全球最普遍的一种水环境污染物。来源于生活污水和食品、造纸、制革、印染、石化等工业废水中含有糖类、蛋白质、油脂、氨基酸、脂肪酸、酯类等有机物质，这些物质以悬浮态或溶解态存在于污废水中，排入水体后能在微生物作用下最终分解为简单的无机物，并消耗大量的氧，使水中溶解氧降低，因而被称为耗氧有机物。在标准状况下，水中溶解氧约 9 mg/L，当溶解氧降至 4 mg/L 以下时，将严重影响鱼类和水生生物的生存；当溶解氧降低到 1 mg/L 时，大部分鱼类会窒息死亡；当溶解氧降至零时，水中厌氧微生物占据优势，有机物将进行厌氧分解，产生甲烷、硫化氢、氨和硫醇等难闻、有毒气体，造成水体发黑发臭，影响城市供水、工农业用水和景观用水。由于有机物成分复杂、种类繁多，一般常用综合指标如生化需氧量（BOD）、化学需氧量（COD）、总需氧量（TOD）或总有机碳（TOC）等表示耗氧有机物的含量。衡量耗氧有机物最常用的指标是五日生化需氧量（BOD$_5$），清洁水体中 BOD$_5$ 应低于 3 mg/L，BOD$_5$ 超过 10 mg/L 则表明水体已受到严重污染。

3. 植物营养物

植物营养物重点指含氮磷的无机物或有机物，主要来自生活污水、部分工业废水和农业尾水。氮磷是植物生长所必需的营养物质，但过多的营养物排入水体，则有可能刺激水中藻类及其他浮游生物大量繁殖，改变水生生态系统的平衡；这些短生命周期生物的死亡和腐化会导致水中溶解氧下降，水质恶化，鱼类和其他水生生物大量死亡，这种现象称为水体的富营养化。当水体出现富营养化时，大量繁殖的浮游生物往往使水面呈现红色、棕色、蓝色等颜色，这种现象发生在海域称为"赤潮"，发生在江河湖泊则叫作"水华"。水体富营养化一般都发生在池塘、湖泊、水库、河口、河湾和内海等水流缓慢、营养物容易聚积的封闭或半封闭水域，对流速较大的水体（如河流）一般影响不大。

4. 重金属

作为水污染物的重金属，主要是指汞、镉、铅、铬及类金属砷等生物毒性显著的元素，也包括具有一定毒性的一般重金属如锌、镍、钴、锡等。重金属污染对生物和人体毒性危害的主要特点包括：重金属微量浓度即可产生毒性，一般重金属产生毒性的浓度范围在 1～10 mg/L，毒性较强的汞、镉等为 0.001～0.01 mg/L；重金属及其化合物的毒性几乎都通过与机体结合而发挥作用，某些重金属可在生物体内转化为毒性更强的有机物，如著名的日本水俣病就是由汞的甲基化作用形成甲基汞，破坏人的神经系统所致；重金属不能被生物降解，生物从环境中摄取的重金属可通过食物链发生生物放大、富集，在人体内不断积蓄造成慢性中毒，如淡水浮游植物能富集汞 1 000 倍，鱼能富集 1 000 倍，而淡水无脊椎动物的富集作用可高达 10 000 倍；重金属的毒性与金属的形态有关，如六价铬的毒性是三价铬的 10 倍。20 世纪的世界八大环境公害事件中，发生在日本的水俣病（甲基汞）和痛痛病（镉）事件都是重金属污染的典型案例。作为具有潜在危害的重要污染物质，重金属污染已引起人们的高度重视。

5. 难降解有机物

难降解有机物是指那些难以被自然降解的有机物，它们大多为人工合成化学品，如有机氯化合物、有机芳香胺类化合物、有机重金属化合物及多环有机物等，也称为持久性有机污染物（persistent organic pollutants，简称 POPs）。它们的特点是能在水中长期稳定地存留，并在食物链中进行生化积累，其中一部分化合物即使在十分低的含量下仍具有致癌、致畸、致突变作用，对人类的健康构成极大的威胁。目前，人类仅对不足 2% 的人工化学品进行了充分的检测和评估，对超过 70% 的化学品都缺乏健康影响信息的了解，而对这些化学品的累积或协同作用的研究则更加缺乏。

6. 石油类

水体中石油类污染物质主要来源于船舶排水、工业废水、海上石油开采、油料泄漏及大气石油烃沉降。水体中石油类污染的危害是多方面的：含有石油类的废水排入水体后形成油膜，阻止大气对水的复氧，并妨碍水生植物的光合作用；石油类经微生物降解需要消耗氧气，造成水体缺氧；石油类黏附在鱼鳃及藻类、浮游生物上，可致其死亡；石油类还可抑制水鸟产卵和孵化。此外，石油类的组成成分中含有多种有毒物质，食用受石油类污染的鱼类等水产品，会危及人体健康。

7. 酸碱

水中的酸碱主要来自矿山排水、多种工业废水及酸雨。酸碱污染会使水体 pH 发生变化，破坏水的自然缓冲作用和水生生态系统的平衡。例如，当 pH 小于 6.5 或大于 8.5 时，水中微生物的生长就会受到抑制。酸碱污染会使水的含盐量增加，对工业、农业、渔业和生活用水都会产生不良的影响。严重的酸碱污染还会腐蚀船只、桥梁及其他水上建筑。

8. 病原体

生活污水、医院污水和屠宰、制革、洗毛、生物制品等行业废水，常含有各种病原体，如病毒、病菌、寄生虫，传播霍乱、伤寒、胃炎、肠炎、痢疾及其他多种病毒传染疾病和寄生虫病。1848 年、1854 年英国两次霍乱流行，各死亡万余人；1892 年德国汉堡霍乱流行，死亡 7 500 余人；1987—1988 年的上海甲肝大流行，都是由水中病原体引起的。

9. 热污染

由工矿企业排放高温废水引起水体的温度升高，称为热污染。水温升高使水中溶解氧减少，同时加快了水中化学反应和生化反应的速率，改变了水生生态系统的生存条件，破坏了生态功能平衡。

10. 放射性物质

放射性物质主要来自核工业部门和使用放射性物质的民用部门，尤其是核电站的废水。放射性物质污染地表水和地下水，影响饮水水质，并且通过食物链对人体产生内照射，可能出现头痛、头晕、食欲下降等症状，继而出现白细胞和血小板减少，超剂量的长期作用可导致肿瘤、白血病和遗传障碍等。

11. 表面活性剂

生活污水和部分使用表面活性剂的工业废水，含有大量表面活性剂。主要分为两类：① 烷基苯磺酸盐（ABS），含有磷并容易产生大量泡沫，属于难生物降解有机物；② 直链烷基苯磺酸盐（LAS）属于可生物降解有机物。当表面活性剂的浓度达到 1 mg/L 时，水体就可能出现持久性泡沫，这些大量不易消失的泡沫在水面形成隔离层，减弱了水体与大气之间的气体交换，致使水体发臭。当表面活性剂在水体中的浓度超过临界胶束浓度（CMC）后能使不溶或微溶于水的污染物在水中浓度增大或者把原来不具有吸附能力的物质带入吸附层，这种增溶作用会造成间接污染，改变水体性质，妨碍水体生物处理的净化效果。

二、水污染源

水污染源可分为自然污染源和人为污染源两大类：自然污染源是指自然界中自发向环境排放有害物质、造成有害影响的物质，人为污染源则是指人类社会经济活动所形成的污染源。水污染最初主要是自然因素造成的，如地表水渗漏和地下水流动将地层中某些矿物质溶解，使水中盐分、微量元素或放射性物质浓度偏高，导致水质恶化。但自然污染源一般只发生在局部地区，其危害往往也具有地区性。随着人类活动范围和强度的加大，人类的生产、生活活动逐步成为水污染的主要原因。按污染物进入水环境的空间分布方式，人为污染源又可分为点污染源和面污染源。

（一）点污染源

点污染源的排污形式为集中在一点或一个可当作一点的小范围内，多由管道收集后进行集中排放。最主要的点污染源包括工业废水和生活污水，由于污染的过程不同，这些污废水的成分和性质也存在很大差异。

1. 工业废水

长期以来，工业废水是造成水体污染最重要的污染源，其中不同行业对水污染的贡献亦不相同。根据国家统计局、环境保护部发布的《2014 中国环境统计年鉴》，2014 年全国废水排放总量为 71.61 亿 m^3，其中工业废水排放量为 20.53 亿 m^3。根据废水的发生来源，工业废水可分为工艺废水、设备冷却水、洗涤废水及场地冲洗水等；根据废水中所含污染物的性质，工业废水可分为有机废水、无机废水、重金属废水、放射性废水、热污染废水、酸碱废水及混合废水等；根据产生废水的行业性质，又可分为造纸废水、石化废水、农药废水、印染废水、制革废水、电镀废水等，见表 1-8。

表 1-8　典型工业废水的水质特点

工业部门	工业企业性质	废水特点
化工业	化肥、纤维、橡胶、染料、塑料、农药、油漆、洗涤剂、树脂	有机物含量高，pH 变化大，含盐量高，成分复杂，难生物降解，毒性强
石油化工业	炼油、蒸馏、裂解、催化、合成	有机物含量高，成分复杂，水量大，毒性较强
冶金业	选矿、采矿、烧结、炼焦、冶炼、电解、精炼、淬灭	有机物含量高，酸性强，水量大，有放射性，有毒性
纺织业	棉毛加工、漂洗、纺织印染	带色，pH 变化大，有毒性
制革业	洗皮、鞣革、人造革	有机物含量高，含盐量高，水量大，有恶臭
造纸业	制浆、造纸	碱性强，有机物含量高，水量大，有恶臭
食品业	屠宰、肉类加工、油品加工、乳制品加工、水果加工、蔬菜加工等	有机物含量高，致病菌多，水量大，有恶臭
动力业	火力发电、核电	高温，酸性，悬浮物多，水量大，有放射性

一般来说，工业废水具有以下几个特点：

污染量大　工业行业用水量大，其中 70% 以上转变为工业废水排入环境，废水中污染物浓度一般也很高，如造纸和食品等行业的工业废水中，有机物含量很高，BOD_5 常超过 2 000 mg/L，有的甚至高达 30 000 mg/L。

成分复杂　工业污染物成分复杂、形态多样，包括有机物、无机物、重金属、放射性物质等有毒有害污染物。特别是随着合成化学工业的发展，世界上已有数千万种合成品，每周又有数百种新的化学品问世，在生产过程中这些化学品（如多氯联苯）不可避免地会进入废水当中。污染物质的多样性极大地增加了工业废水处理的难度。

感官不佳 工业废水常带有令人不悦的颜色或异味，如造纸废水的浓黑液，呈黑褐色，易产生泡沫，具有令人生厌的刺激性气味等。

水质水量多变 工业废水的水量和水质随生产工艺、生产方式、设备状况、管理水平、生产时段等的不同而有很大差异，即使是同一工业的同一生产工序，生产过程中水质也会有很大变化。

危害性大，效应持久 工业废水中含有大量的人工合成有机污染物，而这些污染物很难在自然界降解和转化为无害物质，如农药、氯化有机物等。

2. 生活污水

生活污水主要来自家庭、商业、学校、旅游、服务行业及其他城市公用设施，包括厕所冲洗水、厨房排水、洗涤排水、沐浴排水及其他排水。不同城市的生活污水，其组成有一定差异。一般而言，生活污水中99.9%是水，虽也含有微量金属如锌、铜、铬、锰、镍和铅等，但污染物质以悬浮态或溶解态的无机物（如氮、硫、磷等盐类）、有机物（如纤维素、淀粉、脂肪、蛋白质及合成洗涤剂等）为主，其中有机物质大多较易降解，在厌氧条件下易生成恶臭。此外，生活污水中还含有多种致病菌、病毒和寄生虫卵等。

生活污水中悬浮固体的含量一般为 200～400 mg/L，BOD_5 为 100～700 mg/L。随着城市的发展和生活水平的提高，生活污水量及污染物总量都在不断增加，部分污染物指标（如 BOD_5）甚至超过工业废水成为水环境污染的主要来源。

（二）面污染源

面污染源又称非点污染源，污染物排放一般分散在一个较大的区域范围，通常表现为无组织性。面污染源主要指雨水的地表径流、含有农药化肥的农田排水、畜禽养殖废水及水土流失等。农村中分散排放的生活污水及乡镇工业废水，由于其进入水体的方式往往是无组织的，通常也列入面污染源。

1. 农村面源

不合理施用化肥和农药改变了土壤的物理特性，降低土壤的持水能力，产生更多的农田径流并加速土壤的侵蚀，也使得农田径流中含有大量的氮磷营养物质和有毒的农药。在农业发达的地区，农田径流中氮的浓度为 1～70 mg/L，磷的浓度为 0.05～1.1 mg/L，已对水环境构成危害。由于农业对化肥的依赖性增加，畜禽养殖业的动物粪便已从一种传统的植物营养物变成了一种必须加以处置的污染物，畜禽养殖废水常含有很高的有机物浓度，如猪圈排水中 BOD_5 为 1 200～1 300 mg/L，牛圈排水中 BOD_5 可达 4 300 mg/L，这些有机物易被微生物分解，其中含氮有机物经过氨化作用，再被亚硝酸菌和硝酸菌作用，转化为亚硝酸和硝酸，常引起地下水污染。目前，农业已成为大多数国家水环境最大的面污染源。

此外，分散农村居民点的生活污水、粗放发展的乡镇工业所排废水，也是水环境重要的污染源。小城镇和农村居民点因为环境保护基础设施和管制的缺失，生活污染一般直接排入周边的环境中，每年露天堆放的约 1.2 亿 t 农村生活垃圾和几乎全部直排的超过 2 500 万 t 农村生活污水，已经严重威胁和恶化了农村生态环境。1995 年我国乡镇工业废水排放量曾达到 59.1 亿 t，占当时全国工业废水排放总量的 21.0%；废水中化学需氧量（重铬酸钾法）排放量为 611.3 万 t，占全国工业化学需氧量排放总量的 44.3%；氰化物排放量为 438.3 t，占 14.9%；挥发酚排放量为 11 958.5 t，占 65.4%；石油类排放量为 10 003.9 t，占 13.5%；悬浮物排放量为 749.5 万 t，占 47.9%；重金属（铅、汞、铬、铜）排放量为 1 321.4 t，占 42.4%；砷排放量为 1 875.3 t，占 63.3%。散乱排放的乡镇工业废水已经成为水环境保护的突出问题和影响人体健康的重要因素。

2. 城市径流

在城市地区，大部分下垫面为屋顶、道路、广场所覆盖，地面渗透性很差。雨水降落并流过铺砌的地面，常夹带大量的城市污染物，如润滑油、石油、阻冻液、汽车废气中的重金属、轮胎的磨损物、建筑材料的腐蚀物、路面的砂砾、建筑工地的淤泥和沉淀物、动植物的有机废物、动物排泄排遗物中的细菌、城市草地和公园喷洒的农药，以及融雪撒的道路盐等。城市地区的雨水一般通过雨污分流或合流的下水道，直接排入附近水体，通常并不经过任何处理。研究发现，城市径流中所含的重金属（如铜、铅、锌等）、氯化有机物、悬浮物，对许多种鱼类和无脊椎水生动物具有潜在的致命影响。

此外，大气中含有的污染物随降雨进入地表水体，也可以归入面污染源。例如，酸雨降低了水体中的 pH，影响幼鱼和其他水生动物种群的生存，并可使幸存的成年鱼类丧失生殖能力。

由于面污染源量大、面广、情况复杂，故其控制要比点污染源难得多。并且随着对点污染源的管制的加强，面污染源在水环境污染中所占的比例在不断增加。据调查，损害美国地表水的污染源中，面源所作的贡献已分别达到 65%（河流）和 75%（湖泊）。

三、水污染的特征

人类活动排放的各种污染物质，通过多种途径进入河流、湖泊、海洋或地下水等水体，当超过水体的自净能力时，将使水环境的物理、化学、生物特性发生改变，最终对人类的生产、生活及生态环境造成一系列不利影响。

（一）地表水污染特征

1. 河流污染

所谓河流污染是指进入河流的污染负荷，超过了河流的自净能力，从而造成河流水环境质量降低，影响水体使用功能的现象。河流污染具有以下特点：

污染程度随径流量变化 河流的径流量和入河的污水量、污染物总量决定着河流的稀释比。在排污量相同的情况下，河流的径流量越大，河流污染的程度越轻，反之就越重。由于河流的径流量具有随时间变动的特点，因此河流污染的程度也表现出明显的时间变化特性，具体而言就是枯水期河流污染通常较为严重。

污染扩散快 河流是流动的，上游受到污染会很快影响下游的水环境质量。从水污染对水生生物生活习性（如某些鱼类的洄游）的影响来看，一段河流受到污染后，可以迅速

影响整条河流的生态环境。

污染影响大　河流，特别是水质相对洁净的大江大河是目前人类主要的饮用水源，种类繁多的污染物可以通过饮用水危害人类。不仅如此，河流还可通过水生动植物食物链及农田灌溉等途径直接或间接危及人类健康。此外，水质的严重恶化还会影响河流流经地区工业用水、农业用水和生态用水的保障能力，进而引发社会危机和生态危机。

人类活动高度密集的城市、工业区和农业区，一般都位于各大江河流域，长期以来，人类依靠河流供给城市及工农业用水，同时也将大量污废水排入其中。当今世界上凡人口及工农业高度密集地区的河流，大多受到了不同程度的污染。

2. 湖泊（水库）污染

湖泊往往是一个地区的较低洼处，是数条河流的汇入点，也常常成为污染物的归宿地。湖泊污染就是指污染物质进入湖泊的数量超过了湖泊的自净能力，造成湖泊水体污染的现象。湖泊因为水体交换滞缓，从而呈现出一系列与河流污染不同的特点：

污染来源广、途径多、种类复杂　湖泊流域内的几乎一切污染物质，都可通过各种途径最终进入湖泊水环境。湖泊污染的来源可分为外源和内源两大类：外源包括入湖河流携带的工业废水、生活污水和面源污水，湖区周围的农田排水和降雨径流；内源包括船舶排水、养殖废水及污染底泥（包括湖内生物死亡后，经微生物分解产生的污染物）。

污染稀释和搬运能力弱　由于湖泊水面宽广、流速缓慢、水力停留时间较长，造成污染物质进入湖泊后，不易迅速被湖水稀释而达到充分混合，也难以通过湖流的搬运作用，经过出湖河流向下游输送，因此常会出现湖泊水质分布不均匀及污染物向湖底沉降的现象，尤其是大容量深水湖泊更为显著。此外，流动缓慢的湖泊还使大气复氧作用降低，导致湖泊对某些污染物质的自净能力减弱。

生物降解和累积能力强　湖泊是天然孕育水生动植物的有利场所，水生生物的大量繁殖，往往成为影响湖泊水质动态变化的重要因素。湖泊生态系统对多种污染物具有降解作用，如在藻类、细菌或底栖动物的作用下，将有机污染物分解为二氧化碳和水，有利于湖泊的净化。但是湖泊也可能使某些毒性不大的污染物质转化成毒性很强的物质，如无机汞可被生物转化成甲基汞，使湖泊污染的危害加重。此外，湖中生物对某些污染物质还具有累积作用，这些污染物除了直接从湖水进入生物体外，还通过多级生物的吞食，在食物链中不断进行转移、富集和放大，如 DDT 及其分解产物，可通过水、藻、虾、昆虫、小鱼，而到达鸟类体内的浓度比水中浓度大一百多万倍。

当前，湖泊污染最直接、最常见的表现就是水体的富营养化。

（二）地下水污染特征

地下水是埋藏于地表以下的天然水。地下水具有分布广泛、水质洁净、温度变化小、便于储存和开采等特点，因此地下水愈来愈成为城镇、工业区，特别是干旱或半干旱地区主要的供水水源。但当各种途径进入地下水的污染物质超过了地下水的自净能力时，就会造成地下水的污染。由于特殊的埋藏条件，地下水污染具有如下显著特点：

污染来源广泛　地下水污染的途径多种多样，主要有：工业废水和生活污水未经处理

而直接排入渗坑、渗井、溶洞、裂隙，进入地下水；工业废物和生活垃圾等固体废物，在无适当的防渗措施条件下，经雨水淋洗，有毒有害物质缓慢渗入地下水；用不符合灌溉水质标准的污水灌溉农田，或受污染的地表水体长期渗漏，从而进入地下水；在沿海地区过度开采地下水，使地下水位严重下降，海水倒灌污染地下水等。地下水的污染具有过程缓慢、不易发现的特点。

污染难以治理   地下水在无光和缺氧的条件下，生物作用微弱，水质动态变化小，化学成分稳定，但如果受到污染，则难以再恢复其原来状态。加上污染溶液入渗所经过的地层还能起二次污染源的作用，因此即使彻底消除人为的地下水污染源，一般也需要十几年，甚至几十年才能使水质得到完全净化。

污染危害严重   地下水是世界许多干旱、半干旱地区及地表水污染严重地区重要的饮用和生产水源，据对我国 80 个大中城市的统计，以地下水作为供水水源的城市占 60% 以上，地下水污染对水资源短缺地区的生存和发展，无异于雪上加霜。

（三）海洋污染特征

人类活动直接或间接地将物质或能量排入海洋环境（包括河口），以致损害海洋生物资源、危害人类健康、妨碍海洋渔业、破坏海水正常使用或降低海洋环境优美程度的现象，称为海洋污染。海洋是地球上最大的水体，具有巨大的自净能力，但这种对污染物的消纳能力并不是无限的。海洋污染的特点主要表现在：

污染源多而复杂   海洋的污染源极其复杂，除了海上船舶、海上油井排放的有毒有害物，沿海地区产生的污染物直接注入海洋外，内陆地区的污染物也大都通过河流最后排入海洋，此外，大气污染物也可以通过大气环流运行到海洋上空，随降水进入海洋。因此海洋有地球上一切污染物的"垃圾桶"之称。

污染持续性强   海洋是地球各地污染物的最终归宿。与其他水体污染不同，海洋环境中的污染物很难再转移出去。因此随着时间的推移，一些不能溶解或不易降解的污染物（如重金属和有机氯化物）越积越多。DDT 进入海洋后，经过 10～50 年才仅能分解掉 50%，就是一例。

污染扩散范围大   由于具有良好的水交替条件，海洋中的污染物可通过表流、潮汐、重力流等作用与海水进行很好的混合，将污染物质带到更远、更深的海域。例如，人类已从北冰洋和南极洲捕获的鲸鱼体内分别检出了 0.2 mg/kg 和 0.5 mg/kg 的多氯联苯，这表明多氯联苯已由近岸扩散到远洋，足见污染物在海洋环境中的扩散范围是相当大的。

目前，全球较严重的海洋污染主要集中在靠近发达地区的近海海域，如波罗的海、地中海北部、美国东北部沿岸海域和日本的濑户内海。

第三节   水环境质量标准

水作为最重要的自然资源，同时具有质和量两方面的基本特征。天然水资源和水环境的数量特征是客观存在和不易改变的，因此，就天然水资源和水体环境的利用价值而言，水质是决定性的因素。不同的水资源和水环境利用方式，对于水质的要求也不尽相同，如饮用水需要满足人体健康和营养的水质要求（如饮用自来水和矿泉水），洗涤用水需要满足清洗物品的水质要求，灌溉用水需要满足植物对水及营养物质的需求，不同的工业生产对水质的要求更是千差万别，而冲厕用水、景观用水对水质的要求则相对较低。水环境污染不仅直接降低了水的资源价值和可利用性，同时还减少和破坏了人类可利用的有限淡水资源。为了客观地认识和评价水环境质量、控制和消除水环境污染，需要明确满足不同水体功能需求的水环境质量标准。为此，许多国家根据自身的自然环境特征、科学技术水平和社会经济状况，制定了各种水质标准，它们是一种技术强制性规范，是水污染控制的基本管理措施和重要依据之一。

2017年修正的《中华人民共和国水污染防治法》第二章第十二条规定："国务院环境保护主管部门制定国家水环境质量标准。省、自治区、直辖市人民政府可以对国家水环境质量标准中未作规定的项目，制定地方标准，并报国务院环境保护主管部门备案。"第十三条规定："国务院环境保护主管部门会同国务院水行政主管部门和有关省、自治区、直辖市人民政府，可以根据国家确定的重要江河、湖泊流域水体的使用功能以及有关地区的经济、技术条件，确定该重要江河、湖泊流域的省界水体适用的水环境质量标准，报国务院批准后施行。"

一、水质基准与水质标准

水环境质量基准（criterion of water environmental quality，简称水质基准）指环境中污染物对特定对象（人或其他生物）不产生不良或有害影响的最大剂量（无作用剂量）或浓度。水环境质量标准（standard of water environmental quality，简称水质标准）是为保障人体健康、维护生态良性循环和保障社会物质财富，基于水质基准，结合社会经济、技术能力制定的控制环境中各类污染物质浓度水平的限值。标准（standard）和基准（criterion）是两个既有区别，又有密切联系的概念。水质基准是对水体中的污染物或危害因素对水生生物的生长、发育、繁殖，对人体健康、生态平衡，以及社会财富等的危害进行综合研究基础上，所获得的污染物浓度（剂量）与效应的相关性系统资料，是科学研究的结果，它未考虑社会、政治、经济等因素，不具有法律效力。而水质标准是以水质基准为基本科学依据，并考虑实现标准的社会经济和技术条件，由国家或地方环境保护行政主管部门批准颁布，具有法律效力。水质基准是制定水质标准的科学依据，基准数值决定了水质标准的基本水平。

（一）水质基准

对水质基准的研究主要基于水体污染物一方面会对人体和水生生物的健康和安全产生影响，另一方面也可能对水体生态产生影响，因此可以将水质基准划分为两大类：① 毒理学基准，如人体健康基准、水生生物基准等，是在大量科学实验和研究的基础上制定的；② 生态学基准，如营养物基准等，是在大量现场调查的基础上通过统计学分析制定的。通常人们根据保护对象，将水质基准划分为水环境卫生基准、水生生物基准和水体营养物基准。

1. 水环境卫生基准

水环境卫生基准的核心是人体对污染物剂量 – 效应（对象）关系的认识。保护人体健康的水环境卫生基准主要通过毒理学评估和暴露实验研究，以污染物的浓度表示，分别根据单独摄入水生生物，以及同时摄入水和水生生物两种情形进行计算，结果曲线分为两类：有阈值和无阈值曲线。有阈值曲线表明人体对该种污染物在一定暴露浓度下具有自我消除能力，或者难以察觉可忽略不计，这种物质就是常规污染物；而无阈值曲线的污染物在人体中具有累积效应，会造成人体健康不可逆效应，甚至具有"三致"（致畸、致癌、致突变）风险，这些物质被称为有毒污染物或"优先污染物"。

2. 水生生物基准

保护水生生物的水质基准包括暴露的浓度、时间和频次等。淡水（或海水）水生生物基准对于每个污染物都制定了两个限值，即基准连续浓度（criteria continuous concentration，简写为 CCC）和基准最大浓度（criteria maximum concentration，简写为 CMC）。其中，CCC 是为了防止水生生物在低浓度污染物的长期作用下造成慢性毒性效应而设定的，在该浓度下水生生物群落可以被无限期暴露而不产生不可接受的影响；CMC 是为了防止水生生物在高浓度污染物的短期作用下造成的急性毒性效应而设定的，一般认为在该浓度下，水生生物群落可以被短期暴露而不产生不可接受的影响。制定水生生物基准要充分考虑生物的多样性，急性毒性数据至少涉及 3 门 8 科的生物，所选生物要有较好的代表性和差异性。

3. 水体营养物基准

水体营养物基准是基于生态学原理和方法制定的，用于防范水体的富营养化。氮磷等营养物质对水生生物的毒理作用相对较小，其危害主要在于促进藻类生长而引致水华爆发，从而加快湖泊的富营养化和衰亡进程。富营养化的发生不仅与水质条件相关，同时也与湖泊、水库（简称湖库）的地理和气象条件，以及自身的水力条件相关，因此不可能采用一个统一的营养物基准来反映不同区域的水体富营养化条件。需要根据不同区域的特点和水体类型，制定具有针对性的营养物基准。

水生态区是指具有相似生态系统或期待发挥相似生态功能的水域，是确定营养物基准的适用空间单元。根据水生态区划，人们可以对具有同样属性的水体进行统一管理，并制定相应的管理标准，确定监测的参考条件及恢复目标，采取切实可行的管理对策。在同一水生态区内，由于具有相似的气候、地形、土地利用等特征，水体生产力和营养状况与总磷、总氮、叶绿素 a 和透明度等指标均具有较好的相关性，可为营养物基准制定奠定良好基础。

（二）我国的水质标准

经过多年的发展，我国已根据不同水域及其使用功能分别制定了不同的水环境质量标准，其中包括强制标准和推荐性标准、国家和行业标准等。我国颁布执行的水环境质量标准包括《地表水环境质量标准》（GB 3838—2002）、《地下水质量标准》（GB/T 14848—2017）、《海水水质标准》（GB 3097—1997）、《渔业水质标准》（GB 11607—89）和《农田灌溉水质标准》（GB 5084—2021）（见表 1-9）。本书着重对地表水环境质量标准进行简要介绍。

表 1-9 水环境质量标准

标准名称	标准编号	发布时间	实施时间
地表水环境质量标准	GB 3838—2002	2002-4-28	2002-6-1
地下水质量标准	GB/T 14848—2017	2017-10-14	2018-5-1
海水水质标准	GB 3097—1997	1997-12-3	1998-7-1
渔业水质标准	GB 11607—89	1989-8-12	1990-3-1
农田灌溉水质标准	GB 5084—2021	2021-1-20	2021-7-1

资料来源：中华人民共和国生态环境部网站。

二、地表水环境质量标准

地表水环境质量标准（environmental quality standards for surface water）是最重要的水环境质量标准。我国《地表水环境质量标准》已经经过了三次修订，1983 年的《地面水环境质量标准》（GB 3838—83）为首次发布，1988 年首次修订（GB 3838—88），1999 年进行了第二次修订（GHZB1—1999），目前执行的《地表水环境质量标准》（GB 3838—2002）为第三次修订，于 2002 年 4 月 28 日由原国家环境保护总局（现为生态环境部）、原国家质量监督检验检疫总局（现为国家市场监督管理总局）批准发布，2002 年 6 月 1 日起实施，GB 3838—88 和 GHZB1—1999 同时废止。

（一）概述

《地表水环境质量标准》的制定是为了贯彻《中华人民共和国环境保护法》和《中华人民共和国水污染防治法》，防治水污染，保护地表水水质，保障人体健康，维护良好的生态系。该标准的标准项目共计 109 项，包括地表水环境质量标准基本项目（24 项）、集中式生活饮用水地表水源地补充项目（5 项）和集中式生活饮用水地表水源地特定项目（80 项）。其中，地表水环境质量标准基本项目适用于全国江河、湖泊、运河、渠道、水库等具有使用功能的地表水水域；集中式生活饮用水地表水源地补充项目和特定项目适用于集中式生活饮用水地表水源地一级保护区和二级保护区，其中特定项目由县级以上人民政府环境保护行政主管部门根据当地地表水水质特点和环境管理的需要进行选择。

《地表水环境质量标准》按照地表水环境功能分类和保护目标，规定了水环境质量应控制的项目及限值，以及水质评价、水质项目的分析方法和标准的实施与监督，适用于中华人民共和国领域内江河、湖泊、运河、渠道、水库等具有使用功能的地表水水域。具有特定功能的水域，执行相应的专业用水水质标准。

（二）水域功能和标准分类

依据地表水水域环境功能和保护目标，按功能高低依次划分为五类；

Ⅰ类 主要适用于源头水、国家自然保护区；

Ⅱ类 主要适用于集中式生活饮用水地表水源地一级保护区、珍稀水生生物栖息地、鱼虾类产卵场、仔稚幼鱼的索饵场等；

  Ⅲ类 主要适用于集中式生活饮用水地表水源地二级保护区、鱼虾类越冬场、洄游通道、水产养殖区等渔业水域及游泳区；

  Ⅳ类 主要适用于一般工业用水区及人体非直接接触的娱乐用水区；

  Ⅴ类 主要通用于农业用水区及一般景观要求水域。

  对应地表水上述五类水域功能，将地表水环境质量标准基本项目标准值分为五类，不同功能类别分别执行相应类别的标准值。水域功能类别高的标准值严于水域功能类别低的标准值。同一水域兼有多类使用功能的，执行最高功能类别对应的标准值。实现水域功能与达功能类别标准为同一含义。

  （三）水质指标及标准值

  地表水环境质量标准基本项目标准限值见表 1-10，集中式生活饮用水地表水源地补充项目标准限值见表 1-11，集中式生活饮用水地表水源地特定项目标准限值见表 1-12。其中最具有代表性的是地表水环境质量标准基本项目，共 24 项，从物理、化学和生物三个方面描述水质的基本属性。一些主要水质指标对水资源的可利用性和水生态系统有重要影响。

表 1-10 地表水环境质量标准基本项目标准限值   单位：mg/L

序号	项目	Ⅰ类	Ⅱ类	Ⅲ类	Ⅳ类	Ⅴ类
1	水温 /℃	人为造成的环境水温变化应限制在： 周平均最大温升 ≤ 1 周平均最大温降 ≤ 2				
2	pH（无量纲）	6～9				
3	溶解氧 ≥	饱和率90%（或7.5）	6	5	3	2
4	高锰酸盐指数 ≤	2	4	6	10	15
5	化学需氧量（COD）≤	15	15	20	30	40
6	五日生化需氧量（BOD_5）≤	3	3	4	6	10
7	氨氮（NH_3-N）≤	0.15	0.5	1.0	1.5	2.0
8	总磷（以P计）≤	0.02（湖、库0.01）	0.1（湖、库0.025）	0.2（湖、库0.05）	0.3（湖、库0.1）	0.4（湖、库0.2）
9	总氮（湖、库，以N计）≤	0.2	0.5	1.0	1.5	2.0
10	铜 ≤	0.01	1.0	1.0	1.0	1.0
11	锌 ≤	0.05	1.0	1.0	2.0	2.0
12	氟化物（以 F^- 计）≤	1.0	1.0	1.0	1.5	1.5
13	硒 ≤	0.01	0.01	0.01	0.02	0.02
14	砷 ≤	0.05	0.05	0.05	0.1	0.1
15	汞 ≤	0.000 05	0.000 05	0.000 1	0.001	0.001
16	镉 ≤	0.001	0.005	0.005	0.005	0.01

续表

序号	项目	I 类	II 类	III 类	IV 类	V 类
17	铬（六价）≤	0.01	0.01	0.05	0.05	0.1
18	铅≤	0.01	0.01	0.05	0.05	0.1
19	氰化物≤	0.005	0.05	0.2	0.2	0.2
20	挥发酚≤	0.002	0.002	0.005	0.01	0.1
21	石油类≤	0.05	0.05	0.05	0.5	1.0
22	阴离子表面活性剂≤	0.2	0.2	0.2	0.3	0.3
23	硫化物≤	0.05	0.1	0.2	0.5	1.0
24	粪大肠菌群 /（个·L^{-1}）≤	200	2 000	10 000	20 000	40 000

表 1-11　集中式生活饮用水地表水源地补充项目标准限值　　　单位：mg/L

序号	项目	标准值
1	硫酸盐（以 SO_4^{2-} 计）	250
2	氯化物（以 Cl^- 计）	250
3	硝酸盐（以 N 计）	10
4	铁	0.3
5	锰	0.1

表 1-12　集中式生活饮用水地表水源地特定项目标准限值　　　单位：mg/L

序号	项目	标准值	序号	项目	标准值
1	三氯甲烷	0.06	14	苯乙烯	0.02
2	四氯化碳	0.002	15	甲醛	0.9
3	三溴甲烷	0.1	16	乙醛	0.05
4	二氯甲烷	0.02	17	丙烯醛	0.1
5	1，2- 二氯乙烷	0.03	18	三氯乙醛	0.01
6	环氧氯丙烷	0.02	19	苯	0.01
7	氯乙烯	0.005	20	甲苯	0.7
8	1，1- 二氯乙烯	0.03	21	乙苯	0.3
9	1，2- 二氯乙烯	0.05	22	二甲苯①	0.5
10	三氯乙烯	0.07	23	异丙苯	0.25
11	四氯乙烯	0.04	24	氯苯	0.3
12	氯丁二烯	0.002	25	1，2- 二氯苯	1.0
13	六氯丁二烯	0.000 6	26	1，4- 二氯苯	0.3

序号	项目	标准值	序号	项目	标准值
27	三氯苯②	0.02	54	环氧七氯	0.000 2
28	四氯苯③	0.02	55	对硫磷	0.003
29	六氯苯	0.05	56	甲基对硫磷	0.002
30	硝基苯	0.017	57	马拉硫磷	0.05
31	二硝基苯④	0.5	58	乐果	0.08
32	2，4-二硝基甲苯	0.000 3	59	敌敌畏	0.05
33	2，4，6-三硝基甲苯	0.5	60	敌百虫	0.05
34	硝基氯苯⑤	0.05	61	内吸磷	0.03
35	2，4-二硝基氯苯	0.5	62	百菌清	0.01
36	2，4-二氯苯酚	0.003	63	甲萘威	0.05
37	2，4，6-三氯苯酚	0.2	64	溴氰菊酯	0.02
38	五氯酚	0.009	65	阿特拉津	0.003
39	苯胺	0.1	66	苯并[a]芘	2.8×10^{-6}
40	联苯胺	0.000 2	67	甲基汞	1.0×10^{-5}
41	丙烯酰胺	0.000 5	68	多氯联苯⑥	2.0×10^{-5}
42	丙烯腈	0.1	69	微囊藻毒素-LR	0.001
43	邻苯二甲酸二丁酯	0.003	70	黄磷	0.003
44	邻苯二甲酸二（2-乙基己基）酯	0.008	71	钼	0.07
45	水合肼	0.01	72	钴	1.0
46	四乙基铅	0.000 1	73	铍	0.002
47	吡啶	0.2	74	硼	0.5
48	松节油	0.2	75	锑	0.005
49	苦味酸	0.5	76	镍	0.02
50	丁基黄原酸	0.005	77	钡	0.7
51	活性氯	0.01	78	钒	0.05
52	滴滴涕	0.001	79	钛	0.1
53	林丹	0.002	80	铊	0.000 1

注：① 二甲苯：指对二甲苯、间二甲苯、邻二甲苯；

② 三氯苯：指1，2，3-三氯苯、1，2，4-三氯苯、1，3，5-三氯苯；

③ 四氯苯：指1，2，3，4-四氯苯、1，2，3，5-四氯苯、1，2，4，5-四氯苯；

④ 二硝基苯：指对二硝基苯、间二硝基苯、邻二硝基苯；

⑤ 硝基氯苯：指对硝基氯苯、间硝基氯苯、邻硝基氯苯；

⑥ 多氯联苯：指 PCB-1016、PCB-1221、PCB-1232、PCB-1242、PCB-1248、PCB-1254、PCB-1260。

水温　水温会影响水的密度，影响微生物的活动及生化反应的速率等，进而影响水中细菌的生长繁殖和水的自然净化作用，与水的净化消毒亦有重要的关系。人为造成水温变化的因素主要是排放含热废水。

pH（hydrogen ion concentration）　pH 的变化对生物的繁殖和生存有很大影响，同时还严重影响水体中微生物的生化作用，影响水中胶体的带电状态，导致胶体对水中一些离子的吸附或释放。pH 过低，细菌和大多数藻类及浮游动物受到影响，硝化过程被抑制，光合作用减弱，水体物质循环强度下降；磷肥易于永久性失效；硫化物大多变成硫化氢而极具毒性；鱼卵孵化时卵膜和胚体可自动解体（10 左右）；pH 越高，氨的比例越大，毒性越强；磷肥易于暂时性失效，鱼卵孵化时胚胎大多为畸形胎（6.5 左右）。pH 过高或过低都会使鱼类新陈代谢低落，血液对氧的亲和力下降（酸性），摄食量少，消化率低，生长受到抑制。

溶解氧（dissolved oxygen）　溶解氧是指溶解在水中氧气的量，通常记作 DO。水中溶解氧的多少是衡量水体自净能力的一个指标，它与空气里氧的分压、大气压、水温和水质有密切的关系，自然条件下水温越低、气压越高、盐分越少，水中溶解氧的含量越高。溶解氧除了被通常水中硫化物、亚硝酸根、亚铁离子等还原性物质所消耗外，也被水中微生物的呼吸作用，以及水中有机物质被好氧微生物的氧化分解所消耗。当水中的溶解氧值降到 5 mg/L 时，一些鱼类的呼吸就发生困难。水里的溶解氧由于空气中氧气的溶入及绿色水生植物的光合作用会不断得到补充。但当水体受到有机物污染，耗氧严重，溶解氧得不到及时补充，水体中的厌氧菌就会很快繁殖，有机物因腐败而使水体变黑、发臭。

化学需氧量（chemical oxygen demand）　简称 COD，是水体中能被氧化的物质进行化学氧化时消耗氧的数量，是衡量水质受有机物污染程度的综合指标，以每升水消耗氧的毫克数表示，COD 值越大，表示水体受污染越严重。通常所讲的化学需氧量是指 COD_{Cr}，采用重铬酸钾（$K_2Cr_2O_7$）氧化法测定，氧化率高，再现性好，适用于表征水样中有机物的总量。COD_{Mn} 是采用酸性高锰酸钾（$KMnO_4$）氧化法测定的化学需氧量，该方法氧化率较低，但比较简便，通常用于测定水样中有机物的相对比较值。

生化需氧量（biochemical oxygen demand）　又称生化耗氧量，表征水中有机物通过微生物的生化作用进行氧化分解，使之无机化或气体化时所消耗水中溶解氧的总数量，其单位以 mg/L 表示。其值越高，说明水中有机污染物质越多，污染也就越严重。为了缩短检测时间，一般采用五日生化需氧量（BOD_5）表征水体的生化需氧量，对生活污水来说，它约等于完全氧化分解耗氧量的 70%。一般清净河流 BOD_5 应不大于 2 mg/L，若高于 10 mg/L 就会散发出恶臭味，生活饮用水应小于 1 mg/L。

植物营养物指标　包括氨氮（NH_3–N）、总氮（TN）和总磷（TP）三个指标。氨氮是水体中最易被植物利用的氮营养素，可导致水体富营养化现象产生，是水体中的主要耗氧污染物，对鱼类及某些水生生物有毒害。总氮（TN）包括水体中所有含氮化合物，即亚硝酸盐氮、硝酸盐氮、无机盐氮、溶解态氮及大部分有机含氮化合物中的氮的总和。总磷（TP）是水体中磷元素的总含量，磷含量过多会引起藻类植物的过度生长，水体富营养化，发生水华或赤潮。

重金属　包括铜、锌、砷、汞、镉、铬（六价）、铅 7 种重金属和类金属，其中铜、锌是生命活动所需要的微量元素，但不宜过多，汞、镉、铅、铬及类金属砷等生物毒性显著。重金属不能被生物降解，相反却能在食物链的生物放大作用下富集。重金属在人体内能和蛋白质及酶等发生强烈的相互作用，使它们失去活性，也可能在人体的某些器官中累积，造成慢性中毒。

氟化物 包括氟化氢、金属氟化物、非金属氟化物、氟化铵和有机氟化物等。氟化物污染土壤后，可使土壤酸性增加，使土壤中微量磷酸分解而生成磷氟化物，对农作物生长不利。适当的氟是人体所必需的，过量的氟对人体有危害，氟化钠对人的致死量为 6 ~ 12 g，饮用水含 2.4 ~ 5 mg/L 可出现氟骨症。氟骨症表现为腰腿痛、关节僵硬、骨骼变形、下肢弯曲、驼背，甚至瘫痪，描述为"抬头不见天，低头不见门，回家不见人"。

硒（selenium，Se） 在生物体内硒和维生素 E 协同作用，能够保护细胞膜，防止不饱和脂肪酸的氧化。微量硒具有防癌作用及保护肝的作用，缺硒患者及地方性疾病克山病、长时间依靠静脉高营养维持的缺硒患者需要补充硒。硒过量会导致指甲变厚、毛发脱落、肢端麻木、偏瘫。

氰化物 特指带有氰基（—CN）的化合物。氰化物包括无机氰化物（如氢氰酸、氰化钾/钠、氯化氰等）和有机氰化物（如乙腈、丙烯腈、正丁腈等），能在体内很快析出离子，均属高毒类物质。很多氰化物，在加热或与酸作用后或在空气中释放出氰化氢或氰离子，都具有与氰化氢同样的剧毒作用。氰化物进入人体后析出氰离子，与细胞线粒体内氧化型细胞色素氧化酶的三价铁结合，阻止氧化酶中的三价铁还原，组织细胞不能利用氧，造成组织缺氧，导致机体陷入内窒息状态。某些腈类化合物直接对中枢神经系统产生抑制作用。

挥发酚 沸点在 230 ℃以下的酚类物质，一般为一元酚。水中酚类属于有毒物质，人体摄入一定量会出现急性中毒症状，长期饮用被酚污染的水可引起头痛、出疹、瘙痒、贫血及各种神经系统症状。当水中含酚 0.1 ~ 0.2 mg/L，鱼肉有异味（煤油味），大于 5 mg/L 时，可导致鱼类中毒死亡。酚的主要污染源有煤气洗涤、炼焦、合成氨、造纸、木材防腐和化工行业的工业废水。

石油类 石油类物质在我国危险废物名录中排第 8 位（共 50 种危险废物），包括石油及其油类制品，主要由烃类物质组成，还有含有少量氧、氮、硫等元素的烃类衍生物。石油中的芳香烃类物质对人体的毒性较大，尤其是双环和三环为代表的多环芳烃毒性更大，可影响人体多种器官的正常功能，引起的症状包括：皮肤、肺、膀胱和阴囊肿瘤，接触性皮炎，皮肤过敏，色素沉着和痤疮等。

阴离子表面活性剂 表面活性剂的一类，在水中解离后，生成憎水性阴离子，不仅会直接危害水生环境，而且还抑制其他有毒物质的降解。阴离子表面活性剂分为羧酸盐、硫酸酯盐、磺酸盐和磷酸酯盐四大类，具有较好的去污、发泡、分散、乳化、润湿等特性，广泛用作洗涤剂、起泡剂、润湿剂、乳化剂和分散剂。

硫化物 一般指金属与硫形成的化合物，也包括硫化氢、硫化铵、非金属硫化物和有机硫化物，对水产养殖动物等水生生物有高毒性。除硫化钠、硫化钾、硫化钙等少数硫化物能溶于水并发生水解作用外，其他金属的硫化物大多数不溶于水。

粪大肠菌群（fecal coliform） 表征水体卫生程度的生物学指标。粪大肠菌群为总大肠菌群的一个亚种，直接来自粪便，在 44 ~ 44.5 ℃的高温条件下仍可生长繁殖并将色氨酸代谢成吲哚，其他特性均与总大肠菌群相同，粪大肠菌群细菌在卫生学上具有重要的意义。

第四节 水污染控制

水污染是当今世界各国面临的共同问题。随着经济发展、人口增长和城市化进程的加快，全球水污染负荷还有日益加重的趋势，另一方面由于人们生活水平的提高，又对水环境质量提出了更高的要求。因此，科学、经济地进行水污染控制，保证水环境的可持续利用，已成为世界各国特别是发展中国家最紧迫的任务之一。

一、水污染的源头控制

水污染的源头控制就是利用法律、管理、经济、技术、宣传教育等手段，对生活污水、工业废水、农村面源和城市径流等进行综合控制，防止污染发生，削减污染排放。事实证明，水污染预防要比通过"末端治理"试图消除水污染更加经济、有效。美国在其1990年通过的《污染预防法》中强调，在任何可行的情况下都要优先考虑污染的预防，并指出污染预防"与废物管理和污染控制截然不同，而且比它们要理想得多"；我国的《水污染防治法》也强调，"水污染防治应当坚持预防为主、防治结合、综合治理的原则"。此外，对于并非来自单一、可确定的水污染源，如农村面源、城市径流及大气沉降等，末端治理的办法并不适用，加强水污染预防尤为必要。水污染防治的法律、管理、经济和宣传措施主要体现在环境管理政策和制度方面（参见本书第十章"规律规则原理"），本节着重对以技术手段为主体的其他源头控制方法做简要的介绍。

（一）工业水污染

工业废水排放量大、成分复杂，因此工业水污染的预防是水污染源头控制的重要任务。工业水污染的预防应当从合理布局、清洁生产、就地处理、循环经济及强化管理等多方面着手，采取综合性整治对策，才能取得良好的效果。

优化产业结构、合理布局　在产业规划和工业发展中，应从可持续发展的原则出发制定产业政策，优化产业结构，明确产业导向，优先发展第三产业、低水耗低污染产业，限制发展能耗物耗高、水污染重的工业，降低单位工业产品的污染物排放负荷。工业的布局应充分考虑对环境的影响，通过规划引导工业企业向工业区相对集中，为工业水污染的集中控制创造条件。

清洁生产和循环经济　清洁生产是采用能避免或最大限度减少污染物产生的工艺流程、方法、材料和能源，将污染物尽可能地消灭在生产过程之中，使污染物排放减少到最少；循环经济是通过产业链的有机组合，将污染负荷变废为宝，达到削减污染负荷与提升经济效益同步实现的目标。在工业企业内部推行清洁生产和循环经济的技术和管理，不仅可从根本上消除水污染，取得显著的环境效益和社会效益，而且往往还具有良好的经济效益，易于被以营利为目标的企业所接受。

就地处理　城市污水处理厂一般仅能去除常规有机污染，工业废水成分复杂，含有大量难降解有毒有害物质，对污水处理厂的正常运行构成威胁，因此必须加强对工业企业污

染源的就地处理或工业小区废水联合预处理，达到污水处理厂的接管标准。工业废水中的许多污染物往往可以通过处理回收，经过处理的工业废水也可以部分回用，获得一定的经济效益。

强化管理　进一步完善工业废水的排放标准和相关控制法规，依法处理工业企业的环境违法行为。建立积极的刺激和激励机制，如通过产品收费、税收、排污交易、公众参与等方法来控制污染，通过提高环境资源投入的价格，促使工业企业提高资源的利用效率。

（二）生活水污染

随着生活水平的提高，城镇生活用水量日益增长，生活污水问题逐渐突出。在世界发达国家及我国发达地区，生活污水已逐步取代工业废水成为水环境主要的有机污染来源。

合理规划　由于生活污水具有源头分散、发生不均匀的特点，很难从源头上对城市生活污水进行逐个治理，因此从规划入手，引导人口的适度集中，既符合社会经济的发展需要，又有利于生活污水的集中控制。

公众教育　现代输水系统使公众逐渐对废物产生一种"冲了就忘"的态度，所以应将加强"绿色生活"教育、提高公众环保意识作为减少家庭水污染物排放、降低城市污水处理负担的重要内容。例如节约用水，鼓励选用无磷洗衣粉，避免将危险废物如涂料、石油等产品随意冲入下水道，等等。

（三）面源污染

1. 农村面源

农村面源种类繁多，布局分散，难以采取与城市区域"同构"的集中控制措施以消除污染。农村面源控制的首要任务就是控源，具体措施包括：

发展节水农业　农业是全球最大的用水部门，农业节水不仅可以减少对水资源的占用，而且"节水即减污"，可以减少农田排水，减少对水环境的污染。

减少土壤侵蚀　富含有机质的土壤持水性能好，不易发生水土流失，因此减少土壤侵蚀的关键是改善土壤肥力，具体措施包括调整化肥品种结构，科学合理施肥，增加堆肥、粪便等有机肥的施用，实行作物轮作，减少土壤肥力的消耗等。此外，研究表明，中等坡度土地的等高耕作（沿自然等高线耕作）较之直行耕作可减少土壤流失50%以上，应重视开展土地的等高耕作制度。当然，有时解决高侵蚀区（如大于25°的坡地）水土流失的唯一办法是将土地从农业耕作中解脱出来，实行退耕还林（森林）、还草（草地）、还湿（湿地）。

合理利用农药　推广害虫综合防治（integrated pest management，IPM）制度，最大限度地减少农药施用量，该模式包括各种物理技术、栽培技术和生物技术，如使用无草无病抗虫品种，实行不同作物的间种和轮作，利用昆虫抑制害虫，选用低毒、高效、低残留的多效抗虫害新农药，合理施用农药等。

截流农业污水　恢复多水塘、生态沟、天然湿地、前置库等，以拦截和储存农村污染径流，目的是实现农村径流的再利用，并在到达当地水道之前，对其进行拦截、沉淀、去除悬浮固体和有机物质。

畜禽粪便处理　现代畜禽饲养常常会产生大量的高浓缩废物，因此需对畜禽养殖业进行合理布局，有序发展，同时加强畜禽粪尿的综合处理及利用，鼓励科学的有机肥还田。

此外，应严格控制高密度水产养殖业发展，防止水环境质量恶化。

乡镇企业废水及村镇生活污水处理　对乡镇企业的建设应统筹规划，合理布局，积极推行清洁生产，对高能耗、高污染、低效益的乡镇企业实施严格管制。在乡镇企业集中的地区及居民住宅集中的地区，逐步建设一些低成本的分散式污水处理设施。

2. 城市径流

在城市地区，暴雨径流所携带的大量污染物质，是加剧水体污染的一个重要原因。工程技术人员和城市规划者们提出了许多减少和延缓暴雨径流的措施。

充分收集利用雨水　通过设立雨水收集桶、收集池等装置，将雨水收集用于城市的道路浇洒或绿化，有利于减轻城市供水系统的压力，而且由于雨水不含自来水中常有的氯，也有利于植物的生长。此外，在平坦的屋顶上建造屋顶花园，不仅能减少暴雨径流，还可在冬季减少楼房的热损失，在夏季保持建筑物凉爽，提高城市环境的舒适度。

减少城市硬质地面　大面积地铺筑地面会加剧城市径流，用多孔表面（如砾石、方砖或其他更复杂的多孔构筑）取代某些水泥和沥青地面，则有利于雨水的自然下渗，减少径流量。据研究，多孔铺筑地面能去除暴雨水中80%～100%的悬浮固体、20%～70%的营养物和15%～80%的重金属。但多孔表面没有传统铺筑地面耐久，因此从经济角度看，多孔表面更适用于交通流量少的道路、停车场、人行道。

增加城市绿化用地　一般说来，城市中绿地越多，径流就越少。目前，国外很多城市通过暴雨滞洪地或湿地的建设，延缓城市径流并去除污染，这些系统可去除约75%的悬浮物及某些有机物质和重金属。这些地区往往建设成为城市公园，还可为某些野生动植物提供生境。

二、污水的人工处理

污水中的污染物多种多样，污水人工处理即是利用各种人工技术措施将各种形态的污染物从污水中分离、分解或转化为无害、稳定的物质，从而使污水对水环境的不利影响得以消除的过程。

（一）污水人工处理的方法

对不同的污染物质应采取不同的污水处理方法，传统的污水人工处理技术已有上百年的发展历史，这些技术方法按其作用原理可分为物理处理法、化学处理法和生物处理法三大类。

物理处理法　污水的物理处理法是通过物理作用，分离去除污水中不溶性的呈悬浮状态的污染物的处理方法。物理处理法主要的工艺有筛滤截留、重力分离（自然沉淀和上浮）、离心分离等，使用的处理设备和构筑物有格栅和筛网、沉砂池和沉淀池、气浮装置、离心机、旋流分离器等。

化学处理法　化学处理法是通过化学反应和传质作用分离、回收污水中呈溶解、胶体状态的污染物，或将其转化为无害物质的污水处理方法。化学处理法主要的工艺有中和、混凝、化学沉淀、氧化还原、吸附、离子交换、膜分离等。

生物处理法　在自然界中，栖息着大量的微生物，这些微生物具有氧化分解有机物并

将其转化为稳定无机物的能力，污水的生物处理法即是利用微生物的这一功能，并采用一定的人工强化措施，使微生物大量繁殖，从而使污水中的有机污染物得以净化的方法。根据作用微生物的不同，生物处理法又可分为好氧生物处理和厌氧生物处理两种类型。好氧生物处理是利用好氧微生物，在有氧环境下，将污水中可生物降解的有机物分解成二氧化碳和水，其工艺众多，包括活性污泥法、生物滤池法、生物转盘法、生物接触氧化法等。厌氧生物处理是利用兼性厌氧菌和专性厌氧菌在无氧条件下降解有机污染物，最终产物为甲烷、二氧化碳等，其主要构筑物多采用消化池，最近开发出来的有升流式厌氧污泥床、厌氧流化床、厌氧滤池等。生物处理法处理效率高，目前使用最为广泛。

各种污水人工处理方法及污染物去除对象如表 1-13 所示。

表 1-13   污水人工处理方法及污染物去除对象

处理方法	处理工艺	处理对象
物理处理法	调节池	均衡水质和水量
	格栅	粗大悬浮物和漂浮物
	筛网	较细小的悬浮物
	沉淀	可沉物质
	气浮	乳化油、比重接近 1 的悬浮物
	离心机	乳化油、固体物
	旋流分离器	较大的悬浮物
	砂滤池	细小悬浮物、乳化油
化学处理法	中和	酸、碱
	混凝	胶体、细小悬浮物
	化学沉淀	溶解性有害重金属
	氧化还原	溶解性有害物质
	吹脱	溶解性气体
	萃取	溶解性有机物
	吸附	溶解性物质
	离子交换	可解离物质
	电渗析	可解离物质
	反渗透膜	盐类
生物处理法	活性污泥法	胶体和溶解性有机物
	生物滤池法	
	生物转盘法	
	生物接触氧化法	
	升流式厌氧污泥床	
	厌氧流化床	
	厌氧滤池	

（二）污水人工处理的分级

由于污水中污染物质的多样性，不可能用单一的处理方法去除其中的全部污染物，往往需要多种处理方法、多个处理单元有机组合，才能经济地达到预期处理程度的要求，而处理程度又主要取决于原污水的性质、出水受纳水体的功能，以及有无后续再处置工程等。

按污水处理深度的不同，污水处理大致可分为预处理、一级处理、二级处理和三级处理（深度处理）。

预处理　预处理的工艺主要包括格栅、沉砂池，用于去除污水中粗大的悬浮物、比重大的无机沙粒及其他较大的物质，以保护后续处理设施正常运行并减轻污染负荷。预处理中，污水通过算子筛，去掉树枝和碎布之类的残渣，并进入特别设计的通道，使其流速降低，沙砾等依靠重力沉淀下来。

一级处理　一级处理多采用物理处理方法，其任务是从污水中去除呈悬浮状态的固体污染物。经一级处理后，悬浮物去除率为60%～70%，有机物去除率20%～40%，废水的净化程度不高，一般达不到排放标准，因此一级处理多属二级处理的前处理。

二级处理　二级处理的主要任务是大幅度去除污水中呈胶体和溶解状态的有机污染物，生物处理法是最常用的二级处理方法。经二级处理后，有机物去除率可达70%～90%，出水 BOD_5 可降至20～30 mg/L，常规指标达到国家目前规定的污水排放标准。因此，通常要求城市污水处理厂达到污水的二级处理水平。

三级处理　三级处理是在二级处理之后，进一步去除残留在污水中的污染物质，其中包括微生物未能降解的有机物、氮、磷及其他有毒有害物质，以满足更严格的污水排放或回用要求。三级处理通常采用的工艺有生物除氮脱磷法或混凝沉淀、过滤、吸附等一些物理化学方法。三级处理虽也可实现尾水的深度处理，但由于代价高昂，一般难以大规模推广。

城市污水一级、二级和三级处理的去除效率比较见表1–14。

表1–14　城市污水一级、二级和三级处理的去除效率比较　　　　单位：%

污染物质	一级处理	二级处理	三级处理
悬浮固体	60～70	80～95	90～95
生化需氧量	20～40	70～90	>95
总磷	10～30	20～40	85～97
总氮	10～20	20～40	20～40
大肠杆菌	60～90	90～99	>99
病菌	30～70	90～99	>99
镉和锌	5～20	20～40	40～60
铜、铅和铬	40～60	70～90	80～89

由于工业废水的水质成分极其复杂，没有通用的集中处理工艺流程。应根据各类工业废水水质的具体情况，选取适宜的废水处理技术和工艺流程。对处理后达到城市污水截流

管网接管标准的工业废水，可纳入城市污水处理厂进行统一处理。

三、尾水的处理处置与资源化

由于经济、技术等原因，城市生活污水及工业废水的有效处理难以一步到位，即使是城市污水处理厂的出水，其中仍含有不少有毒有害污染物。即便是国家最严格的城镇污水处理厂污染物排放标准（GB 18918—2002）一级 A 标准，其中的污染物浓度依然远高于 Ⅲ ~ Ⅳ 类水水质标准，总氮（TN）甚至高出一个数量级（见表 1-15）。因此，加强城镇尾水处理处置是实现区域水环境长治久安的必要条件。尾水处理处置常与污水的资源化相结合，其主要途径包括尾水的生态处理及重复利用。

表 1-15　地表水环境质量标准与污水排放标准对比

标准	地表水环境质量标准 （GB 3838—2002）				城镇污水处理厂污染物排放标准* （GB 18918—2002）			
项目	Ⅱ类水	Ⅲ类水	Ⅳ类水	Ⅴ类水	一级 A	一级 B	二级	三级
COD ≤	15	20	30	40	50	60	100	120
BOD_5 ≤	3	4	6	10	10	20	30	60
氨氮 ≤	0.5	1.0	1.5	2.0	5（8）	8（15）	25（30）	—
TP ≤	0.1	0.2	0.3	0.4	0.5（1）	1（1.5）	3	5
TN ≤	0.5	1.0	1.5	2.0	15	20	—	—
石油类 ≤	0.05	0.05	0.5	1.0	1	3	5	15
阴离子表面活性剂 ≤	0.2	0.2	0.3	0.3	0.5	1	2	5

注：* 氨氮括号中为水温 ≤ 12 ℃时的控制标准，括号外为水温 >12 ℃时的控制标准。总磷（TP）排放标准中括号中为 2006 年 1 月 1 日起建设项目控制标准，括号外为之前的建设项目控制标准，单位：mg/L。

（一）尾水的生态处理

人工深度处理技术的基建投资大、运行费用高，需要消耗大量的能源及化学品，因而尾水的处理处置较少大规模使用这类技术。相比之下，尾水生态处理技术则依赖水、土壤、细菌、高等植物和阳光等基本的自然要素，利用土壤 – 微生物 – 植物系统的自我调控机制和综合自净能力，完成尾水的深度处理，同时通过对尾水中水分和营养物的综合利用，实现尾水无害化与资源化的有机结合，具有基建投资省、运行费用低、净化效果好的特点，是尾水深度处理的主导技术。

尾水生态处理的主要类型包括稳定塘系统和土地处理系统。稳定塘也称污水塘或氧化塘，它对尾水的净化同生物处理法对污水的净化过程相似，主要包括好氧过程和厌氧过程。稳定塘分好氧塘、兼性塘和厌氧塘，其中兼性塘的顶层以好氧过程为主，好氧细菌和真菌将有机物质分解成二氧化碳和水，二氧化碳及稳定塘中的氮、磷和有机物则被藻类所利用，底层一般以厌氧过程为主，厌氧菌将有机物质分解为甲烷和二氧化碳。土地处理系统则是利用土地及其中的微生物和植物根系对污染物的净化能力来净化尾水，同时利用其中的水分和肥分促进农作物、牧草或林木生长，尾水中的污染物在土地处理系统中通过多种过程去除，包括土壤的过滤截留、物理和化学吸附、化学分解和沉淀、植物和微生物的摄取、微生物氧化降解，以及蒸发等。

一般来说，尾水生态处理的净化效率高、运行效果稳定，通常优于常规二级处理，不少指标达到甚至超过三级处理的水平（表 1-16），因而也常用作污水人工二级处理的替代技术。值得指出的是，尾水生态系统对多种有机化学品（如多氯联苯、苯、甲苯、氯苯、硝基苯、萘等优先控制污染物）的净化效果理想。

表 1-16 几种主要的污水生态系统的净化效果 单位：%

污染物质	慢速渗滤	快速渗滤	地表漫流
BOD	80 ~ 99	85 ~ 99	>92
COD	80 ~ 95	>50	>80
悬浮物	80 ~ 99	>98	>92
TP	80 ~ 99	60 ~ 99	40 ~ 80
TN	80 ~ 99	<80	70 ~ 90
微生物	90 ~ 95	>98	>98
重金属	>95	50 ~ 95	>50
有机化学品	>98	>90	>88

不足的是，与常规的人工处理方法相比，污水生态系统处理通常需要更多的停留时间和占用较大的空间，这在土地紧缺的大中城市是一大难题。因此将城市尾水调离城市区域，易地进行生态处理是一个值得重视的研究方向。

（二）尾水的再利用

尾水再利用的优势在于将尾水的净化和尾水的回用结合起来，既可以消除尾水对水环境的污染，又可以缓解部分地区水资源短缺问题，若水质控制得当，可取得良好的经济和环境效益。但大规模的尾水回用涉及社会、经济、技术等诸多因素：首先从社会发展角度来看，当地水资源的供需矛盾应确实亟须进行尾水的回用；从经济角度来看，尾水的回用应当经济合理可行；从技术角度来看，应能实现对尾水中常规污染物和潜在微量有毒有害物质的有效去除，以保证废水回用的水质安全。因此，根据不同回用对象的要求，严格进行水质控制，是关系到尾水重复利用成败的关键。

根据尾水处理程度和出水水质，净化后的尾水有多种回用途径，主要包括工业回用、农业回用、城市回用、地下水回灌及生态回用等。

工业回用 经妥善处理的城市尾水和工业废水，一般可回用作冷却水、生产工艺用水、锅炉补给水及其他油井注水、矿石加工用水等，其中尤以回用作冷却水最为普遍。在回用之前，应根据不同用途对水质提出不同的要求，如回用作冷却水的再生水水质应满足冷却水循环系统补给水的水质标准，回用作工艺用水时，往往需要经过补充深化处理后才适用。我国北京、大连、太原等地先后开展了将污水处理厂出水作为冷却水的尝试，但规模较小。

农业回用　再生水的农业回用主要为农田灌溉，利用尾水灌溉农田已有久远的历史。实践证明，尾水灌溉能净化尾水、提供肥源，但也存在环境卫生及土壤盐碱化等问题。在国外一般严禁采用未经处理的城市污水灌溉，也不主张经过一级处理就利用于农田，大多数要求进行二级处理后才可使用。为此，世界卫生组织及许多国家均制订了污水灌溉农田的水质标准。我国北方地区长期以来也有利用尾水灌溉农田的经验，并先后开辟了 10 多个大型污灌区，总面积达 1 950 万 ~ 2 100 万亩，但由于一些污灌区选址不当，设计不合理，尾水预处理不够，出现了土壤、农作物甚至地下水严重污染的现象，需要进一步加强农田回用水的水质控制。

城市回用　经一定处理的尾水还可作为城市低质给水的水源，如冲厕用水、空调用水、消防用水、绿化用水、景观用水等。例如日本为了发展城市尾水的再利用，建立了专门的"中水道系统"，以区别上、下水道，并制定了相应的中水道水质标准。在南非和以色列，目前已有将处理过的城市尾水用作饮用水的先例，但关于利用尾水作饮用水源的问题，需谨慎对待。

地下水回灌　再生水回灌地下蓄水层作饮用水源时，其水质必须满足或高于生活饮用水卫生标准。考虑到难生物降解有机物对地下水水质影响及对人体健康的危害，除一般常规监测指标外，还需加强微量有毒有害物质的专门监测和控制。

生态回用　主要是指将经过必要的水质控制的城市尾水导流回用于生态林地、滩涂湿地等，以充分利用尾水中的水分及营养物，重塑生境。

（三）尾水的自然处置

尾水的自然处置是指利用水环境自净能力进行尾水江河湖海处置。由于水污染的蔓延，即使对城市污水进行一定处理之后排放，城市区域周边水环境往往也已不堪重负，因此，世界上不少国家和地区都将尾水排入自净能力较强的江河湖海，作为最终解决水污染问题的一条出路。

尾水的江河湖海处置是在严格控制排污混合区的位置和范围、满足受纳水域的水质目标要求、不影响周边水域使用功能和生态平衡的前提下，选定合适的排放口位置，并采取科学的工程系统，利用水体的自净能力处置尾水的一项工程技术措施。其基本过程是：将经过处理的尾水，利用放流管离岸输送到一定水下深度，通过多孔扩散器，使尾水与周围水体在尽可能小的范围内迅速混合、稀释，以达到规定的环境标准。科学的尾水江河湖海处置应满足以下要求：

首先，自然处置的尾水应经过必要的预处理。不是含有任何污染物的尾水都可以进行江河湖海处置的。尾水江河湖海处置的直接目的是提高与人类关系密切的水域质量，节约尾水深度处理的费用，同时保证尾水受纳水环境的生态功能平衡，因此，对生态环境有毒有害的污染物（如重金属、放射性物质、难降解有毒有机物、悬浮物等），必须按规定要求预先加以去除。从保证受纳水域长远安全的角度考虑，即使是尾水排海，也应当按照当前最高级别的尾水处理技术进行规划和建设，如果经济上确有困难，可以分期实施。

其次，尾水的自然处置应科学实施。不是在任何地点都可以进行尾水的江河湖海处置，一般不宜在近岸排放，而应离岸处置，其目的一是为了保护与人类关系密切的近岸水环境质量，二是远离岸边可以达到足够的水深，以利尾水与周边水体的尽快混合和稀释。国外设置排放口水域的水深大多在 10~30 m 之间，最深的达 120 m，少数在 5~10 m 之间，而且排放口尽量选择在水深、流急、交换能力强的水域。此外，对放流管、扩散器的设计和铺设，也应进行科学的论证。

尾水自然处置的形成和发展已有较长的历史。对早期的尾水并不进行任何预处理，而是直接将原生污水通过管道进行岸边或近岸水下排放。到 20 世纪 30 年代，尾水江河湖海处置技术有了重大突破，开始对污水进行预处理，并在放流管尾部加装污水扩散器，尾水的江河湖海处置逐渐形成一项成熟的系统工程。20 世纪 60 年代以后，扩散器的喷口开始由疏排型转向密排型，并逐渐形成了现代尾水江河湖海处置的基本模式：尾水经一级处理后，通过水底放流管，采用喷口密排型或疏排型扩散器排放。目前，尾水自然处置已出现了不少特大型（尾水量超过百万 t/d）、超长管（放流管长度超过 10 km）、超水深（水深超过 50 m）、高标准（尾水经过二级处理）工程。

虽然尾水的江河湖海处置技术已日趋成熟，但在尾水自然处置对生态系统的潜在长期影响、尾水处置与城市水污染治理之间的环境与经济效益分析等方面仍有待深入研究，尾水的江河湖海处置工程仍需慎重决策。

习 题 与 思 考

1. 简述天然水的物质组成。

2. 简述各类主要水环境污染物及其环境影响。

3. 简述水环境污染源及其水质特征。

4. 我国现行的水环境标准有哪些？各种标准之间的适用范围及相互联系是什么？

5. 简述我国《地表水环境质量标准》（GB 3838—2002）中规定的水域环境功能和保护目标。

6. 清洁水体水环境质量主要指标的标准限值是什么范围（pH、温度、DO、COD_{Cr}、COD_{Mn}、TP、TN、氨氮）？

7. 污水人工处理的方法有物理、化学、生物三种，其针对的污染因子和污水水质有哪些特点？

8. 一般污水人工处理分哪几级？各在什么情景下使用？

9. 水污染综合防治的措施有哪些？

10. 扩展思考：了解我国水污染防治法律法规、政策措施，以及水污染防治攻坚战和美丽中国水生态水环境建设的基本要求和策略。

第二章　大　气　环　境

包围地球的空气即为大气。人类生活在地球大气的底部，并且一刻也离不开它，如同鱼生活在水中一样。大气为地球生命的繁衍和人类的发展提供了理想的环境。由于大气中存在着十分复杂的物质循环过程，所以，它一直在缓慢地发生着变化，人类的活动与生存也因而不断地受到了影响；同时，人类通过生产和生活实践，也在不断地影响着大气。人与大气环境之间的这种经常的连续不断的物质和能量交换，决定了大气环境在整个环境中的重要地位。本章由大气概述、大气污染、大气污染控制、全球大气环境问题四部分组成。每一部分都展示了大气环境的多样性，包括人与大气环境相互作用中效应的多样性。

第一节　大　气　概　述

一、大气的成分

大气是由多种气体及悬浮其中的液态和固态杂质所组成的混合物，其中包含有氮（N_2）、氧（O_2）、氩（Ar）、二氧化碳（CO_2）等各种气体，以及水汽、水滴、冰晶、尘埃和花粉等。大气中除固态、液态及水汽之外的全部混合气体称为干洁空气，具体组成见表 2-1。

表 2-1　干洁大气的成分

成分	体积分数 /%	分子量
氮（N_2）	78.08	28.016
氧（O_2）	20.95	32.000
氩（Ar）	0.93	39.944
二氧化碳（CO_2）	0.03	44.010
氖（Ne）	0.001 8	20.183
氦（He）	0.000 5	4.003
氪（Kr）	0.000 1	83.700
氢（H_2）	0.000 05	2.016
氙（Xe）	0.000 008	131.300
臭氧（O_3）	0.000 001	48.000

地球大气圈的总质量约 6 000 万亿 t，只占地球总质量的 0.000 1% 左右，而其成分极为复杂。大气中除了氧、氮等气体外，还悬浮着水滴（如云滴、雾滴等）、冰晶和固体微粒（如尘埃、孢子、花粉等）。大气中的悬浮物常称为气溶胶质粒。

按照在大气中的停留时间，可将大气的组成气体分为三类：① 浓度几乎不变的成分，也称准定常成分，寿命长于 1 万年，有氮气、氧气和惰性气体；② 可变成分，寿命从几年到几十年，包括二氧化碳、氢气、甲烷、一氧化二氮等；③ 快变成分，寿命小于 1 年，包括水汽、一氧化碳、一氧化氮、二氧化硫等。可以看出，除惰性气体外，各气体的浓度和停留时间正相关。大气中二氧化碳、臭氧、水汽、悬浮微粒及微量有害气体的含量是随时间不断变化的。

二氧化碳主要来自生物的呼吸作用、有机体的燃烧与分解。在 11 km 以下，二氧化碳的分布比较均匀，相对含量基本不变。由于工业的发展、化石燃料（如煤、石油、天然气等）燃量的增加、森林覆盖面积的减少，二氧化碳在大气中的含量有增加的趋势。例如，1890 年二氧化碳的含量为 0.029 6%（体积比），1978 年已增至 0.033 2%（体积比）。二氧化碳吸收太阳辐射少，但能强烈吸收地面长波辐射，从而影响大气的温度。二氧化碳含量增加对气候变化的影响，已引起广泛的重视。

臭氧，是由氧分子解离为氧原子，氧原子再与另外的氧分子结合而成的，在常温下，它是一种有特殊臭味的淡蓝色气体。自然大气中臭氧的含量很少，而且随高度不均匀分布，近地面臭氧比较少，从 10 km 开始逐渐增加，在 20～30 km 高度达到最大值，形成明显的臭氧层，再向上又逐渐减少，到 55～60 km 的高度就很少了。高空的臭氧主要由 O_2 的光解离作用形成，低空的臭氧一部分由光化学反应和闪电产生，另一部分从高空输来。其总量的分布随纬度和时间而异。臭氧能大量吸收太阳紫外线，一方面使地面生物免受过量的紫外辐射，另一方面使平流层大气的温度较快地随高度增加。大气中臭氧的含量与人体健康关系极为密切，据推测臭氧含量减少 10%，就有可能导致皮肤癌患者的增加。

大气中的水汽主要来自海洋和地面蒸发与植物蒸腾，在大气温度变化的范围内水汽可发生相变，凝结为水珠和冰晶，从而形成云、雾、雨、雪等多种大气现象。大气中水汽的含量随时间、地点变化很大。沙漠或极地上空的水汽极少，热带洋面上的水汽含量可多达 4%（体积比）。在铅直方向，水汽含量一般随高度增加而减少。水汽在太阳辐射的近红外和红外区域，特别对地球长波辐射区域，有较强的吸收带。大气中水汽含量对生物的生长和发育有重大影响。

大气中的固体微粒主要来源于火山喷发、沙土飞扬、物质燃烧的颗粒、宇宙物落入大气和海水溅沫、蒸发等散发的烟粒、尘埃、盐粒和冰晶，还有细菌、微生物、植物的孢子花粉等。它们的含量和分布随时间、地点、天气条件而变，其总浓度一般是低空多、高空少，陆地多、海上少，城市多、农村少。液体微粒是指悬浮于大气中的水滴、过冷水滴和冰晶等水汽凝结物。大气中的悬浮微粒增加会影响太阳辐射传输，使能见度变低，有的能起凝结核的作用。悬浮在气体介质中的固态或液态颗粒所组成的气态分散系统被称为气溶胶。

二、大气的分层

由于受地心引力的作用，大气的主要质量集中在下部，其质量的 50% 集中在离地面 5 km 以下，75% 集中于 10 km 以下，90% 集中于 30 km 以下。大气在垂直方向上的物理性质有显著的差异，根据温度、成分、荷电等物理性质的差异，同时考虑大气的垂直运动状况，可将大气分为五层，即对流层、平流层、中间层、热成层、散逸层，如图 2-1 所示。

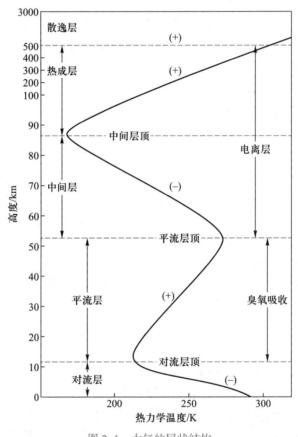

图 2-1　大气的层状结构

1. 对流层

对流层位于大气圈的最底层。对流层内的温度随着高度的增加而降低，其递减率平均为每 100 m 降低 0.65 ℃。这是由于太阳辐射主要加热地面，地面的热量通过传导、对流、湍流、辐射等方式再传递给大气，因而接近地面的大气温度较高，远离地面的大气温度较低。对流层中湍流、对流作用从不停止，因此云、雾、雪等主要天气现象都出现在这一层。对流层内对流强度因纬度位置而异，一般在低纬度较强、高纬度较弱，因此对流层的厚度也从赤道向两极减小，在低纬度地区为 17~18 km，中纬度为 10~12 km，高纬度为 8~9 km。对流层的上界称为"对流层顶"，是厚约几百米到 1~2 km 的过渡层。对于大气层的厚度来讲，对流层是很薄的，但是总质量却占了整个大气圈的75%。对流层是对人类生产、生活影响最大的一个层，大气污染现象也主要发生在这里，特别是地面以上的1~2 km。

2. 平流层

从对流层顶至50 km高度的大气层为平流层。平流层内，温度随高度的增加而增高，下半部温度随高度增高得少，在30~35 km高度保持在–55 ℃左右，上半部则增高得多，至平流层顶温度已达–3 ℃。这种温度随高度增加的特征，主要是由于平流层中的臭氧吸收太阳的紫外线后被分解为氧原子和氧分子，当它们重新化合成臭氧时会放出大量的热能。平流层内空气大多做水平运动，对流十分微弱，而且空气干燥，没有对流层中的云、雨等天气现象，尘埃也比较少，大气透明度好，是飞机飞行的理想场所。但是大气污染物进入平流层后，能长期存在，如在20 km高度上曾发现有硫酸盐层。

3. 中间层

从平流层顶至85 km左右的大气层为中间层。由于该层的臭氧稀少，而且氮、氧等气体所能直接吸收的太阳短波辐射大部分已被上层大气吸收，因此层内温度类似于对流层的情况，随高度的增加而迅速递减。该处年平均温度为–83 ℃，有时出现夜光云。

4. 热成层

从中间层顶部至250 km（太阳宁静期）或500 km（太阳活动期）的大气层为热成层。由于该层的原子氧吸收了太阳紫外光的能量，因此温度随高度上升而迅速升高。在太阳宁静期的夜里，温度约为500 K（开尔文，–273.15 ℃ =0 K）；在太阳活动期的白天，温度可达2 000 K左右。由于来自太阳和其他星球的各种射线的作用，该层大部分空气分子发生电离，而具有高密度的带电粒子，故而也称为电离层。电离层能将电磁波反射回地球，对全球的无线电通信具有重大意义。

5. 散逸层

这是大气层的最外层，距地表500 km以上到3 000 km，大气十分稀薄，气温也随高度而上升。散逸层的大气粒子很少互相碰撞，中性粒子基本上按抛物线轨迹运动，有些速度较大的中性粒子，能克服地球的引力而逸入宇宙空间。

三、大气边界层主要特征

在对流层下部靠近下垫面的1.2~1.5 km范围内的薄层大气称为大气边界层。因为贴近地面，空气运动受到地面摩擦作用影响，又称摩擦层。这一层是人类活动的主要场所，进入大气的污染物质绝大部分在此层活动。所以，大气边界层气象条件与大气污染物的迁移和扩散有着密切的关系。大气边界层的主要特征有以下几点：

1. 湍流运动

在大气边界层中，由于地面粗糙度的影响，风速越靠下层变得越小，因而产生了风速的垂直梯度，形成湍流。（湍流是一种具有强烈涡旋性的不规则运动，在大气边界层中，几乎总是存在湍流运动。要给湍流做完善和恰当的定义是十分困难的，故至今尚无严格统一的定义。然而人们已很好地认识到湍流的存在和它的性质，烟囱排出的烟气总是涡旋性地扩展，便是大气湍流的形象表征。）当太阳照射加热地面时，产生的热对流也会引起湍流。近地层湍流强弱主要与下垫面粗糙度、平均风速和大气稳定度有关，下垫面越粗糙，平均风速越大，大气越不稳定，湍流越会加强。几乎所有场合污染物质的扩散都是在大气边界层中进行的，因此，边界层大气运动的高度湍流性对污染物的扩散稀释起着重要作用。

2. 风

在大气边界层中，由于越往高处摩擦力越小，风速随高度增加明显变大。

近地层风速日变化的一般型式为：白天风速大，夜间风速小；最大值出现14时左右，最小值出现在清晨日出前。在某一高度以上，正与地面情况相反：风速最大值出现在夜间（20时左右），而中午前后风速却变成最小值。这正是高层风速日变化的一般型式。

风速日变化不同型式的转变高度比较复杂，通常冬季比夏季低，夏季发生在100 m左右，冬季大致在50 m高的气层内。风速日变化型式随高度变化是由湍流日变化直接引起的。日出后，下垫面开始迅速增暖，大气中的对流和湍流发展，逆温遭到破坏，扰动作用就加强，造成了动量向下输送，这种作用于中午前后达到最大强度；日落以后，扰动作用减弱，上下层之间联系也相应减弱，贴地层由于地面摩擦，风速迅速减弱，而高层由于减少了动量下传，风速逐渐回升加大，从而使得风速随高度明显增加。

在大面积水域上，低层风速的日变化与陆地却刚好相反。渤海观测资料证实，海上最大平均风速发生在夜间，最小则在白天。这种海陆低层大气风速日变化相反的情况，显然是由于下垫面辐射性质不同造成的。

掌握边界层风的垂直分布和变化规律，对于调配燃料、控制排放和控制污染是十分有益的。

3. 温度的垂直分布

边界层中温度随高度的分布受下垫面影响极大，温度场比较复杂。

白天，地面吸收太阳辐射而加热，使邻近地面这一层空气首先增温，然后通过湍流热传导、对流等过程，将热量向上传递，因而造成气温随高度的递减型分布。这种递减型分布以晴天中午最为典型。

夜间，由于地面辐射冷却，近地面空气由下而上逐渐降温，形成了气温随高度的递增型分布（即气温随高度增加）。

日出后，邻近地面的空气随地面的增热很快升温，使低层逆温很快消失，而离地较高处的空气却仍保持着夜间的分布状态，故形成下层递减、上层递增的早晨转变型分布。

日落前后，由于地面迅速冷却，邻近气层迅速降温，因而形成下层递增、上层递减的傍晚转变型分布。

温度日变化规律在阴天风速比较大时不明显，晴天小风情况下比较明显。一般地说，近地面温度的铅直梯度比自由大气要大得多，而且太阳辐射越强，云量越少，风速越小，土壤导热性越差，则气温的铅直变化越大。

第二节 大 气 污 染

大气污染的定义起源于对有害影响的观察，也就是说，如果大气污染物达到一定浓度，并持续足够的时间，足以对公众健康、动物、植物、材料、生态或环境要素（如大气性质、水体性质、气候等）产生不良影响或效应，这就是大气污染。这种定义方法在很大程度上是基于传统的公害概念，现在又有新的延伸。例如，大量能量（如热能）释放进入大气引起不良影响，人类活动导致大气中某些组分变化产生的危害等也归入了大气污染的范畴。

一、大气污染源及主要污染物

大气污染源可以分为两类：天然源和人为源。天然源是指自然界自行向大气环境排放污染物的污染源，如火山喷发、森林火灾、自然风尘、海洋飞沫等。人为源是指人类的生产活动和生活活动所形成的污染源，如工业企业排放源、家庭炉灶与取暖设备排放源、交通运输污染源等。

大气污染物是指由于人类活动或自然过程排入大气，并对人和环境产生有害影响的物质。按其来源，一般可分为一次污染物和二次污染物。一次污染物是指直接由污染源排放的污染物。二次污染物是进入大气的一次污染物之间相互作用或一次污染物与正常大气组分发生化学反应，以及在太阳辐射线的参与下发生光化学反应而产生的新的污染物，它常比一次污染物对环境和人体的危害更为严重。按其存在状态，大气污染物可分为气溶胶状态污染物（亦称颗粒物）和气体状态污染物（简称气态污染物）。颗粒物常表示为总悬浮颗粒物（total suspended particulate，简称 TSP）、飘尘和降尘。用标准大容量颗粒采样器（流量在 $1.1 \sim 1.7 \text{ m}^3/\text{min}$）在滤膜上所收集的颗粒物的总质量，通常称为总悬浮颗粒物，其粒径绝大多数在 100 μm 以下，其中多数在 10 μm 以下。它是分散在大气中的各种粒子的总称，也是目前大气质量评价中的一个通用的重要污染指标。飘尘是指可在大气中长期飘浮的悬浮物，分为 PM_{10}（粒径小于等于 10 μm 的颗粒物）和 $PM_{2.5}$（粒径小于等于 2.5 μm 的细小颗粒物）。PM_{10} 可以通过呼吸道进入人体，从而对人体健康产生危害，$PM_{2.5}$ 的危害则更为严重。由于飘尘能在大气中长期飘浮，易将污染物带到很远的地方，使污染范围扩大，同时在大气中还可为化学反应提供反应床，因此，它是大气环境中最引人注目的研究对象之一。降尘是指用降尘罐采集的大气颗粒物。在总悬浮颗粒物中一般直径大于 30 μm 的粒子，由于其自身的重力作用会很快沉降下来，所以将这部分微粒称为降尘。单位面积的降尘量可作为评价大气污染程度的指标之一。

常见的污染气体包括：可以和水混合而成酸雨的酸性气体，如二氧化硫、氮氧化物；温室气体，如二氧化碳、氟氯碳化物（CFCs）；对人体有毒气体，如一氧化碳、碳氢化合物等。一些重要的气态污染物及其人为源如表 2-2 所示。

表 2-2 气态污染物及其人为源

类别	一次污染物	二次污染物	人为源
含硫化合物	SO_2、H_2S	SO_3、H_2SO_4、硫酸盐	燃烧含硫的燃料
含氮化合物	NO、NH_3	NO_2、硝酸盐	在高温时 N_2 和 O_2 的化合
含碳化合物	$C_1 \sim C_{12}$ 化合物	醛类、酮类、酸类	燃料燃烧，精炼石油，使用溶剂
碳的氧化物	CO、CO_2	无	燃烧
卤素化合物	HF、HCl	无	冶金作业

二、几种典型的大气污染

（一）煤烟型污染

这种类型的污染物主要是 SO_2、NO_x、CO 和颗粒物，它们遇上低温、高湿的阴天，且风速很小并伴有逆温存在的情况时，一次污染物扩散受阻，易在低空聚积，生成还原型烟雾。20 世纪 50 年代有名的公害事件——伦敦烟雾事件、马斯河谷烟雾事件和多诺拉烟雾事件等，便是这种类型的污染所致。

燃煤是煤烟型污染的主要污染源。煤是最重要的固体燃料，它是一种复杂的物质聚集体，其可燃成分主要是由碳、氢及少量氧、氮和硫等一起构成的有机聚合物。煤中也含有多种不可燃的无机成分（统称灰分），其含量因煤的种类和产地不同而有很大差异。燃煤是多种污染物的主要来源。与燃油和燃气相比，对于相同规模的燃烧设备，燃煤排放的颗粒物和二氧化硫要高得多。虽然燃烧条件也会影响污染物的形成和排放，但煤的品质是最主要的影响因素。图 2-2 给出了煤燃烧过程生成物的示意图。

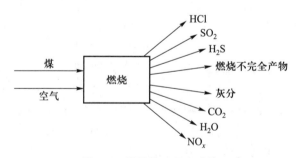

图 2-2 煤燃烧过程生成物

对于给定的燃烧设备和燃烧条件，烟气中所含飞灰的初始浓度，主要取决于煤的灰分含量。煤中灰分含量越高，烟气中飞灰的初始浓度也越高。只有通过洗选加工，才能提高煤质、分离杂物，降低环境污染、充分利用资源、提高综合效益。近年来，煤炭行业提高原煤入洗率，2020 年，我国原煤入洗率达到 74.1%，比 2015 年提高 8.2 个百分点，但与发达国家 85%~90% 的原煤入洗率相比仍有差距。

烟气中 SO_2 和 H_2S 几乎完全来自燃料。经物理、化学和放射化学方法测定的结果证实，煤中含有四种形态的硫：黄铁矿硫（FeS_2）、有机硫（$C_xH_yS_z$）、元素硫和硫酸盐硫。在燃烧过程中，前三种硫都能燃烧放出热量，并释放出硫氧化物或硫化氢，在一般燃烧条件下，二氧化硫是主要产物。硫酸盐硫主要以钙、铁和锰的硫酸盐形式存在，它比前三种硫分要少得多。

燃烧过程中形成的氮氧化物（NO_x），一部分由燃料中的固定氮生成，常称为燃氮氧化物；另一部分由空气中氮气在高温下通过原子氧和氮之间的化学反应生成，常称为热氮氧化物。化石燃料的氮含量差别很大，石油的平均含氮量为0.65%（以质量计，下同），而大多数煤的含氮量为1%~2%。一些试验结果表明，燃料中20%~80%的氮转化为氮氧化物。高温下由原子氧和氮生成氮氧化物的反应由反应动力学和热力学控制。

不完全燃烧产物主要为CO和挥发性有机化合物。它们排入大气不仅污染环境，还使能源利用效率降低，导致能源浪费。

燃煤产生的SO_2在大气中被氧化生成硫酸雾或硫酸盐气溶胶，是环境酸化的重要前体物，也是大气污染的主要酸性污染物。因此，当一次污染物主要为SO_2和煤烟时，二次污染物主要是硫酸雾和硫酸盐气溶胶。在相对湿度比较高、气温比较低、无风或静风的天气条件下，SO_2在重金属（如铁、锰）氧化物的催化作用下，易发生氧化作用生成SO_3，继而与水蒸气结合形成硫酸雾。硫酸雾是强氧化剂，其毒性比SO_2更大。它能使植物组织受到损伤，对人的主要影响是刺激其上呼吸道，附在细微颗粒上时也会影响下呼吸道。这种情况一般多发生在冬季，尤以清晨最为严重，有时可连续数日。当大气中SO_2浓度为0.21 mL/m^3，烟尘浓度大于0.3 mg/m^3时，可使呼吸道疾病发病率增高，慢性病患者的病情迅速恶化，危害加剧。

中国是燃煤大国，以煤为主的能源结构带来了日益严重的环境污染问题。根据中国环境统计数据，2012年全国SO_2排放量为1 859.1万t，NO_x排放量1 851.9万t，烟（粉）尘排放量为1 538.0万t。其中，燃煤造成的SO_2、NO_x和烟（粉）尘排放量分别占排放总量的79%、57%和44%。随着我国煤炭利用效率的提高和能源结构的优化，以及烟气脱硫等减排措施的实施，呈现出燃煤量增多而SO_2排放量递减的效果。全国SO_2排放量从2015年1 859.1万t降至2020年318.2万t，NO_x排放量从2015年1 851.0万t减少为2020年1 019.7万t，烟（粉）尘排放量从2015年1 538.0万t降至2020年611.4万t。印度于2016年取代中国，成为最大的人为SO_2排放国。

（二）交通型污染

交通型污染源主要是机动车和机动船。机动车包括汽油车和柴油车。图2-3描述了汽车排放的主要一次污染物，汽车排放的污染物分别来自排气管、曲轴箱，以及保有量的增加，汽车排放在人为排放CO、NO_x、HC（碳氢化合物）和颗粒物（PM）中所占的份额越来越大。根据《中国移动源环境管理年报（2020）》统计数据，2020年，全国机动车的CO、NO_x、HC和PM排放量分别为769.7万t、626.3万t、190.2万t及6.8万t。而汽车是污染物排放总量的主要贡献者，其排放的CO、NO_x、HC和PM超过90%。

机动车排放的碳氢化合物达100多种，包括杂环和多环芳烃。机动车燃料中并不含有甲烷、乙烷、乙炔、丙炔、甲醛及其他醛类化合物，它们都属未完全燃烧产物。柴油车尾

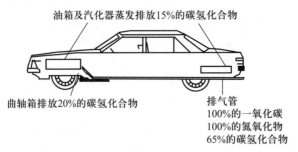

油箱及汽化器蒸发排放15%的碳氢化合物

曲轴箱排放20%的碳氢化合物

排气管
100%的一氧化碳
100%的氮氧化物
65%的碳氢化合物

图 2-3   汽车排放的主要一次污染物

气中颗粒物浓度是汽油车尾气中颗粒物的 20 ~ 100 倍。其中 60% ~ 80% 颗粒物的粒径小于 2 μm，90% 颗粒物的粒径小于 5 μm。这些颗粒物成分复杂，有诱导细胞增殖的作用，使细胞长期处于活化状态，易发生恶性转化，具有较强的潜在致癌性。

交通型污染严重的地区有可能会出现一种带刺激性的淡蓝色烟雾——光化学烟雾。光化学烟雾污染是典型的二次污染，一般出现在相对湿度较低的夏季晴天，最易发生在中午和下午，在夜间消失，污染区域可达下风向几百到上千千米。

光化学烟雾造成危害主要是由于其中的 O_3 和其他氧化剂直接与人体和动植物接触，其极高的氧化性能刺激人体的黏膜系统，人体短期暴露其中能引起咳嗽、喉部干燥、胸痛、黏膜分泌增加、疲乏、恶心等症状；长期暴露其中，则会明显损伤肺功能。另外，光化学烟雾中的高浓度 O_3 还会对植物系统造成损害。此外，光化学烟雾对材料（主要是高分子材料，如橡胶、塑料和涂料等）也产生破坏作用，并且严重影响大气能见度，造成城市的大气质量恶化。光化学烟雾是 1940 年在美国的洛杉矶地区首先发现的，继美国之后，日本、英国、德国、澳大利亚和中国等的一些城市也先后出现过光化学烟雾污染。

（三）酸沉降污染

酸沉降是指大气中的酸通过降水（如雨、雾、雪）迁移到地表，或在含酸气团气流的作用下直接迁移到地表。前者为湿沉降，后者即干沉降。酸沉降的研究始于酸雨研究。酸雨已成为当今世界上最严重的区域性环境问题之一。

直接引起酸沉降的主要物质是人为和天然排放的 SO_x（SO_2 和 SO_3）和 NO_x（NO 和 NO_2），其天然源一般是全球分布的，而人为排放的 SO_x 和 NO_x 则具有地区性分布的特点。

1. 天然源

储存于地壳中的硫，平均含量约为 0.1%，通常说来，SO_x 的天然源包括来自海洋的硫酸盐雾、经细菌分解后的有机化合物、水体和土壤所释放的硫酸盐、火山爆发，以及森林失火等。海洋上空大气中硫酸盐浓度的增加一般起因于海水溅泼喷射而形成的气溶胶，其排放总量是 4.4×10^7 ~ 1.75×10^8 t/a。其中仅有约 10% 沉降到陆地，其余 90% 又复汇入海洋。火山排放 SO_2 及少量的 H_2S、元素 S 及 SO_3 和 SO_4^{2-} 等。从全球范围看，由火山喷发输入大气的硫是 2×10^6 ~ 3×10^7 t/a。

与 SO_x 相比，关于大气中 NO_x 的天然排放的研究报道较少。估计对流层由闪电释放的 NO_x-N 为 8×10^6 ~ 4×10^7 t/a，NO 的全球产生量为 2×10^6 ~ 2×10^7 t/a。虽然 4×10^7 ~ 1.08×10^8 t/a 的 NO_x-N 由陆地源释放出来，但其中大多数（约80%）将重新被吸收。然

而，来自陆地天然源的 NO 与 NO_2，以及对流层中闪电形成的 NO_x–N 仍然是构成总 NO_x 本底的主要组成部分。总之，NO_x 由自然源排放与人为源排放的比例在 $1:1 \sim 5:1$ 之间。

2. 人为源

全球范围内释放到大气中的 SO_2 大部分是人为排放的，对特定的高密度工业区域而言，人为排放比例可能高达全部硫排放的 100%。化石燃料燃烧是大气中硫含量高的原因，它约占人为硫排放量的 85%，矿石冶炼和石油精炼分别占有另外的 11% 和 4%。

NO_x 的人为排放源集中在北半球各人口聚居区，美洲、欧洲交通运输的排放在很大程度上取决于机动车的排放，如欧洲机动车的 NO_x 排放量约占人为排放量的 50%，发电厂占 25% ~ 33%。而对于大量使用硝酸基化肥的国家如瑞典，人为 NO_x 的排放 30% ~ 40% 来源于农业生产。

3. 其他来源

氯化物　氯化物的天然来源包括海洋雾滴、火山气体及高层大气中的各种反应。人为产生的氯气和氯化物是在各种生产过程中排放出来的，主要来自氯气和氯化氢的制造、运输和液化过程。

NH_3　NH_3 是一种碱性气体，主要是通过有机物质（死亡的植物、动物和人类的排泄物等）的腐烂和分解而排入大气的。NH_3 的人为排放量很小。NH_3 能够中和大气中的 H_2SO_4 或 HNO_3，因而会提高雨或雾中的 pH。但是，由于 NH_3 可以溶解而生成铵离子（NH_4^+），加快大气中 SO_2 转化成 H_2SO_3，并最终转化成 H_2SO_4 的速率。通过对 NH_3 和 HNO_3 的研究，发现 NH_3 和 NH_4NO_3 之间存在着平衡关系。在与 NO_x 的大气反应中，NH_3 起着硝酸的中和剂和硝酸先驱促进剂的双重作用。

臭氧、尘埃等　臭氧和其他光化学氧化剂在使 SO_2 和 NO_2 分别转化成硫酸盐和硝酸盐的过程中起着一定的作用。此外，天然与人为的各种尘埃是生成或中和酸雨的另一个因素。大气尘埃的天然源包括风力扬尘、土壤侵蚀、花粉与植物碎屑、火山与宇宙尘埃等。其中多种天然尘埃呈碱性，能与大气中的强酸反应起中和作用，因而，降水的 pH 是天然与人为因素对酸度作用的综合结果。

三、大气污染的危害

许多证据表明，大气污染影响人类和动物的健康、危害植被、腐蚀材料、影响气候、降低能见度。虽然其中有些影响是明确的并可以定量化，但大多数影响尚难以量化。下面仅简要介绍大气污染对人体健康、植物、材料和大气环境的影响。

（一）大气污染对人体健康的危害

大气污染物侵入人体主要有三条渠道：呼吸道吸入，随食物和饮水摄入，体表接触侵入。由呼吸道吸入大气污染物，对人体造成的影响和危害最严重。正常人每天要呼吸 10 ~ 15 m^3 洁净空气。吸入的空气经过鼻腔、咽部、喉头、气管、支气管后进入肺泡。在肺泡内以物理扩散进行气体交换。当血液通过肺泡毛细血管时，放出 CO_2，吸收 O_2。含 O_2 的血液经动脉到心脏，再经大动脉把 O_2 输送到人体的各部位，供人体组织和细胞新陈代谢之用。若吸入含污染物的大气，轻者会因上呼吸道受到刺激而有不适感，重者会发生呼吸系统的病变。若突然受到高浓度污染物的作用，可能会造成急性中毒，甚至死亡。根据现有资料，大气颗粒物、硫的氧化物、一氧化碳、光化学氧化剂和铅等重金属均会对人体健康产生不利影响。污染物对健康的影响随污染物质强度、感染时间及人体健康状况而异。

1. 大气颗粒物

大气颗粒物对人体健康的影响取决于：① 沉积于呼吸道中的位置，这取决于颗粒的大小；粒径 $0.01 \sim 1.0 \, \mu m$ 的细小颗粒在肺泡的沉积率最高，粒径大于 $10 \, \mu m$ 的颗粒吸入后绝大部分阻留在鼻腔和咽喉部，只有很少部分进入气管和肺内。② 在沉积位置上对组织的影响，取决于颗粒物的化学组成。在颗粒物表面浓缩和富集有多种化学物质，其中多环芳烃类化合物等随呼吸进入人体内成为肺癌的致病因子；许多重金属（如铁、铍、铝、锰、铅、镉等）的化合物也可对人体健康造成危害。因此，人体长期暴露在颗粒物浓度高的环境中，呼吸系统发病率增高，特别是慢性阻塞性呼吸道疾病，如气管炎、支气管炎、支气管哮喘、肺气肿等发病率显著增高，且又可促使这些患者的病情恶化，甚至死亡。

除长期影响外，研究表明短期污染事故也会导致死亡率的显著增加。

2. 二氧化硫

世界上许多城市发生过 SO_2 危害人体健康的事件，使很多人中毒或死亡。关于 SO_2 对人体的影响已发表了不少研究成果，表 2-3 是不同浓度 SO_2 对人体的影响。

表 2-3　不同浓度 SO_2 对人体的影响

SO_2 浓度 $/10^{-6}$	对人体的影响
1.0	对于初接触者或习惯接触者均无反应，稍有胸部压迫感
1.8	吸入 10 min 无明显感觉，但呼吸次数有增加
2.0	初接触者 28 人中有 2 人，习惯接触者 28 人中有 13 人感到有异物感
3.0	28 位不习惯者有 10 人嗅到燃烧硫的臭味或异物臭味
3 ~ 5	能嗅到臭味
4.0	初接触者 28 人中有 14 人嗅到燃烧硫的臭味，32 位习惯者有 30 人嗅到硫燃烧的臭味
5.0	吸入 10 min 对某些人有不适感
6.5 ~ 11.5	吸入 10 ~ 15 min 鼻腔有刺激感
10	工业卫生最大允许浓度
10 ~ 15	吸入 1 h，从咽喉纤毛排出黏液
14 ~ 15	吸入 30 min 对鼻腔有刺激不适感
20	有明显刺激感，刺激眼睛，引起咳嗽
25	咽喉纤毛运动有 60% ~ 70% 发生障碍
30 ~ 37	初接触者吸入 15 min 后打喷嚏和咳嗽
100	每日 8 h 吸入，对支气管和肺有明显刺激症状，引起肺组织障碍
100 ~ 200	吸入 30 min 就出现喷嚏和眼泪
300	不能吸入
400	呼吸困难

进入血液循环的 SO_2 会对全身产生不良反应，它能破坏酶的活力，影响糖类及蛋白质的代谢，对肝脏有一定损害，在人和动物体内均使血中白蛋白与球蛋白比例降低。动物实验证明，SO_2 慢性中毒后，机体的免疫机能受到明显抑制。

通常在被污染的大气中 SO_2 与多种污染物共存。吸入含有多种污染物的大气对人体产生的危害是协同作用，这种协同作用比它们各自作用之和要大得多。特别是在 SO_2 与颗粒物气溶胶同时吸入时，对人体产生的危害更为严重。这是因为吸附在颗粒物上的 SO_2 被氧化成 SO_3，而 SO_3 与水蒸气形成极细（$<1\ \mu m$）的硫酸雾，它能更深地侵入呼吸道，对肺泡有更强的毒性作用。据动物实验，由硫酸雾造成的生理反应比 SO_2 大 $4\sim20$ 倍。当 SO_2 浓度为 8 ppm 时，人尚能忍受，而硫酸雾浓度为 0.8 ppm 时，人即不能忍受。

3. 一氧化碳

CO 是所有大气污染物中散布最广的一种，其全球排放量可能超过所有其他主要大气污染物的总排放量。人为排放的最大来源就是以汽油为燃料的机动车，几乎占了某些城市地区 CO 的全部排放量。

CO 是无色无臭的有毒气体。CO 和血液中血红蛋白的亲和力是氧的 210 倍左右，它们结合后生成碳氧血红蛋白（HbCO），将严重阻碍血液输氧，引起缺氧，发生中毒。当人体暴露在 $600\sim700\ mL/m^3$ 的 CO 环境中，1 h 后出现头痛、耳鸣和呕吐等症状；当人体暴露在 $1\ 500\ mL/m^3$ 的 CO 环境中，1 h 便有生命危险。长期吸入低浓度 CO 可发生头痛、头晕、记忆力减退、注意力不集中，对声、光等微小改变的识别力降低，心悸等现象。

4. 氮氧化物

构成大气污染的氮氧化物（NO_x），主要是 NO 和 NO_2。

NO 对人体的影响，用实验方法来确定是比较困难的，因此，还不十分清楚它对人的生理影响。如果动物与高浓度 NO 相接触，可出现中枢神经病变。NO 和血红蛋白亲和力强，比 CO 大几百倍。对动物进行高浓度 NO 实验证实有变性血红蛋白和一氧化氮血红蛋白生成。NO 污染物对人体的危害，目前已引起人们的重视。

NO_2 是对呼吸器官有刺激性的气体，NO_2 的中毒常作职业病来对待，在职业病中有急性高浓度 NO_2 中毒引起的肺水肿，以及由慢性中毒而引起的慢性支气管炎和肺水肿。在某些中毒病例中还见到全身性的作用，其表现为血压降低、血管扩张、血液中生成变性血红蛋白，以及对神经系统有一定的麻醉作用等。

大气中 NO_2 浓度为 0.12 ppm 时，人会感到有臭味。当与 SO_2 共存时，这个嗅阈值要低些。NO_2 浓度为 $1.6\sim2.0$ ppm 作用 15 min，会使慢性支气管炎患者出现呼吸阻力增大。从事间歇运动的健康人在 5 ppm 下作用 2 h 后，出现呼吸道阻力增大和动脉血液中氧气分压降低。浓度为 13 ppm 作用下眼和鼻会再现刺激感及胸部不适感。浓度为 $25\sim75$ ppm 作用 1 h 以内，就会引起支气管炎和肺炎。浓度为 80 ppm 经 $3\sim5$ min，胸部会再现绞痛感。浓度为 $300\sim500$ ppm 经数分钟作用后，会引起支气管炎和肺水肿患者的死亡。

NO_2 对人体的影响与有无其他污染物有关。NO_2 与 SO_2 和浮游颗粒物共存时，其对人体的影响不仅比单独 NO_2 对人体的影响严重得多，而且也大于各污染物的影响之和。对人体的实际影响是这些污染物之间的协同作用。吸附 NO_2 的浮游颗粒最容易侵入肺部，沉积率很高，可导致呼吸道及肺部病变，出现气管炎、肺气肿及肺癌等。

5. 光化学氧化剂

光化学氧化剂对人体的影响类似氮氧化物，但比氮氧化物的影响更强。光化学氧化剂有臭氧和过氧乙酰基硝酸酯等多种物质。臭氧是主要氧化剂之一，下面着重介绍臭氧对人体的影响。

由动物实验证实，上呼吸道对臭氧的摄取率很低，臭氧可直接侵入呼吸道深处。与浓度为 1 ppm 臭氧接触 1 h 能使肺细胞蛋白质发生变化；接触 4 h，在 24 h 后出现肺水肿；接触时间更长，可使支气管炎和肺水肿更加恶化。当与浓度为 0.25 ~ 0.5 ppm 臭氧接触 3 h 则呼吸道阻力增大。

在实验室对人曾做过与臭氧短时接触的实验，在臭氧浓度为 0.1 ppm 时接触 1 h 未见明显症状，在 0.5 ~ 1 ppm 时接触 1 ~ 2 h，引起呼吸道阻力增加，一氧化碳扩散功能和肺活量降低。在运动状态与臭氧接触影响将更加恶化。在生产过程中长期与小于 0.2 ppm 臭氧接触的工人，一般不见有明显的影响，当浓度为 0.3 ppm 时，对鼻子和咽喉等呼吸器官发生刺激作用。浓度在 0.5 ppm 时每周工作 6 d，每天接触 3 h，连续 12 周后，已证实肺的换气机能下降。

6. 碳氢化合物

以碳元素（C）和氢元素（H）形成的化合物总称为碳氢化合物（HC）。碳氢化合物种类很多，有挥发性烃及其衍生物和多环芳烃等，挥发性烃是由燃烧不完全（如汽车尾气）或石油裂解等过程产生的。它与氮氧化物都是形成光化学烟雾的主要物质。光化学反应产生的衍生物丙烯醛、甲醛等都对眼睛有刺激作用。多环芳烃中有不少是致癌物质，如苯并［a］芘就是公认的强致癌物，它是有机化合物燃烧、分解过程中的产物。

挥发性有机物（volatile organic compounds，简称为 VOCs）通常分为非甲烷碳氢化合物、含氧有机化合物、卤代烃、含氮有机化合物、含硫有机化合物等几大类。VOCs 参与大气环境中臭氧和二次气溶胶的形成，其对区域性大气臭氧污染、$PM_{2.5}$ 污染具有重要的影响。大多数 VOCs 具有令人不适的特殊气味，并具有毒性、刺激性、致畸性和致癌作用，特别是苯、甲苯及甲醛等对人体健康会造成很大的伤害。VOCs 是导致城市灰霾和光化学烟雾的重要前体物，主要来源于煤化工、石油化工、燃料涂料制造、溶剂制造与使用等过程。

7. 其他有害物质

铅及铅化物　环境污染中铅主要来源于汽车中的四乙基铅防爆剂，目前大气中的铅污染已遍及全球。铅是生物体酶的抑制剂，进入人体中的铅随血液分布到软组织和骨骼中。急性铅中毒较少见；慢性铅中毒可分为轻度、中度和重度。轻度铅中毒的症状有神经衰弱综合征、消化不良；中度铅中毒出现腹绞痛、贫血及多发性神经病；重度铅中毒出现肢体麻痹和中毒性脑病例。儿童铅中毒可推迟大脑发育或感染急性病症。

镉及镉化物　镉及镉化物侵入人体，可蓄积于肝、肾和肠黏膜上。镉污染的积累性中毒可引起疼痛病。

氟及氟化氢　氟及氟化氢对眼睛及呼吸道有强烈的刺激作用。吸入高浓度的氟及氟化氢气体时，可引起肺水肿和支气管炎。在浓度很低（如 0.002 ~ 0.004 ppm）时对植物也有影响，所以可用植物来监测氟及氟化物对大气的污染。

氯及氯化氢 氯是有毒的气体，在 $5 \sim 10$ ppm 时对上呼吸道产生刺激作用，对眼睛也有刺激作用。在 $50 \sim 100$ ppm 时可引起肺水肿。

（二）大气污染对植物的危害

大气污染对植物的危害可归纳为以下几个方面：损害植物酶的功能组织；影响植物新陈代谢的功能；破坏原生质的完整性和细胞膜。此外，还会损害根系生长及其功能；减弱输送作用与导致生物产量减少。

大气污染物对植物的危害程度取决于污染物剂量、污染物组成等因素。例如，环境中的 SO_2 能直接损害植物的叶子，长期阻碍植物生长；氟化物会使某些关键的酶催化作用受到影响；O_3 可对植物气孔和膜造成损害，导致气孔关闭，也可损害三磷酸腺苷的形成，降低光合作用对根部营养物的供应，影响根系向植物上部输送水分和养料。

大气是多种气体的混合物，大气污染经常是多种污染物同时存在，对植物产生复合作用。在复合作用中，每种气体的浓度、各种污染物之间浓度的比例、污染物出现的顺序（即它们是同时出现还是间歇出现）都影响植物受害的程度。单独的 NO_x 似乎对植物不大可能构成直接危害，但它可与 O_3 及 SO_2 反应后，通过协同途径产生危害。

（三）大气污染对材料的危害

大气污染可使建筑物、桥梁、文物古迹和暴露在空气中的金属制品及皮革、纺织等物品发生性质的变化，造成直接和间接的经济损失。SO_2 与其他酸性气体可腐蚀金属、建筑石料及玻璃表面。SO_2 还可使纸张变脆、褪色，使胶卷表面出现污点、皮革脆裂并使纺织品抗张力降低。O_3 及 SO_2 会使染料与绘画褪色，从而对宝贵的艺术作品造成威胁。

（四）大气污染对大气环境的影响

长期以来人们一直把对能见度的影响作为城市大气污染严重程度的定性指标。随着研究的深入，人们更多地认识到污染物的远距离迁移和由此引起的区域性危害，对能见度影响的关心已经远远超出城市地区，能见度成为一个区域性的重要指标。

大气污染还会导致降水规律的改变。水循环对于地球上人类的生存是至关重要的。大气污染影响凝聚作用与降水形成，有可能导致降水的增加或减少。大气污染对降水化学的影响表现在酸性化合物的输入，即出现酸雨。酸雨会导致土壤变化，继而引起水体的 pH 变化和化学变化。

大气污染还会产生全球性的影响。这些影响包括：大气中 CO_2 等温室气体浓度增加导致的全球变暖、人们大量生产氟氯烃化合物等导致的臭氧层耗竭等。

四、空气质量

人类对大气（空气）适宜的程度，又称大气质量。影响空气质量的因素很多，如空气中污染物的浓度和存留的时间、污染源的排放强度、气象条件等，但主要取决于空气中污染物的种类和数量，即空气受污染的程度。

（一）空气质量基准

空气质量基准是指空气中污染物对特定对象（人或其他生物）不产生有害或不良影响的最大剂量（无作用剂量）或浓度。它是制定空气质量标准的科学依据，是根据人类对空气质量在美学的、医学的、生物的和物质的多方面要求，并通过实践研究、综合分析而确定的。世界卫生组织特邀全世界该方面的资深专家，对现有科研成果进行了充分的研究和反复的讨论，于2006年10月6日向全球发布最新空气质量基准。该空气质量基准是当前科研成果的总结和体现，它以人体健康为前提科学地限定了主要空气污染物的含量，它适用于全球所有区域，这就为世界各国制定本国空气质量基准提供了可靠的科学依据。

（二）空气质量标准

空气质量标准是国家为保护人群健康和生存环境，并考虑了社会、经济、技术等因素，经过综合分析后，对空气中污染物的最大容许浓度所做的规定，它是衡量空气受污染程度的法定尺度。现今世界各国都制定了适合本国的空气环境质量标准，作为监测、评价和预测空气质量的依据。对我国现行的空气质量标准简介如下。

1. 环境空气质量标准（GB 3095—2012）

环境空气质量标准是最重要的空气环境质量标准。该标准首次发布于1982年，先后做过多次修订，目前实施的为2012修订版本。在此基础上，2018年发布了《环境空气质量标准》（GB 3095—2012）修改单，确定"标准状态"的定义。环境空气质量标准（GB 3095—2012）中环境空气功能区分为两类：一类区为自然保护区、风景名胜区和其他需要特殊保护的区域；二类区为居住区、商业交通居民混合区、文化区、工业区和农村地区。一类区适用一级浓度限值，二类区适用二级浓度限值。一、二类环境空气功能区各项大气污染物浓度限值见表2-4。

表 2-4　各项大气污染物浓度限值

污染物名称	平均时间	浓度限值		单位
		一级标准	二级标准	
二氧化硫（SO_2）	年平均	20	60	$\mu g/m^3$
	日平均	50	150	
	1 h平均	150	500	
二氧化氮（NO_2）	年平均	40	40	
	日平均	80	80	
	1 h平均	200	200	
一氧化碳（CO）	日平均	4	4	mg/m^3
	1 h平均	10	10	
臭氧（O_3）	8 h平均	100	160	
	1 h平均	160	200	
可吸入颗粒物（PM_{10}）	年平均	40	70	$\mu g/m^3$
	日平均	50	150	
细颗粒物（$PM_{2.5}$）	年平均	15	35	
	日平均	35	75	

污染物名称	平均时间	浓度限值		单位
		一级标准	二级标准	
总悬浮颗粒物 （TSP）	年平均	80	200	$\mu g/m^3$
	日平均	120	300	
氮氧化物 （NOx） （以 NO_2 计）	年平均	50	50	
	日平均	100	100	
	1 h 平均	250	250	
铅 （Pb）	年平均	0.5		
	季平均	1		
苯并［a］芘 （B［a］P）	年平均	0.001		
	日平均	0.002 5		
氟化物	1 h 平均	20[①]	20[①]	$\mu g/（dm^2 \cdot d）$
	日平均	7[①]	7[①]	
	月平均	1.8[②]	3.0[③]	
	植物生长季平均	1.2[②]	2.0[③]	

注：① 适用于城市地区；

② 适用于牧业区和以牧业为主的半农半牧区，蚕桑区；

③ 适用于农业区和林业区。

2. 室内空气质量标准（GB/T 18883—2002）

在环境空气质量标准的基础上，针对日益受到重视的室内空气污染情况，为保护人体健康，预防和控制室内空气污染，国家质量监督检验检疫总局、卫生部和国家环境保护总局于 2002 年联合发布了《室内空气质量标准》（GB/T 18883—2002），规定了住宅和办公建筑物的室内空气质量参数及检验方法，要求室内空气应无毒、无害、无异常臭味，室内空气质量标准如表 2-5。

表 2-5　室内空气质量标准

序号	参数类别	参数	单位	标准值	备注
1	物理性	温度	℃	22～28	夏季空调
				16～24	冬季采暖
2		相对湿度	%	40～80	夏季空调
				30～60	冬季采暖
3		空气流速	m/s	0.3	夏季空调
				0.2	冬季采暖
4		新风量	$m^3/（h \cdot 人）$	30[①]	

续表

序号	参数类别	参数	单位	标准值	备注
5		二氧化硫（SO_2）	mg/m^3	0.50	1 h 均值
6		二氧化氮（NO_2）	mg/m^3	0.24	1 h 均值
7		一氧化碳（CO）	mg/m^3	10	1 h 均值
8		二氧化碳（CO_2）	%	0.10	日平均值
9		氨（NH_3）	mg/m^3	0.20	1 h 均值
10		臭氧（O_3）	mg/m^3	0.16	1 h 均值
11	化学性	甲醛（HCHO）	mg/m^3	0.10	1 h 均值
12		苯（C_6H_6）	mg/m^3	0.11	1 h 均值
13		甲苯（C_7H_8）	mg/m^3	0.20	1 h 均值
14		二甲苯（C_8H_{10}）	mg/m^3	0.20	1 h 均值
15		苯并[a]芘（B[a]P）	mg/m^3	1.0	日平均值
16		可吸入颗粒物（PM_{10}）	mg/m^3	0.15	日平均值
17		总挥发性有机物（TVOCs）	mg/m^3	0.60	8 h 均值
18	生物性	菌落总数	cfu/m^3	2 500	依据仪器定
19	放射性	氡（^{222}Rn）	Bq/m^3	400	年平均值（行动水平[②]）

注：① 新风量要求≥标准值，除温度、相对湿度外的其他参数要求≤标准值；
② 达到此水平建议采取干预行动以降低室内氡浓度。

（三）空气质量指数

空气质量指数（air quality index，简称 AQI），指将空气中污染物的浓度依据适当的分级浓度限值对其进行等标化，计算得到简单的无量纲的指数，可以直观、简明、定量地描述和比较环境污染的程度。其数值越大、级别和类别越高、表征颜色越深，说明空气污染状况越严重，对人体的健康危害也就越大（表 2-6）。

表 2-6　空气质量指数范围及相应的空气质量类别

AQI	级别	类别	颜色	对健康的影响
0～50	一级	优	绿色	环境空气质量令人满意，基本无空气污染
51～100	二级	良	黄色	环境空气质量可接受，但某些污染物可能对极少数异常敏感人群健康有较弱影响
101～150	三级	轻度污染	橙色	易感人群症状有轻度加剧，健康人群出现刺激症状
151～200	四级	中度污染	红色	进一步加剧易感人群症状，可能对健康人群心脏、呼吸系统有影响
201～300	五级	重度污染	紫色	心脏病和肺病患者症状显著加剧，运动耐受力降低，健康人群中普遍出现症状
>300	六级	严重污染	褐红色	健康人群耐受力降低，有明显强烈症状，提前出现某些疾病

第三节　大气污染控制

如前所述，无论是大气污染源、污染物、污染类型还是大气污染的危害，都具有多样性，这种多样性给大气污染控制带来了很大的难度。因此，若要从根本上解决大气污染的问题，就必须多种手段并行。在符合自然规律的前提下，运用社会、经济、技术多种手段对大气污染进行从源头到末端的综合防治，才能达到人与大气环境的和谐。本节将着重介绍大气污染控制的技术手段。

一、清洁能源

能源作为人类社会和经济发展的基本条件之一，历来为世界所瞩目。当前，煤炭、石油和天然气是世界能源的三大支柱，构成了全球能源家族结构的基本框架。根据《BP 世界能源统计年鉴 2021》，2020 年，石油、煤炭和天然气在全球能源消费结构中所占比例分别为 31.2%、27.2% 和 24.7%。

中国是世界上能源消耗最多的国家之一，也是世界上最大的燃煤消费国和二氧化碳排放大国之一。能源生产和消费是我国大气污染的主要来源。随着人们对环境与资源保护意识的提高，能源结构将会发生较大的改变。优质、高效、洁净的能源（如天然气、水能、风能、太阳能等）在 21 世纪将有长足的发展。美国马奇蒂（C.Marchetin）博士对世界一次能源替代趋势的研究结果如图 2-4 所示。从图 2-5 中不难看出，这种能源取代的本质是能源的开发利用从资源型向技术型转化的过程，从粗放式利用向高效率利用的转变进程，从污染环境到保护环境的提高过程。

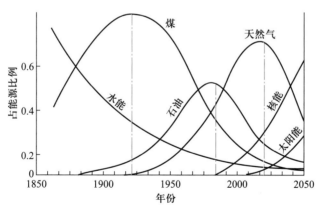

图 2-4　世界一次能源替代趋势

清洁能源战略包括常规能源的清洁利用、可再生能源与新能源的开发利用，以及各种节能技术等。

（一）常规能源的清洁利用

常规能源指已经大规模生产和广泛利用的煤炭、石油、天然气、水能和电力等能源。

1978—2020 年我国各种常规能源在能源消费总量中所占比例见图 2-5，根据《中国统计年鉴 2021》，2020 年中国能源消费结构中，煤炭、石油、天然气、一次电力及其他能源（如核能、水利能）所占的比例分别是 56.8%，18.9%，8.4%，15.9%。随着社会的进步、经济的发展和人们对环保问题日益重视，近年来能源的清洁利用技术不断得到发展和提高。富煤贫油少气是我国的基本国情，以煤为主的能源结构短期内难以发生根本性转变，火电在未来相当长一段时间内仍然是能源保供主力。我国把推进能源绿色发展作为促进生态文明建设的重要举措，坚决打好污染防治攻坚战、打赢蓝天保卫战。煤炭清洁开采和利用水平大幅提升，采煤沉陷区治理、绿色矿山建设取得显著成效。落实修订后的《大气污染防治法》，加大燃煤和其他能源污染防治力度。推动国家大气污染防治重点区域内新建、改建、扩建用煤项目，实施煤炭等量或减量替代。

煤炭清洁开采水平大幅提升。积极推广充填开采、保水开采等煤炭清洁开采技术，加强煤矿资源综合利用。2019 年原煤入选率达 73.2%，矿井水综合利用率达 75.8%，土地复垦率达 52%。

建成全球最大的清洁煤电供应体系。全面开展燃煤电厂超低排放改造，截至 2019 年底，实现超低排放煤电机组达 89 亿 kW，占煤电总装机容量 86%。超过 7.5 亿 kW 煤电机组实施节能改造，供电煤耗率逐年降低。

燃煤锅炉（窑炉）替代和改造成效显著。淘汰燃煤小锅炉 20 余万台，重点区域 35 蒸吨 / 时以下燃煤锅炉基本清零。有序推进对以煤、石油焦、重油等为燃料的工业窑炉实行燃料清洁化替代。

车用燃油环保标准大幅提升。实施成品油质量升级专项行动，快速提升车用汽柴油标准，从 2012 年的国三标准提升到 2019 年的国六标准，大幅减少了车辆尾气排放污染。能源绿色发展显著推动空气质量提高，二氧化硫、氮氧化物和烟尘排放量大幅下降。未来，清洁高效的煤炭与可再生能源组合，实现多能互补，能够更好地加快新型能源系统建设，共同保障能源安全。

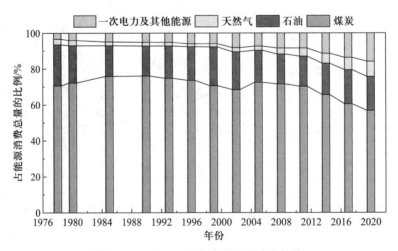

图 2-5　1978—2020 年中国能源消费结构

（二）可再生能源与新能源的开发利用

可再生能源与新能源包括太阳能、水能、风能、海洋能、生物质能、地热能、核能、氢能等，它们都属于低碳或非碳能源，对环境不产生或很少产生污染，是未来能源系统的重要组成部分。

1. 太阳能

太阳能是太阳内部连续不断的核聚变反应过程产生的能量。太阳辐射到地球大气层的能量仅为其总辐射能量（约为 3.75×10^{26} W）的二十二亿分之一，太阳每秒钟照射到地球上的能量相当于 500 万 t 煤。地球上的风能、水能、海洋温差能、波浪能和生物质能，以及部分潮汐能都来源于太阳；地球上的化石燃料（如煤、石油、天然气等）也是远古储存下来的太阳能。太阳能既是一次能源，又是可再生能源。它资源丰富，无须运输，对环境无任何污染。中国陆地每年接收的太阳能能量达 5.6×10^{22} J，相当于 1.9×10^{12} t 标准煤。中国有 2/3 的地区年平均日照时间超过 2 000 h，特别是中国的西部地区太阳能资源尤为丰富。

太阳能利用涉及的技术问题很多，但根据太阳能的特点，具有共性的技术主要有四项，即太阳能采集、太阳能转换、太阳能储存和太阳能传输，将这些技术与其他相关技术结合在一起，便能进行太阳能的实际利用——光热利用、光电利用和光化学利用。

2. 水能

水能是一种清洁的能源。许多世纪以前，人类就开始利用水能。最初，人们以机械的形式利用这种能量。在 19 世纪末期，人们学会了将水能转换为电能。早期的水电站规模非常小，只为附近的居民服务。随着输电网的发展及输电能力的不断提高，水力发电已逐渐向大型化方向发展，并且获得了环境与经济的"双赢"。三峡大坝目前是全球最大的水电站，同时也是有史以来中国最大的水利工程项目。2021 年，三峡大坝突破千亿 kW·h 大关，累计发电达到 1 036.49 亿 kW，为国家节约了 3 175.8 万 t 煤炭，减少 CO_2 排放量高达 8 685.8 万 t，此外减少 SO_2 排放量达到 1.94 万 t。

3. 风能

风是地球上的一种自然现象，它是由太阳辐射热引起的。太阳照射到地球表面，地球表面各处受热不同，产生温差，从而引起大气的对流运动形成风。

风力发电不消耗资源、不污染环境，具有广阔的发展前景，和其他发电方式相比，它的建设周期较短，装机规模灵活，实际占地少，对土地要求低。此外，在发电方式上还有多样化的特点，既可联网运行，也可独立运行，这对于解决边远无电地区的用电问题提供了现实可能性。

4. 海洋能

一望无际的汪洋大海，不仅为人类提供航运、水产和丰富的矿藏，还蕴藏着巨大的能量。通常海洋能是指依附在海水中的可再生能源，包括潮汐能、波浪能、海洋温差能、海流能等。更广义的海洋能源还包括海洋上空的风能、海洋表面的太阳能，以及海洋生物质能等。全球海洋能的可再生量很大，上述海洋能理论上可再生的总量为 766 亿 kW。虽然海洋能的强度较常规能源低，但在可再生能源中，海洋能仍具有可观的能流密度。

5. 生物能

生物能是以生物为载体将太阳能转化为化学能形式储存的一种能量，它直接或间接地来源于植物的光合作用。生物能是第四大能源，生物质遍布世界各地，世界上生物质资源数量庞大，形式繁多，它包括薪柴、农林作物、农业和林业残剩物、食品加工和林产品加工的下脚料、城市固体废物、生活污水和水生植物等。目前生物能的开发应用主要在三个方面：一是在一些农村建立以沼气为中心的能量 – 物质循环系统，使秸秆中的生物能以沼气的形式缓慢地释放出来，解决燃料问题；二是建立以植物为能源的发电厂，变"能源植物"为"能源作物"，如"石油树"、绿玉树、续随子等；三是种植甘蔗、木薯、海草、玉米、甜菜、甜高粱等，既可作食品工业的原料，又可制造酒精以代替石油。

6. 地热能

地热能是来自地球深处的可再生热能。它起源于地球的熔融岩浆和放射性物质的衰变。据估计，地热所含的能量是地球全部煤炭、石油和天然气蕴藏量的 30 倍。

地热集中分布在构造板块边缘一带，此区域也是火山和地震多发区。它的勘探和提取技术依赖于石油工业的经验，由于目前经济上可行的钻探深度仅在 3 000 m 以内，再加上储热空间地质条件的限制（如资源的高温环境和高盐度），只有当热能运移并在浅层局部富集时，才形成可供开发利用的地热田。随着科学技术的发展和地热能利用效率的提高，在不远的将来，这一经济深度可能延伸到 5 000 m 甚至更深。

7. 核能

核能是指原子核结构发生变化时放出的能量，包括裂变能和聚变能两种。

与太阳能、水能、风能、地热能等清洁能源相比，核聚变能不受时间和地域的限制，更重要的是，它是一种取之不尽的能源。核聚变反应的原料是氢的同位素氘和氚，氘丰富地蕴藏在水中，可人工制取。据实验测定，1 L 水含有 30 mg 氘，若全部发生核聚变反应，可释放出相当于 300 L 汽油燃烧所放出的能量。如果把全球海水全部通过核聚变转化成能源，按当前世界能源消耗水平可以供全人类使用一万亿年。

早在 20 世纪 50 年代初，美、英、苏等国便开始了核聚变研究。目前全世界已有 30 多个国家及地区开展了核聚变研究，其中以美国、欧盟各国、日本及俄罗斯发展最快。中国在 20 世纪 80 年代制定了发展核电的技术路线和技术政策；1991 年中国自主建造的秦山核电厂实现并网发电；1994 年上半年，广东大亚湾核电站投入满功率运行。这两座核电厂的建成，有效地缓解了华东、广东等地电力紧张的局面，并为香港输送了大量电力，标志着中国核电的起步。2021 年我国《政府工作报告》中明确提出，"在确保安全的前提下积极有序发展核电"。"十四五"是碳达峰的关键期、窗口期，国家从能源供应安全、经济和可持续发展角度统筹考虑，将核电作为一种碳达峰主力能源发展，为核电发展营造了新的政策机遇期。根据《中国能源统计年鉴》，中国核能发电量从 2016 年 2 105.2 亿 kW·h 增长至 2020 年 3 662.4 亿 kW·h，2021 年中国核能发电量达 4 071.4 亿 kW·h，增长速度较快。

8. 氢能

氢是一种清洁的二次能源，一种理想的新的含能体能源。多年来，我国已初步形成一支由高等学校、中国科学院及石油化工等部门为主的从事氢能研究、开发和利用的专业队伍。在自然科学基金委、科技部、中国科学院和中国石油天然气集团有限公司的支持下，这支队伍承担着氢能方面的国家自然科学基金基础研究项目、国家"863"高技术研究项目、国家重点科技攻关项目及中国科学院重大项目。经过全球科学家的共同努力，预计2030年前后可实现氢能的大规模商业应用。

目前液氢已广泛用作航天动力的燃料，但氢能的大规模商业应用还有待解决以下关键问题：第一，廉价的制氢技术。氢的制取需要消耗大量的能量，目前制氢效率很低，因此开发廉价的制氢技术是各国科学家共同关心的问题。第二，安全可靠的储氢和输氢方法。由于氢易气化、着火、爆炸，因此如何妥善解决氢能的储存和运输问题也就成为开发氢能的关键。

（三）节能

节能是指采取技术上可行、经济上合理，以及环境和社会可接受的一切措施，高效地利用能源资源。节能并不等于降低生活水平，而是在引进更有效地生产和利用能源的新技术，以及在改善能源管理上，通过提高能源利用效率，降低需求而不对个人生活或国家的经济增长产生消极的影响。它涉及能源系统的所有环节，从资源的开采、加工、输送、转换、分配到终端利用。我国的节能重点为：燃煤电厂、工业锅炉、钢铁工业、建材工业。在许多情况下提高能源效率和节能是减少污染物排放的最有效方法，而且在所有污染防治技术中节能是最经济的方法。

我国能源利用效率仅为 32%，比国际先进水平平均低 10%。每消耗 1 t 标准煤所创造的国内生产总值，只有发达国家的 1/4～1/2。由此可见，我国节能潜力是巨大的。中国政府已把提高能源效率和节能，作为可持续发展能源战略的关键措施，提出"坚持资源开发与节约并举，近期把节约放在首位"的发展战略。1996 年 5 月，国家计委、国家经贸委和国家科委联合制定了《中国节能技术政策大纲》，提出了各行业节能技术方向和目标。1997 年 11 月，全国人大常务委员会第 28 次会议审议通过并颁布了《节约能源法》。全国人大常务委员会第 30 次会议于 2007 年 10 月 28 日修订通过《节约能源法》，自 2008 年 4 月 1 日起施行。2022 年 1 月 24 日，国务院印发《"十四五"节能减排综合工作方案》，明确到 2025 年，全国单位国内生产总值能源消耗比 2020 年下降 13.5%，能源消费总量得到合理控制，化学需氧量、氨氮、氮氧化物、挥发性有机物排放总量比 2020 年分别下降 8%、8%、10% 以上、10% 以上。

二、绿色交通

经过四十年的努力，中国的汽车工业得到了很大的发展，汽车的需求量与保有量不断增长。随着汽车数量的迅速增加及城市化进程的加快，一些主要城市的大气污染类型正在由煤烟型向混合型或交通型转化，汽车尾气排放已成为它们的重要污染源。交通型污染与汽车的类型、汽车的数量、燃料利用率、燃料性能及交通状况等诸多因素密切相关，解决交通型污染的对策是推行绿色交通。

（一）合理的交通规划

随着城市化进程的加快和人民生活水平的提高，交通工具对人们越来越重要。面对上升中的交通需求和增长中的负面影响，应当为城市按照具体条件建设布局合理、高效快捷、环保舒适的综合交通网。

（二）发展清洁汽车

清洁汽车是指低排放的燃气汽车（简称 LPGV 或 CNV）、混合动力汽车、电动汽车，以及通过采用多种技术手段大大降低排放污染的燃油汽车及其他代用燃料汽车。发展电动汽车、清洁燃料汽车及汽车环保技术对于合理利用我国资源，提高大气质量，培植汽车工业新的经济增长点，促进相关高新技术的发展等方面具有重大意义。

三、末端治理

推行清洁能源与绿色交通从源头上减少了大气污染的产生。对于已经产生的污染，则需进行末端治理。下面对烟尘、二氧化硫和氮氧化物等主要大气污染物的末端治理技术作一些简要介绍。

（一）烟尘治理技术

去除烟尘采用的是除尘装置。烟尘的粒径大小及其分布对除尘过程的机制、除尘器的设计及其运行效果都有很大影响，它们是颗粒污染物控制的主要基础参数。按除尘原理的不同，除尘器大致可分为机械除尘器、静电除尘器、湿式洗涤除尘器和过滤式除尘器等。它们性能各异，使用时应根据实际需要加以选择或配合使用，主要考虑因素为烟尘颗粒的浓度、直径、腐蚀性等，以及排放标准和经济成本。

（二）二氧化硫治理技术

二氧化硫治理技术包括燃料脱硫（目前主要是重油脱硫）和烟气脱硫。

对于没有烟气脱硫能力的中小工厂，通常采用燃料脱硫。通过加氢催化，使重油中有机硫化物的 C—S 键断裂，硫变成简单的气体或固体化合物，从重油中分离出来。对大型工业企业则要求安装烟气脱硫设施。烟气脱硫可分为湿法和干法两种。湿法是把烟气中的 SO_2 和 SO_3 转化为液体或固体化合物，从而把它们从烟气中分离出来，主要包括碱液吸收法、氨吸收法和石灰吸收法等。干法脱硫是指采用固体粉末或非水液体作为吸收剂或催化剂进行烟气脱硫，它分为吸附法、吸收法和催化氧化法等。

（三）氮氧化物治理技术

氮氧化物是形成光化学烟雾的主要一次污染物，其主要来源是以汽车为主的交通排放的废气，炼油业等工业也在氮氧化物污染中占有较大的比例。汽车排气主要来自发动机的汽油燃烧，如绿色交通中所述，大力发展以电能、燃气等为燃料的清洁汽车，促进先进、高效的发动机及尾气净化装置的推广和使用，将会大大减少大气污染物。

工业企业排放的氮氧化物主要通过以下方法去除。

吸收法　根据所使用的吸收剂，可分为碱吸收法、熔融盐吸收法和硫酸吸收法。

非选择性催化还原法　应用金属铂等作为催化剂，以 H_2 或 CH_4 等还原性气体作为还原剂，将烟气中的氮氧化物还原为 N_2。

选择性催化还原法　以金属铂的氧化物作为催化剂，以氨、硫化氢和一氧化碳等为还原剂，选择最佳脱硝反应温度，让还原剂仅与烟气的氮氧化物发生反应，使之转变为无害的 N_2。

四、环境自净

污染物经过末端治理达到排放标准后被排入大气中，但此时它们的浓度一般要高于环境空气质量标准（见表2-6），因此，大气环境中污染物浓度的进一步降低将要依靠环境的自净作用。

大气环境的自净作用有物理、化学作用（扩散、稀释、氧化、还原、降水洗涤等）和生物作用。在排出的污染物总量恒定的情况下，认识和掌握气象变化规律，合理利用大气自净作用，可以有效降低大气中污染物浓度，减少大气污染危害。例如，以不同地区和不同高度的大气层的空气动力学和热力学的变化规律为依据，可以合理地确定不同地区的烟囱高度，使经烟囱排放的大气污染物能在大气中迅速地扩散稀释。

植物在大气环境自净中具有重要作用，它具有美化环境、调节气候、抑制扬尘、截留粉尘、吸收大气中有害气体等功能，可以在大面积的范围内，长时间地连续净化大气。尤其是大气中污染物影响范围广、浓度比较低的情况下，植物净化是行之有效的方法。在城市和工业区有计划地扩大绿地面积是具有长效能和多功能的大气污染综合防治措施。

习题与思考

1. 干洁空气中 N_2、O_2、Ar、CO_2 各组分所占的体积分数分别是多少？

2. 简述主要的大气环境污染物及其环境影响。

3. 简述影响大气环境污染形成的主要因素。

4. 煤烟型污染、交通型污染和酸沉降污染等几种典型大气污染各自的污染源、主要污染物及其环境影响分别是什么？

5. 环境空气质量标准（GB 3095—2012）中，环境功能区是如何划分的？其中，二类区 SO_2、NO_x、CO 三种污染物日平均浓度限值对应的体积分数分别是多少？

6. 简述大气污染控制的主要对策措施。

7. 简述主要化石能源、清洁能源的优缺点。

8. 大气污染末端治理的技术主要有哪几种，主要处理哪些污染物？

9. 扩展思考：了解我国大气污染防治法律法规、政策措施，以及大气污染防治攻坚战的基本内容和成效。

第三章　土壤环境

　　土壤是绿色植物生长的基地，由地球陆地表面的岩石经风化发育而成。土壤有其独特的生成发展规律，也有其独特的功能。从环境学的角度看，土壤不仅是一种资源，还是人类生存环境的重要组成部分。它依据其独特的物质组成、结构、空间位置，在提供肥力的同时，还通过自身的缓冲、同化和净化功能，在稳定和保护人类生存环境中发挥着极为重要的作用。土壤在自然界中处于大气圈、岩石圈、水圈、生物圈之间的过渡带，是联系有机界和无机界的中心环节，也是结合地理环境各组成要素的纽带。

　　土壤也是各种污染物的最大承受者。大量的固体废物直接堆放在土壤表面，酸雨和工业排放的废气相当部分最终都进入了土壤。此外，人类在生产和生活过程中有意无意地将诸多人造化学品（如农药、化肥等）播撒或施加进土壤。污染物在土壤中的迁移、转化及其对生物特别是对农作物产量和品质的影响，直接关系到人类健康和社会发展。

第一节　土壤概述

一、土壤的组成

　　土壤，不管是农林用地、草地还是荒地，其基本组成均为以下几种物质，见表3-1。

表3-1　土壤的基本组成

固相物质	矿物质	占固相质量95%左右，总体积的38%左右
	有机质	占固相质量5%左右，总体积的12%左右
粒间物质	气相	部分由大气进入，主要成分是O_2、N_2等；另一部分是由土壤内部产生的，主要是CO_2、水汽等
	液相	粒间水分及溶解在其中的多种溶解性物质
生物体	各类昆虫、线虫、节肢动物	
	土壤微生物，1 g土壤中可达数十亿个	

　　1. 矿物质组成

　　土壤矿物质是地壳的岩石、矿物经过风化和成土过程作用形成的产物，可分为：原生矿物和次生矿物。

　　原生矿物　原生矿物是原始成岩矿物，在风化过程中仅受到不同程度的机械破碎，矿物晶格、结构和化学成分没有发生变化。它构成了土壤的骨架，为土壤提供了矿质元素。常见的原生矿物有四大类：硅酸盐类，包括钾长石、钠长石、钙长石、白云母、黑云母、角闪石、方解石、辉石、橄榄石等；氧化物类，包括石英、髓石、赤铁矿、磁铁矿、钛铁矿等；硫化物类，包括黄铁矿等；磷酸盐类，包括氟磷灰石等。

　　次生矿物　岩石原生矿物在风化过程中分解或由风化产物重新合成的矿物，统称次生矿物。次生矿物包括各种简单盐类、铁铝氧化物和次生硅铝酸盐类（伊利石、蒙脱石、高岭石）等。次生矿物颗粒粒径 <0.002 mm 的称为次生黏土矿物，<0.001 mm 的称为土壤矿物胶体。它们是土壤环境中矿物质部分最活跃的重要物质成分。次生黏土矿物的种类和数量随土壤类型而异。

　　2. 有机质组成

　　土壤有机质主要累积于土壤地表和上部土层，是土壤环境最重要的组成部分。有机质包括土壤中各种动植物残体、微生物体及其分解和合成的有机物质。一般可分为：土壤活有机体，主要指植物根系、土壤生物（土壤动物、藻类和菌类）；简单有机化合物、酶和腐殖质。土壤腐殖质是土壤环境中的主要有机胶体，对土壤环境特性、性质及能量迁移与转化过程起着重要的作用。

　　3. 土壤溶液物质组成

　　土壤溶液物质组成非常复杂，常见的物质有：无机盐类，无机胶体（铁、铝氧化物），有机化合物和有机胶体（有机酸、糖类、蛋白质及其衍生物和腐殖酸），络合物（铁、铝络合物）；溶解性气体，如 O_2、CO_2 等；离子态物质，包括各种重金属离子、负离子化合物、H^+、OH^- 等。不同土壤的溶液浓度和成分的差异很大，同一种土壤的不同土层、同一土层不同时相的溶液浓度和成分变化也很大。

　　4. 土壤空气

　　土壤空气主要来自大气，由于土壤生物生命活动和土壤自身特性的影响，土壤空气的组成在质和量上都和大气不同。其组成主要是 CO_2、O_2、N_2、CH_4、H_2S、NO_x 等气体。由于土壤生物生命活动的影响，土壤空气中 CO_2 含量比大气中高，O_2 含量要比大气中低。大气中 CO_2 含量为 0.03%，而土壤空气中的含量是大气的数倍，乃至数百倍。大气中含 O_2 体积分数约 21%，而土壤空气中只有 10% ~ 12%，甚至更低。

　　土壤空气通常与近地面大气进行气体交换，其交换方式有两种：土壤空气和大气整体地进行交换及部分气体通过扩散作用进行的交换，后者是主要的方式。前者依赖于土壤和大气温度的不同，而产生不同的压力，使气体从压力大的方向流向压力小的方向；后者是个别气体成分的差异，依据气体运动规律，发生的扩散过程，就像土壤和大气之间 O_2 和 CO_2 的交换。由于 CO_2、CO、CH_4、H_2S、NO_x 等是大气中温室气体的重要来源，故它的组成与变化受到了越来越多的关注。

　　5. 土壤生物

　　土壤生物可分为土壤微生物和土壤动物两大类。土壤微生物是指土壤中肉眼无法分辨的活有机体，只能在实验室中借助显微镜或电子显微镜才能观察。土壤动物指土壤中无细胞壁的活有机体，一般能为肉眼所见。前者包括细菌、放线菌、真菌和藻类等类群；后者主要是无脊椎动物，包括环节动物、节肢动物、软体动物、线形动物和原生动物，原生动物因为个体很小，故可视为土壤微生物的一个类群。土壤生物的具体功能有：分解有机物质，直接参与碳、氮、硫和磷等元素的生物循环，使植物需要的营养元素从有机质中释放出来，重新供植物利用；参与腐殖质的合成和分解作用；某些微生物具有固定空气中氮、溶解土壤中难溶性磷和分解含钾矿物等的能力，从而改善土壤中氮、磷、钾的营养状况；土壤生物的生命活动产物如生长刺激素等能促进植物的生长；参与土壤中的氧化还原过程等。

二、土壤的结构

土壤不仅能为植物提供支撑场所，调节土壤水、肥、气、热等植物根系适宜的生活环境，同时还具有环境功能。这些功能是由土体、土层、土壤结构与土粒成分的功能组成的。在上述几者中土粒成分是基本的组成要素，也是重要的功能单元。

（一）土粒

土粒是形成结构的基础，创造多孔状况的骨架，行使吸、供、保、调能力的实体。

土粒包括一系列大小形状不同的物质，称为机械组成。它只按大小区分，并没有考虑化学组成的差异。经过研究发现，矿物在经历风化作用过程时，均依据其自身的抵抗风化能力的强弱而残留下相应大小的矿物颗粒。抗风化能力强者，残留的粒度粗大；弱者的粒度细小。所以，矿物颗粒的粒径大小实际上反映了矿物成分的差异。

一般说来石英的抗风化能力最强，所以它的分布规律是粒径越大者含量越多；云母的抗风化能力较弱，在越细的粒径中分布越多；角闪石极易风化，只在较细粒径中有所残留。

由于土粒所保留的矿物成分有差异，它的化学成分也有明显的差异。当各粒径相同的土粒形成集合体时，可以发现不同粒径的集合体在性质上有较大的差异。尽管各国的土壤情况和研究的历史背景有所不同，所采用的粒径分级界限有所差异，但大家都将土粒分为：砾石、砂粒、粉砂和黏粒（从大到小）。其中砾石（颗粒直径 0.6 ~ 20 mm）、砂粒（颗粒直径 0.02 ~ 0.6 mm）颗粒直径较大，比表面积相应较小，其功能主要是构成土体的粗骨架和大空隙。它使土壤具有良好的通透性，为空气和水的进入提供了便利的通道，通过水分给土壤带来热量。同时也正是其良好的通透性，使得砾石、砂粒不能很好地保持水分，从而热容量小无保温能力，使得土壤易热易冷，易干易湿，也特别容易受到污染的危害。总之，对水、热缺乏保存和调节能力。

颗粒直径在 0.002 ~ 0.02 mm 的是粉砂，一般是岩石矿物进行物理分化的极限产物。它们都保存着岩石矿物的原有成分，尚未进行化学分解，它们比砂粒具有更大的比表面积，其集合体具有微弱的毛管力，能保持一定的水分，也能保存由水分带来的热能。

颗粒直径 <0.002 mm 的是黏粒和胶体，它们是矿物化学风化的产物，也是土壤溶液中

化学反应的生成物。它们的物质组成和结构都发生了很大的变化，颗粒细小而且成分随环境条件而异。由于个体小、比表面积大，其在物理性质上表现了强烈的吸水膨胀、失水收缩的特点。

土粒在土壤中都是混合存在的。土壤中各种不同大小的颗粒组成的组合体称为质地。质地是土粒组成的综合性质，并不是土粒组成的定量描述。

（二）土壤结构

土壤结构体是土粒的规律性结合体，是以多孔体的形式，将固、液和气三相同时存在于一定的空间中，发挥其调节水、热、气的作用。土壤结构体的直接作用是对空气和水分的调节，间接作用是影响温度、营养元素和其他化学物质的状况。其中土粒是使土壤结构体存在多孔的条件。不同的土壤结构体所具有的功能大小不相同。总体说来，土壤结构体较小的，其作用的强度和灵活性要大些；个体越大的土壤结构体，大小空隙和分布密度的差异悬殊，容易出现极端的水、热、气状况，因而功能较差。

1. 土壤结构体的类型

基本上可以将土壤结构体分为三种类型：似立方体结构类型、似柱状结构类型、似片状结构类型。

2. 土壤结构体的形成

土壤中的矿物颗粒，大多数情况下不是以单粒状态存在的，而是互相黏聚或被胶结成大小、形状和性质不同的土片、土块和土团的。其形成主要通过以下途径：土壤颗粒通过凝聚形成复粒（或称次生颗粒、微团聚体、有机无机复合物等）；复粒再通过有机质等胶结物质的作用进一步形成团聚体，从而形成土壤结构体。土壤颗粒可以直接通过有机质等胶结物质的作用形成团聚体。致密的土壤通过植物的根系活动、干湿交替和冻融交替等外应力的作用而崩解形成团聚体。近来，又提出了黏团说，认为黏团是黏粒的小集团群，由黏粒本身定向排列而成，呈片状。黏团之间通过铝键和有机聚合物的作用，使团面和团面、团面和团边、团边和团边相结合，形成团聚体的基本单元，而后再形成团聚体。

3. 土壤结构体的基本指标

土壤结构体的基本指标有三个：土壤比重、土壤容重和土壤孔隙度。土壤比重是指以实体考虑，而不计空隙时，单位体积的土壤质量，以 g/cm^3 表示。土壤容重是指单位体积的土壤质量，以 g/cm^3 表示。土壤孔隙度则是通过比重和容重两者之差得出的土壤中孔隙的含量状况，以 % 表示。具体算式如下：

$$土壤总孔隙度 = \frac{土壤比重 - 土壤容重}{土壤比重} \times 100\%$$

4. 土壤结构体的大小

土壤结构体的大小是决定土壤中水分和空气是否矛盾的依据。土壤结构体越大，大空隙越多，保存的空气容量越大；土壤结构体越小，形成的毛细管孔越多，保存水分的能力越强。太小的土壤结构体（<0.5 mm）对于空气不利，太大的土壤结构体（>2 mm）可能存在不稳定的缺点。对于不同地区和土壤类型，对其大小的要求是有所差异的。一般而言，湿润地带要稍大些，干旱地带要小些。这是因为干旱地带要保存水分，而湿润地带要加强土壤的通气性。

5. 土壤结构体的稳定性

土壤结构体的稳定性实际上是土壤中孔隙状况的稳定性。土壤结构体的稳定性主要是指其水稳定性和力稳定性。稳定性结构是靠土壤中的有机胶体和矿质胶体相结合，形成有机 – 矿质复合体。复合体一般较小，主要组成土壤中的微团聚体。在微团聚体的基础上再形成较大的结构体。其结合的机理主要有：矿质胶体表面的阳离子通过其水化膜作为"水桥"，或水分子提供氢键与有机质相结合；有机酸穿入膨胀晶层作为阳离子的配体与矿粒水化壳的水分子相代换而紧密结合；有机阴离子作为配体与矿物氧化物表面相结合等数种方式。另外，人们利用相似的原理研制了人工结构剂，来改良土壤的结构。

（三）土层

土层是土壤性质在垂直方向上的差异，并向水平方向上延伸的层次单元。由于地心引力的作用，土壤中的物质会根据各种物质的质量大小，产生不同程度的向下迁移。因此，表现了物质在垂直方向上的差异分布，并形成了层次。植物根系的分布、残落物的分布，也进一步加强了土层的区分。一般情况下，自然土的土层包括：覆盖层、淋溶层、淀积层和母质层；耕作土的土层包括：耕作层、犁底层、心土层和底土层。由于各层的物质组成不同，相应的它们的性质也有较大的差异。

（四）土体

土体是指土壤性质侧向变化最大的以均一性为界限的土壤地理个体，它是一个空间上的立体单元，这个立体单元包括地面以下的全部土层结构与物质组成，同时包括它的立地条件，因为立地条件是直接输入土壤物质与能量的来源。

土体是立体的土壤基质总体。由于其界面接触环境的程度不同，以及土体内物质的重力、张力、溶解和沉淀等的影响，其在垂直方向上发生自然的质能分配及其差异传递，从而形成土层。土层上下层能力的差异，有时互相协同，有时却又是一种层次抑制另一种层次功能的发挥，所以土层的特征和组合方式，影响整个土体的缓冲性和抗逆性。土壤结构是利用其个体内部的小孔隙和个体之间的大孔隙来调控土层中的水、气，保障水、气共存，彼此相互不矛盾。水、气调匀的同时热量的供应和生物的生存也得到了解决，生物活动促进了有机质和矿物质的分解和转化。土体构成了土壤结构，它的作用主要是在结构中进行物质的分解和合成、养分的吸收、释放，以及水分和能量的保持、传递等。

三、土壤的形成

（一）土壤的形成过程

土壤是由裸露在地表的岩石，在漫长的岁月中，经过复杂的风化过程和成土过程，经历岩石 – 母质 – 土壤阶段形成的。

1. 土壤母质的形成

土壤母质由岩石通过物理、化学和生物风化而形成。岩石的风化作用是指坚硬巨大的岩石，在外界因素的作用下，逐渐崩解破碎，大的石头变成小块，小块再变成细粒，并改变岩石的矿物成分和化学成分的过程。

物理风化 物理风化是指岩石受物理因素作用而逐渐崩解破碎的过程。其特点是：只能引起岩石形状、大小的变化，而不能改变其矿物组成与化学成分。其成因为：主要是地球表面温度的变化，由于岩石是热的不良导体，在温度变化时，其内部和外部的膨胀和收缩速率不同，从而形成了岩石的崩解。此外还有冰冻的挤压、风、冰川等自然动力的磨蚀和植物根系的穿插等作用。

化学风化 化学风化是指岩石受化学因素作用而引起的破坏过程。其特点是：不仅使已破碎的岩石进一步变细，同时使岩石发生矿物组成和化学成分的改变，产生新的物质。其成因为：首先是溶解作用，水是自然界分布最广的溶剂。岩石中的矿物成分都是无机盐类，在水中多少都能溶解一些，在自然界中绝对不溶解的无机物质是不存在的。其次是水化作用，岩石中许多矿物都能与水化合成为一种含水矿物，此种作用称为水化作用。经过水化后的岩石，往往体积增大，硬度降低，成为容易崩解的疏松状态，因而易于风化。再次是水解作用，水部分解离的氢离子与矿物中的碱金属（钾、钠）或碱土金属（钙、镁）发生置换作用，而使岩石遭到破坏。这种作用随着温度的增加和水中溶解 CO_2 浓度的增加而加强。最后是氧化作用，在氧化剂尤其是氧的作用下，岩石中易氧化的矿物被氧化，使岩石受到破坏。

生物风化 生物风化指岩石在生物作用下发生的破坏过程。其成因为：生物对岩石风化的影响一是机械破碎作用，如植物根系的穿插所引起的岩石的机械破碎；二是生物化学作用，如藻类可直接生长在岩石的表面，用其分泌物来分解岩石，从中取得自己所需要的养料；同时植物死亡后，被分解而形成各种有机和无机酸类。

2. 成土过程

地表的岩石受到冷热的影响崩解而形成岩石碎屑，在水与大气的作用之下，它们进一步风化、分解、迁移和沉积。在海陆变迁中，先前沉积于海底的泥沙又变成了岩石，当其抬升地面以后，又接受风化和迁移作用而沉积海底。如此周而复始的过程称为地壳物质的地质大循环。

当地球出现生物以后，生物在地质大循环的基础上，得到岩石风化产物中的养分，构成生物有机体。生物死亡后，经过微生物的分解又重新释放出养分，再供下一代生物吸收利用。这种由风化释放出的无机养分转变为生物有机质，再转变为无机养分的循环称为植物营养物质的生物小循环。

岩石经过风化作用形成岩屑堆。当地表上出现了生物后，生物必然从岩屑堆、大气和水吸取营养。生物有机体不但以更集中的营养物质归还岩屑堆，而且使岩屑堆的成分更丰富，同时储备化学能。这样使岩屑堆变成了矿物质、有机质和生物紧密结合的三相共存的复杂、不均一体系，就是土壤，而这个过程就是成土过程。由此可以看出，土壤的形成是上述两个循环相互作用的结果。而且土壤的形成是成土过程和风化作用交织在一起，同时进行的。

（二）影响土壤形成的主要因素

影响土壤形成的主要因素有六个，分别是母质、气候、生物、地形、时间和人为因素。其作用分别概述如下：

母质 构成土壤矿物质的基本材料，提供植物必需的养料元素。

　　气候　影响土壤中物理、化学、生物作用的方向与进程。

　　生物　土壤形成最重要的因素。只有在母质的基础上出现了生物之后，土壤才能形成。

　　地形　影响热量及水的重新分配，影响母质的分配。

　　时间　时间越长，土壤性质的变化越大。

　　人为因素　土壤形成过程中最深刻的影响因素，通过改变某种因素或各种因素之间的对比关系来控制土壤形成过程和方向。

　　概括来说，母质是物质基础；气候中的热量因素是土壤能量的最基本来源；生物将无机物变成有机物，将太阳能转化为生物化学能，从而改造了母质，形成了土壤；地形通过对地表物质和能量再分配，间接地影响土壤的形成过程；时间是一个条件，任何一个空间因素或者综合作用的效果随时间的增长而加强；人类根据自己的目的，通过调节其他土壤形成因素来控制土壤形成的过程和方向。

四、土壤的分类与分布规律

（一）土壤的分类

　　土壤形成因素的相互作用，势必导致各因素的不断变化和对土壤产生不同的综合影响。所以在土壤的形成过程中，肯定会出现各种各样的土壤类别，形成土壤类别的多样化。土壤分类的目的在于阐明土壤在自然因素和人为因素影响下发生、发展的规律；指出土壤发育演变的主要过程和次要过程；揭示成土条件、成土过程和土壤属性之间的必然联系，确定土壤发生演化的系统分类表。据此，可以指导人们合理地利用、管理土壤。

　　1930 年，我国开始了土壤分类的研究，先后采用了数种土壤分类的方法，现在使用的分类方法是 1995 年的《中国土壤系统分类表（修订方案）》。在该分类系统中土壤被分为四级，分别是：土纲、亚纲、土类和亚类。

　　土纲作为最高级的土壤分类级别，根据主要土壤形成过程产生的主要影响或土壤形成过程的性质划分；亚纲是土纲的辅助级别，主要根据控制现代土壤形成过程的性质或主要限制因素反映的性质划分；土类是亚纲的细分，根据反映主要土壤形成过程的强度或次要控制因素的表现性质划分；亚类是土类的辅助级别，主要根据是否偏离中心概念、是否具有附加过程的特性和是否具有母质残留特性划分。

　　根据该方案将我国土壤划分为 13 个土纲，33 个亚纲，77 个土类和 301 个亚类。具体的分类结果详见《中国土壤系统分类表（修订方案）》。

（二）土壤的分布规律

　　土壤带是土壤分布地理规律性的具体表现，是地球表面土壤呈现规律性分布的现象。土壤地带性包括土壤纬度地带性（水平带）、垂直地带性（高山或高原土壤分布）和区域地带性（由于地形或地质地貌学特征引起的变异）。

　　土壤纬度地带性指土壤带和纬度基本上平行的土壤分布规律；土壤垂直地带性指因山体的高程不同而引起生物 - 气候带的分异所产生的土壤带谱；土壤区域地带性指土壤纬度带内，由于地形、地质、水文等自然条件的不同，其土壤类型各异，有别于地带性土类，因而出现了土壤区域地带性。

第二节　土壤环境概述

土壤环境是指受自然或人为因素作用的，由矿物质、有机质、水、空气、生物有机体等组成的陆地表面疏松综合体，包括陆地表层能够生长植物的土壤层和污染物能够影响的松散层等。土壤环境要素组成农田、草地和林地等，连续覆被于地球陆地地表形成的土壤圈层，是人类的生存环境——四大圈层（大气圈、水圈、土壤–岩石圈和生物圈）的一个重要圈层，连接并影响着其他圈层。

一、土壤环境的物理性质

土壤环境的物理性质包括土壤结构和孔隙性、土壤水分、土壤空气、土壤热量和土壤耕性等。其中，土壤水分、空气和热量作为土壤肥力的构成要素直接影响着土壤的肥力状况，其余的物理性质则通过影响土壤水分、空气和热量状况制约着土壤微生物的活动和矿质养分的转化、存在形态及其供给等，进而对土壤肥力状况产生间接影响。学习和掌握土壤物理性质的基本理论及其调控措施，对于持续培肥土壤、提高土壤生产力、实现土壤资源可持续利用等均具有十分重要的意义。

土壤孔隙性是指土壤孔隙的数量、大小、分配和比例特征。土壤孔隙分为无效孔隙、毛管孔隙和通气孔隙。无效孔隙在黏土中较多，在砂质土壤和结构良好的土壤中较少。毛管孔隙是能保持毛细管水分的孔隙，通气孔隙是指土壤水分和空气的通道。土壤孔隙性在调节土壤水分和空气比例的基础上调节土壤热量，同时还可以通过过滤、截留、物理化学吸附、化学分解、微生物降解等作用影响进入土壤的各种污染物质。

土壤质地的差异，使其可对进入土壤中的环境污染物质进行截留、迁移和转化。黏土富含黏粒、颗粒细小、比表面积大，故其在物理性质上表现较强的吸附能力，可以将进入土壤中的污染物吸附到土粒的表面，使其不易迁移。砂土黏粒含量少，砂粒含量多，土壤的通气和透水性强，吸附能力较弱，进入其中的污染物易迁移。

二、土壤环境中的胶体物质

土壤胶体是土粒中颗粒细小的部分，其颗粒直径一般小于 0.001 mm，由矿物质微粒（铝硅酸盐类），腐殖质，铝、铁、锰、硅含水氧化物组成。土壤胶体的重要性质是带电荷和具有吸附作用，对土壤的物理和化学性质有重大影响。土壤胶体带电荷主要是由于：一方面表面基团解离或吸附离子而带电荷，另一方面胶粒内部的电荷不平衡表现出来的表面电荷。而它的吸附作用则是由于其颗粒细小，故比表面积大，产生吸附作用。

（一）土壤胶体的种类

土壤胶体分为土壤无机胶体、有机胶体和有机无机复合体三种。

土壤无机胶体   土壤无机胶体又称矿质胶体，实际上就是土壤黏粒，包括层状硅酸盐类和氧化物类。层状硅酸盐类是由许多晶片重叠而成的。它的基本构成晶片有两种，硅氧四面体晶片和铝氧八面体晶片。硅氧四面体晶片在结构上是每个 Si^{4+} 有四个 O^{2-} 围绕在其周围配位，呈现四面体形状；铝氧八面体晶片则是每个 Al^{3+} 周围有六个 OH^- 配位，呈现八面体的形状。它们的通式分别为：$(Si_2O_5)^{2-}$ 和 $[Al_2(OH)_4O_3]^{4-}$。形成层状硅酸盐时两者结合数量和方式的不同会使土壤无机胶体的性质随之各异，所形成的类型主要是 1∶1 型和 2∶1 型。

1∶1 型是一个硅氧四面体晶片和一个铝氧八面体晶片相结合形成的。它的特点是：晶层之间由氢键联结，晶层间距离很小，晶层内水分和阳离子容易进入；晶粒较大，比表面积较小，表面能相应较小，吸附能力较弱；加之晶层内几乎没有同晶置换，晶粒的表面电荷主要靠暴露在表面的基团的质子化或去质子化。因此，1∶1 型土壤无机胶体吸收水分和吸附土壤溶液中离子的能力相对弱。

2∶1 型则是由两个硅氧四面体晶片和一个铝氧八面体晶片相结合形成的。它的特点是：晶层之间由范德华力联结，晶层的两面都是 O^{2-}，晶层内水分和阳离子容易进入；由于以范德华力联结晶层，其作为分子间力，较氢键弱，形成的晶粒较小，比表面积较大，表面能相应较高，吸附能力强；另外晶层中的阳离子总是发生同晶置换，如硅氧晶片中的 Si^{4+} 为 Al^{3+} 所置换或铝氧晶片中的 Al^{3+} 为 Si^{4+} 所置换等，使得晶层内部出现电荷的不平衡，从而易于从周围的介质中吸附离子来达到平衡。因此，2∶1 型土壤无机胶体吸收水分和吸附土壤溶液中离子的能力相对强。

氧化物类主要指铁、铝等的氧化物，如水铝石和针铁矿和含水赤铁矿等多为凝胶，对离子的吸附能力较弱。

土壤有机胶体   土壤有机胶体又称腐殖质胶体，来源于动植物和微生物的残体及其分解和合成产物，由多糖、蛋白质和腐殖酸组成。其中在土壤中含量较多，影响较大的是多糖和腐殖酸。

腐殖酸是一种具有芳香核、含氮与酚环的高分子化合物，具有多种功能基团，包括羧基、羟基、酚羟基等，其电荷数远远超过无机胶体。

土壤中的多糖包括木质素、纤维素等，它们具有的功能基团有羧基、醛基等。

土壤有机胶体由于带电荷数量大、比表面积大和具有较强的络和能力及一定亲水性，其对水分和土壤溶液中的离子有较强的吸附作用。

土壤有机无机复合体   又称有机矿质复合体或有机黏粒复合体，由无机胶体与有机胶体通过离子间的库仑引力和表面分子间的范德华引力紧密缔合而成。土壤中以此类胶体居多。这种胶体的特点不是有机胶体和无机胶体特点的简单加和，由于颗粒已经由单粒复合成较大的复粒，故其比表面积减小；另外胶体的部分交换基团在粒子复合时使用，阳离子交换量比未复合前二者之和少。这种复合形成的是稳定的团粒结构，能改善水、肥、气、热的状况。

（二）土壤胶体的吸附作用

土壤胶体的表面作用能够吸附离子与分子化合物。其吸附机理包括物理、化学和物理化学吸附机理。物理吸附也称分子吸附作用，是土粒吸附分子，以减少其表面能的作用。

化学吸附使一些土壤中可溶性盐和土壤中物质发生化学反应，生成溶解度很低的化合物。物理化学吸附即胶体对离子的交换吸附，使土壤胶体表面的电荷总是从溶液中吸附异号离子，胶体吸附的离子可以重新为其他同号离子交换出来。离子交换达到平衡时，交换双方的离子浓度变化一般符合质量作用定律。其衡量指标主要有以下三种：

交换量 每 100 g 土壤所能交换的离子，以毫克当量数计。吸附的阳离子以阳离子交换量（CEC）表示，阴离子以 AEC 表示。交换量取决于胶体的比表面积、化学成分与结构。硅酸盐和硅铝酸盐类黏土矿物，由于结构的关系，绝大多数带负电荷；有机胶体在一般的 pH 条件下也带负电荷，故阳离子交换量更为常用。

交换性酸与盐基饱和度 交换性阳离子成分中的 H^+ 或 Al^{3+}，叫作交换性酸。交换性 H^+ 是土壤胶体受到含微量 H^+ 的雨水的长期淋溶，使交换性盐基离子移去而保留了 H^+。交换性 Al^{3+} 主要是土壤无机胶体为 H^+ 所侵蚀而分解，使晶层中的 Al^{3+} 释放出来的结果。盐基饱和度是指土壤胶体上的交换性盐基离子总量占全部交换性阳离子的百分比。

盐基饱和度 =（CEC− 交换性酸）× 100% /CEC= 交换性盐基离子总量 × 100% /CEC

离子交换方式 当胶体表面和土壤溶液之间进行离子交换时，其数量关系很重要，它不仅仅是总量，而且还包括参与交换的离子在胶体表面和溶液中的分配。一般同价离子相互交换时，交换系数是 1。然而当进行异价交换时，高价离子总是倾向朝原先的高浓度方向移动，低价离子总是倾向朝原来的低浓度方向移动，此称为原子价效应。

◤ 三、土壤酸度

土壤酸度是反映土壤溶液中氢离子浓度和土壤胶体上交换性氢铝离子数量状况的一种化学性质，又称酸碱性或土壤酸碱度。

土壤溶液是土壤的液相部分，泛指含可溶性物质的土壤水。可溶性物质分气体物质、有机物和简单的无机盐等，其中部分被土壤固相所吸附。土壤的一些化学过程在此进行。

土壤酸度对植物的生长和污染物质的迁移和转化有重大的影响。首先它影响养分的有效度。土壤酸度控制了土壤胶体上交换性离子的组成和土壤溶液的离子组成，因此，影响了土壤溶液中的养分离子浓度和含量的比例。在 pH 为 6~7 的范围内，多数矿质养分的有效性均较高。其次，土壤酸度影响金属元素的固定、释放和淋洗。土壤溶液中的某些金属离子浓度会随土壤的 pH 上升而下降，如铜、锌、铅、镉等离子。而有些金属离子浓度会随土壤的 pH 下降而上升，增加了金属元素的迁移和淋洗。最后，土壤酸度还影响土壤中微生物的活性。大多数细菌、放线菌、藻类和原生动物以中性或微碱性环境为宜，酵母菌和霉菌则喜爱酸性或微酸性环境。

1. 土壤酸度的产生

土壤酸性的产生 主要有以下几条途径：首先是植物根系活动及土壤中有机质的分解产生的有机酸和大量的 CO_2，还有某些微生物产生的矿质酸，都是土壤溶液中 H^+ 的来源；其次，当土壤胶体上吸附的 H^+ 达到一定的数量后，黏粒矿物的晶格遭到破坏，使黏粒矿物中的铝被溶解出来，溶液中出现了活性铝，水解后释放出 H^+；最后，胶体上吸附的 H^+

和 Al^{3+} 被其他阳离子代换到溶液中而使土壤呈酸性。

土壤碱性的产生　土壤的碱性主要来自土壤中大量存在的碱金属，如钾、钠、钙、镁的碳酸盐和重碳酸盐的水解。

2. 土壤酸度的表示

土壤酸度的主要指标是 pH，它表示与土壤固相处于平衡时的土壤溶液中的氢离子浓度的负对数，即 $pH=-lg[H^+]$。pH 越小，表示土壤的酸性越强，碱性越弱。大部分土壤的 pH 都在 4.5～9.5 之间，其中 6.5～7.5 为中性。

3. 土壤酸度的数量

根据 H^+ 的存在方式，土壤酸度分为活性酸和潜性酸两种。活性酸是土壤溶液中 H^+ 的浓度，土壤 pH 反映的就是这种酸度。潜性酸是指土壤胶体上吸附的交换性 H^+ 和 Al^{3+}，被中性盐置换到溶液中，Al^{3+} 逐步水解产生的 H^+ 与被置换下来的 H^+ 一起直接表现的土壤酸性。在土壤 - 水体系中，活性酸和潜性酸之间处于可逆的动态平衡中。在数量上潜性酸比活性酸高 3～4 个数量级。

4. 土壤的缓冲性

土壤的缓冲性是指土壤抵制 pH 改变的能力，或土壤抵制土壤溶液中离子浓度改变的一种特性。土壤具有这种作用是由于土壤胶体对离子的吸附。土壤缓冲性可使土壤溶液中的离子转变为难以解离的吸附态，或改变溶液中离子的组成和活度，从而缓和因微生物、植物根系的呼吸、有机物的分解及污染物进入土壤造成的土壤酸碱变化。明显的例子就是在北方发生的酸雨，其后果较南方轻，这是由于北方土壤胶体上的钙、镁、钾离子等盐基物较丰富，其土壤的缓冲性更强。

四、土壤氧化还原性

土壤氧化还原性常用土壤的氧化还原电位这个综合性指标表示。它的含义是：当一支能传递电子的"惰性"铂电极插入土壤中时，在土壤和电极之间建立一个电位差，称为氧化还原电位，单位是 mV。它是由于土壤中存在氧化性物质（O_2、NO_3^-）和还原性物质而产生的。氧化性物质越多，土壤的氧化还原电位越高，其氧化性越强。土壤中氧化还原电位的变化范围很广，为 $-300～+700$ mV。

土壤中的氧化还原体系包括无机体系和有机体系两类。无机体系包括氧、铁、锰、硫等。有机体系包括各种有机酸、酚醛类和糖类等。在这些体系中氧的氧化还原电位最大，有机体系和硫体系的较小，其余的介于之间。

土壤中的氧化还原反应具有下列特点：不仅包括纯化学反应，而且还有生物参与，如植物根系的分泌物质参与氧化还原反应；有可逆、半可逆和不可逆之分，有机体系的反应多为半可逆和不可逆的，其反应速率也不同；有微域变异现象，由于土壤是一个不均匀的多相体系，氧化性物质和还原性物质的数量和条件存在局部性变异，从而出现了微域的变异。总之，土壤中存在着极其错综复杂的氧化还原动态平衡，而且这种平衡常随外界因素而变动。

土壤氧化还原性受土壤中易分解的有机质和易氧化或易还原的无机质，以及 pH 等因素的影响。土壤中易分解的有机质是土壤微生物的营养物质和能源物质，在厌氧分解的过程中，微生物夺取有机质中所含的氧，形成各种还原性物质。微生物死后的自溶作用也能产生还原性较强的有机质，使得土壤的氧化还原电位下降。土壤中易还原的无机质较多时，可以阻滞还原条件的发展，同样当易氧化物质较多时，则还原条件发达。由于土壤中的各种氧化还原反应大多有质子的参与，pH 对氧化还原强度也有直接的影响。同一种土壤，pH 越低，则氧化还原电位就越高。

土壤环境中氧化还原反应的影响主要有以下几种：

影响土壤中营养元素的状态和有效性。如营养元素 C 在氧化态时是 CO_2，而在还原态时是 CH_4；N 在氧化态时是 NO_3^-，而在还原态时是 N_2、NH_3。

影响元素离子的价态，从而影响其迁移、转化。土壤中大多数变价元素在高价态时溶解度小，不容易迁移，而在低价态时溶解度大，容易迁移。

五、土壤环境中的矿化作用和腐殖化作用

1. 土壤环境中的矿化作用

矿化作用是在土壤微生物作用下，土壤中有机态化合物转化为无机态化合物过程的总称。因无机态亦称矿质态，故称此作用为矿化作用。矿化作用在自然界 C、N、P、S 的生物循环中十分重要。作用的强度和土壤性质有关，还受被矿化的有机态化合物中有关元素含量的影响，如有机氮化合物矿化作用的强弱，即与碳氮比值有关，通常碳氮比值小于 25 的有机氮化合物容易发生矿化作用，反之则作用较弱。

2. 土壤环境中的腐殖化作用

腐殖化作用指动植物残体在微生物的作用下转变为腐殖质的过程。一般用腐殖化系数来度量。腐殖化系数是指定量加入土壤中的植物残体（以碳量计）腐解一年后的残留量（以碳量计）与原加入量的比值。

影响腐殖化作用的因素主要有三种：生物残体的化学组成；环境的水热条件；土壤性质，特别是土壤的酸度。

第三节　土壤污染

一、土壤污染概述

（一）土壤污染的过程和概念

农业生态环境中，土壤是连接自然环境中无机界与有机界、生物界与非生物界的重要枢纽。在正常情况下，物质和能量在环境和土壤之间不断进行交换、转化、迁移和积累，处于一定的动态平衡状态中，不会发生土壤环境的污染。但是，如果人类的各种活动产生的污染物质，通过各种途径输入土壤，其数量和速度超过了土壤的自净作用，打破了土壤

环境中的自然动态平衡，会导致土壤酸化、板结，土质变坏；阻碍或抑制了土壤微生物的区系组成与生命活动，土壤酶活性降低，引起土壤营养物质的转化和能量活动；并因污染物的迁移转化，引起作物减产，农产品质量降低，通过食物链进一步影响鱼类和野生动物、畜禽的生长发育和人体健康。

土壤污染就是人为因素有意或无意地将对人类本身和其他生命体有害的物质施加到土壤中，使其某种成分的含量超过土壤自净能力或者明显高于土壤环境基准或土壤环境标准，并引起土壤环境质量恶化的现象。

（二）土壤污染的特点

隐蔽性和潜伏性　土壤污染不如水体污染和大气污染那样直观，需要通过农产品，以及摄食的人或者动物的健康状况反映出来，从污染到产生严重后果有逐步积累的过程。当人们的身体健康遭受某种污染物的严重伤害，开始意识到是源于土壤污染时，实际上可能距离土壤污染的发生已经很久了。典型的例子如 20 世纪 60 年代发生在日本的公害病——"痛痛病"，经过 10 年左右人们才发现，它主要是开采矿山后，当地居民长期食用富集镉的"镉米"引起的。

不可逆性和持久性　重金属进入土壤是一个不可逆过程。土壤中的某些有机污染物极难降解，很多都是国际公认的持久性有机污染物（POPs），如多氯联苯（PCBs）、多环芳烃（PAHs）和多氯代二苯并对二噁英（PCDDs），具有高稳定性、低水溶性和抗微生物降解的特性，所以土壤一旦遭受污染，很难根除治理。

危害的严重性　土壤污染不仅影响粮食生产，其污染物往往还通过食物链危害动物和人体健康。有报道表明，某些地区居民的癌症发病率与土壤污染的程度呈线性相关。

（三）土壤污染源

土壤污染源可分为天然污染源和人为污染源。天然污染源是指自然界自行向环境排放有害物质或造成有害影响的场所，典型的例子是活动的火山；人为污染源是指人类活动所形成的污染源，因为影响范围广、危害大，成为土壤污染研究主要关注的对象。按照污染途径，土壤污染的主要来源为工业和城市污水，以及固体废物、农药和化肥、畜禽排泄物、生物残体和大气沉降物等。

（四）土壤污染物类型

按照污染物的属性，土壤污染物可分为有机物类和无机物类两种类型。

有机物类　可分为天然有机污染物和人工合成有机污染物，主要指后者，包括人工合成的有机农药、酚类物质、氰化物、石油、多环芳烃、洗涤剂，以及有害微生物、病菌等。其中，持久性有机污染物因为性质稳定、难以降解而备受关注。

无机物类　主要有重金属和放射性物质（^{137}铯、^{90}锶），以及有害的氧化物、酸、碱、盐、氟等。其中，重金属和放射性物质污染极难彻底清除，对人体最具潜在危害性。重金属一般是指对生物有显著毒性的元素，如汞、镉、铅、铬、锌、铜、钴、镍、锡、钡、锑等，从毒性角度通常把砷、铍、锂、硒等也包括在内。目前最受关注的五种重金属元素是汞、砷、镉、铅、铬。

各种主要土壤污染物及其来源见表 3-2。

表 3-2 主要土壤污染物及其来源

污染物种类			主要来源
无机物类	重金属	汞（Hg）	制烧碱、汞化物生产等工业废水和污泥、含汞农药、汞蒸气
		镉（Cd）	冶炼、电镀、染料等工业废水，污泥和废气，肥料杂质
		铜（Cu）	冶炼、铜制品生产等废水，废渣和污泥，含铜农药
		锌（Zn）	冶炼、镀锌、纺织等工业废水和污泥、废渣、含锌农药、磷肥
		铅（Pb）	颜料、冶炼等工业废水，汽油防爆燃烧排气，农药
		铬（Cr）	冶炼、电镀、制革、印染等工业废水和污泥
		镍（Ni）	冶炼、电镀、炼油、染料等工业废水和污泥
		砷（As）	硫酸、化肥、农药、医药、玻璃等工业废水，废气，农药
		硒（Se）	电子、电器、油漆、颜料、染料等工业的排放物
	放射性元素	铯（^{137}Cs）	原子能、核动力、同位素生产等工业废水、废渣、核爆炸
		锶（^{90}Sr）	原子能、核动力、同位素生产等工业废水、废渣、核爆炸
	其他	氟（F）	冶炼、氟硅酸钠、磷酸和磷肥等工业废水、废气，肥料
		盐、碱	纸浆、纤维、化学等工业废水
		酸	硫酸、石油化工、酸洗、电镀等工业废水，大气酸沉降
有机物类	有机农药		农药生产和施用
	酚		炼焦、炼油、合成苯酚、橡胶、化肥、农药等工业废水
	氰化物		电镀、冶金、印染等工业废水，肥料
	苯并［a］芘		石油、炼焦等工业废水、废气
	石油		石油开采、炼油、输油管道漏油
	有机洗涤剂		城市污水、机械工业污水
	有害微生物		厩肥、城市污水、污泥、垃圾

注：资料引自刘培桐.环境学概论.2版.北京：高等教育出版社，1995.

二、污染物在土壤中的迁移转化规律

土壤中的物质永远处于运动状态，所谓物质迁移就是元素在土壤中的转移和再分配，这是导致物质分散或集中的原因。迁移是一个复杂的过程，在不同的生态条件和物理化学条件下，迁移的特点不同。影响迁移的各种因素主要有：① 与原子结构及其化合物性质有关的内在因素，包括化学键类型、电负性、原子和离子的半径，以及化合价。② 元素迁移的外在因素，如气候条件、有机质、地形部位、水、氧及二氧化碳、介质的 pH 和氧化还原电位，以及胶体的作用。土壤中的各种迁移与积累现象，都是内外因素作用的结果，主要分为：溶解迁移、还原迁移、螯合迁移、悬粒迁移和生物迁移五种方式。以下分别就土壤中两种典型污染物的迁移与转化逐一讨论。

（一）有机污染物——农药

农药是一种典型的有机污染物，不仅包括杀虫剂，还包括除草剂、杀菌剂、防止啮齿类动物的药物，其中主要是除草剂、杀虫剂和杀菌剂。据报道：在地球表面的全部生物圈中，几乎都有DDT残留物，即使是在从未喷洒过DDT的南极地区也有质量分数为 $0.12 \times 10^{-6} \sim 2.8 \times 10^{-6}$ 的残留量，甚至在常年不化的冰层中也检出质量分数为 0.04×10^{-9} 的含量，这说明不仅河流、海洋本身可以携带DDT，有一部分DDT还可以由气流携带，再随雨水等落入土壤和海洋进行再循环，从而对人体产生影响。

1. 农药在土壤中的迁移转化方式

农药在土壤中以蒸气和非蒸气的形式进行迁移，主要是吸附和降解两个过程。

吸附 土壤对农药的吸附取决于多种因素，其中构成土壤胶体复合体的胶粒和有机质较为重要。吸附的机理主要有以下几种：离子交换吸附（如有机物和黏土矿物对敌草快等其他某些除草剂的吸附）；农药通过质子化作用而带正电荷后可借助离子交换而被吸附；通过范德华力及 π 键等作用方式对农药进行吸附；通过疏水型作用相互产生吸附；通过电子从供体向受体的传递产生吸附；通过形成配位键和配体交换产生吸附。

降解 微生物降解某些农药的有效成分为土壤微生物的碳源和氮源，这些微生物直接或通过代谢过程中释放的酶类将农药降解。例如烟曲霉、焦曲霉、黄柄曲霉等能将阿特拉津分解；黑曲霉、米曲霉等能将扑草净降解。DDT在土壤中的生物降解主要按还原、氧化和脱氯化氢等机理进行。非生物降解主要有光化学降解、水解式降解、氧化还原型降解、形成亚硝基化合物的降解等。有些农药受土壤表面太阳辐射能和紫外光等能流作用可能被分解。例如敌草快光解生成盐酸甲胺，2，4-D光解最后生成腐殖酸。

DDT在空气中的光化学降解步骤为：p, p'-DDT 在 $290 \sim 310$ nm 的紫外光照射下，可转化为 p, p'-DDE 及 p, p'-DDD，p, p'-DDE 进一步光解，形成 p, p'-二氯二苯甲酮及若干二三四氯联苯。

有机氯农药和均三氮苯类除草剂多发生水解式降解；许多含硫农药在土壤中容易受到氧化而降解，如萎锈灵能在土壤中氧化成亚砜衍生物，对硫磷能氧化成对氧磷，DDT能氧化转化成DDD等。一般来说农药很难通过形成亚硝基化合物的途径降解，只有在土壤 pH $3 \sim 4$ 的条件下存在过量硝酸盐时才能发生。

2. 影响农药在土壤环境中迁移的因素

农药在土壤中的迁移，受到农药本身的性质和各种自然与人工环境条件的影响。对农药而言，其分子结构、电荷特性、水溶性为重要的影响因素；土壤中主要的影响因素为：降雨量、淹灌条件、土壤初始含水量和土壤酸碱度、有机质含量、土壤黏土矿物颗粒组成等。

（二）无机污染物——重金属

土壤中重金属总是不断地发生时空迁移和价态、形态的转化，这些物理化学过程极其复杂多样。许嘉琳等（1996）归纳了4种主要物理化学过程，即溶解-沉淀作用、离子交换与吸附作用、络合-解离作用、氧化还原作用等。同时土壤的酸碱度、胶体含量组成、土壤水文、生物组成、土壤温度、土壤有机质含量、土壤中植物根系及微生物生活能力等都将影响重金属在土壤系统中的分布和形态。

重金属是难以在土壤中迁移的污染物，因为土壤条件对它的固定具有普遍性，如pH，

PO_4^{3-}（HPO_4^{2-}、$H_2PO_4^-$）、CO_3^{2-} 及黏土矿物与氧化物的表面作用等。因此，当重金属输入土壤后，总是停留在表土或亚表土，很少迁入底层。这一现象同时也作为土壤是否受到重金属污染的一种鉴定特征。

重金属在土壤环境中迁移、转化的形式复杂多样，并且往往是多种形式错综结合。迁移形式有以下几种：

物理迁移 土壤溶液中的重金属离子或络离子可以随水迁移至地面水体。更多的是重金属可以通过多种途径被包含于矿物颗粒内或吸附于土壤胶体表面，随土壤中水分的流动而被迁移，特别是多雨地区的坡地土壤，这种随水冲刷的迁移更加突出；在干旱地区，这样的矿物颗粒或土壤胶粒可以尘土飞扬的形式随风而被迁移。

物理化学迁移和化学迁移 土壤环境中的重金属污染物能以离子交换吸附，或络合 – 螯合等形式和土壤胶体相结合，或发生溶解与沉淀反应。① 重金属和无机胶体的结合：重金属与土壤无机胶体的结合通常分为两种类型：非专性吸附，即离子交换吸附；专性吸附，即土壤胶体表面与被吸附离子间通过共价键、配位键而发生的吸附。② 重金属和有机胶体的结合：重金属可被土壤有机胶体络合或螯合或者吸附于有机胶体的表面。尽管土壤中有机胶体的含量远小于无机胶体的含量，但是其对重金属的吸附容量远远大于无机胶体。③ 溶解和沉淀作用：土壤重金属在土壤中迁移的重要形式，实际为各种重金属难溶电解质在土壤固相和液相之间的离子多相平衡。影响重金属在土壤中的溶解/沉淀的主要因素为土壤 pH、氧化还原电位和土壤腐殖酸等。

生物迁移 主要指植物通过根系从土壤中吸收某些化学形态的重金属，并在植物体内积累起来。生物迁移造成了植物的污染，但如果利用某些植物对重金属的超积累，反而有利于土壤的净化。除了植物，土壤微生物的吸收及土壤动物的啃食也是生物迁移的途径。植物根系对重金属的生物迁移受多种因素影响，其中主要影响因素有：重金属的赋存形态，土壤条件包括 pH、氧化还原电位、土壤矿物组成、土壤种类等，不同作物种类，伴随离子等。

三、土壤的自净

土壤环境都有一定的缓冲作用和强大的自净作用。土壤的自净作用，是指在自然因素作用下，通过土壤自身的作用，使污染物在土壤环境中的数量、浓度或形态发生变化，活性、毒性降低的过程。按其机理不同，可分为物理净化作用、物理化学净化作用、化学净化作用和生物净化作用四个方面。前三者主要体现在土壤环境的机械阻留、吸附（物理、物理化学净化作用）、沉淀溶解（化学净化作用）等方面。目前在吸附、解吸、沉淀、溶解方面研究得较多。

吸附、解吸 对污染物的吸附机理是多种多样的，如离子的静电吸附或通过水等极性分子形成桥连；非离子型农药可通过矿物表面金属螯合。

沉淀、溶解 沉淀和溶解是控制土壤环境系统溶液中污染物浓度变化的基本过程。进入土壤环境的污染物常常由于和土壤固、液、气相的物质成分作用发生化学沉淀、络合、螯合，或因土壤的酸度变化、氧化还原条件变化及其他离子浓度变化而发生的形态变化，导致溶液中污染物质浓度变化。

生物净化作用　土壤生物（土壤微生物、土壤动物）对污染物的吸收、降解、分解和转化过程与作物对污染物的生物性吸收、迁移和转化是土壤环境系统中两个重要的物质与能量的迁移转化过程，也是土壤重要的净化功能。土壤净化作用的强弱取决于生物净化作用，而生物净化作用的大小又取决于土壤生物和作物的生物学特性。

第四节　土壤环境标准和土壤污染防治

一、土壤环境标准

我国现行土壤环境标准体系主要包括四类，第一类是环境质量（评价）标准，包括2项土壤环境质量标准，分别是《土壤环境质量 农用地土壤污染风险管控标准（试行）》（GB 15618—2018）（以下简称《农用地标准》）和《土壤环境质量 建设用地土壤污染风险管控标准（试行）》（GB 36600—2018）（以下简称《建设用地标准》）；4项特定用地土壤质量评价标准，分别适用于食用农产品用地、温室蔬菜生产用地、展览会用地和核设施退役场址，主要是针对农业用地、展览会用地、核设施退役场址等土壤环境质量提出相应标准要求。第二类是技术导则与规范，主要是针对污染场地调查、环境监测、风险评估、土壤修复等规定了基本原则、程序、内容及技术要求，规范了污染场地土壤污染防治工作。第三类是监测规范方法标准，包括9项土壤环境质量监测方法和34项土壤污染物测定方法，涉及反映土壤质量中总砷、铅、镉、总汞、铜、锌、镍、六六六、DDT和全氮含量的测量方法，针对土壤污染的有机污染物和无机污染物制定规范测定方法。第四类是基础类标准，包括2项相关术语标准，规定了土壤质量词汇和场地环境管理相关的名词术语与定义。本章重点对土壤环境质量标准进行概要介绍。

2016年5月，国务院印发《土壤污染防治行动计划》（简称"土十条"），要求对农用地实施分类管理，保障农业生产环境安全；实施建设用地准入管理，防范人居环境风险。我国《土壤环境质量标准》（GB 15618—1995）自1995年发布实施以来，在土壤环境保护工作中发挥了积极作用，但随着形势的变化，该标准既不适用于农用地土壤污染风险管控，也不适用于建设用地，已不能满足当前土壤环境管理的需要。《农用地标准》和《建设用地标准》的出台，为开展农用地分类管理和建设用地准入管理提供技术支撑，对于贯彻落实"土十条"，保障农产品质量和人居环境安全具有重要意义。《农用地标准》遵循风险管控的思路，提出了风险筛选值和风险管制值的概念，不再是简单类似于水、空气环境质量标准的达标判定，而是用于风险筛查和分类。风险筛选值的基本内涵是：农用地土壤中污染物含量等于或者低于该值的，对农产品质量安全、农作物生长或土壤生态环境的风险低，一般情况下可以忽略。对此类农用地，应切实加大保护力度。风险管制值的基本内涵是：农用地土壤中污染物含量超过该值的，食用农产品不符合质量安全标准等农用地土壤污染风险高，且难以通过安全利用措施降低食用农产品不符合质量安全标准等农用地土壤污染风险。对此类农用地，原则上应当采取禁止种植食用农产品、退耕还林等严格管控措施。农用地土壤污染物含量介于筛选值和管制值之间的，可能存在食用农产品不符合质量安全标准等风险，对此类农用地原则上应当采取农艺调控、替代种植等安全利用措施，降低农产品超标风险。

《农用地标准》以保护食用农产品质量安全为主要目标，兼顾保护农作物生长和土壤生态的需要，分别制定农用地土壤污染风险筛选值和管制值（见表3-3、表3-4、表3-5），以及监测、实施和监督要求，适用于耕地土壤污染风险筛查和分类。园地和牧草地可参照执行。

表 3-3　农用地土壤污染风险筛选值（基本项目）　　　　单位：mg/kg

序号	污染物项目 [a, b]		风险筛选值			
			pH ≤ 5.5	5.5<pH ≤ 6.5	6.5<pH ≤ 7.5	pH>7.5
1	镉	水田	0.3	0.4	0.6	0.8
		其他	0.3	0.3	0.3	0.6
2	汞	水田	0.5	0.5	0.6	1.0
		其他	1.3	1.8	2.4	3.4
3	砷	水田	30	30	25	20
		其他	40	40	30	25
4	铅	水田	80	100	140	240
		其他	70	90	120	170
5	铬	水田	250	250	300	350
		其他	150	150	200	250
6	铜	果园	150	150	200	200
		其他	50	50	100	100
7	镍		60	70	100	190
8	锌		200	200	250	300

a. 重金属和类金属砷均按元素总量计。

b. 对于水旱轮作地，采用其中较严格的风险筛选值。

表 3-4　农用地土壤污染风险筛选值（其他项目）　　　　单位：mg/kg

序号	污染物项目	风险筛选值
1	六六六总量 [a]	0.10
2	DDT 总量 [b]	0.10
3	苯并 [a] 芘	0.55

a. 六六六总量为 α-六六六、β-六六六、γ-六六六、δ-六六六四种异构体的含量总和。

b. 滴滴涕总量为 p, p'-DDE、p, p'-DDT、o, p'-DDT、p, p'-DDT 四种衍生物的含量总和。

表 3–5   农用地土壤污染风险管制值   单位：mg/kg

序号	污染物项目	风险管制值			
		pH ≤ 5.5	5.5<pH ≤ 6.5	6.5<pH ≤ 7.5	pH>7.5
1	镉	1.5	2.0	3.0	4.0
2	汞	2.0	2.5	4.0	6.0
3	砷	200	150	120	100
4	铅	400	500	700	1 000
5	铬	800	850	1 000	1 300

《建设用地标准》以人体健康为保护目标，规定了保护人体健康的建设用地土壤污染风险筛选值和管制值，适用于建设用地的土壤污染风险筛查和风险管制。建设用地土壤污染风险是指建设用地上居住、工作人群长期暴露于土壤污染物中，因慢性毒性效应或致癌效应而对健康产生的不利影响。根据保护对象暴露情况的不同，并根据《污染场地风险评估技术导则》，将《城市用地分类与规划用地标准》规定的城市建设用地分为第一类用地和第二类用地。第一类用地，儿童和成人均存在长期暴露风险，主要是居住用地。考虑到社会敏感性，将公共管理与公共服务用地中的中小学用地、医疗卫生用地和社会福利设施用地、公园绿地中的社区公园或儿童公园用地也列入第一类用地。第二类用地主要是成人存在长期暴露风险，主要是工业用地、物流仓储用地等。城市建设用地之外的建设用地可参照上述类别划分。建设用地规划用途为第一类用地的，适用第一类用地的风险筛选值和风险管制值；规划用途为第二类用地的，适用第二类用地的风险筛选值和风险管制值，见表 3–6、表 3–7。规划用途不明确的，适用于第一类用地的风险筛选值和风险管制值。

表 3–6   建设用地土壤污染风险筛选值和风险管制值（基本项目）   单位：mg/kg

序号	污染物项目	CAS 编号	风险筛选值		风险管制值	
			第一类用地	第二类用地	第一类用地	第二类用地
重金属和无机物						
1	砷	7440–38–2	20[a]	60[a]	120	140
2	镉	7440–43–9	20	65	47	172
3	铬（六价）	18540–29–9	3.0	5.7	30	78
4	铜	7440–50–8	2 000	18 000	8 000	36 000
5	铅	7439–92–1	400	800	800	2 500
6	汞	7439–97–6	8	38	33	82
7	镍	7440–02–0	150	900	600	2 000

序号	污染物项目	CAS 编号	风险筛选值		风险管制值	
			第一类用地	第二类用地	第一类用地	第二类用地
挥发性有机物						
8	四氯化碳	56-23-5	0.9	2.8	9	36
9	氯仿	67-66-3	0.3	0.9	5	10
10	氯甲烷	74-87-3	12	37	21	120
11	1，1-二氯乙烷	75-34-3	3	9	20	100
12	1，2-二氯乙烷	107-06-2	0.52	5	6	21
13	1，1-二氯乙烯	75-35-4	12	66	40	200
14	顺 -1，2-二氯乙烯	156-59-2	66	596	200	2 000
15	反 -1，2-二氯乙烯	156-60-5	10	54	31	163
16	二氯甲烷	75-09-2	94	616	300	2 000
17	1，2-二氯丙烷	78-87-5	1	5	5	47
18	1，1，1，2-四氯乙烷	630-20-6	2.6	10	26	100
19	1，1，2，2-四氯乙烷	79-34-5	1.6	6.8	14	50
20	四氯乙烯	127-18-4	11	53	34	183
21	1，1，1-三氯乙烷	71-55-6	701	840	840	840
22	1，1，2-三氯乙烷	79-00-5	0.6	2.8	5	15
23	三氯乙烯	79-01-6	0.7	2.8	7	20
24	1，2，3-三氯丙烷	96-18-4	0.05	0.5	0.5	5
25	氯乙烯	75-01-4	0.12	0.43	1.2	4.3
26	苯	71-43-2	1	4	10	40
27	氯苯	108-90-7	68	270	200	1 000
28	1，2-二氯苯	95-50-1	560	560	560	560
29	1，4-二氯苯	106-46-7	5.6	20	56	200
30	乙苯	100-41-4	7.2	28	72	280
31	苯乙烯	100-42-5	1 290	1 290	1 290	1 290
32	甲苯	108-88-3	1 200	1 200	1 200	1 200
33	间二甲苯 + 对二甲苯	108-38-3，106-42-3	163	570	500	570
34	邻二甲苯	95-47-6	222	640	640	640

序号	污染物项目	CAS 编号	风险筛选值		风险管制值	
			第一类用地	第二类用地	第一类用地	第二类用地
半挥发性有机物						
35	硝基苯	98-95-3	34	76	190	760
36	苯胺	62-53-3	92	260	211	663
37	2-氯酚	95-57-8	250	2 256	500	4 500
38	苯并[a]蒽	56-55-3	5.5	15	55	151
39	苯并[a]芘	50-32-8	0.55	1.5	5.5	15
40	苯并[b]荧蒽	205-99-2	5.5	15	55	151
41	苯并[k]荧蒽	207-08-9	55	151	550	1 500
42	䓛	218-01-9	490	1 293	4 900	12 900
43	二苯并[a, h]蒽	53-70-3	0.55	1.5	5.5	15
44	茚并[1, 2, 3-cd]芘	193-39-5	5.5	15	55	151
45	萘	91-20-3	25	70	255	700

a. 具体地块土壤中污染物检测含量超过风险筛选值，但等于或者低于土壤环境背景值水平的，不纳入污染地块管理。土壤环境背景值可参见《土壤环境质量 建设用地土壤污染风险管控标准（试行）》（GB 36600—2018）附录 A。

表 3-7　建设用地土壤污染风险筛选值和风险管制值（其他项目）　　　单位：mg/kg

序号	污染物项目	CAS 编号	风险筛选值		风险管制值	
			第一类用地	第二类用地	第一类用地	第二类用地
重金属和无机物						
1	锑	7440-36-0	20	180	40	360
2	铍	7440-41-7	15	29	98	290
3	钴	7440-48-4	20[a]	70[a]	190	350
4	甲基汞	22967-92-6	5.0	45	10	120
5	钒	7440-62-2	165[a]	752	330	1 500
6	氰化物	57-12-5	22	135	44	270
挥发性有机物						
7	一溴二氯甲烷	75-27-4	0.29	1.2	2.9	12
8	溴仿	75-25-2	32	103	320	1 030
9	二溴氯甲烷	124-48-1	9.3	33	93	330
10	1, 2-二溴乙烷	106-93-4	0.07	0.24	0.7	2.4

续表

序号	污染物项目	CAS 编号	风险筛选值		风险管制值	
			第一类用地	第二类用地	第一类用地	第二类用地
半挥发性有机物						
11	六氯环戊二烯	77-47-4	1.1	5.2	2.3	10
12	2，4-二硝基甲苯	121-14-2	1.8	5.2	18	52
13	2，4-二氯酚	120-83-2	117	843	234	1 690
14	2，4，6-三氯酚	88-06-2	39	137	78	560
15	2，4-二硝基酚	51-28-5	78	562	156	1 130
16	五氯酚	87-86-5	1.1	2.7	12	27
17	邻苯二甲酸二（2-乙基己基）酯	117-81-7	42	121	420	1 210
18	邻苯二甲酸丁基苄酯	85-68-7	312	900	3120	9 000
19	邻苯二甲酸二正辛酯	117-84-0	390	2 812	800	5 700
20	3，3′-二氯联苯胺	91-94-1	1.3	3.6	13	36
有机农药类						
21	阿特拉津	1912-24-9	2.6	7.4	26	74
22	氯丹[b]	12789-03-6	2.0	6.2	20	62
23	$p，p′$-DDD	72-54-8	2.5	7.1	25	71
24	$p，p′$-DDE	72-55-9	2.0	7.0	20	70
25	DDT[c]	50-29-3	2.0	6.7	21	67
26	敌敌畏	62-73-7	1.8	5.0	18	50
27	乐果	60-51-5	86	619	170	1 240
28	硫丹[d]	115-29-7	234	1 687	470	3 400
29	七氯	76-44-8	0.13	0.37	1.3	3.7
30	α-六六六	319-84-6	0.09	0.3	0.9	3
31	β-六六六	319-85-7	0.32	0.92	3.2	9.2
32	γ-六六六	58-89-9	0.62	1.9	6.2	19
33	六氯苯	118-74-1	0.33	1	3.3	10
34	灭蚁灵	2385-85-5	0.03	0.09	0.3	0.9

序号	污染物项目	CAS 编号	风险筛选值		风险管制值	
			第一类用地	第二类用地	第一类用地	第二类用地
多氯联苯、多溴联苯和二噁英类						
35	多氯联苯（总量）^{e}	—	0.14	0.38	1.4	3.8
36	3，3′，4，4′，5-五氯联苯（PCB 126）	57465–28–8	4×10^{-5}	1×10^{-4}	4×10^{-4}	1×10^{-3}
37	3，3′，4，4′，5，5′-六氯联苯（PCB 169）	32774–16–6	1×10^{-4}	4×10^{-4}	1×10^{-3}	4×10^{-3}
38	二噁英类（总毒性当量）	—	1×10^{-5}	4×10^{-5}	1×10^{-4}	4×10^{-4}
39	多溴联苯（总量）		0.02	0.06	0.2	0.6
石油烃类						
40	石油烃（$C_{10} \sim C_{40}$）	—	826	4 500	5 000	9 000

a. 具体地块土壤中污染物检测含量超过风险筛选值，但等于或者低于土壤环境背景水平的，不纳入污染地块管理。土壤环境背景值可参见《土壤环境质量 建设用地土壤污染风险管控标准（试行）》（GB 36600—2018）附录 A。

b. 氯丹为 α-氯丹、γ-氯丹两种物质含量总和。

c. DDT 为 o，p'-DDT、p，p'-DDT 两种物质含量总和。

d. 硫丹为 α-硫丹、β-硫丹两种物质含量总和。

e. 多氯联苯（总量）为 PCB 77、PCB 81、PCB 105、PCB 114、PCB 118、PCB 123、PCB 126、PCB 156、PCB 157、PCB 167、PCB 169、PCB 189 十二种物质含量总和。

二、土壤污染防治

　　土壤污染一旦发生，仅仅依靠切断污染源的方法往往很难恢复，有时要靠适当的修复措施才能解决问题。因此，治理污染土壤通常成本较高、治理周期较长。鉴于土壤污染难以治理，而土壤污染问题的产生又具有明显的隐蔽性和滞后性等特点，土壤污染问题应该特别加以重视。土壤污染的防治包括两个方面，一是"防"，即采取对策防治土壤污染，其二是对已经污染的土壤进行改良、治理。土壤污染防治应坚持预防为主，保护优先，风险管控。

　　（一）土壤污染源的控制

　　首先弄清楚污染源，然后采取切实有效的措施切断污染源，这是防治土壤污染的重要原则。需要建立控制废气、粉尘、废水、污泥、垃圾等的排放标准，制定相应的法规和监督体制，严格执行农田灌溉水质标准，发展清洁工艺；严格执行农药管理法，建立农药登记注册制度、规定农药的禁用和限用范围、规定农药在农产品中的最大残留量等。

　　（二）污染土壤的修复

　　1. 土壤有机物污染的治理

　　土壤有机物污染的治理主要有化学法、生物法及化学与生物相结合的修复方法。因为各种有机污染物特别是农药的化学组成不同、残留物各不相同，应根据具体情况采用相应的治理措施。

生物修复 土壤生物修复，从广义上讲，是指利用土壤中的各种生物 - 植物、土壤动物和微生物吸收、结合、转化土壤中的污染物，使污染物的浓度降低至可接受的水平，将污染物转化成无害物质的过程。狭义上讲，是指利用微生物的作用，将土壤中的有机污染物降解为无害的无机物（CO_2 和 H_2O）的过程。生物修复是利用各种天然生物过程而发展起来的一种现场处理各种环境污染的技术。有机污染物的生物修复主要包括两种：一是利用某些土壤微生物对有机物的降解，接种驯养高效微生物，以达到减轻污染的目的，这是用于治理土壤有机物污染的最根本的途径。例如根固氮菌可将对硫磷迅速地还原成氨基对硫磷；枯草杆菌将杀螟松转化为无毒的代谢物氨基衍生物和去甲基衍生物，但不能转化为有毒的氧化代谢物。微生物修复法分为原位生物法、地上生物法、土耕法和生物泥浆法。鉴于不同有机物降解所需的嫌气或好气环境，需要相应调节土壤；二是利用某些植物对有机物的超量积累来去除污染物，净化土壤。

化学添加剂和农艺措施 如加入活性炭降低磺乐灵或伏草隆的活性；原位投入氮、磷营养物质，促进降解微生物的生长繁殖；土壤翻耕、田间大量灌水，以及调节土壤水分、土壤 pH 等，以加快微生物的降解。

2. 土壤重金属污染的治理

治理土壤重金属污染，主要有两种机理。一是将重金属形态改变为固定态，使其迁移性和生物有效性降低；二是用各种方法将重金属从土壤中去除。

施用改良剂 在污染程度轻，不宜采取客土、换土措施的情况下，可考虑施用改良剂以固定土壤中重金属。例如施用石灰类物质、磷酸盐类物质，以增高土壤 pH，沉淀重金属。此外，施用有机物质，不仅可以提供营养元素，还可以改良土壤性质，并能固定土壤中重金属。主要是利用有机质中的主要成分腐殖酸，其为重金属强有力的络合剂甚至螯合剂。某些高分子量的腐殖酸组分能和重金属结合生成络合物，固定重金属、降低重金属的移动性和生物毒性。另外，促还原作用的有机物质，可促使重金属转化成硫化物沉淀，可使 Cr^{6+} 转化成低毒的 Cr^{3+}。其他改良剂如钢渣、合成沸石也被用于治理土壤重金属污染。

排土、客土和水洗法 在重污染区可以剥去表层污染，仅利用下层土壤耕作，但要注意防止二次污染。客土法是指在被污染的土壤上覆盖上非污染土壤，要注意用作客土的非污染土壤的 pH 最好与原污染土壤一致，否则可能会引起污染土壤中重金属活性增大。水洗法是采用清水灌溉稀释或洗去重金属离子，使重金属离子或迁移至较深的土层中，以减少表土中的重金属离子的浓度；或将含重金属离子的水排出土外。此法需要注意防止次生污染，且仅适用于小面积的污染土壤的治理。

电化法、热解吸法 电化法是应用电动力学方法将土壤重金属从土壤中移去。方法是在土壤中插入电极，通过低强度直流电后，金属阳离子流向阴极，然后采取措施回收金属。此法不适用于砂性土壤。热解吸法主要适用于挥发性强的重金属如汞，采取加热的方法能将汞从土壤中解吸出来，然后加以回收利用。

生物修复 包括微生物和植物的作用。细菌产生的一些酶类能还原某些重金属，且对 Cd、Co、Ni、Mn、Zn、Pb、Cu 等具有一定的亲和力。目前重金属生物修复研究得最多的是植物修复，已经发现477种超富集植物，其对重金属的富集量可达到一般植物的几百，甚至几千倍，包括对As、Cd、Pb、Cu、Mn、Co、Zn等超富集的植物。美国Florida大学在2001年发现了一种蕨类植物蜈蚣草为As的超富集植物，其植株在6周之内，从含As 500 ppm（1 ppm=10^{-6}）的土壤中吸收的As含量可以达到21 290 ppm。将此类植物种植于污染土壤中回收重金属，可以净化污染土壤，但此方法面临的是植物生物量低的问题。也有学者通过基因工程的新方法来获得超富集的、生长迅速的植物种类，如通过引入金属硫蛋白（metallothioneins）基因或引入编码MerA（汞离子还原酶）的半合成基因，以及其他与重金属耐性有关的基因，以此提高植物耐性，获得高生物量的金属超富集植物。

 习题与思考

1. 简述土壤组成、结构及其对土壤物理化学生物性质的影响。

2. 简述土壤的形成过程及影响土壤形成的因素。

3. 简述土壤的主要生态环境功能。

4. 简述土壤胶体的主要构成及其环境影响。

5. 简述腐殖质、土壤酸度等对土壤环境的影响。

6. 简述污染物在土壤中的迁移转化规律及土壤污染的自净过程。

7. 重金属污染土壤治理的技术有哪些？分别有什么优缺点？

8. 土壤有机物污染的治理技术有哪些？分别有什么优缺点？

9. 简述土壤污染的基本特点，探讨土壤污染防治的基本策略。

10. 扩展思考：了解我国净土保卫战的主要任务和策略。

第四章　固　体　废　物

　　人们每天都在产生垃圾、排放垃圾，同时也在无意识地污染环境。固体废物，尤其是城市生活垃圾，最贴近人们的日常生活，因此固体废物污染是与人类生活最息息相关的环境问题。与水污染和大气污染相比，固体废物污染有着不同的特点，而与此同时，固体废物污染往往还会伴随着水污染和大气污染问题。固体废物的处理和处置及其资源化已成为人们关注的重点。

第一节　固体废物来源和分类

一、固体废物的定义

　　《中华人民共和国固体废物污染环境防治法》（2020 年 4 月 29 日第十三届全国人民代表大会常务委员会第十七次会议第二次修订通过，2020 年 9 月 1 日起施行）中指出：固体废物（solid waste），是指在生产、生活和其他活动中产生的丧失原有利用价值，或者虽未丧失利用价值但被抛弃或者放弃的固态、半固态和置于容器中的气态物品、物质，以及法律、行政法规规定纳入固体废物管理的物品、物质。其中，不能排入水体的液态物质和不能排入大气的置于容器中的气态物质，多具有较大的危害性，在我国归入固体废物管理体系。这里所指的生产包括基本建设、工农业，以及矿山、交通运输、邮政电信等各种工矿企业的生产建设活动；生活包括居民的日常生活活动，以及为保障居民生活所提供的各种社会服务及设施，如商业、医疗、园林等；其他活动则指各事业及管理机关、各学校、各研究机构等非生产性部门的日常活动。

二、固体废物的来源

　　固体废物主要来源于人类的生产和消费活动。人类在开发资源和制造产品的过程中，必然产生废物，任何产品经过使用和消费后，终将变成废物。物质和能源的消耗越多，废物产生量就越大。

　　从原始人类活动开始，就有了固体废物的产生，那时的固体废物主要是粪便、动植物残渣。随着人类社会的进步，生产逐渐发展，同时也产生了许多新的废渣。17—18 世纪的工业生产主要是对自然物进行机械加工，多为改变物体的物理性质，这时主要产生一些简单的屑末。随着化学工业的发展，19 世纪末到 20 世纪初，产生了许多含有毒有害物质和人工合成物质的废渣，特别是含有汞、铅、砷、氰化物等的有毒有害废渣。20 世纪以来，人们的视野深入到了原子核的层次，实现了人工重核裂变和轻核聚变，产生了原子能工业，这就有了放射性废渣。且随着能源利用范围的扩大，又增加了许多新的废渣。

总之，人类文明发展到今天，对自然界的认识及改造向纵深发展，人类需求多样化、高质化，生产高效化、分工细化、工业产品多样化，无数个生产环节排出无数种废渣，加上人类生活产生的废物，组成了一个"固体废物大家族"。

三、固体废物的分类

固体废物的种类繁多，性质各异。为便于处理、处置及管理，需要对固体废物加以分类。固体废物分类方法很多，可按其化学活性、化学性质、形态、污染特性、来源等进行分类。

1. 按化学活性分类

分为化学活性废物（易燃易爆废物、化学药剂等）和化学惰性废物（废石、尾矿等）。

2. 按化学性质分类

分为有机废物（农业固体废物、食物残渣、剩余污泥、废纸、废塑料等）和无机废物（高炉渣、钢渣等）。

3. 按形态分类

分为固态废物（粉状、粒状、块状）、半固态废物（剩余污泥）和液态废物。

4. 按污染特性分类

分为一般固体废物、危险固体废物和放射性固体废物。

（1）一般固体废物是指不具有危险特性的固体废物。

（2）危险固体废物指列入《国家危险废物名录》或者国家规定的危险废物鉴别标准和鉴别方法认定的、具有危险特性的固体废物。危险固体废物的主要特征不在于它们的相态，而在于它们的危险特性，即毒性、腐蚀性、传染性、反应性、浸出毒性、易燃性、易爆性等，会对环境和人体带来危害，需加以特殊管理。

（3）放射性固体废物包括核燃料生产加工、同位素应用、核电站、核研究机构、医疗单位、放射性废物处理设施等产生的废物如尾矿、污染的废旧设备、仪器、防护用品等。由于放射性固体废物在管理方法和处置技术等方面与其他固体废物有明显差异，许多国家都不将其包含在危险废物范围内。

5. 按来源分类

分为工业固体废物、生活垃圾和农业固体废物，其主要组成见表 4-1。

表 4-1 固体废物的来源及主要组成

类别	废物来源	主要组成
工业固体废物	矿山、选冶	废石、尾矿、金属、废木、砖瓦、水泥、砂石等
	能源煤炭工业	矿石、煤、炭、木料、金属、矸石、粉煤灰、炉渣等
	黑色冶金工业	金属、矿渣、模具、边角料、陶瓷、橡胶、塑料、烟尘、绝缘材料等
	化学工业	金属填料、陶瓷、沥青、化学药剂、油毡、石棉、烟道灰、涂料等
	石油化工工业	催化剂、沥青、还原剂、橡胶、炼制渣、塑料、纤维素等
	有色金属工业	化学药剂、废渣、赤泥、尾矿、炉渣、烟道灰、金属等
	交通运输、机械	涂料、木料、金属、橡胶、轮胎、塑料、陶瓷、边角料等
	轻工业	木质素、木料、金属填料、化学药剂、纸类、塑料、橡胶等
	建筑材料工业	金属、瓦、灰、石、陶瓷、塑料、橡胶、石膏、石棉、纤维素等
	纺织工业	棉、毛、纤维、塑料、橡胶、纺纱、金属等
	电器仪表工业	绝缘材料、金属、陶瓷、研磨料、玻璃、木材、塑料、化学药剂等
	食品加工工业	油脂、果蔬、谷类、蛋类食品、金属、塑料、玻璃、纸类、烟草等
	军工、核工业等	化学药物、一般非危险固体废物、放射性废渣、同位素实验室废物等
生活垃圾	居民生活	饮料、食物、纸屑、编织品、庭院废物、塑料品、金属用品、煤炭渣、家用电器、建筑垃圾、家庭用具、人畜粪便、陶瓷用品、杂物等
	各事业单位、机关、商业系统	纸屑、园林垃圾、金属管道、烟灰渣、建筑材料、橡胶、玻璃、办公用品等
		废汽车、建筑材料、金属管道、轮胎、电器、办公杂品等

各种工矿企业生产或原料加工过程中所产生或排出的废物，统称工业固体废物。工业固体废物又可继续细分。各种固体废物的组成与其来源和产品生产工艺有密切关系。此外，由于原材料种类和性质的差异，不同的生产过程所产生的固体废物量必然有很大的区别。2019 年，一般工业固体废物产生量来自 9 个行业超过 1 亿 t，居前 5 位的行业依次为电力、热力生产和供应业，有色金属矿采选业，煤炭开采和洗选业，黑色金属冶炼和压延加工业，黑色金属矿采选业，均超过 5 亿 t，分别占全国一般工业固体废物产生量的17.5%、14.9%、14.0%、12.8% 和 12.2%。

生活垃圾是指在城市日常生活中或者为城市日常生活提供服务的活动中产生的固体废物，以及被法律、行政法规视作城市生活垃圾的固体废物。其主要组成为：厨余垃圾、废纸屑、废塑料、废橡胶制品、废编织物、废金属、玻璃陶瓷碎片、庭院废物、废旧家用电器、废旧家具器皿、废旧办公用品、废日杂用品、废建筑材料、给水排水污泥等。一般来说，城市每人每天的垃圾量为 1~2 kg，其多寡及成分与居民物质生活水平、习惯、季节气候、废旧物资回收利用程度、市政建设情况等有关。

除了上述两类固体废物外，还有来自农业生产、畜禽养殖、农副产品加工、林业生产等所产生的固体废物，如农作物秸秆、畜禽排泄物等。

四、固体废物排放量

目前一些工业化国家年平均固体废物排放量以 2%～3% 的速度增长，统计表明全世界 2000 年产生的工业固体废物量达 24.4×10^8 t（包括 3.4×10^8 t 危险固体废物），其中约 1/5 为美国工业所产生，1/7 为日本工业所产生。

在城市生活垃圾方面，随着工业化国家的城市化发展和居民的消费水平提高，城市生活垃圾增长也十分迅速，根据世界银行 2018 年发布的报告《垃圾何其多 2.0》，全世界每年产生 20.1 亿 t 生活垃圾，随着快速城市化、人口增长和经济发展，在未来 30 年全球垃圾量将增加 70%，每年产生的垃圾量将达到惊人的 34 亿 t。

我国近年来的固体废物产量也在迅速增加。表 4-2 显示了我国 2015—2020 年一般工业固体废物相关数据。

表 4-2　我国一般工业固体废物相关数据（2015—2020）

年份	2015	2016	2017	2018	2019	2020
产生量 / 万 t	331 055	314 450	338 390	348 409	354 268	367 546
综合利用量 / 万 t	200 857	186 863	185 150	193 515	194 935	203 798
储存量 / 万 t	2 105.4	1 759.6	4 407.8	4 807.8	7 907.7	80 798
处置量 / 万 t	9 232.5	9 771.3	11 222	13 067.9	14 409.5	91 749
综合利用率 /%	60.67	59.43	54.71	55.54	55.02	55.45

来源于《中国统计年鉴》（2016—2021）。

另外，我国城市生活垃圾排出量的增长也十分迅速。2019 年，我国 196 个大、中城市生活垃圾产生量为 23 560.2 万 t，城市生活垃圾产生量最大的是上海市，产生量为 1 076.8 万 t，其次是北京、广州、重庆和深圳，产生量分别为 1 011.2 万 t、808.8 万 t、738.1 万 t 和 712.4 万 t。这些数量庞大的生活垃圾已对城镇及城镇周围的生态环境构成日趋严重的威胁。

第二节　固体废物污染

一、概述

（一）固体废物污染途径

固体废物特别是有害固体废物，如处理处置不当，能通过不同途径危害人体健康。固体废物露天存放或置于处置场，其中的有害成分可通过环境介质——大气、土壤、地表或地下水等间接传至人体，对人体健康造成极大的危害。通常，工业固体废物所含化学成分能形成化学物质型污染；人畜粪便和生活垃圾是各种病原微生物的滋生地和繁殖场，能形成病原体型污染。固体废物的主要污染途径如图 4-1 所示。

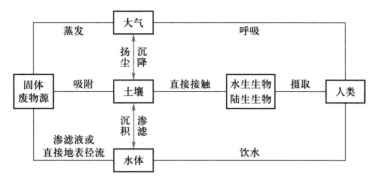

图 4-1 固体废物的主要污染途径

（二）固体废物污染特点

固体废物污染与废水、废气和噪声污染不同，其呆滞性大，扩散性小，它对环境的污染主要是通过水、气和土壤进行的。气态污染物在净化过程中被富集成粉尘或废渣，水污染物在净化过程中被以污泥的状态分离，即以固体废物的状态存在。这些"终态物"中的有害成分，在长期的自然因素作用下，又会转入大气、水体和土壤，故又称为大气、水体和土壤环境的污染"源头"。因此固体废物既是污染"源头"也是"终态物"。固体废物这一污染"源头"和"终态物"特性说明：控制"源头"、处理好"终态物"是固体废物污染控制的关键。

（三）固体废物污染危害

1. 侵占土地

固体废物不像废气、废水那样迁移和扩散，其堆放会占用大量的土地。根据《2020年全国大、中城市固体废物污染环境防治年报》，2019 年全国 196 个大、中城市一般工业固体废物产生量达 13.8 亿 t，综合利用量 8.5 亿 t，处置量 3.1 亿 t，储存量 3.6 亿 t，倾倒丢弃量 4.2 万 t。一般工业固体废物综合利用量占利用处置及贮存总量的 55.9%，处置和贮存分别占比 20.4% 和 23.7%。据估算，每堆存 10^4 t 废物就要占地 667 m^2，不仅浪费资源、占用土地，而且带来严重的环境和安全隐患，危害生态环境和人体健康。

2. 污染土壤

土壤是植物赖以生存的基础。长期使用带有碎砖瓦砾的"垃圾肥"，土壤会严重"渣化"；未经处理的有毒有害废物在土壤中风化、淋溶后，渗入土壤，杀死土壤微生物，破坏土壤的腐蚀分解能力，使土壤碱化、酸化、毒化，导致土壤质量下降，影响动植物生长发育。许多有毒有害成分还会经过动植物进入食物链，危害人体健康。一般来说，受污染的土壤面积往往比堆存面积大 1~2 倍。另外，还有很多固体废物是很难分解的，它们会长久地留在土壤里，危害环境和人体健康。

例如，在有色金属冶炼厂附近的土壤里，铅含量一般为正常土壤中含量的 10~40 倍，铜含量为 5~200 倍，锌含量为 5~50 倍。这些有毒物质一方面通过土壤进入水体，另一方面在土壤中发生积累而被作物吸收，毒害农作物。

3. 污染水体

大量固体废物排放到江河湖海会造成淤积，从而阻塞河道、侵蚀农田、危害水利工程。有毒有害固体废物进入水体，会使一定的水域成为生物死区。与水（雨水、地表水）接触，废物中的有毒有害成分必然被浸滤出来，从而使水体发生酸化、碱化、富营养化、矿化、悬浮物增加，甚至毒化等变化，危害生物和人体健康。

生活垃圾未经无害化处理就任意堆放会造成城市地下水污染。据估计，1 kg 生活垃圾在氧化状态下经淋溶分解，产生 492 mg 硝酸盐，1 607 mg 硫酸盐，860 mg 氯化物，生成的矿物质总量为 9 016 mg。经计算，1 t 城市生活垃圾氧化分解生产的硫酸盐需要 31 t 清洁土壤自净，或 115 t 清洁的河水来稀释。1 kg 生活垃圾还可溶出 2.8 g 钙镁物质，使 1 t 水的硬度升高半度。

目前，海洋也面临着固体废物潜在的污染威胁。1990 年 2 月在伦敦召开的主题为消除核工业废料的国际会议上公布的数字表明，近 40 年来，主要由美英两国在大西洋和太平洋北部的 50 多个"墓地"投弃过大约 4.6×10^{16} Bq 的放射性废料，对海洋造成潜在的污染危害。

4. 污染大气

固体废物对大气的污染表现为三个方面：

（1）废物的细粒被风吹起，增加了大气中的粉尘含量，加重大气的颗粒物污染。据研究表明：当风力在 4 级以上时，在粉煤灰或尾矿堆表层的粒径小于 1.5 cm 的粉末将出现剥离，其飘扬高度可达 20～50 m，在风季期间可使平均视程降低 30%～70%。

（2）生产过程中由于除尘效率低，大量粉尘直接从排气筒排放到大气环境中，污染大气；以及固体废物在收运、堆放过程中，经日晒、风吹、雨淋、焚化等作用，挥发大量废气，造成地区性空气污染，如煤矸石自燃会散发大量的二氧化硫。

（3）有的固体废物发酵分解后产生有毒气体，向大气中飘散，造成大气污染，如废物填埋场中逸出的沼气会在一定程度上消耗填埋场上层空间的氧气，使植物衰败。

5. 影响环卫

固体废物在城市里大量堆放而又处理不妥，不仅妨碍市容，而且影响环卫。城市堆放的生活垃圾，非常容易发酵腐化，产生恶臭，招引蚊蝇、老鼠等滋生繁衍，容易引起疾病传染；城市下水道的污泥中，还含有几百种病菌和病毒。

6. 其他危害

固体废物简单堆放，极易造成爆炸、自燃、塌方、泥石流等事故，给人民生命财产造成损失。

二、固体废物污染控制

固体废物污染控制包括两个方面：一是减少固体废物的排放量，二是防治固体废物污染。

（一）工业固体废物污染控制

对于工业固体废物而言，有六个方面的因素影响着其排放量：原材料和能源、技术工艺、设备、过程控制、管理、员工。这六方面因素直接影响着产品的质量和废物的产生量。要减少工业固体废物污染，可采取以下主要控制措施：

（1）积极推行清洁生产审核，实现经济增长方式的转变，限期淘汰固体废物污染严重的落后生产工艺和设备；

（2）采用清洁的资源和能源；

（3）采用精料；

（4）改进生产工艺，采用无废或少废技术和设备；

（5）加强生产过程控制，提高管理水平和加强员工环保意识的培养；

（6）提高产品质量和寿命；

（7）开发物质循环利用工艺；

（8）进行综合利用；

（9）进行无害化处理和处置。

其中第9条措施所涉及的固体废物处理指通过不同的物化或生化技术，将固体废物转化为便于运输、储存、利用和最终处置的另一种形体结构。本章第三节将进行具体介绍。

（二）城市生活垃圾污染控制

城市生活垃圾的产生与城市人口、燃料结构、生活水平等息息相关，其中人口是决定城市垃圾产量的主要因素。我国人均垃圾产量约为 1.2 kg/d，发达国家人均垃圾产量约为 2.1 kg/d；燃煤地区城市垃圾中无机成分明显多于燃气地区；高级住宅区的垃圾中可回收废物（塑料、纸类、金属、织物和玻璃）的含量明显高于普通住宅区。为了有效控制生活垃圾污染，可采取以下措施：

（1）鼓励城市居民使用耐用环保物质资料；

（2）加强宣传教育，积极推进城市垃圾分类收集制度；

（3）改进城市燃料结构，提高城市燃气化率；

（4）进行城市生活垃圾综合利用；

（5）进行城市生活垃圾的无害化处理与处置，通过焚烧处理、卫生填埋处置等无害化处理处置措施减轻污染。

三、固体废物管理

（一）固体废物管理法规

世界各国的固体废物管理法规都经历了一个漫长的、从简单到完善的过程。我国全面开展环境立法的工作始于 20 世纪 70 年代末期。1995 年 10 月 30 日第八届全国人民代表大会常务委员会第十六次会议通过、1996 年 4 月 1 日起施行的《中华人民共和国固体废物污染环境防治法》（以下简称固废法），是我国首个关于固废管理的法律规制，立法目的是"防治固体废物污染环境，保障人体健康，促进社会主义现代化建设的发展"。2004 年，为了防治固体废物污染环境、保障人体健康、维护生态安全、促进经济社会可持续发展，对固废法进行了第一次修订。党的十八大以来，固体废物污染环境防治工作进入了全面加强的新阶段，分别于 2013 年、2015 年、2016 年对固废法特定条款进行了修正。

2018 年，生态环境部牵头对固废法进行了第二次修订。经全国人大常委会三次审议，新固废法于 2020 年 4 月 29 日经第十三届全国人民代表大会常务委员会第十七次会议通过。这次修订力度大，新增内容多，条款从 6 章 91 条增加至 9 章 126 条，规制对象几乎涵盖社会生产生活可能产生的所有固体废物污染，新增内容包括建筑垃圾、农业固体废物、废弃电器电池、塑料、污泥等。

值得关注的是，新固废法贯彻新发展理念，首次将生态文明写入立法目的：为了保护和改善生态环境，防治固体废物污染环境，保障公众健康，维护生态安全，推进生态文明建设，促进经济社会可持续发展。

新固废法首次引入连带责任制度。新增的具体规定为，产生工业固体废物的单位，委托他人运输、利用、处置工业固体废物的，应当对受托方的主体资格和技术能力进行核实，依法签订书面合同，在合同中约定污染防治要求；一旦受托方造成环境污染和生态破坏，委托方如果未尽核实与签订合同的责任，除依法予以处罚外，还应当与受托方承担连带责任。

新固废法首次引入生产者责任延伸制度。新增规定，国家对废弃电器电子产品等实行多渠道回收和集中处理制度，建立电器电子产品、铅蓄电池、车用动力电池等产品的生产者责任延伸制度，生产者应当以自建或者委托等方式，建立与产品销售量相匹配的废旧产品回收体系。

生活垃圾分类制度首次入法。产生生活垃圾的单位、家庭和个人应当依法履行生活垃圾源头减量和分类投放义务，承担生活垃圾产生者责任；任何单位和个人都应当依法在指定的地点分类投放生活垃圾；禁止随意倾倒、抛撒、堆放或者焚烧生活垃圾。

针对不易回收的塑料垃圾，新固废法明确规定，国家禁止、限制生产、销售和使用不可降解塑料袋等一次性塑料制品，商品零售单位、电子商务平台企业、快递企业、外卖企业应当向商务、邮政等部门报告塑料袋等一次性塑料制品的使用、回收情况。

需要特别注意的是，新固废法引入两项新制度——生产经营者信用记录制度和环境污染责任保险制度，主要通过金融手段平衡环境公共利益与生产经营者利益。

新固废法衔接《中华人民共和国环境保护法》，落实地方各级人民政府对本行政区域环境质量负责的要求，新增"地方各级人民政府对本行政区域固体废物污染环境防治负责。国家实行固体废物污染环境防治目标责任制和考核评价制度，将固体废物污染环境防治目标完成情况纳入考核评价的内容"。

根据国务院机构改革和职能转变，以及监管全覆盖的要求，新固废法明确规定，生态环境主管部门对本行政区域固体废物污染环境防治工作实行统一监督管理，发展改革、工业和信息化、自然资源、住房城乡建设、交通运输、农业农村、商务、卫生健康、海关等主管部门在各自职责范围内负责固体废物污染环境防治的监督管理工作。各部门有效担负起对各自管理领域的监管责任，以形成齐抓共管的工作格局。

工业固体废物监管工作，由原来的生态环境部门会同经济综合宏观调控部门，修改为生态环境部门会同发展改革、工业和信息化等部门。制定公布限期淘汰产生严重污染环境的工业固体废物的落后生产工艺、设备名录，由原来的经济综合宏观调控部门修改为工业和信息化部门。新增条款明确规定，工业和信息化部门会同发展改革、生态环境等部门，对工业固体废物综合利用进行监管。新增的清洁生产审核工作由发展改革部门会同生态环境部门负责。生态环境部门对产生工业固体废物的单位实行排污许可证一证式管理。

危险固体废物方面，由修订前生态环境部门独自承担监管职责，修改为生态环境部门会同交通运输部门、公安部门，共同承担监管职责。

生活垃圾方面，新增生态环境部门监管内容：生活垃圾处理单位应当安装使用监测设备，实时监测污染物的排放情况，将污染排放数据实时公开，监测设备应当与所在地生态环境部门的监控设备联网。新增环境卫生部门职责，即负责组织开展厨余垃圾资源化、无害化处理工作。

建筑垃圾方面，新固废法首次单独明确监管职责。县级以上地方人民政府负责建立建筑垃圾分类处理制度，制定包括源头减量、分类处理、消纳设施和场所布局及建设等在内的建筑垃圾污染环境防治工作规划。环境卫生部门负责建筑垃圾污染环境防治工作，建立建筑垃圾全过程管理制度，规范建筑垃圾产生、收集、储存、运输、利用、处置行为，推进综合利用。

农业固体废物方面，新固废法首次明确农业农村部门监管职责，即负责指导农业固体废物回收利用体系建设，鼓励和引导有关单位和其他生产经营者依法收集、储存、运输、利用、处置农业固体废物，加强监督管理，防止污染环境。

其他新增的部门监管职责还有，市场监督管理部门对过度包装的监督管理；商务、邮政等部门对电子商务、快递、外卖等行业的包装物监督管理；城镇排水主管部门、生态环境部门对城镇污水处理产生的污泥负有监督管理职责；卫生健康、生态环境等部门对医疗废物负有监管职责。

（二）我国固体废物管理原则

1. "三化"原则

"三化"指"资源化、无害化、减量化"。固体废物"减量化"指通过实施适当的技术，一方面减少固体废物的排出量；另一方面减少固体废物容量，通过适当的手段减少和减小固体废物的数量和体积。固体废物"无害化"是指采用适当的工程技术对废物进行处理，使其对环境不产生污染，不致对人体健康产生影响。固体废物"资源化"指从固体废物中回收有用的物质和能源，加快物质循环，创造经济价值广泛的技术和方法，包括物质回收、物质转换和能量转换。

"三化"原则在20世纪80年代中期提出，以"无害化"为主。由于技术经济原因，我国固体废物处理利用的发展趋势必然是从"无害化"走向"资源化"，"资源化"是以"无害化"为前提的，"无害化"和"减量化"应以"资源化"为条件。

2. "全过程"管理原则

在经历许多事故与教训后，人们意识到对固体废物实行"源头"控制的重要性。由于固体废物本身往往是污染的"源头"，故需对其产生—收集—运输—综合利用—处理—储存—处置实行全过程管理，在每一环节都将其作为污染源进行严格的控制。因此，解决固体废物污染控制问题的基本对策是避免产生、综合利用、妥善处置的"3C原则",即clean-cycle-control。另外随着循环经济、生态工业园及清洁生产理论和实践的发展,有人提出"3R原则",即通过对固体废物实施减少产生、再利用、再循环(reduce-reuse-recycle)策略实现节约资源、降低环境污染及资源永续利用的目的。

(三)我国固体废物管理制度

我国固体废物管理是以环境保护主管部门为主,结合有关工业主管部门及城市建设主管部门,共同对固体废物实行全过程管理。

1. 分类管理制度

对城市生活垃圾、工业固体废物和危险固体废物分别管理,禁止混合收集、储存、运输和处置性质不相容的未经安全性处理的危险固体废物,禁止将危险固体废物混入非危险固体废物中储存。

2. 工业固体废物申报登记制度

工业固体废物和危险固体废物须申报登记,包括废物的种类、产生量、流向及对环境的影响等。

3. 排污收费制度

对无专用储存或处置设施和专用储存或处置设施达不到环境保护标准(即无防渗漏、防扬散、防流失设施)排放的工业固体废物一次性征收固体废物排污费。

4. 进口废物审批制度

禁止中国境外的固体废物进境倾倒、堆放和处置;禁止经我国过境转移危险固体废物;禁止进口不能用作原料的固体废物;限制进口可以用作原料的固体废物。

5. 危险固体废物行政代执行制度

产生危险固体废物的单位,必须按照国家有关规定处置危险固体废物;不处置的,由所在地县级以上人民政府环境保护行政主管部门责令限期改正;逾期不处置或处置不符合国家有关规定的,由所在地县级以上人民政府环境保护行政主管部门指定单位按照国家有关规定代为处置,处置费由产生危险固体废物的单位承担。

6. 危险固体废物经营单位许可证制度

从事收集、储存和处置危险固体废物经营活动的单位,必须向县级以上人民政府环境保护行政主管部门申请领取经营许可证。并非任何单位和个人都能从事危险固体废物的收集、储存和处置活动。

7. 危险固体废物转移报告单制度

生态环境部规定了统一的转移报告单形式和传递方式,并制定了危险固体废物转移管理办法。该制度的建立,是为了保证危险固体废物的运输安全,防止危险固体废物的非法转移和非法处置。

8. 其他

建立危险固体废物泄漏事故应急设施,发展安全填埋技术,严格执行限期治理制度、三同时制度、环境影响评价制度等。

第三节 固体废物处理和处置

一、固体废物的收集与输送

固体废物的收集与输送是连接废物产生源和处理处置系统的重要中间环节，在固体废物管理和处理工作中十分重要。其中城市生活垃圾的发生地点分散，且既有固定源，又有移动源，总产生量大，成分冗杂，其收集工作十分困难。据统计，垃圾的收运费用占整个垃圾处理系统费用的 60%~80%。

（一）城市生活垃圾的收集与清运

城市生活垃圾的收集与清运是城市垃圾管理工作中操作最为复杂、人力物力需求最大的步骤，主要包括对城市各处垃圾源的垃圾进行及时收集、集中储存管理及使用专用车辆装运到垃圾处理站的过程，可分为三个阶段（图 4-2）。

图 4-2 城市生活垃圾收运过程

1. 第一阶段：从垃圾发生源到垃圾桶

分为混合收集和分类收集。

混合收集，是指将产生的垃圾混杂在一起收集，即原生态收集。混合收集导致垃圾的后续处理处置难度大，垃圾处理厂的建设和运行费用高，且浪费了一部分可回收利用的资源。

分类收集，是指按照垃圾的不同成分、属性、利用价值和对环境的影响等，并根据不同处置方式的要求，分别收集。分类收集不仅使垃圾资源得到充分利用，而且大大减少垃圾运输费用，简化垃圾处理工艺，降低垃圾处理成本，减少垃圾二次污染。

垃圾分类方法受国情、生活方式、处理设施、公众素质及法规政策的影响。

日本 95% 的垃圾经过分类处理，最多的将垃圾分成 44 类，许多可再生利用的垃圾分别送到不同的工厂做原料，剩余垃圾中可燃部分用于焚烧发电，不可燃部分用于填海造地。

我国城建行业标准《城市生活垃圾分类及其评价标准》（CJJ/T 102—2004）规定：垃圾分类应根据城市环境卫生专业规划要求，结合本地区垃圾的特性和处理方式选择垃圾分类方法，采用焚烧处理垃圾的区域，宜按可回收物、可燃垃圾、有害垃圾、大件垃圾和其他垃圾进行分类；采用卫生填埋处理垃圾的区域，宜按可回收物、有害垃圾、大件垃圾和其他垃圾进行分类；采用堆肥处理垃圾的区域，宜按可回收物、可堆肥垃圾、有害垃圾、大件垃圾和其他垃圾进行分类。城市生活垃圾分类应符合表 4-3 的规定。

表 4–3   城市生活垃圾分类

级别	分类类别	内容
一	可回收物	包括下列适宜回收循环使用和资源利用的废物： ① 纸类，未严重玷污的文字用纸、包装用纸和其他纸制品等 ② 塑料，废容器塑料、包装塑料等塑料制品 ③ 金属，各种类别的废金属制品 ④ 玻璃，有色和无色废玻璃制品 ⑤ 织物，旧纺织衣物和纺织制品
二	大件垃圾	质量超过 5 kg 或体积超过 0.2 m^3 或长度超过 1 m 的废旧家具、办公用品、废旧电器、包装箱等大型的、耐久性的固体废物
三	可堆肥垃圾	垃圾中适宜利用微生物发酵处理并制成肥料的物质，包括剩余饭菜等易腐类厨余垃圾，树枝花草等可堆沤植物类垃圾等
四	可燃垃圾	可以燃烧的垃圾，包括植物类垃圾，不适宜回收的废纸类、废塑料橡胶、旧织物用品、废木等
五	有害垃圾	垃圾中对人体健康或自然环境造成直接或潜在危害的物质，包括废日用小电子产品、废油漆、废灯管、废日用化学品和过期药品等
六	其他垃圾	在垃圾分类中，按要求进行分类以外的所有垃圾

2. 第二阶段：从垃圾桶到垃圾转运站

通常指垃圾的近距离运输，一般用清运车辆沿一定的路线收集清除垃圾容器和其他储存设施中的垃圾，并运至垃圾转运站，有时也可就近直接送至垃圾处理厂和处置场。设置垃圾转运站的主要目的是节约垃圾的运输费用，还兼具部分垃圾加工处理功能，如分拣、破碎、去铁、压实等。

3. 第三阶段：从垃圾转运站到最终处置场或填埋场

特指垃圾的远途运输，即在转运站将垃圾装载至大容量运输工具上，运往远处的处理处置场。

（二）固体废物的输送

固体废物的输送方式根据固体废物的性质、工作条件和其他要求决定，主要有以下几种常用的输送方式。

1. 气流输送

气流输送是利用气流的能量，在密闭管道内沿气流方向输送颗粒状物料。输送方式包括吸引式（负压操作）和压送式（正压操作）两类。吸引式气流输送优点在于物料不会外溅，给料器构造比较简单，可以输送较潮湿的物料，可用于输送粉煤灰，也可用于收集城市生活垃圾，缺点是输送距离较短。压送式气流输送的优点是适用于较长距离的输送，可输送大量物料，缺点是给料器结构比较复杂。

垃圾气力管道输送系统是气流输送在生活垃圾输送中的应用实例。垃圾气力管道输送系统以空气为动力，经地下管网运输，将垃圾汇集到中央收集站。1961 年，瑞典 ENVAC 公司发明了全球第一套垃圾气力管道输送系统，安装在斯德哥尔摩的一家医院。目前，垃圾气力管道输送系统在欧洲、美国、日本、新加坡、中国香港等地均有应用，技术相对成熟，适用于民用住宅区、商业区（包括办公大楼、酒店和商场等）、医院及大型食品制造中心（包括航空厨房和美食广场等）。

2. 水力输送

水力输送是以水作为输送介质，将颗粒物料与水混合成浆状悬浮液，利用液体输送设备（泥浆泵）进行输送的方式。

在固体废物处理中，水力输送主要用于输送工业废渣，如输送热电厂排放的湿排粉煤灰。水力排灰操作简便，无粉尘飞扬。排出的粉煤灰，经沉淀后，将湿的粉煤灰置于堆场，自然干燥，然后作进一步处理。在钢铁厂中，炼钢及炼铁所产生的含铁尘泥，轧钢厂产生的氧化铁皮等，也往往采用水力输送方式排出车间。

3. 机械输送

机械输送主要包括落选退出输送（螺旋输送机）和无端循环带输送（皮带输送机、箕斗提升机）等。

◤ 二、固体废物的处理 ◢

固体废物处理通常是指通过物理、化学、生物、物化及生化方法把固体废物转化为适于运输、储存、利用或处置的过程。固体废物处理的目标是无害化、减量化、资源化。目前采用的主要方法包括压实、破碎、分选、固化、焚烧、生物处理等。

（一）预处理

1. 压实

压实是一种通过对废物实行减容化，降低运输成本、延长填埋场寿命的预处理技术。压实是一种普遍采用的固体废物预处理方法，如汽车、易拉罐、塑料瓶等通常首先采用压实处理。适于压实减少体积处理的固体废物还有垃圾、松散废物、纸带、纸箱及某些纤维制品等。对于那些可能使压实设备损坏的废物不宜采用压实处理，某些可能引起操作问题的废物，如焦油、污泥或液体物料，一般也不宜作压实处理。

2. 破碎

为了使进入焚烧炉、填埋场、堆肥系统等废物的外形尺寸减小，预先必须对固体废物进行破碎处理。经过破碎处理的废物，由于消除了大的空隙，不仅尺寸大小均匀，而且质地也均匀，在填埋过程中更容易压实。固体废物的破碎方法很多，主要有冲击破碎、剪切破碎、挤压破碎、摩擦破碎等，此外还有专用的低温破碎和湿式破碎等。

3. 分选

固体废物分选是实现固体废物资源化、减量化的重要手段，通过分选将有用的充分选出来加以利用，将有害的充分分离出来；另一种是将不同粒度级别的废物加以分离。分选的基本原理是利用物料的某些性质方面的差异，将其分选开。例如，利用废物中的磁性和非磁性差别进行分离；利用粒径尺寸差别进行分离；利用比重差别进行分离等。根据不同性质，可以设计制造各种机械对固体废物进行分选。分选包括手工拣选、筛选、重力分选、磁力分选、涡电流分选、光学分选等。

4. 脱水

含水率超过 90% 的固体废物，必须脱水减容，以便于包装、运输与资源化利用。固体废物脱水的方法有浓缩脱水和机械脱水两种。浓缩脱水的目的是除去固体废物中的间隙水，缩小体积，为输送、消化、脱水、利用与处置创造条件，浓缩脱水方法主要有重力浓缩法、气浮浓缩法和离心浓缩法。机械脱水则是利用具有许多毛细孔的物质作为过滤介质，以某种设备在过滤介质两侧产生压差作为过滤动力，固体废物中的溶液穿过介质成为滤液，固体颗粒被截留成为滤饼的固体分离操作过程，它是应用最广泛的固液分离过程。

（二）物化处理

1. 浮选

浮选是根据不同物质被水润湿程度的差异对其进行分离的过程。物质的天然可浮性差异均较小，仅利用它们的天然可浮性差异进行分选效率太低。浮选通过在固体废物与水调成的料浆中加入浮选药剂扩大不同组分可浮性的差异，再通入空气形成无数细小气泡，使目的颗粒黏附在气泡上，并随气泡上浮于料浆表面成为泡沫层后刮出，成为泡沫产品；不上浮的颗粒仍留在料浆内，通过适当处理后废弃。

2. 溶剂浸出

溶剂浸出是指用适当的溶剂与废物作用使物料中有关组分有选择性地溶解的物理化学过程。浸出主要用于处理成分复杂、嵌布粒度微细且有价成分含量低的矿业固体废物、化工和冶金过程的废物。浸出的目的是要使物料中的有用或有害成分能有选择性地最大限度地从固相转入液相。浸出的后续作业是浸出溶液的净化，工业上常用的净化方法有：化学沉淀法、置换法、有机溶剂萃取法和离子交换法等。

3. 固化处理

固化处理是通过向废物中添加固化基材，使有害固体废物固定或包容在惰性固化基材中的一种无害化处理过程。理想的固化产物应具有良好的抗渗透性、良好的机械特性，以及抗浸出性、抗干－湿特性、抗冻－融特性。这样的固化产物可直接在安全土地填埋场处置，也可用作建筑的基础材料或道路的路基材料。固化处理根据固化基材的不同可以分为水泥固化、沥青固化、玻璃固化、自胶质固化等。

（三）热处理

1. 焚烧处理

焚烧法是固体废物高温分解和深度氧化的综合处理过程，优点是把大量有害的废料分解而变成无害的物质。由于固体废物中可燃物的比例逐渐增加，采用焚烧法处理固体废物利用其热能已成为必然的发展趋势。以此种方法处理固体废物，占地少，处理量大，在保护环境、提供能源等方面可取得良好的效果。欧洲国家较早采用焚烧法处理固体废物，焚烧厂多设在 10 万人口以上的大城市，并设有能量回收系统。日本由于土地紧张，采用焚烧法逐渐增多。焚烧过程获得的热能可以用于发电。利用焚烧炉发生的热量，可以供居民取暖、用于维持温室室温等。目前，日本及瑞士每年把超过 65% 的城市废物进行焚烧而使能源再生。但是焚烧法也有缺点，如投资较大、焚烧过程排烟造成二次污染、设备锈蚀现象严重等。

2. 热解处理

热解是将有机物在无氧或缺氧条件下加热，使之分解为气、液、固三类产物。与焚烧法相比，热解的主要特点有：

① 可将固体废物中的有机物转化为以燃料气、燃料油和炭黑为主的储存性能源；

② 由于是无氧或缺氧分解，排气量少，有利于减轻对大气环境的二次污染；

③ 废物中的硫、重金属等有害成分大部分被固定在炭黑中；

④ 由于保持还原条件，Cr^{3+} 不会转化为 Cr^{6+}；

⑤ NO_x 的产生量少。

与焚烧相比，热解是更有前途的处理方法。

（四）生物处理

固体废物的生物处理是指直接或间接利用生物体的机能，对固体废物的某些组成进行转化以建立降低或消除污染物产生的生产工艺，或者能够高效净化环境污染，同时又生产有用物质的工程技术。采用生物处理技术，利用微生物（细菌、放线菌、真菌）、动物（蚯蚓等）或植物的新陈代谢作用，固体废物可通过各种工艺转换成有用的物质和能源（如提取各种有价金属、生产肥料、产生沼气、生产单细胞蛋白等），既能实现减量化、资源化和无害化，又能解决环境污染问题。因此，固体废物生物处理技术在废物排放量大且普遍存在资源和能源短缺情况下，具有深远的意义。目前应用比较广泛的有：堆肥化、沼气化、废纤维素糖化、废纤维饲料化、生物浸出等。

三、固体废物最终处置

无论对固体废物采用何种减量化和资源化处理方法，如焚烧、热解、堆肥等处理后，对其剩余下来的无再利用价值的残渣，都需要进行最终处置。固体废物的最终处置是控制固体废物污染的末端环节，解决固体废物的归宿问题。处置的目的和技术要求是，使固体废物在环境中最大限度地与生物圈隔离，避免或减少其中的污染组成对环境的污染与危害。

概括说来，固体废物的最终处置可分为海洋处置和陆地处置两大类。

（一）海洋处置

海洋处置是利用海洋具有的巨大稀释能力，在海洋上选择适宜的洋面作为固体废物处置场所的处理方法，主要包括传统的海洋倾倒和近年发展起来的远洋焚烧。海洋倾倒是将固体废物直接投入海洋的一种处置方法。它的根据是海洋是一个庞大的废物接受体，对污染物质能有极大的稀释能力。进行海洋倾倒时，首先要根据有关法律规定，选择处置场地，然后再根据处置区的海洋学特性、海洋保护水质标准、处置废物的种类及倾倒方式进行技术可行性研究和经济分析，最后按照设计的倾倒方案进行投弃。远洋焚烧，是利用焚烧船对固体废物进行船上焚烧的处置方法。废物焚烧后产生的废气通过净化装置与冷凝器，冷凝液排入海中，气体排入大气，残渣倾入海洋。这种技术适于处置易燃性废物，如含氯的有机废物。

（二）陆地处置

陆地处置根据废物的种类及其处置底层位置（地上、地表、地下和深底层），可分为土地耕作、工程库或储留池储存、土地填埋、浅地层埋藏及深井灌注处置等。土地填埋处置具有工艺简单、成本较低、适于处理多种类型固体废物的优点。目前，土地填埋处置已经成为固体废物最终处置的主要方法之一。按照法律，土地填埋分为卫生土地填埋和安全土地填埋。

1. 卫生土地填埋

卫生土地填埋是处置一般固体废物使之不会对公众健康及安全造成危害的一种处置方法，主要用来处置城市垃圾。通常把运到土地填埋场的废物在限定的区域内铺撒成一定厚度的薄层，然后压实以减少废物的体积，每层操作之后用土壤覆盖并压实。压实的废物和土壤覆盖层共同构成一个单元。具有同样高度的一系列相互衔接的单元构成一个升层。完整的卫生土地填埋场是由一个或多个升层组成的。在进行卫生土地填埋场地选择、设计、建造、操作和封场过程中，应该考虑防止浸出液渗漏、降解气体的释出控制、臭味和病原菌的消除、场地的开发利用等问题。

2. 安全土地填埋

安全土地填埋法是卫生土地填埋法的进一步改进，对场地的建造技术要求更为严格：必须设置人造或天然衬里；最下层的土地填埋物要位于地下水位之上；要采取适当的措施控制和引出地表水；要配备浸出液收集、处理及监测系统，采用覆盖材料或衬里控制可能产生的气体，以防止气体释出；要记录所处置废物的来源、性质和数量，把不相容的废物分开处置。

第四节　固体废物资源化与综合利用

固体废物的"废"具有时间和空间的相对性。在此生产过程或此方面可能暂时无使用价值，但不一定在其他生产过程或其他方面无使用价值。在经济技术落后国家或地区抛弃的废物，在经济技术发达国家或地区可能是宝贵的资源。在当前经济技术条件下暂时无使用价值的废物，在发展了循环利用技术后可能就是资源。所以说，固体废物是"放错地方的资源"。目前，固体废物资源化利用已成为包括我国在内的世界上很多国家控制固体废物污染、缓解自然资源紧张的重要途径。

在固体废物中，最大量的是采选矿过程中产生的矿业固体废物及工业生产过程中产生的部门固体废物。另外，生活垃圾中较大量的为城市生活垃圾及污水处理厂的污泥。固体废物的来源不同，其资源化与综合利用方式也各不相同。

一、工业固体废物综合利用

（一）冶金及电力工业废渣的利用

1. 高炉矿渣的综合利用

高炉矿渣属硅酸盐材料的范畴，适于加工制作水泥、碎石、骨料等建筑材料。

① 水淬矿渣用作建筑材料：利用水淬矿渣作水泥混合材是国内外普遍采用的技术。我国 75% 的水泥中掺有高炉渣。在水泥生产中，高炉渣已成为改进性能、扩大品种、调节标号、增加产量和保证水泥安定性的重要原材料。

② 矿渣碎石用作基建材料：未经水淬的矿渣碎石，其物理性质与天然岩石相近，其稳定性、坚固性、耐磨性及韧性等均满足基建工程的要求，在我国一般用于公路、机场、地基工程、铁路道砟、混凝土骨料和沥青路面等。

③ 膨珠用作轻骨料：膨珠具有质轻、面光、自然级配好、吸音隔热性能强的特点。用作混凝土骨料可节省 20% 左右的水泥，一般用来制作内墙板、楼板等。

2. 钢渣的综合利用

钢渣利用的研究始于 20 世纪初，由于成分复杂多变，其利用率一直不高。20 世纪 70 年代以后，随着资源的日趋紧张及炼钢和综合利用技术的日益发展，各国钢渣的利用率迅速提高。2013 年，我国钢渣利用量为 2 532 万 t，利用率仅为 25%。目前钢渣利用的主要途径是用作冶金原料、建筑材料及农业应用等。

① 钢渣作烧结剂不仅可回收利用钢渣中的钙、镁、锰、铁等元素，还可提高烧结剂的利用系数和烧结矿的质量，降低燃料消耗；作高炉炼铁溶剂则不仅可回收钢渣中的铁，还可把 CaO、MgO 等作为助溶剂，从而节省大量的石灰石、白云石资源。

② 钢渣可用来生产钢渣水泥或作筑路及回填材料，以及生产建材制品。但钢渣具有体积膨胀的特点，故必须陈化后才能使用，一般要洒水堆放半年，且粉化率不得超过 5%。要有合理级配，最大块直径不能超过 300 mm。最好与适量粉煤灰、炉渣或黏土混合使用，同时严禁将钢渣碎石用作混凝土骨料。

③ 除硅、钙外，钢渣中还含有微量的锌、锰、铁、铜等元素，对元素生长起一定促进作用。由于在冶炼过程中经高温煅烧，其溶解度已大大改变，所含主要成分易溶量达全量的 1/3 ~ 1/2，容易被植物吸收，可作磷肥、硅肥和土壤改良剂。

3. 粉煤灰的综合利用

目前，我国粉煤灰的主要利用途径是生产建筑材料、筑路和回填；此外，还可用作农业肥料和土壤改良剂，回收工业原料和制作环保材料等。

① 粉煤灰用作建筑材料，包括配制水泥、混凝土、烧结砖、蒸养砖、砌块及陶粒等；

② 筑路：粉煤灰能代替砂石、黏土用于公路路基和修筑堤坝；

③ 回填：煤矿区采煤后易塌陷，形成洼地，可以利用粉煤灰进行回填；

④ 粉煤灰具有良好的物理化学性能，可用于改造重黏土、生土、酸性土和盐碱土；

⑤ 粉煤灰含有大量的易溶性硅、钙、镁、磷等农作物必需的营养元素，可制成肥料；

⑥ 可从粉煤灰中回收煤炭、金属物质，分选空心微珠等工业原料；

⑦ 粉煤灰具有独特的理化性能，可被广泛用于环保产业。

（二）化工废渣的处理和利用

化工废渣的特点是产生量大、危险固体废物种类多、有毒物质含量高、再生资源化潜力大。化工废渣中有相当一部分是反应原料和反应副产品，而且部分废物中还含有金、银、铂等贵重金属。通过专门的回收加工工艺，可以将有价值的物质从废物中回收。

1. 铬渣的综合利用

铬渣解毒的基本原理是在铬渣中加入还原剂，在一定的温度和其他条件下，将有毒的六价铬还原成无毒的三价铬，经过处理后可用作玻璃着色剂、制钙镁磷肥，或者代替白云石、石灰石作为生铁冶炼过程的添加剂。

2. 工业废石膏的综合利用

工业废石膏主要包括磷酸、磷肥工业中产生的废磷石膏，烟气脱硫过程中产生的二水石膏，其他无机化学部门用硫酸浸蚀各类钙盐所产生的废石膏。我国以废磷石膏为主，由于每生产 1 t 磷酸要产生 5 t 废磷石膏，因此废磷石膏产生量非常大。在许多国家，废磷石膏排放量已超过天然石膏的开采量。废磷石膏可用于生产纸面石膏板、水泥和改良土壤。

3. 硫铁矿烧渣的综合利用

硫铁矿烧渣是生产硫酸时焙烧硫铁矿产生的废渣，其组成与矿石来源有很大关系，不同硫铁矿焙烧生成的矿渣成分不同，基本成分主要包括三氧化二铁、四氧化三铁、金属硫酸盐、硅酸盐、氧化物及少量的铜、铅、锌、金、银等有色金属，可用来制矿渣砖、铁系颜料或磁选铁精矿。

（三）矿业固体废物的综合利用

各种金属和非金属矿石均与围岩共同构成，在开采矿石过程中，必须剥离围岩，排出废石。采得的矿石通常也需要经过选洗以提高品位，因而排出尾矿。开采 1 t 煤，一般要排出 200 kg 左右煤矸石。各种金属矿石，提取金属后要丢弃大量矿业固体废物。随着工业生产的发展，总的趋势是富矿日益减少，金属、非金属生产越来越多地使用贫矿，如 20 世纪初，开采的铜矿一般含铜率为 3%，后来开采的铜矿一般含铜率为 1% 左右，这就导致矿业废物迅速增加，大量的矿业废物造成环境的严重污染。另一方面，废石和尾矿是多组分的矿物，开展综合利用可以减少堆置用地、提供宝贵资源，而且是最有效的控制污染措施。

有些金属矿的伴生矿有回收价值，大多数废石和尾矿可制作建筑材料，或者用于农业。美国田纳西州马斯科特锌矿含锌 4% 和含石灰石 95%，矿石经富集后炼锌，尾矿作农用石灰，废石作筑路材料和混凝土工程骨料，矿石几乎全部得到利用。有的废石和尾矿含有金属，可设法回收。例如含钒钛磁铁矿石炼铁后，可回收钒和钛。许多铅、锌、铜、镍矿是共生的，应采用综合冶炼工艺，以免其中某些有色金属矿物成为废物。

从煤矸石可提炼铁及其他金属，目前技术较为成熟、利用量较大的煤矸石资源化途径是生产建筑材料，包括水泥、煤矸石制砖和轻骨料等。煤矸石也可用于生产化工产品，如结晶氯化铝、水玻璃、硫酸铵化学肥料等。

二、生活垃圾综合利用

（一）建筑垃圾的再生利用

建筑垃圾指旧建筑物拆除和新建工程中所产生的固体废物。目前，我国还没有建立建筑垃圾的统计制度，根据相关研究，2020 年全国建筑垃圾产生量超过 20 亿 t，北京市建筑业所产生的垃圾已经占城市垃圾总量的 30% ~ 40%。目前，对建筑垃圾的利用主要包括用建筑垃圾配制再生骨料混凝土，以及对废砖进行综合利用。

建筑垃圾再生骨料混凝土，是以废混凝土粒作粗骨料，废混凝土沙或普通沙作细骨料，胶结而成的一种利废建筑材料。再生骨料混凝土可用于道路工程基础下垫层、素混凝土垫层、道路面层等，还可用于钢筋混凝土结构工程。

建筑物拆除的废砖，如果块型还比较完整，且黏附砂浆可以剥离，通常作为砖块回收利用，否则可通过适当破碎制成轻骨料或破碎较细后与石灰粉混合形成蒸养砖。

（二）废塑料的综合利用

废塑料的环境管理是塑料污染全链条治理的关键环节，加快推进废塑料规范回收利用和处置是重要措施。应根据废塑料材质特性、混杂程度、洁净度、当地环境容量和产业结构等情况，选择适当的工艺，提高废塑料资源化利用率，减少填埋和焚烧量。

1. 废塑料的再生利用

废塑料再生利用方式可分为物理再生和化学再生。物理再生一般又分为直接再生和改性再生；化学再生分为化学解聚回收树脂单体、热解、催化裂解等。其中物理再生应用范围广、成熟度高，但受废塑料品质、再生次数的限制，对混杂、低值废塑料的适用性较低。随着技术进步，适用于低值废塑料的化学再生已在国内初步具备产业化条件，并建成了规模化装置，可作为物理再生的有效补充。对于不适合物理再生的废塑料，鼓励化学再生，有利于增加再生利用次数，发挥减少废塑料污染和降低碳排放的协同效应。

2. 废塑料改性及利用

废塑料经过物理改性或化学改性后，其某些力学性能可达到或超过原树脂制品的性能。目前，废塑料大量的再利用采用的是复合与改性利用，如采用活化的无机填料进行填充改性、用弹性体进行增韧改性等。

3. 废塑料生产建材产品

废塑料可用来生产软质拼装型地板、地板块、人造板材、木质塑料地板、混塑包装板材、塑料砖等地板和包装材料；废塑料还可用于生产防水涂料、胶黏剂、防腐涂料等涂料和黏结剂。

4. 废塑料焚烧回收热能

对于难以通过物理再生或化学再生等方法进行利用的废塑料，宜采用焚烧及协同处置方式，通过燃烧回收其中的能量。

（三）废橡胶的再生利用

废橡胶是一些不易自然分解的高分子材料，它作为一种有害垃圾，已为世界所公认，因此其处理和资源化利用越来越受到人们的重视。按照废橡胶的回收利用途径，其再生加工可以分为整体利用、再生利用、热利用三种方式。

1. 整体利用

如翻修轮胎、将旧轮胎用于船坞防护物，渔船、运沙船漂浮信号灯，漂浮阻波物，游乐场工具等。

2. 再生利用

如把旧轮胎剥片做成室内地板；再生利用做成轮胎、衬垫、皮带等；加工成胶粉用于地板、跑道和路面的铺设材料，用于橡胶块、橡胶管、橡胶板、橡胶带和屋顶材料等。

3. 热利用

高温热解旧轮胎可用作气体燃料、油燃料、炭黑等；直接燃烧可用于水泥材料、锅炉、金属冶炼厂等。

（四）废纸的再生利用

1. 再生加工

经过废纸碎解—筛选—除渣—洗涤和浓缩—分散和揉搓—浮选—漂白—脱墨等阶段后，可实现废纸的再生加工。

2. 生产土木建筑材料

废纸的纤维材料可以彼此与胶黏剂混合，制作多种复合基土木建筑材料，如房顶绝热覆盖物、胶合硬纸板蜂窝板、石膏板、中密度纤维板、沥青瓦楞板等。

3. 用于园艺及改善农牧业生产

包括改善土壤土质和加工牛羊饲料，如利用废纸的吸水性，将其切成条状，用于铺设家畜业场地，用后还可堆肥，既有利于清洁，又能改善牧场土壤；或将旧报纸打散，用作蔬菜稻田播种后的覆盖物等。

4. 用于制作模制产品

如利用废纸制作蛋托及新鲜水果的托盘，用白废纸制成小盘供食品包装时垫托，用旧杂废纸制成电器零件保护品等。可以说凡作为产品内包装的发泡塑料基本上都可以用纸模制产品替代。

三、其他固体废物综合利用

除了工业固体废物和城市生活垃圾外，农林固体废物及城市污泥等的综合利用也十分重要。

农林固体废物是指农林作物收获和加工过程中所产生的秸秆、糠皮、山茅草、灌木枝、枯树叶、木屑、刨花，以及食品加工行业排出的残渣等，可以还田利用、饲料化处理、作为能源、生产化工原料和建筑材料等。

污泥是污水处理厂对污水进行处理过程中产生的沉淀物质，以及由污水表面漂出的浮沫形成的残渣。污泥是一种很有利用价值的潜在资源，随着工业和城市的发展、污水处理率的提高，其产生量必然越来越大。污泥的综合利用主要包括农田林地利用、能源回收、建材利用等。

习题与思考

1. 固体废物污染的危害有哪些？

2. 危险废物的危险特性有哪些？

3. 为减少工业固体废物污染，可采取的措施有哪些？

4. 为减少城镇生活垃圾，可采取的措施有哪些？

5. 我国固体废物管理原则的"三化原则"指的是什么？ 3C 原则和 3R 原则的内涵是什么？

6. 我国固体废物管理的主要制度有哪些？

7. 试用案例说明工业固体废物和生活垃圾的综合利用与资源化。

8. 固体废物无害化处理处置的方法有哪些？

9. 废塑料的综合利用方法有哪些？

10. 扩展思考：试举例理解固体废物之"废"的相对性，探讨如何建立资源节约利用与循环利用的生态型社会。

第五章 物理环境

各种物质都在不停地运动着，运动的形式有机械运动、分子热运动、电磁运动等。物质的运动都表现为能量的交换和转化。这种物质能量的交换和转化，构成了物理环境。人类生存于适应的物理环境中，也影响着物理环境。与人类相互作用的物理环境主要有声、光、热、电、磁场和射线等，本章分五节对其分别进行介绍。

第一节 声学环境

一、噪声概述

（一）声音与噪声

声音是物体的振动以波的形式在弹性介质中进行传播的一种物理现象。声音一般是通过空气传播作用于生物耳鼓膜而被感觉到的声音。人类生活在声音的环境中，并且借助声音进行信息的传递、交流思想感情。

尽管人们的生活环境中不能没有声音，但是也有一些声音是不需要的，如睡眠时的吵闹声。从广义上来讲，凡是人们不需要的，使人厌烦并干扰人的正常生活、工作和休息的声音统称为噪声。例如，音乐演播厅里，某个人正沉醉于优美的琴声中，周围的几个人却开始窃窃私语，对他而言这样的私语声显然是噪声。噪声不仅取决于声音的物理性质，而且与人的生活状态有关。即使听到同样的声音，有些人感到很喜欢，愿意听，有些人却感到厌恶。总之，确定一种声音是不是噪声与人的主观感觉有很大的关系。

（二）噪声的主要特性

（1）噪声是一种感觉性污染，在空气中传播时不会在周围环境里遗留有毒有害的化学污染物质。对噪声的判断与个人所处的环境和主观愿望有关。

（2）噪声源的分布广泛而分散，但是由于传播过程中会发生能量的衰减，噪声污染的影响范围是有限的。

（3）噪声产生的污染没有后效作用。一旦噪声源停止发声，噪声便会消失，转化为空气分子无规则运动的热能。

二、噪声来源

噪声主要来源于交通运输、工业生产、社会生活和建筑施工等。

（一）交通运输噪声

各种交通运输工具，如小轿车、载重汽车、电车、火车、拖拉机、摩托车、轮船、飞机等，在行驶过程中会发出喇叭声、汽笛声、刹车声、排气声等各种噪声，而且行驶速度越快噪声越大。此类噪声源具有流动性，因此影响范围广，受害人数多。近年来，随着城市机动车辆剧增，交通运输噪声已经成为城市的主要噪声源。

（二）工业生产噪声

工业生产离不开各种机械和动力装置，这些机械和动力装置在运转过程中一部分能量被消耗后以声能的形式散发出来而形成噪声。工业生产噪声中有因空气振动产生的空气动力学噪声，如通风机、鼓风机、空气压缩机、锅炉排气等产生的噪声；也有由于固体振动产生的机械性噪声，如织布机、球磨机、碎石机、电锯、车床等产生的噪声；还有由于电磁力作用产生的电磁性噪声，如发动机、变压器产生的噪声。工业生产噪声一般声级高，而且持续时间长，有的甚至长年运转、昼夜不停，对周围环境影响很大。而且，工业生产噪声是造成职业性耳聋的主要原因。表 5-1 给出了某些机械噪声源强度。

表 5-1 某些机械噪声源强度

噪声级 /dB	机械名称
130	风铲、风铆
125	凿岩机
120	大型球磨机、有齿锯切割钢材
115	振捣机
110	电锯、无齿锯、落砂机
105	织布机、电刨、破碎机、气锤
100	丝织机
95	织带机、细砂、轮转印刷机
90	轧钢机
85	机床、凹印机、铅印、平台印刷机、制砖机
80	挤塑机、漆包线机、织袜机、平印连动机
75	印刷上胶机、过板机、玉器抛光机、小球磨机
<75	电子刻板机、电线成盘机

（三）社会生活噪声

由于商业经营活动、儿童在户外的嬉戏、各类家用电器的使用（尤其是各种音响设备），以及家庭舞会等，城市居住区内部的噪声源种类和噪声的强度均有所增加。社会生活噪声在城市噪声构成中约占 5%，且有逐渐上升的趋势。表 5-2 列出了家庭常用设备的噪声级。

表 5-2　家庭常用设备的噪声级

家庭常用设备	噪声级范围 /dB
洗衣机、缝纫机	50 ~ 80
电视机、除尘器及抽水马桶	60 ~ 84
钢琴	62 ~ 96
通风机、吹风机	50 ~ 75
冰箱	30 ~ 58
风扇	30 ~ 68
食物搅拌器	65 ~ 80

（四）建筑施工噪声

建筑工地常用的打桩机、推土机、挖掘机产生的噪声常在 80 dB 以上，对邻近居民的正常生活影响很大。随着我国城市化进程的加快，我国的城市建设日新月异，大、中城市的建筑施工场地很多，因此建筑施工噪声的影响面很大。一般建筑施工机械和现场边界上的噪声级如表 5-3、表 5-4 所示。

表 5-3　建筑施工机械的噪声级　　　　　　　　　　　　　单位：dB（A）

机械名称	距离声源 10 m		距离声源 30 m	
	范围	平均	范围	平均
打桩机	93 ~ 112	105	84 ~ 103	91
地螺钻	68 ~ 82	75	57 ~ 70	63
铆枪	85 ~ 98	91	74 ~ 98	86
压缩机	82 ~ 98	88	78 ~ 80	78
破路机	80 ~ 92	85	74 ~ 80	76

表 5-4　施工现场边界上的噪声级　　　　　　　　　　　　单位：dB（A）

场地类型	居民建筑	办公楼等	道路工程等
场地清理	84	84	84
挖土方	88	89	89
地基	81	78	88
安装	82	85	79
修整	88	89	84

三、噪声危害

（一）对人体的生理影响

长期生活在噪声环境中会导致耳聋。据世界卫生组织 2021 年统计，全球有 15 亿人患有某种程度的听力损失，其中相当部分由噪声所致。此外，实验表明：噪声会增加人体的肾上腺激素分泌，使心率改变和血压升高，导致心脏病的发展和恶化；还会导致消化系统方面的疾病和神经衰弱症，使人得肠炎，以及出现失眠、疲劳、头晕、头痛、记忆力减退症状；强噪声会刺激耳腔的前庭器官，使人眩晕、恶心、呕吐；如果噪声超过 140 dB，将导致全身血管收缩，供血减少，说话能力受到影响。噪声还会影响视力，试验表明：当噪声强度达到 90 dB 时，人的视觉细胞敏感性下降，识别弱光反应时间延长；噪声达到 95 dB 时，有 40% 的人瞳孔放大、视模糊；而噪声达到 115 dB 时，多数人的眼球对光亮度的适应都有不同程度的减弱。所以，长时间处于噪声环境中的人很容易发生眼疲劳、眼痛、眼花和流泪等眼损伤现象。

噪声对儿童身心健康危害更大。儿童发育尚未成熟，各组织器官都十分娇嫩和脆弱，所以更容易被噪声损伤听觉器官，使听力减退或丧失。长期暴露于噪声中的儿童比安静环境中的儿童血压要高，智力发育略微迟缓。

振动与噪声往往相伴而生，如建筑工地的打桩机、飞驰的火车、载重汽车等，这将会对人体有双重性伤害。

（二）对人体的心理影响

噪声引起的心理影响主要是使人烦恼、激动、易怒，甚至失去理智。噪声也容易使人疲劳，因此往往会影响精力集中和工作效率，尤其是对一些做非重复性工作的劳动者，影响更为明显。另外，噪声的掩蔽效应，往往使人不易察觉一些危险信号，从而容易造成工伤事故。

（三）对孕妇和胎儿的影响

国内外的医学科研人员做了许多研究，证明强烈的噪声对孕妇和胎儿都会产生诸多不良后果。接触强烈噪声的妇女，其妊娠呕吐的发生率和妊娠高血压综合征的发生率都更高，而且对胎儿也会产生许多不良的影响：噪声使母体产生紧张反应，引起子宫血管收缩，以致影响供给胎儿发育所必需的养料和氧气。此外，噪声还会导致出生儿体重偏轻。为了妇女及其子女的健康，妇女在怀孕期间应该避免接触超过卫生标准（85 dB）的噪声。

（四）对生产活动的影响

在嘈杂的环境里，人的心情烦躁，容易疲劳，反应迟钝，工作效率下降，工伤事故增多。噪声会对人体产生许多不良的影响，因此很多国家都在这方面作了规定。我国也制订并公布了《工业企业厂界环境噪声排放标准》（GB 12348—2008），对生产车间或工作场所的工作地点噪声作了明确规定。

（五）对动物的影响

噪声对动物的影响十分广泛，包括听觉器官、内脏器官和中枢神经系统的病理性改变等损伤。根据测定，120 ~ 130 dB 的噪声能引起动物听觉器官的病理性变化，130 ~ 150 dB

的噪声能引起动物听觉器官的损伤和其他器官的病理性变化，150 dB 以上的噪声能造成动物内脏器官发生损伤，甚至死亡。把实验兔放在非常吵的工业噪声环境下 10 个星期，发现其血胆固醇比同样饮食条件下安静环境中的兔子要高得多，在更强的噪声作用下，兔子的体温升高，心跳紊乱，耳朵全聋，眼睛也暂时失明，生殖和内分泌的规律也发生变化。研究噪声对动物的影响具有实践意义，因为直接对人进行强噪声实验以测定其影响不合适，所以只能用动物进行加速实验以获取资料，在取得结果后谨慎地推广到人体，必要时再作一些调查或验证。

（六）对物质结构的影响

据实验，一块 0.6 mm 厚的铝板，在 168 dB 的无规则噪声作用下，只要 15 min 就会断裂。150 dB 以上的强噪声，可使墙震裂、门窗破坏，甚至使烟囱和老建筑物发生坍塌，钢结构产生"声疲劳"而损坏，高精密度的仪表失灵。

四、噪声污染防治

发生噪声污染必须有三个要素：噪声源、传播途径和接受者。因此，噪声控制也是从这三个要素组成的声学系统出发，既研究每一个要素，又做系统综合考虑，使控制措施在技术、经济可行的前提下达到降低噪声的要求。原则上讲，噪声控制的优先次序是噪声源控制、传播途径控制和接受者保护。

（一）完善相关法律法规和标准规范

现行《中华人民共和国噪声污染防治法》（以下简称《噪声法》）已于 2021 年 12 月 24 日由中华人民共和国第十三届全国人民代表大会常务委员会第三十二次会议审议通过，自 2022 年 6 月 5 日起施行。自《噪声法》实施以来，我国噪声污染防治法规标准体系不断完善，噪声污染防治措施取得积极成效。目前声环境质量标准已有《声环境功能区划分技术规范》（GB/T 15190—2014）、《声环境质量标准》（GB 3096—2008）、《机场周围飞机噪声环境标准》（GB 9660—88）、《城市区域环境振动标准》（GB 10070—88），环境噪声排放标准包括：《建筑施工场界环境噪声排放标准》（GB 12523—2011）、《社会生活环境噪声排放标准》（GB 22337—2008）、《工业企业厂界环境噪声排放标准》（GB 12348—2008）等。下面重点介绍《声环境质量标准》（GB 3096—2008）。

《声环境质量标准》（GB 3096—2008）规定了五类声环境功能区的分类及环境噪声限值，该标准适用于声环境质量评价与管理。机场周围区域受飞机通过（起飞、降落、低空飞越）噪声的影响，不适用于该标准。

按区域的使用功能特点和环境质量要求分为以下五种类型：

0 类声环境功能区：指康复疗养区等特别需要安静的区域。

1 类声环境功能区：指以居民住宅、医疗卫生、文化教育、科研设计、行政办公为主要功能，需要保持安静的区域。

2 类声环境功能区：指以商业金融、集市贸易为主要功能，或者居住、商业、工业混杂，需要维护住宅安静的区域。

3 类声环境功能区：指以工业生产、仓储物流为主要功能，需要防止工业噪声对周围环境产生严重影响的区域。

4 类声环境功能区：指交通干线两侧一定距离之内，需要防止交通噪声对周围环境产生严重影响的区域，包括 4a 类和 4b 类两种类型。4a 类为高速公路、一级公路、二级公路、城市快速路、城市主干路、城市次干路、城市轨道交通（地面段）、内河航道两侧区域；4b 类为铁路干线两侧区域。

各类声环境功能区环境噪声限值见表 5-5。

表 5-5　环境噪声限值　　　　　　　　单位：dB（A）

声环境功能区类别		时段	
		昼间	夜间
0 类		50	40
1 类		55	45
2 类		60	50
3 类		65	55
4 类	4a 类	70	55
	4b 类	70	60

表 5-5 中 4b 类声环境功能区环境噪声限值，适用于 2011 年 1 月 1 日起环境影响评价文件通过审批的新建铁路（含新开廊道的增建铁路）干线建设项目两侧区域。在下列情况下，铁路干线两侧区域不通过列车时的环境背景噪声限值，按昼间 70 dB（A）、夜间 55 dB（A）执行：

① 穿越城区的既有铁路干线；

② 对穿越城区的既有铁路干线进行改建、扩建的铁路建设项目。

既有铁路是指 2010 年 12 月 31 日前已建成运营的铁路或环境影响评价文件已通过审批的铁路建设项目。

各类声环境功能区夜间突发噪声，其最大声级超过环境噪声限值的幅度不得高于 15 dB（A）。

（二）合理规划、加强管理

合理的规划，对于未来的环境噪声控制具有战略意义。开展声环境功能区划分情况评估，结合国土空间规划及用地现状，及时划定、调整声环境功能区。加强规划引导，制定或修改国土空间规划、交通运输规划和相关规划时，应合理安排大型交通基础设施、工业集中区等与噪声敏感建筑物集中区域之间的布局，落实噪声与振动污染防治相关要求。在规划中，主要考虑：

合理的土地利用和功能区划分　根据不同使用目的的建筑物的噪声标准，合理安排建筑的场所和位置；将居民区、文化区与商业区、工业区尽量分隔开；增设有效的噪声防护设施。

交通干线的合理布局　交通噪声是城市噪声的重要来源，因此，需在规划中对交通干线进行科学、合理的布局，此外，还应制订降低噪声的交通管理制度，加强对交通噪声的管理。

建立卫星城   在噪声污染严重的城市周围建立卫星城，将会在一定程度上减缓其压力。

（三）技术措施

一般来说，噪声控制的技术手段也是按照噪声源控制、传播途径控制和接受者保护的先后次序来考虑：首先是降低声源本身的噪声；如果技术上办不到，或者技术上可行而经济上不合算，则考虑从传播的路程中降低噪声；如果这种考虑达不到要求或不合算，则可考虑接受者的个人防护。

降低声源本身的噪声是治本的方法，如用液压代替冲压，用斜齿轮代替直齿轮，用焊接代替铆接，以及研究低噪声的发动机等。但是，从目前的科学技术水平来说，要想使得一切机器设备都是低噪声的有一定难度。这就需要在传播的途径和个人防护上来考虑，常用的办法就是吸声、隔声、消声、隔振、阻尼、使用耳塞耳罩等。

第二节   电 磁 辐 射

人类探索电磁辐射的利用始于 1831 年英国科学家法拉第发现电磁感应现象。如今，电磁辐射的利用已经深入人类生产、生活的各个方面。特别是 20 世纪末移动通信的普及，使人类的活动空间得以充分延伸，超越了国家乃至地球的界线。但是，电磁辐射的大规模应用，也带来了严重的电磁污染。当电磁辐射强度超过人体所能承受的或仪器设备所能容许的限度时，即产生了电磁污染。

一、电磁辐射的来源

（一）天然源

天然的电磁污染最常见的是雷电，除了可能对电气设备、飞机、建筑物等直接造成危害外，还会在几千赫到几百兆赫的极宽频率范围内产生严重电磁干扰。火山喷发、地震和太阳黑子活动引起的磁暴等都会产生电磁干扰。天然的电磁污染对短波通信的干扰特别严重。

（二）人为源

人为的电磁污染主要有：

脉冲放电   切断大电流电路进而产生的火花放电，其瞬时电流变率很大，会产生很强的电磁干扰。它在本质上与雷电相同，只是影响区域较小。

高频交变电磁场   在大功率电机、变压器及输电线等附近的电磁场，并不以电磁波形式向外辐射，但在近场区会产生严重电磁干扰，如高频感应加热设备（如高频淬火、高频焊接、高频熔炼等）、高频介质加热设备（如塑料热合机、高频干燥处理机、介质加热联动机等）。

　　射频电磁辐射　　无线电广播、电视、微波通信等各种射频设备的辐射频率范围宽广，影响区域也较大，能危害近场区的工作人员。目前，射频电磁辐射已经成为电磁污染环境的主要因素。射频电磁辐射的重要污染源如图5-1所示。

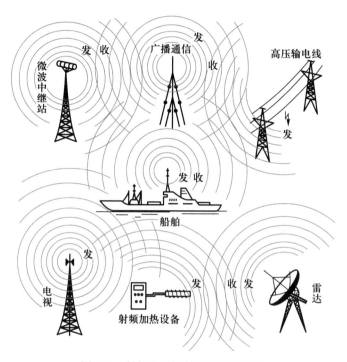

图 5-1　射频电磁辐射的重要污染源

二、电磁辐射的危害与电磁环境限制

（一）电磁辐射对人体的危害

　　电磁辐射无色无味无形，可以穿透包括人体在内的多种物质。各种家用电器、电子设备、办公自动化设备、移动通信设备等电气设备只要处于操作使用状态，它的周围就会存在电磁辐射。高强度的电磁辐射以热效应和非热效应两种方式作用于人体，能使人体组织温度升高，导致身体发生机能性障碍和功能紊乱，严重时造成自主神经功能紊乱，表现为心跳、血压和血象等方面的失调，还会损伤眼睛导致白内障。此外，长期处于高电磁辐射的环境中，会使血液、淋巴液和细胞原生质发生改变，影响人体的循环系统、免疫、生殖和代谢功能，严重的还会诱发癌症，并会加速人体的癌细胞增殖。

（二）电磁辐射对机械设备的危害

　　电磁辐射对电气设备、飞机、建筑物等可能造成直接破坏。当飞机在空中飞行时，如果通信和导航系统受到电磁干扰，就会同基地失去联系，可能造成飞行事故；当舰船上使用的通信、导航或遇险呼救频率受到电磁干扰，就会影响航海安全；有的电磁波还会对有线电设施产生干扰而引起铁路信号的失误动作、交通指挥灯的失控、计算机的差错和自动化工厂操作的失灵，甚至还可能使民航系统的警报被拉响而发出假警报；在纵横交错的高压线网、电视发射台、转播台等附近的家庭，电视机会被严重干扰；装有心脏起搏器的人处于高电磁辐射的环境中，心脏起搏器的正常使用会受影响。

（三）电磁辐射对安全的危害

电磁辐射会引燃引爆，特别是高场强作用下引起火花而导致可燃性油类、气体和武器弹药的燃烧与爆炸事故。

（四）电磁环境限值

随着经济社会的发展，信息发射设施、高压输变电设施的建设和应用越来越广泛，和人们的生产、生活越来越密切相关。随着电磁类设施不断增多，电磁环境呈增量化和复杂化趋势。为加强电磁环境中对公众暴露的评价和管理，基于电磁场对人体健康影响研究的新进展，2014 年 9 月 23 日，国家环境保护部与国家质量监督检验检疫总局联合发布《电磁环境控制限值》（GB 8702—2014），于 2015 年 1 月 1 日起在全国实施。该标准主要针对交流输变电设施、通信、雷达及导航设施、广播电视设施等提出控制指标，包括环境中电磁场的电场强度、磁场强度、磁感应强度和功率密度 4 项。其中，电场强度限值和磁感应强度限值作为电磁场场量的基础控制指标。磁场强度限值是根据磁感应强度限值推导出来的，只需要控制其中一项。等效平面波功率密度限值仅适用于远场区（辐射场）。在远场区内，电场强度、磁感应强度、功率密度中任何两个场量存在简单的比例关系。为方便起见，此范围内只需控制三者中任何一个场量。具体内容见表 5-6。需要强调的是本标准的限值不适用于控制以治疗或诊断为目的所致患者或陪护人员的暴露；不适用于控制无线通信终端、家用电器等对使用者的暴露；也不能作为对产生电场、磁场、电磁场设施（设备）的产品质量指标要求。这些对象由医疗器械、卫生标准及电器产品标准进行控制。

表 5-6　公众暴露控制限值

频率范围	电场强度 E	磁场强度 H	磁感应强度 B	等效平面波功率密度 S_{eq}
	$V \cdot m^{-1}$	$A \cdot m^{-1}$	μT	$W \cdot m^{-2}$
1 ~ 8 Hz	8 000	$32\,000/f^2$	$40\,000/f^2$	—
8 ~ 25 Hz	8 000	$4\,000/f$	$5\,000/f$	—
0.025 ~ 1.2 kHz	$200/f$	$4/f$	$5/f$	—
1.2 ~ 2.9 kHz	$200/f$	3.3	4.1	—
2.9 ~ 57 kHz	70	$10/f$	$12/f$	—
57 ~ 100 kHz	$4\,000/f$	$10/f$	$12/f$	—
0.1 ~ 3 MHz	40	0.1	0.12	4
3 ~ 30 MHz	$67/f^{1/2}$	$0.17/f^{1/2}$	$0.21/f^{1/2}$	$12/f$

三、电磁污染的控制

电磁污染主要通过两个途径传播：一是通过空间直接辐射；二是借助电磁耦合由线路传导。因此，控制电磁污染的手段从两个方面考虑：一是将电磁辐射的强度减小到容许的强度，二是将有害影响限制在一定的空间范围内。

（一）安装电磁屏蔽装置

在电磁场传播的途径中安设电磁屏蔽装置，可使有害的电磁场强度降至容许范围以内。电磁屏蔽装置一般为金属材料制成的封闭壳体。当交变的电磁场传向金属壳体时，一部分被金属壳体表面所反射，一部分在壳体内部被吸收，这样透过壳体的电磁场强度便大幅度衰减。电磁屏蔽的效果与电磁波频率、壳体厚度和屏蔽材料有关。一般地说，频率越高，壳体越厚，材料导电性能越好，屏蔽效果也就越强。电磁屏蔽可分有源场屏蔽和无源场屏蔽两类。前者是把电磁污染源用良好接地的屏蔽壳体包围起来，以防止它对壳体外部环境的影响；后者则是用屏蔽壳体包围需要保护的区域，以防止外部的电磁污染源对壳体内部环境产生干扰。

对于不同的屏蔽对象和要求，应采用不同的电磁屏蔽装置或措施，主要有：

屏蔽罩　对小型仪器或器件适用，一般为铜制或铝制的密实壳体。对于低频电磁干扰，则往往用铁或铍钼合金等铁磁性材料制作壳体，以提高屏蔽效果。在低温条件下进行精密电磁测量，用超导材料可以起完美的电磁屏蔽作用。

屏蔽室　对大型机组或控制室等适用，一般为铜板或钢板制成的六面体。当屏蔽要求较低时，可用一层或双层金属细网来代替金属板。

屏蔽衣、屏蔽头盔和屏蔽眼罩　用于个人防护，主要保护微波工作人员。屏蔽衣和屏蔽头盔内夹有铜丝网或微波吸收材料。屏蔽眼罩通常为三层结构，中间一层为铜丝网。

（二）其他措施

控制电磁污染，除采用上述电磁屏蔽措施外，还应积极采取其他综合性的防治对策。例如工业合理布局，使电磁污染源远离稠密居民区，并在它们之间设立安全隔离带，隔离带内种植灌木与林木；加强管理，改进电气设备，以减少对周围环境的电磁污染；在近场区采用电磁辐射吸收材料或装置；实行遥控和遥测，提高自动化程度，以减少工作人员接触高强度电磁辐射的机会等。

第三节　放射性污染

某些物质的原子核发生衰变，放出肉眼看不见也感觉不到，只能用专门仪器才能探测到的射线，物质的这种性质叫放射性。天然放射性物质在自然界中分布很广，存在于宇宙射线、矿石、土壤、天然水、大气及动植物的所有组织中。表示自然界本来就存在的高能辐射和放射性物质的量是"天然放射性本底"，它是判断人工辐射源（有时也包括天然辐射源）是否造成环境污染的重要基准。近几十年来，由于核武器的频繁试验、核能工业的不断发展、供医疗诊断用的电离辐射源的增加等，放射性已成为国际社会关注的污染问题。

一、放射性污染来源

（一）核试验的沉降物

全球频繁的核试验，是造成核放射性污染的主要来源。在大气层进行核试验时，核弹爆炸的瞬间，由炽热蒸汽和气体形成的蘑菇云携带着弹壳、碎片、地面物和放射性烟云上升，随着与空气的混合，辐射热逐渐损失，温度渐渐降低，于是气态物凝聚成微粒或附着在其他尘粒上，最后沉降到地面。这些放射性物质主要是铀钚的裂变产物，其中危害较大的有 ^{90}锶、^{137}铯、^{131}碘、^{14}碳。自 1945 年美国在其新墨西哥州的洛斯阿拉莫斯进行了人类首次核试验以来，全球已进行了 2 000 多次核试验，这对全球大气环境和海洋环境的污染是难以估量的，对人类和动植物的负面影响也是深远的。

（二）核燃料循环的"三废"排放

核工业于第二次世界大战期间发展起来，刚开始为核军事工业。20 世纪 50 年代以后，核能开始应用于动力工业中。核动力的推广应用，加速了原子能工业的发展。

原子能工业的中心问题是核燃料的产生、使用与回收。而核燃料循环的各个阶段均会产生"三废"，这会给周围环境带来一定程度的污染，其中最主要的是对水体的污染。

（三）医疗照射

由于辐射在医学上的广泛应用，医用射线源已成为主要的环境人工污染源。

辐射在医学上主要用于对癌症的诊断和治疗方面。在诊断检查过程中，各个患者所承受的局部剂量差别较大，大约比通过天然源所承受的年平均剂量高 50 倍；而在辐射治疗中，个人所承受剂量又比诊断时高出数千倍，并且通常是在几周内集中施加在人体的某一部分。

诊断与治疗所用的辐射绝大多数为外照射，而服用带有放射性的药物则造成了内照射。近几十年来，由于人们逐渐认识到医疗照射的潜在危险，已把更多的注意力放在既能满足诊断放射学的要求，又使患者所承受的实际量最小，甚至免受辐射的方法上，并取得了一定的研究进展。

（四）其他

其他辐射污染来源可归纳为两类：一是工业、医疗、军队、核舰艇或研究用的放射源，因运输事故、偷窃、误用、遗失，以及废物处理等失去控制而对居民造成大剂量照射或污染环境；二是一般居民消费用品，包括含有天然或人工放射性核素的产品，如放射性发光表盘、夜光表，以及彩色电视机产生的照射，虽对环境造成的污染很低，但也有研究的必要。

二、放射性污染的危害和影响

通常放射性废物引起的辐射强度超过一定限值会产生危害，下面介绍常用的描述辐射强度和剂量的指标。

（1）放射性活度：表示放射性元素或同位素每秒衰变的原子数，单位是贝克勒尔，简称贝克（Bq），这是为了纪念100多年前首次发现天然放射性物质的法国科学家贝克勒尔。1 Bq的定义是每秒钟有一个原子核发生核衰变。放射性活度常用的单位也可以是居里，Ci，是1 g ^{226}镭的活度，是以法国物理学家居里夫人的名字命名的，以纪念她对放射性研究的贡献。1 Ci=3.7×10^{10} Bq。

（2）吸收剂量：吸收剂量是最基本的剂量学物理量，是指射线与物体发生相互作用时，单位质量的物体所吸收的辐射能量的度量。单位是戈瑞（Gray，Gy），1 Gy=1 J/kg。这是个很大的单位，因此在实际应用时，往往用mGy（千分之一）、μGy（百万分之一），甚至更小，nGy（亿分之一）。吸收剂量适用于任何类型的辐射和受照物质。在对环境进行γ辐射监测时，经常用nGy/h作测量单位（吸收剂量率单位），意思是测量地每小时的吸收剂量值。正常的天然本底辐射水平视地域的不同而不同，一般在几十到200 nGy/h之间。

（3）有效剂量：为了描述辐射所致机体健康危害的大小，定量地评价辐射照射有可能导致的风险的大小，在辐射防护评价中，人为地引入了有效剂量的概念。有效剂量的单位是希沃特（Sivert，Sv），是以著名的瑞典核物理学家希沃特的名字命名的。希沃特是个量值很大的单位，在实际应用中，通常更多地使用mSv或μSv，1 Sv=1 000 mSv；1 mSv=1 000 μSv。普通公众每年受到天然本底辐射的有效剂量为2.4 mSv（世界平均值）。

在大剂量的照射下，放射性会破坏人体和动物的免疫功能，损伤其皮肤、骨骼及内脏细胞。如在4 Gy的照射下，受照射的人有5%死亡；若照射6.50 Gy，100%死亡；照射剂量在1.50 Gy以下，死亡率下降至零，但这时并非无损害作用。据报道往往需要经过20年以后，一些症状才会表现出来。症状主要表现为白血病、骨癌、甲状腺癌等疾病，还可能表现为不同程度的寿命缩短。放射性还能损害遗传物质，引起基因突变和染色体畸变。其遗传学效应有的在第一代子女中出现，也可能在下几代中陆续出现。在第一代子女中放射性对遗传性的损伤通常表现为流产、死胎、先天缺陷和婴儿死亡率的增加，以及胎儿体重下降和两性比例的改变等。

在小剂量慢性照射下，情况与上述结果很不一样，其辐射效应极其轻微，一般不易被察觉出来，但对人体的影响问题也应给予重视和深入研究。

三、放射性污染的分类

放射性污染主要由放射性废物引起，放射性废物按其物理状态可分为气体、液体和固体三种。1971年国际原子能机构（IAEA）推荐了一种新的放射性废物分类标准，其具体内容见表5-7。

表 5-7 国际原子能机构建议的放射性废物分类标准

废物	分类	比放射性强度 $Ci \cdot L^{-1}$	说明	备注
液体	1	$\leq 10^{-9}$	一般可不处理	用通常的蒸发、离子交换或化学方法进行处理
	2	$10^{-9} \sim 10^{-6}$	处理废液的设备不需屏蔽	
	3	$10^{-6} \sim 10^{-4}$	部分设备需要屏蔽	
	4	$10^{-4} \sim 10$	设备不需屏蔽	
	5	>10	必须在冷却下储存和屏蔽	
气体	1	$\leq 10^{-10} \ Ci \cdot m^{-3}$	一般可不处理	
	2	$10^{-10} \sim 10^{-6} \ Ci \cdot m^{-3}$	一般要用过滤法处理	
	3	$>10^{-6} \ Ci \cdot m^{-3}$	一般要用综合法处理	
固体	1	表面照射率≤ $0.2 \ (R \cdot h^{-1})$	运输中不需特殊防护	主要为 β、γ 辐射体，所含 α 辐射体可忽略不计
	2	$0.2 \sim 2 \ (R \cdot h^{-1})$	运输中要用薄层混凝土或铅屏蔽防护	
	3	$>2 \ (R \cdot h^{-1})$	运输中要求特殊防护	
	4	α 放射性 / $(Ci \cdot m^{-3})$	要求不存在临界问题	

四、放射性污染的控制

加强对放射性物质的管理是控制放射性污染的必要措施。

从技术控制手段来讲，放射性废物中的放射性物质，采用一般的物理、化学及生物方法都不能将其消灭或破坏，只有通过放射性核素的自身衰变才能使放射性衰减到一定的水平，而许多放射性元素的半衰期十分长，并且衰变的产物又是新的放射性元素，所以放射性废物与其他废物相比在处理和处置上有许多不同之处。

（一）放射性废液的处理

放射性废液的处理方法主要有稀释排放法、放置衰变法、混凝沉降法、离子变换法、蒸发法、沥青固化法、水泥固化法、塑料固化法及玻璃固化法等。图 5-2 所表示的是放射性废液处理过程。

（二）放射性废气的处理

铀矿开采过程中所产生废气的处理 铀矿开采过程中所产生的粉尘、废气，一般可通过改善操作条件和通风系统得到解决。

实验室废气的处理 在进行化学和生物操作的核研究实验室中会有放射性废气和颗粒物产生。因此有关的实验工作均应在装有收集废气的手套箱或热室内进行。通常是将送入各手套箱或热室的进气加以调节，使之经过玻璃纤维过滤器，以去除大颗粒和粉尘，然后通过高效过滤后再排出废气。

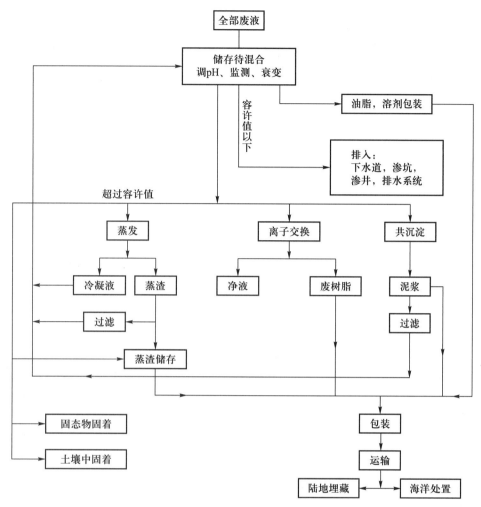

图 5-2 放射性废液的处理过程

燃料后处理过程的废气处理 燃料后处理过程中的废气大部分是放射性碘和一些惰性气体。可采用综合处理法以控制碘的排放量，即将燃料冷却 90～120 d，待放射性衰变，然后用活性炭或银质反应器系统去除大量挥发性碘。

（三）放射性固体废物的处理

放射性固体废物可采用埋藏、煅烧、再熔化等方法处置。如果是可燃性固体废物则多用煅烧法。若为金属固体废物则用去污或再熔化法处置。

埋藏 场地的选择应尽量减少对环境的污染，并应置于经常的监控之下。该地区在长时期内不准有居民进入，并禁止放牧。沟槽内埋藏的放射性固体废物，应回填一米以上的覆土。若是处置放射性废液时，应在埋藏前加以固化。固化方法有水泥固化法、沥青固化法、玻璃固化法。

煅烧 通过煅烧可使可燃性固体废物体积降至 1/15～1/10，有时甚至更小，煅烧法对放射性有机体的处理更为有利。高温煅烧法可将高水平放射性废液生成安全稳定的金属氧化物，以便于储存或埋藏。放射性固体废物的高温处理需要有良好的废气净化系统，因此费用昂贵。

再熔化 受放射性沾染的设备、器材、仪器等金属制品，可选用适当的洗涤剂、络合剂或其他溶液擦洗去污，以减少需要处理的废物体积，用喷涂法可以消除大部件的表面沾染。必要时可在感应炉中熔化，使放射性元素固结在熔渣之内，从而免除对环境的影响。

第四节 光 污 染

一、光污染及其来源

光对人类不可缺少的，但是，过强、过滥、变化无常的光，也会对人体造成干扰和伤害。光污染是指光辐射过量而对生活、生产环境，以及人体健康产生不良影响。它主要来源于人类生存环境中日光、灯光，以及各种反射、折射光源造成的各种过量和不协调的光辐射。一般光污染可分成三类，即白亮污染、人工白昼污染和彩光污染。

白亮污染 现代城市中，宾馆、饭店、写字楼等建筑物常使用玻璃、釉面砖、铝合金、磨光大理石等来装饰外墙，在太阳光的强烈照射下，这些装饰材料的反射光线明晃白亮、炫眼夺目，反射强度比一般的绿地、森林和深色装饰材料大 10 倍左右，大大超过了人体所能承受的范围，使人宛如生活在镜子世界中，分不清东南西北。

人工白昼污染 夜幕降临后，商场、酒店上的广告灯、霓虹灯闪烁夺目，令人眼花缭乱。有些强光束甚至直冲云霄，使得夜晚如同白天一样。

彩光污染 舞厅、夜总会安装的黑光灯、旋转灯、荧光灯，以及闪烁的彩色光源构成了彩光污染。

另外，核爆炸、电焊、熔炉等发出的强光，以及一些专用仪器设备产生的紫外线也会造成严重的光污染。

二、光污染的危害

人体在光污染中首先受害的是直接接触光源的眼睛和皮肤。

专家研究发现，长时间在白亮污染环境中工作和生活的人，视网膜和虹膜都会受到不同程度的损害，视力急剧下降，白内障的发病率高达 45%；还会导致头昏心烦，甚至失眠、食欲下降、情绪低落、身体乏力等类似神经衰弱的症状。夏天，玻璃幕墙强烈的反射光进入附近居民楼房内，增加了室内温度，影响正常的生活。有些玻璃幕墙是半圆形的，反射光汇聚还容易引起火灾。烈日下驾车行驶的司机会出其不意地遭到玻璃幕墙反射光的突然袭击，眼睛受到强烈刺激，很容易诱发车祸。

过度的城市夜景照明将影响正常的天文观测。人工白昼污染使人夜晚难以入睡，扰乱人体正常的生物钟，导致白天工作效率低下。而且，人工白昼污染还会伤害鸟类和昆虫，强光可能破坏昆虫在夜间的正常繁殖过程。

据测定，黑光灯所产生的紫外线强度大大高于太阳光中的紫外线，且对人体有害影响持续时间长。人如果长期接受这种照射，可诱发流鼻血、脱牙、白内障，甚至导致白血病和其他癌变。彩色光源让人眼花缭乱，不仅对眼睛不利，而且干扰大脑中枢神经，使人感到头晕目眩，出现恶心呕吐、失眠等症状。科学家最新研究表明，彩光污染不仅有损人的生理功能，还会影响心理健康。

三、光污染的控制

光污染很难像其他环境污染那样通过分解、转化和稀释等方式消除或减轻，因此，其防治应以预防为主。

第一，加强城市规划与管理，以减少光污染的来源。尽量让这些玻璃幕墙建筑远离交通路口、繁华地段和住宅区。我国《环境保护法》在 2014 年修订后明确了光辐射是环境污染的具体形态，对光污染防治提出了总体要求。国家标准化管理委员会及住房城乡建设、工业和信息化等部门制定的与光污染密切相关的标准有《室外照明干扰光限制规范》（GB/T 35626—2017）、《玻璃幕墙光热性能》（GB/T 18091—2015）、《室外运动和区域照明的眩光评价》（GB/Z 26214—2010）、《LED 显示屏干扰光评价要求》（GB/T 36101—2018）、《LED 显示屏干扰光现场测量方法》（GB/T 34973—2017）等二十余项，涵盖室外照明干扰光限制、玻璃幕墙反射光限制、眩光限制、LED 显示屏干扰光限制等方面。

第二，对有红外线和紫外线污染的场所采取必要的安全防护措施。

第三，采用个人防护措施，主要是戴防护镜和防护面罩。光污染的防护镜有反射型防护镜、吸收型防护镜、反射－吸收型防护镜、爆炸型防护镜、光化学反应型防护镜、光电型防护镜、变色微晶玻璃型防护镜等类型。

第五节　热　污　染

热污染，是指日益现代化的工农业生产和人类生活中排放出的废热所造成的环境污染。

一、热污染的类型

（一）水体热污染

火力发电厂、核电站、钢铁厂的循环冷却系统排出的热水，以及石油、化工、铸造、造纸等工业排出的主要废水中均含有大量废热，排入地表水体后，导致地表水体温度急剧升高，就造成了水体热污染。

（二）大气热污染

随着人口的增长、耗能量的增加，被排入大气的热量日益增多。近一个世纪以来，地球大气中的二氧化碳不断增加，使得温室效应加剧，全球气候变暖，大量冰川积雪融化，海水水位上升，一些原本炎热的城市，变得更热。其中，人们最为关注的是城市的热岛效应。表 5-8 为我国温带热岛强度与城市规模和人口密度的关系。

表 5-8   我国温带热岛强度与城市规模和人口密度的关系

城市	气候区域	城区面积 / km²	城区人口 / 万人	城区人口密度 / （人·km⁻²）	城乡年均 温差 /℃
北京	南温带亚湿润气候区	16 410	1 865	1 137	2.0
沈阳	中温带亚湿润气候区	1 610	457	2 838	1.5
西安	中温带亚湿润气候区	942.53	643.5	6 827	1.5
兰州	中温带亚干旱气候区	342.38	196.04	5 726	1.0

注：来源于《中国城市建设统计年鉴》2019。

二、热污染的危害

水体热污染的危害   水体热污染首当其冲的受害者是水生物，由于水体温度升高，水中的溶解氧减少，水体处于缺氧状态，大量厌氧菌滋生，有机物腐败严重。同时水温升高使得水生生物代谢率升高从而需要更多的氧气，造成一些水生生物在热效力作用下发育受阻或死亡，从而影响环境和生态平衡。此外，河水水温上升给一些致病微生物制造了一个人工温床，使它们得以滋生、泛滥，引起疾病流行，危害人类健康。1965 年，澳大利亚曾流行过一种脑膜炎，后经科学家证实，其祸根是一种变形原虫，由于发电厂排出的热水使河水温度升高，这种变形原虫在温水中大量滋生，造成水源污染而引起了脑膜炎的流行。

大气热污染的危害   大气热污染除了导致海水热膨胀和极冰融化，使海平面上升，加快生物物种灭绝外，还对人体健康构成危害，降低了人体的正常免疫功能，包括致病病毒或细菌对抗生素越来越强的耐热性，以及生态系统的变化降低了肌体对疾病的抵抗力，从而加剧了各种传染病的流行。热污染导致空气温度升高，为蚊子、苍蝇、蟑螂、跳蚤，以及病原体、微生物等，提供了最佳的滋生条件及传播机制，形成了一种新的"互感连锁反应"，造成疟疾、登革热、血吸虫病、恙虫病、流脑等病的流行，特别是以蚊虫为媒介的传染病激增。

三、热污染控制

造成热污染最根本的原因是能源未能被有效、合理地利用。随着现代工业的发展和人口的不断增长，环境热污染将日趋严重。然而，尚未有一个量值来规定其污染程度，这表明人们并未对热污染有足够重视。为此，科学家呼吁应尽快制订环境热污染的控制标准，采取行之有效的措施防治热污染。总的说来，尽可能减少以煤为主的矿物、植物燃料，努力开发利用天然气和沼气资源，对废热进行综合利用，发展温排水冷却技术，大力植树种草，搞好城市绿化工作，努力减少二氧化碳排放，减少温室效应，对有效防治热污染会起到一定作用。

习题与思考

1. 噪声污染的特点和危害是什么？噪声污染控制策略的优先次序是什么？

2. 声环境质量标准中，满足居民区要求的昼夜噪声标准是什么？

3. 电磁污染主要通过两个途径传播，它们分别是什么？控制电磁污染的手段主要包括哪些？

4. 放射性废水、废气、固废的处理方法主要有哪些？

5. 光污染的危害有哪些？如何控制光污染？

6. 热污染的危害有哪些？如何控制热污染？

7. 扩展思考：城市热岛效应是如何形成的？如何有效控制城市热岛效应？

第六章 生物环境

生物环境指地球上人以外的所有生物的总和，是人类生存和发展的物质基础，也是人类生命支持系统的重要组成部分。各类生物本身与环境发生相互作用，人类各种活动也影响着生物环境，产生一系列问题，影响着人类的健康及人类对生物资源的可持续利用。本章就生物与环境、环境污染与生物、生物安全，以及环境生物技术等问题展开讨论。

第一节　生物与环境

一、生物与环境的相互作用

生物与环境的关系概括了自然界中普遍存在的规律，生物必须适应自身所处的生态环境才能够继续生存并完成物种的繁衍；生物在成功适应环境变化的同时也深刻地影响着周围的环境，使所处环境朝着有利于自身生存的方向发展。

（一）生物必须适应环境

生物适应环境的原理能够很好地解释现存生物的多样性。现存的生物物种形态多样、变化万千，有生命存在的自然环境也千差万别。生物有适应多变环境的能力，这种能力来自生物自身遗传基因的正向突变，在生物表征上产生了一系列适应新环境的结构器官，甚至产生新的生物物种。新出现的生物物种对某一特定的新环境有着稳定的适应。例如，生活在火山频繁活动环境的海洋鱼类、适应极端生存环境的嗜热菌、嗜盐菌，以及滥用抗生素产生的耐药病菌。

生物适应多变环境的能力是有限的。每个物种都有自己特定的适应环境变化的限度，这在生态学上称为生态幅。其中生态幅狭窄的物种对环境的变化较敏感，如我国的国宝——大熊猫，因为食性单一，其自然分布区比较狭窄，一旦食物缺乏就会导致物种灭绝，从此退出生命世界的历史舞台。

生物适应环境变化的过程中充满智慧。人们不断向大自然学习，从周围生物身体的形态结构和功能原理上受到启发，产生许多重大的科技发明，这便是仿生学的内容（见图 6-1）。无论是鸟的翼、蜘蛛的纺织器、蛾的羽状触角，还是蝮蛇的红外线接受器、蝙蝠的回声定位都是它们在长期适应复杂多变环境的过程中不断完善的结果，是值得人类学习和借鉴的大自然的智慧结晶。此外，不同物种在传递自身遗传物质的方式上呈现出不同的生殖策略，典型的是 R- 策略（个体小、寿命短、竞争力弱的生物，通过高生育率在适宜环境中扩大自己的种群，如昆虫、鱼类和小型哺乳动物）和 K- 策略（个体大、寿命长、低生育率的生物，有完善的保护后代机制，把有限的能量资源投入提高竞争力上，如人、大型哺乳动物和一些鸟类），并分别获得了成功。

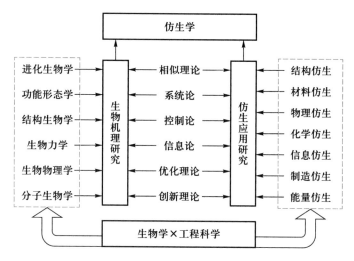

图 6-1　仿生学及应用示意图

　　生物适应环境变化的趋势是由简单到复杂，由低级到高级。从生命进化的历程来看，最初的生命形态是简单、低等的，所处的生活环境是稳定单一的；随着地球环境的剧烈变化，生命形态在适应不同的、逐渐复杂的生存环境的漫长过程中，自身结构不断完善，从组织、器官的分化发展到各种功能区的划分，提高了生态幅，扩大了生活空间，完成了一次又一次的适应辐射；种群中不同个体之间联系交流、分工合作的程度不断加强，增强了物种抵御不良环境的能力，提高了群体的竞争力，为物种的生存和延续提供了更加有力的保障。

（二）生物可以改变环境

　　经过漫长复杂的生命进化，生物与环境已成为一个相互作用、相互影响、相互依赖的整体，生物在成功适应环境的同时也深刻改变着原有的生存环境，使其向有利于自身生存的一面发展，也为后来物种的出现创造了不可或缺的条件。从这个意义上来讲，现存生物包括人类应该感谢先驱物种所做出的卓绝贡献。例如，地衣是一种拓荒先锋，它在其他物种都不能生存的岩石上生活并不断分泌地衣酸，慢慢地腐蚀坚硬的裸岩，并从中获取所需的矿物质，为后来的动植物安家落户创造有利的条件。但令人遗憾的是人类自己曾经违背大自然的规律，为满足自己不断膨胀的私欲而大肆砍伐森林、破坏草地、围湖造田、超量排放温室气体，导致气候异常变化，水土严重流失，草场、耕地沙漠化；滥捕滥杀、涸泽而渔造成食物链层次减少，甚至断裂，生物多样性遭到破坏，虫灾四起、瘟疫流行；肆意排放污水、有害气体，使更多生物失去昔日美好的栖息地，人类自身的生活质量也受到严重影响。

　　生物不仅影响着其周围的自然环境，而且还深刻地影响着周围的其他生物。生物所生存的环境之所以日趋复杂，一方面是由于漫长的地质变迁的历史积累，形成复杂多样的地质地貌、气候环境；另一方面是由于产生出形形色色的不同进化地位的生物物种，不同物种在剧烈碰撞后分化出各自独特的生态位（物种在生物群落或生态系统中的地位和角色），彼此相互适应相互影响，这些错综复杂的联系深刻地作用于每一个生命个体。

二、环境中的生态因子

（一）生态因子的概念

生态因子是指环境中对生物生长、发育、生殖、行为和分布有直接或间接影响的环境要素，即环境生物及人类生存繁衍的环境要素。所有的生态因子构成生物的生态环境。具体生物个体的群落生活地段上的生态环境称为生境，其中包括生物本身对环境的影响。

根据生态因子的性质，生态因子可分为五类：

（1）气候因子，包括光、温度、湿度、降水、风和气压等。

（2）土壤因子，包括土壤的各种特性，如土壤的理化性质、有机和无机营养、土壤微生物等。

（3）地形因子，包括各种地面特征，如坡度、坡向、海拔高度等。

（4）生物因子，包括同种或异种生物之间的各种相互关系，如种群内部的结构、领域、等级，以及竞争、捕食、寄生、互利共生等行为。

（5）人为因子，主要指人类对生物和环境的各种作用。随着人类生产能力的提高，人类活动对各种生物的影响和对环境的改变作用越来越大，因此人类对生物的作用是其他生物所不能比拟的，有必要将人为因子划分为独立的一类。

生态因子也可以划分为生物因子和非生物因子两类。生物因子包括上述的第四和第五类，而非生物因子则包括上述的第一、第二和第三类。

生态因子的划分是人为的，其目的只是研究或叙述的方便。而实际上，在环境中，各种生态因子的作用并不是单独的，而是相互联系并共同对生物产生影响，因此，在进行生态因子分析时，不能片面地注意某一生态因子，而忽略了其他因子。另一方面，各种生态因子也存在着相互补偿或增强作用。生态因子在影响生物的生存或生活的同时，生物体自身也在改变生态因子的状况。

（二）生态因子与生物适应

生物在与环境的相互作用中，形成了一些具有生存意义的特征。生物依靠这些特征能免受各种环境因素的不利影响，同时还能有效地从其生境中获取所需的物质、能量和信息，以确保其正常生长发育，自然界的这种现象称为生物适应。生物对环境的适应主要表现为趋同适应和趋异适应。趋同适应是指亲缘关系相当疏远的生物，由于长期生活在相同或类似的环境条件下，通过变异、选择和适应，在器官形态等方面出现很相似的现象，其结果是不同种的生物在形态、生理和发育上表现出很强的一致性或相似性。趋异适应是指同种生物的不同个体群，由于分布地区的差异，长期生活在不同的环境条件下，不同个体群之间在形态、生理等方面产生相应的生态变异。光、温度、水和土壤等环境要素在生物适应和生物进化过程中起决定的作用。

1. 光

地球上生物生活所必需的全部能量，都直接或间接地源于太阳光，光是地球上所有生物生存和繁衍的最基本能源。生态系统的内部平衡状态是建立在能量基础上的，绿色植物的光合系统是太阳能以化学能的形式进入生态系统的唯一通路，也是食物链的起点。光本身又是一个十分复杂的环境因子，太阳辐射的强度、质量及周期性变化对生物的生长发育和地理分布都产生着深刻的影响，而生物本身对这些变化的光因子也有着各种不同的反应。

光的强度对生物的生长发育和形态构建有重要的作用。根据对光强的适应性，植物可分为适合于强光照地区生活的阳生植物、适合于弱光照地区生活的阴生植物，以及对光照具有较广适应能力的耐阴植物。不同光质对植物的光合作用、色素形成、向光性、形态构建的诱导等的影响不同，光合作用的光谱范围只是可见光区，其中红光、橙光主要被叶绿素吸收，对叶绿素的形成有促进作用。紫外光对生物及人体有损伤作用，波长在 360 nm 以下有杀菌作用，生活在高山上的动物体色较暗，植物的茎、叶富含花青素，这是因为短波光较多，也是其避免紫外线伤害的一种保护性适应。昼夜交替中日照长度的长短对生物生长发育的影响称为光周期现象。根据对日照长度的反应，植物可分为长日照植物（如冬小麦、大麦、油菜、菠菜、萝卜等）、短日照植物（如水稻、玉米、大豆、烟草、麻、棉等）和中日照植物（如甘蔗等）三类。鸟类的迁徙、哺乳动物的换毛和生殖、昆虫的冬眠与滞育也与日照长度的变化密切相关。

2. 温度

太阳辐射使地表受热，产生气温、水温和土温的变化，温度因子和光因子一样存在周期性变化，称为节律性变温。不仅节律性变温对生物有影响，极端温度对生物的生长发育也有十分重要的意义。生物必须在温度达到一定界限以上，才能开始发育和生长，这一界限称为生物学零度，它们因生物种类不同而异。在生物学零度以上，温度的提高可加速生物的发育，但温度超过生物适宜温区的上限后也会对生物产生有害作用。当温度低于某一数值，生物便会因低温而受害，低温对植物的伤害主要是冷害（0 ℃以上的低温）和冻害（0 ℃以下的低温）。

温度是决定物种分布区域的重要生态因子。温度制约着生物的生长发育，而每个地区又都生长繁衍着适应该地区气候特点的生物。年平均气温、最冷月平均气温、最热月平均气温是影响生物分布的重要指标。极端温度（最高与最低温度）也是限制生物分布的最重要条件。例如，苹果和某些品种梨子不适宜在热带地区栽培，就是由于高温的限制；相反，橡胶、椰子、可可等由于受低温的限制只能分布于热带地区。温度对动物的分布有时也起到直接的限制作用。例如，各种昆虫的发育需要一定的总热量，若生存地区有效积温少于发育所需的积温，这种昆虫就不能完成生活史。就北半球而言，动物分布的北界受低温限制，南界受高温限制。

3. 水

水是生物体不可或缺的重要成分，是所有生命的要素，也是重要的环境物质。植物体一般含水量为 60% ~ 80%，而动物体含水量比植物体更高，如水母含水量高达 95%，软体动物为 80% ~ 92%，鱼类为 80% ~ 85%，鸟类和哺乳类为 70% ~ 75%。水是很好的溶剂，对很多化合物有水解和解离作用，许多化学元素都在水溶液状态下被生物吸收和运转；水是生物新陈代谢的直接参与者；水是光合作用的原料。因此，水是地球上生命现象的基础，没有水也就没有原生质的生命活动。此外，水有较大的比热，当环境中温度剧烈变动时，它可以发挥缓和与调节体温的作用，具有重要的生态价值。水还能维持细胞和组织的紧张度，使生物保持一定的状态，维持正常的生活。

水对植物的生长、发育、繁殖、分布等许多方面有重要影响。根据环境中水的多少、植物对水分的需求量和依赖程度，可把植物划分为水生植物和陆生植物两大类，此外水也影响植物的分布，由于降水在地球上分布的不均匀性，我国从东南到西北，可以分为三个不等雨量区，即湿润森林区、半干旱草原区和干旱荒漠区。同样，水分对动物的生长发育及其分布也有重要的影响。动物按栖息地划分同样可以分为水生和陆生两大类。水生动物的媒介是水，而陆生动物的媒介是大气。

4. 土壤

土壤是生态系统中生物部分与无机环境相互作用的产物。无论是动物还是植物，土壤都是重要的生态因子。绝大多数植物以土壤为生活的基质，土壤提供了植物生活的空间、水分和必需的矿质元素；土壤也是许多生物栖居的场所，包括细菌、真菌、放线菌等土壤微生物，以及藻类、原生动物、轮虫、线虫、软体动物和节肢动物等。

植物对于长期生活的土壤会产生一定的适应特性，因此，形成了各种以土壤为主导因素的植物生态类型。例如，根据植物对土壤酸碱度的反应，可划分出酸性土、碱性土和中性土植物生态类型；根据植物对土壤含盐量的反应，可划分出盐土和碱土植物生态类型；根据植物与风沙基质的关系，可将沙生植物划分为抗风蚀沙埋、耐沙割、抗日灼、耐干旱、耐贫瘠等一系列植物生态类型。

第二节　环境污染与生物

随着全球经济的不断发展，环境污染问题也日益突出。据报道，全球目前大约有 10 万种合成化学品释放入环境而成为环境污染物，且以每年 1 000 种的速度在增加。这些环境污染物可以通过食物链富集放大，不断作用于生态系统，在不同时空范围内产生从生物大分子到生态系统不同生物水平的毒害过程。

一、环境污染物的吸收和分布

环境污染物是以大气、水体和土壤为媒介作用于生态系统中各生物组分的。植物体主要通过根系吸收可溶性污染物，通过叶片的气孔吸收挥发性污染物。由于植物在吸收营养物质的过程中并无绝对严格的选择作用，故也可吸收和积累一定量的既难溶于水又难挥发的污染物。吸收后的环境污染物一般转移至叶、花、果实等特定器官并产生毒害。大多数种类的动物通常同时存在皮肤和黏膜的接触吸收、呼吸道吸入，以及消化道摄入三种途径。环境污染物在动物体内的分布取决于其化学性质，易通过生物膜的全身分布，反之，则局限于特定部位。

二、在分子水平上的危害

环境污染物或其活性代谢产物在对生物体产生毒害作用时，主要是与细胞中的生物大分子共价或非共价结合，改变其结构和功能，进而引起一系列对机体有害的生物学改变：① 攻击核酸的碱基、核糖或脱氧核糖，以及磷酸，引起脱氧核糖核酸链的局部扭曲和二级结构异常，导致脱氧核糖核酸在复制中碱基排列顺序的改变，形成基因突变，甚至畸变、癌变。② 与蛋白质和酶的巯基结合，导致蛋白质巯基氧化成二硫键，使酶活性丧失；或作为抑制剂抑制酶的活性，从而影响细胞的代谢过程。③ 与细胞膜的多不饱和脂肪酸作用，引起脂质过氧化，导致膜完整性的丧失和细胞膜的破裂。④ 作为半抗原，与内源性蛋白质结合，引起过敏反应。其次，环境污染物还能干扰细胞内钙稳态，非生理性增高细胞内钙浓度，其结果或者是激活磷酸酯酶而促进膜磷脂分解，或者激活核酸内切酶而引起脱氧核糖核酸断裂和染色质浓缩，也可能激活非溶酶体酶而破坏细胞骨架蛋白，导致细胞损伤甚至死亡。

三、在细胞水平上的危害

环境污染物可使生物体在细胞水平上受到以下几方面的损伤：① 损害细胞膜的结构和功能。例如，有机磷农药"对硫磷"可与红细胞膜镶嵌蛋白结合，降低红细胞膜脂流动性，影响膜的通透性和膜镶嵌蛋白（酶、抗原和受体）的活性。② 损害细胞器的结构和功能。例如，甲基汞不仅可引起大鼠肝细胞线粒体膜和嵴的形态和结构的改变，而且可影响线粒体的氧化磷酸化和电子传递功能，使线粒体膜结构蛋白活性下降，呼吸功能和酶活性受到抑制。除线粒体和内质网外，其他细胞器如微丝、微管、高尔基体、溶酶体等也会受到环境污染物的影响。③ 引起变态反应。例如，铬可作为半抗原与内源性蛋白质结合，形成完全抗原，从而激发抗体产生。当机体再一次接触铬时，就会产生抗原－抗体反应，引起典型的过敏反应，使带有特异性抗原的靶细胞被破坏和溶解，产生眼结膜炎、支气管哮喘和接触性皮炎等疾病。

四、在组织器官水平上的危害

环境污染物在特定的植物器官里积累至一定浓度后，会造成组织器官的损伤。例如，铅可使根细胞的有丝分裂速度减慢，根尖变形扭曲甚至变黄，显著影响根系的生长，造成根系短少；氟化氢等大气污染物会导致叶组织的坏死，使叶面出现点、片状伤害斑，造成叶、蕾、花、果实等器官脱落。

肝、肾、血液、呼吸器官、生殖器官和神经系统则是动物体内最易受环境污染物损伤的组织器官。常见的环境污染物及其受损器官是：有机磷农药作用于神经系统，可抑制胆碱酯酶活性，造成胆碱能神经突触处乙酰胆碱积累，而效应器官则是瞳孔、唾液腺和横纹肌，表现为瞳孔缩小、流涎、肌束颤动等；铅不仅损害造血器官和红细胞，引起贫血，而且损害神经系统，引起大、小脑皮质损伤及末梢神经炎，出现运动和感觉障碍；金属汞和甲基汞可通过血脑屏障进入脑组织，造成对脑的损害；可溶性无机汞则在肾和肝中蓄积并造成肝、肾损害。

五、在个体水平上的危害

植物在受到环境污染物损伤后，个体会表现出生长减慢、发育受阻、失绿黄化、早衰等症状。例如，有关的水稻土壤铅临界含量研究表明，水稻茎叶重、根重、株高、分蘖数等均与土壤添加铅呈明显的负相关。当土壤铅含量在 1 000 mg/kg 时，水稻将明显受到危害，表现为植株矮化、分蘖数减少、生育期推迟、根系短少、叶片出现褐色斑点。

环境污染物在个体水平上对动物的影响则较为复杂。① 导致动物生长发育障碍。这是由于环境污染物降低了生物体的摄食率并危害其生理代谢，迫使机体耗费大量的能量解毒。② 当环境污染物达到一定剂量（或浓度）时则可引起动物死亡。如汞的浓度范围在 0.02～40 μg/L 和 90～2 000 μg/L 时，分别引起 50% 的水生动物枝角类和软体动物死亡。③ 引起动物行为改变。环境污染物对水生动物行为的影响体现在三个方面：一是使鱼、虾、水生昆虫等水生动物产生回避行为，使水环境中水生生物种类组成、区系分布随之改变，从而打乱原有生态系统的平衡；二是破坏水生动物的捕食行为，使之出现食欲减退、拒食和捕食能力下降；三是破坏水生动物的警惕行为，降低其逃避被捕食的能力。而对鸟类行为的研究则发现，鸟类受到有机磷农药毒害后，会出现站立姿势异常、对领地失控，以及不能照顾其后代等行为异常。④ 危害动物的繁殖。首先，环境污染物会使动物产卵（仔）率、孵化率和存活率下降，有些污染物（如有机氯杀虫剂、汞、铝等）还能引起鸟类的蛋壳变薄易破。其次，杀虫剂、洗涤剂、化妆品、食品添加剂和油漆等具有动物和人激素的活性，被称为环境激素。

六、在种群水平上的危害

环境污染物进入环境后，与其接触的生物及其种群发生作用，生物的种群结构、种群增长和种群进化都会发生变化。

1. 种群密度

环境污染物对于多数生物可能导致个体死亡率增加、繁殖率下降，从而使得种群密度下降。环境污染物也可能导致某些物种的种群密度上升。例如，湖泊水环境中的磷元素浓度升高，可以引起某些藻类过度生长，从而导致水华暴发。

2. 年龄结构

一般来说，生物个体随着发育进程，机体对外来有毒物质抵抗力逐渐增强，因此生命早期阶段比成年阶段对污染更敏感。污染最先导致胚胎死亡或畸变，幼年个体死亡率增加，从而使得种群中幼年个体减少，老年个体比例增大，种群年龄结构趋于老化。

3. 性别比例

环境中一些被称为环境内分泌干扰物（环境激素）的污染物具有动物和人体激素的活性，能干扰和破坏生物的内分泌功能，导致生物繁殖障碍，甚至诱发重大疾病，如肿瘤。这些物质使得动物雌性化，导致人类男性生殖能力下降，以及男婴出生率下降。

4. 种间关系

环境污染物影响生物体的生理代谢功能，干扰生物正常的生理、行为反应，从而影响捕食、竞争、寄生和共生等种间关系。例如，环境污染物可以通过干扰捕食动物感觉器官和降低捕食动物的取食频率等影响其捕食能力，环境污染物还可影响猎物逃脱捕食者的能力，最终改变捕食关系。

5. 种群进化

环境污染物对生物的影响如同自然进化中的选择压力，使得种群内对这种污染敏感的个体繁殖力下降、个体数量减少，而对这种污染具有抗性的个体生长受到较少的影响。种群内具有抗性个体的等位基因上升，而敏感个体的某些等位基因丧失。抗性个体还通过种群内基因重组，不断提高抗性水平。

七、在群落和生态系统水平上的危害

进入生物体内的环境污染物随食物链流动，产生各种各样的生态效应，包括对生态系统组成成分、结构（物种结构、营养结构、空间结构），以及物质循环、能量流动、信息传递和系统动态进化过程的不利影响，主要表现为生物多样性减少、食物链变短、食物网简化、生态系统复杂性和稳定性降低等效应。

1. 生境

一些环境污染物可以影响整个地球的环境，如人类活动排放环境污染物的影响，大气层中 CO_2、CH_4 等温室气体，使得全球变暖。环境污染往往导致一些复杂的生境单一化，生态系统多样性丧失，并使一些生物丧失生存的环境。例如，森林生态系统在酸雨和其他污染作用下，大面积地退化成草甸草原，甚至荒漠化，原有生物多样性大大降低。

2. 物种结构

在特定的污染条件下，敏感物种在环境污染物的作用下种群下降甚至消失，对这种污染具有抗性的物种成为优势种，导致生态系统中物种的相对密度的变化，物种多样性下降。例如，受有机物污染的水体中，嗜清水生物消失，耐污种类如污水菌类和颤蚓类成为优势种。

3. 营养结构

抗性弱的物种数量下降或消失，导致食物链中前一环节的物种因捕食压力减小，种群规模上升，其后一环节的物种因食物来源减少或失去，随之灭绝或被迫改以其他生物为食，结果使得原有食物链缩短或形成新的食物链，生态系统的食物网简化，营养结构变得简单，生态系统中的物质循环和能量流动的路径减少或者不畅通，信息传递受阻。

4. 初级生产力

进入环境的污染物达到一定水平，会减少重要营养元素的生物可利用性、降低光合作用等，从而导致绿色植物等初级生产者产生急性或慢性毒害，大大降低生态系统的初级生产，使得依靠初级生产量维持起来的消费者失去能量和物质来源，破坏生态系统的能量和物质循环，生态系统功能和结构也趋于简单。

5. 营养循环

环境污染物能通过一些机制干扰生态系统的营养循环。环境污染物通过影响分解者降低有机质分解和矿化速率，酸雨污染增加植物和土壤中营养物质的淋溶和土壤矿物的风化速率，此外环境污染物还可以抑制共生微生物对营养物质的吸收。

第三节　生物安全

一、生物多样性

（一）生物多样性的定义

生物多样性是指生物、生物赖以生存的生态复合体，以及各种生态过程中的多样性和变异性总和，是环境多样性的重要内容之一。生物多样性是生命系统的基本特征，包括难以计数的植物、动物、微生物，这些生物所拥有基因，以及生物与其生存环境形成的复杂的生态系统、生态过程等。生命系统包括多个层次或水平——基因、细胞、组织、器官、种群、群落、生态系统和景观等，每一层次都具有丰富的变化，即都存在多样性（见图6-2）。目前研究比较多的主要有遗传多样性、物种多样性、生态系统多样性和景观多样性四个层次。

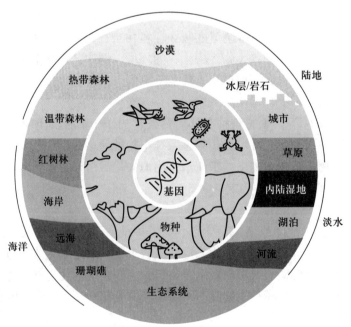

图6-2　生物多样性与生态系统示意图

（1）遗传多样性是指同一物种内不同种群之间和同一种群内不同个体之间遗传变异的总和，主要包括染色体水平的多样性和 DNA（基因）水平的变异性，是物种多样性和生态系统多样性的基础。一个物种遗传变异越丰富，对环境适应能力越强，进化的潜力越大。

（2）物种多样性是指一定区域内物种的多样化及其变化，包括一定区域内生物区系的状况、形成、演化、分布格局及其维持机制等。物种多样性包括一定区域内物种的多样化和生态学方面物种分布的均匀程度。物种被认为是生物多样性的中心，物种多样性是生物多样性研究的基础和核心内容。

（3）生态系统多样性是指生物圈内生境、生物群落和生态过程的多样化，以及生态系统内生境、生物群落和生态过程变化的多样性。生境是指物体或生物种群自然分布的区域，其多样性主要指地形、地貌、气候等的多样性。生物群落的多样性主要指群落的组成、结构和动态方面的多样性和变异性。生态过程主要是指生态系统的组成、结构和功能在时间、空间上的变化，主要表现在系统的能量流动、物质循环和信息传递等方面。

（4）景观多样性是指由不同类型的景观要素或生态系统构成的景观在空间结构、功能机制和时间动态方面的多样性或变异性。景观要素分为斑块、廊道和基质三类。斑块是景观尺度上最小的均质单元，廊道是呈线状或带状的联系斑块的纽带，基质是景观中面积大、连续性高的部分。

（二）生物多样性的价值

生物多样性是包括人类在内的地球生命生存和发展的基础，其价值包括直接价值和间接价值、备择价值和存在价值等。

1. 直接价值

生物多样性的直接价值主要体现在提供食物、药物、工业原料和科学研究素材等方面。直接价值可以分为消耗使用价值和生产使用价值，前者是指没有经过市场直接消耗的自然产品的价值，后者是指通过市场交换的生物资源的价值。人类的食物目前基本都来自生物，其中 90% 来自 100 个物种，仅小麦、水稻和玉米三个物种就提供了 70% 以上的粮食。发展中国家有 80% 的人口依靠传统的药物进行治疗，发达国家有 40% 的药物来源于自然资源或依靠从大自然发现的化合物进行化学合成。此外生物多样性还为人类提供多种多样的工业原料，如皮革、木材、纤维、橡胶等，甚至煤、原油、天然气也都是由森林储藏了几百万年前的太阳能所供给。遗传多样性是改良生物品质的源泉，许多优良作物、畜禽品种来源于野生种群，如著名的杂交水稻就是通过转育普通水稻中雄性不育的资源而得到的。许多物种还具有重要的科研价值，如雷达、声呐的发明来源于生物生理机能的启示，一些试验动物还直接作为科研的试验材料。

2. 间接价值

生物多样性的间接价值体现在环境和生态价值等方面，此外不少野生生物还具有很高的观赏价值，可以作为美术、文学、摄影等的对象，给人以美的享受。生物多样性的间接价值通常不被考虑进入国家经济的宏观指标（如 GDP 和国民收入）体系之中，但是其价值往往大于直接价值。

生物多样性的间接价值主要体现在生态价值上：

（1）地球上生态系统的初级生产力，主要都是依靠绿色植物通过光合作用固定太阳能，使太阳能通过绿色植物进入食物链，为地球上绝大多数的物种包括人类提供物质和能量。

（2）生物多样性对于维持生态系统功能具有重要意义，多样性程度越高，生态系统就越稳定。物种之间通过食物链的关系起到互相依存、互相牵制的作用，一旦食物链的某一环节出现问题，整个生态系统的功能就会受到影响。

（3）促进土壤发育，保护水土资源。发育良好的植被，其枝叶和地面的枯枝可以遮挡雨水对土壤的冲刷，其根系起到涵养水源的作用，可以调节洪水和干旱的冲击。

（4）调节气候。在全球范围内，植物吸收二氧化碳，减轻全球变暖的压力；在地区范围内，植物利用蒸腾作用将水循环到大气中，再以雨水的形式返回地面，植被的丧失会导致地区降雨量减少；在局域层次上，树木可以降低地表温度，提高人们的舒适度，减少空调的使用。

（5）某些生物对污染物质有抗性，可以吸收和分解污染物，净化环境；另一些生物对污染物敏感因而对环境污染具有指示意义。人们通过对这些生物的认识和应用，开发了一系列生物治理技术和生物检测技术。

（6）良好、多样的自然景观有利于人类身心健康，提高人们的生活水平。

3. 备择价值

生物多样性为人类适应自然变化提供了更多的选择机会。许多生物的价值目前尚不清楚，但是具有在将来被人类所认识和利用的潜能。随着技术革命和需求改变，一些生物将可能成为药物、生物防治、农作物和畜禽改良的重要资源。

4. 存在价值

大多数宗教、哲学和文化的价值体系都认为应当保护所有的生物，即使是那些对人类没有明显经济价值的物种也应当保护。20世纪80年代在西方发展起来的"深生态学"（deep ecology），强调生物多样性具有自身的内在价值，任何物种都有生存的权利，与人类需求无关，并反对以人类为中心的价值观（强调只有对人类有益才有价值）。

（三）人类活动对生物多样性的影响

1. 生物多样性面临的威胁

地球上的生物多样性面临着多种威胁，包括物种和物种生存的生态环境受到严重威胁。地球上的物种多样性在目前的地质时期达到了前所未有的丰富度，同时物种灭绝速度也是历史上最快的。目前，陆地环境净初级生产力中40%被人类以各种方式用掉或浪费掉（占全球总初级生产力25%），导致生物多样性的衰落。一方面，经济发展和生活水平提高导致对生物资源的需求增加，加之对生物资源的低效率和不合理利用，使许多生物资源濒临枯竭；另一方面，由于人口增长，人类所需的生存空间越来越大，加之工农业和城市不合理发展，对自然环境造成很大破坏，使许多生物的生存空间丧失或遭到破坏。

生物多样性丧失有多种表现形式，最严重的问题是物种灭绝。灭绝是指个体、种群和物种从一个给定的生境或生物区系消失的过程。如果某个物种的个体仅在圈养或其他人类控制的条件下存活，称为野外灭绝；如果一个物种虽然存在，但其数量已经减少到对同一群落中其他物种的影响可以忽略不计的地步，称为生态灭绝。生物群落可能退化，分布面积可能减少，但只要全部原生种尚存，群落仍有恢复的可能。同样，物种的遗传多样性可能因个体数量减少而下降，但它可通过突变、重组和自然选择而恢复其遗传多样性。但是，如果物种灭绝，包含在其 DNA 分子中独有的遗传信息和特有的性状组合将永远消失。

环境条件改变对于物种的影响是有差别的，有些物种易于受环境影响而趋于灭绝，另一些则不敏感。导致物种在人类活动下易于灭绝的特性主要有：地理分布区狭窄、只有少数种群、种群规模小、需要较大的生活空间、体型大、个体增长速率低、不能有效散布、季节性迁移、遗传变异很少、需要特殊生态位和特异性地生活于稳定环境等。

2. 生境破坏和破碎

生境破坏和破碎是威胁生物多样性的主要因素之一。全球各类生态系统特别是许多原始生境遭到严重破坏，使很多生物失去栖息地。拥有全球 50% 物种的热带雨林比原有面积减少一半，大部分国家的森林均呈破碎化，被退化土地所围绕，损害了森林维持野生生物种群生存，以及维护重要生态过程的能力。森林超量砍伐、草原过度放牧、围湖造田、滩涂和沼泽的开垦、环境污染等人类行为，引起生境破坏或者严重退化，许多生物因此部分或完全丧失了栖息地，使得某些地方种群规模缩小甚至灭绝，从而导致物种和遗传多样性减少。

生境破碎化是指一些人类活动，如铁路、公路、油管、农田、城镇和其他大范围的人工地带等，使得一个大面积连续的生境，变成很多面积较小的斑块，斑块之间通常被人工改造或退化的区域所隔离。斑块内的物种不能适应周围的退化区域，不易扩散，从而形成"生境的岛屿"。破碎化使得单位面积的生境中有更长的边界线，各个斑块中心距边缘更近，这两个特征都极大地影响了生物多样性。破碎化限制了生物的活动范围，斑块面积可能小于物种所需的最小巢区或领域面积，从而影响了生物的生存。生境破碎化还会导致小种群的产生，小种群间的隔离使得物种的迁移和散布能力降低，许多不同生活周期依靠不同生境的生物的移动受到阻碍；其次，当种群密度低于某一阈值时，交配的成功率降低（阿利氏效应），促使种群的灭绝；再者，小种群内遗传变异性缺乏、近亲繁殖、遗传漂变等也会影响种群的生存活力；此外，小种群也容易受捕食、竞争、疾病和食物供应等环境变化的影响而导致灭绝。破碎化导致了边缘效益，显著增加了边缘与内部生境的相关性，一些重要因子如光照、温度、湿度和风力具有更大的波动性，使得一些对环境敏感的生物灭绝，森林内部耐阴植物逐渐被来自林缘的不耐阴种类代替，异质性的消失导致一些需要几种栖息地才能生存的物种灭绝；由于外来物种容易在森林边缘建立种群，破碎化还加速了外来物种入侵。破碎化还通过扰乱群落内很多重要的生态作用导致了次生灭绝，包括捕食、寄生，以及互利共生等关系的破坏将导致物种灭绝。

3. 生物资源过度开发

人类对生物资源过度开发一般是指过度渔猎、过度采伐等。许多生物资源对人类有直接经济价值，随着人口增长和贸易的扩大，人类对这类生物资源需求增大。人类对生物资源的过度开发是威胁生物多样性的重要因素，严重影响着大约 1/3 的濒危、易危和稀有脊椎动物。人口增加，特别是穷困人口增加往往增加对生物资源的获取；经济价值越高的生物越易遭受过度开发。中国的藏羚羊、小黄鱼、甘草等资源，其巨大的经济价值，导致了滥捕、滥捞和滥采、滥挖，种群数量和分布面积大大减少。

生物资源的过度开发，超过生物本身的更新能力，不仅导致该物种生物资源的枯竭，还对整个生态系统造成破坏。某种生物大量减少，会打破原有食物链的平衡，许多以此种生物为食的生物也将大量减少，从而导致生态功能失衡。过度开发往往导致生态环境恶化，中国西北地区对甘草、发菜、麻黄草的滥采滥挖，不仅使得这些资源濒临枯竭，而且破坏了重要的固沙屏障，也使得本来就很脆弱的生态严重恶化。

4. 外来物种入侵

科学的外来物种引入可以丰富本地物种多样性，培育优良物种，促进人类发展和环境保护。但是也有些外来物种不仅能适应当地环境条件，甚至由于在新的环境中没有天敌（捕食者、有害物和寄生虫），其种群密度还可能迅速增大并蔓延成灾，与本地物种竞争养分、水分和生存空间等；也有外来物种可能捕食当地物种，直至灭绝它们，或者改变生境致使许多当地物种不能生存；有的外来物种能够作为病原体使当地物种染病，使疾病在种群中传播和流行，可能导致被感染物种灭绝，生物多样性和生境的丧失，严重威胁着本地生态系统的结构和功能。

5. 环境污染

环境污染导致生物多样性在各个水平上的丧失。① 遗传多样性丧失：环境污染对生物物种产生直接毒害作用，导致种群的敏感个体消失，这些个体所携带的某些等位基因随之丧失；污染引起种群的规模减小，导致小种群引起的遗传多样性丧失。② 物种多样性丧失：环境污染可以引起生境破坏，使许多生物丧失生境；污染的直接毒害作用，导致生物死亡、繁殖力降低等使得种群规模下降；食物链的富集作用使高营养级的生物受到更严重的毒害而难以生存。③ 生态系统多样性丧失：环境污染压力导致生态系统中部分物种消失，一些物种在生态系统中地位发生改变，只有适合污染环境的少量物种能够继续生存，从而导致多样化的生态系统趋向单一。

6. 农业和林业的品种单一化

人类通过控制育种和大面积推广种植、养殖单一的高产、优质品种，从而提高农产品的产量。据世界粮农组织估计，过去约有1万种植物可供人类食用和种植，而现在种植的不到120种植物却提供了人们90%的口粮。动植物品种的改良一般仅限于少数农作物和畜禽，且性状单一，遗传基础较狭窄，其大面积推广导致地方品种缩小，直接削弱了遗传多样性。如印度尼西亚在过去15年内已消失了1 500个水稻地方品种，有3/4的水稻来自单一母本后代。地方品种的缩小还导致近亲繁殖和遗传漂变等，使其基因多样性进一步枯竭。农作物种类数量降低，使得与之相应的固氮细菌、菌根、传粉和种子传播的生物，以及一些在传统农业系统中长期共同进化的物种消失了。农业、林业的品种高度一致性对病虫害的暴发和其他灾害的发生缺乏抵御能力，在遭受某种灾害和病虫害侵袭时可能会有颗粒不收或大片森林毁灭的生态风险。林业上为了高产往往毁去物种丰富的林地，种植单一的经济物种，如巴西和印度尼西亚的许多热带森林常常转变为咖啡、油棕、橡胶等种植园，使原有的各类生物失去原有栖息地，生物多样性大大降低。

二、生物入侵

随着全球化进程的加快，生物入侵已成为全球关注的问题。20世纪80年代，我国就发现外来物种可对本地生态系统造成危害。生物入侵不仅对当地的生态系统结构和功能产生不良影响，而且危及本地物种，特别是珍稀濒危物种的生存，造成生物多样性的丧失，对生态环境影响很大。外来物种一旦入侵，要彻底根除非常困难，而且用于控制其危害、扩散蔓延的代价极大。所以生物入侵近年来正在逐步受到各方面的关注。

1. 生物入侵相关概念

生物入侵又称为生物污染或生态入侵，指外来生物进入一个新的地区不仅能存活、繁殖，而且形成种群，其种群的进一步扩散已经或即将造成明显的生态破坏和经济负面后果的事件。入侵种是指某种原本生活在异地、通过自然或人为途径进入本地生态环境中成为野化状态，并带来无法控制或根除的灾难，甚至影响经济、生态安全、国际贸易发展，进而危害人畜健康的物种。本地种是指自然分布的，无直接或间接引入，不需要人类干预能够存活繁衍的范围内的物种、亚种或更低级的分类群。外来种是相对于本地种而言的，即出现在其自然分布范围和分布位置以外自然定植的某些物种、亚种或低级分类群，包括这些物种能生存和繁殖的任何部分、配子或繁殖体。发生生物入侵的物种必须具备两个条件：一是外来的，不是本土原有的；二是外来种对本土生态系统造成了危害。具备了上述两个条件，外来种才被称为入侵种。所以，不是所有的外来种都是入侵种。

2. 生物入侵的途径

生物入侵在没有人类介入的情况下，生物在生物区之间、大陆之间和岛屿之间的远距离传播也可能发生，但这种自然入侵只是小概率事件。人类的活动已大大加快了生物入侵的速率，加快的幅度应以数量级计算，而且许多生物能够进入靠自然传播无法到达的生境。所以人类作为生态系统的一部分，对于生物入侵有不可推卸的责任，一是人类活动对生物群落产生了巨大的影响，二是人类成为入侵种的载体甚至传播者。随着中国社会经济的快速发展和交通方式的改进，越来越多的对外贸易、旅游和人员往来等，促进了外来种的引入，加速了在中国境内的扩散和蔓延。其途径主要有：

（1）人为有意引入：① 为了保护生态环境引入物种，但无法得到有效控制，导致外来种成灾；② 为了生物防治引进物种；③ 为了提高经济效益，改善人们的生活引进物种，如牛蛙；④ 为了丰富人们的生活引种，尤其是园林植物引种时带入，如一枝黄花；⑤ 在战争中运用细菌、病毒等作为武器。

（2）无意识引入：① 国际人员来往如旅游、商务活动等，通过其行李入境；② 商品贸易渠道入境，特别是农产品、木材、牲畜等的贸易；③ 交通工具带入；④ 通过海洋垃圾或者随着压舱水入境。

（3）自然入侵：一种是自然界中的植物靠自身扩散传播慢慢侵入其他生态系统，有的通过根、茎、叶的繁殖，有的则通过种子的传播，鸟类和昆虫凭借自身的飞行能力进行远距离传播，这种传播的速度相当缓慢。另一种是通过自然媒介和动物媒介，自然媒介如风、水；动物媒介如动物食用植物或者携带将种子传播到其他地区。

3. 生物入侵的生态环境危害

由于对生物入侵缺乏认知，人们先前有意或无意引进外来种，现在造成严重的社会、经济，以及生态环境危害，成为制约经济社会发展的重要因素。国际上已经把生物入侵列为除栖息地被破坏以外造成生物多样性丧失的第二大因素。

（1）入侵种形成大面积的优势群落影响本地种的生存：因为入侵种在侵入地失去了原产地的各种生态因子制约，所以能够疯狂生长形成大面积的优势群落，降低生物多样性，使得依赖于当地生物多样性的物种生存受到威胁，导致本地种的灭绝，生态系统受到破坏。

（2）压迫、排斥本地种，造成物种单一化，导致生态系统受到破坏：一些恶性杂草如豚草可分泌酚酸类、聚乙炔等具有化感作用的化合物对禾本科、菊科等一年生的草本植物有强烈的抑制作用，抑制其种子发芽和生长；排挤本地植物，妨碍植被恢复，导致生态系统的物种组成和结构发生改变。

（3）与本地种争夺食物或直接取食本地种：入侵种会通过改变食物链的网络组成和结构，与本地种竞争食物甚至直接以本地种为食，使得本地种物种减少。如中国最初为了保护沿海滩涂从英美引进大米草，可是近年来它在沿海地区过度扩张，覆盖面积越来越大，与滩涂上的本地植物竞争生长空间，致使南方沿海大片红树林消失。大米草还破坏了近海生物的栖息环境，影响海水交换能力，导致水质下降并引起赤潮，堵塞航道，致使大量的沿海生物窒息死亡。

（4）破坏景观的完整性和自然性：入侵种在造成生物多样性丧失的同时也改变着整个景观要素或者说改变生态系统的组成和结构，形成相对均一、单调的景观。如原产中美洲的紫茎泽兰，仅云南省发生面积就高达 247 hm^2，还以每年 l0 km 的速度向北蔓延，不但危害农牧业生产，而且使植被恢复困难。

（5）影响遗传多样性：有些入侵性更强的入侵种与同属近缘种，甚至与不同属的种杂交，导致本地种的遗传侵蚀，改变了自然选择的模式或本地种群的基因渗透。

（6）危害农林业和经济的发展：生物入侵对农林业病虫害爆发影响是巨大的，如原产于美国的棉枯萎病和棉黄萎病随棉种进入中国，造成的后患一直延续至今，成为中国棉花种植史上最重要的病害。据专家估算，中国每年仅几种主要的外来入侵种引起的生物灾害给农业带来的损失就占粮食产量的 10%～15%，棉花产量的 5%～20%，水果蔬菜产量的 20%～30%，每年损失高达 2 000 亿元。

（7）对人类健康的危害：入侵种紫茎泽兰含有的有毒物质，不仅可以使牲畜误食后腹泻和气喘，其花粉或瘦果进入人的眼睛和鼻腔后会引起糜烂流脓，甚至导致死亡。枯草热的主要病原就是豚草，当每立方米空气中有豚草花粉 40～50 颗时，人就会感染上枯草热，中国每年的花粉过敏者中多数是由豚草花粉引起的。

三、转基因技术的生物安全

所谓转基因技术，就是以人为的方法改变物种的基因排列，通常涉及将某种生物的某个功能基因，从一连串的基因中分离，再植入另一种生物体内，使其具备或增强此功能的生物技术。转基因技术广泛应用于农产品生产开发、医药和环境治理产业，其发展和应用为解决全人类的粮食短缺、医药、环境，以及能源问题，带来美好的前景。① 农业方面，通过转基因技术，对农作物、畜禽品种和水产品的遗传基因进行改良，可以使得粮食产量大幅提高，满足人口增长对粮食的需求，还能提高农产品的品质和对病虫害，以及恶劣环境的抗性；② 医药方面，大量基因工程药物投入市场，基因治疗进入临床阶段，提高了人类对疾病的防治能力；③ 环境方面，应用基因工程构建高效降解污染物的基因工程菌，以及抗污染型转基因植物等，广泛应用于污染的生物修复和污染的资源化等方面，另外抗病虫害的转基因作物可大大减少农药使用带来的污染。利用生物技术发展能源植物、生物质转化工艺等已经成为人类未来替代化石能源的一个方向。

转基因技术使人类按照自己的主观愿望来创造和改变物种，可以使基因在动物、植物、微生物间相互转移，甚至将人工合成的基因片段转入生物体内，创造出前所未有的新性状，甚至新物种，打破了物种原有的生殖屏障，改变了自然界长期进化的节奏。然而这种变革是建立在人类对自然规律一知半解基础上的，可能对环境和人体健康造成不可预测的威胁。

1. 对生态系统的影响

转基因生物本身由于导入抗性基因，其环境适应性强，加之转基因生物作为另一种形式的"外来种"，可能不受捕食或寄生等限制因子影响。这些都可能使得一些天然和已经处于劣势的濒危动植物，因竞争对手生存能力的增强而加速灭绝，导致生物多样性下降，甚至对整个生态系统造成破坏。

农业转基因技术由于其产品作为人类的食物来源，而且在自然环境中生产而特别受到关注。人工组合的基因通过转基因作物或家养动物，扩散到其他栽培作物或自然野生物种，并成为后者基因的一部分，移入的新基因在环境中会产生基因水平或垂直漂移（即在属间或属内基因交换），在环境生物学上则称为"基因污染"。这些外来的基因可随基因污染的生物的繁殖而得到增殖，再随被污染生物的传播而发生扩散。

2. 对人体健康的威胁和影响

许多转基因生物作为人类的食品来源，对人体健康有潜在影响。最早关于转基因食品对人体健康安全性的怀疑起始于英国。1998 年 8 月，英国 Rowett 研究所 Pusztai 教授宣布，用一种转基因土豆喂大鼠，结果发现大鼠器官生长异常，免疫系统遭到破坏，他提醒人们关注那些未充分证明其安全性就已推广的转基因食品。虽然后来英国皇家学会的分析认为 Pusztai 的试验从设计、执行到分析，多方面都有缺陷，不应过早得出结论。但是，转基因食品对人体健康的影响成为人们争论的焦点。目前，关注的焦点主要在致病性和抗药性等。

（1）致病性：许多食品生物本身能产生大量的毒性物质和抗营养因子，传统食品的毒素含量低或是处理得当并不会对人产生危害，一些毒素含量高的物种在商业化之前已经被去除。而转基因食品是一种新食品，并没有经过长期检验，其含有的毒素可能引起人类急、慢性中毒，甚至产生致癌、致畸、致突变作用等。转基因操作中，某种生物的蛋白质也会随基因加入，作为一种过敏源可能导致一些过敏现象，特别是对儿童和过敏体质的人。国外已有儿童饮用转基因大豆豆浆发生过敏反应的报道。另外，转入的生长激素类基因有可能对人体生长发育产生重大影响。

（2）抗药性：一般认为，转基因食品所含的基因对人体基因不会直接造成危害，因为外源基因经过胃肠道酶和细胞内酶等的作用会被分解或排出体外。但是在转基因实验中使用的抗生素抗性基因作为标记基因，如果进入人体，可能使人体对很多抗生素产生抗性。抗药性基因还有可能通过基因转移而使其他致病性微生物获得该基因。此外，标记基因传递给人肠道的正常微生物群，影响肠道微生态环境，通过菌群影响肠道正常消化功能。也有人认为在消化道环境下，不具备物质发生交换重组的条件（如一定的 pH、相关辅助离子等），因此不必担心肠道微生物抗性的增加。

第四节　环境生物技术

生物技术对于解决土壤污染、水污染和处理垃圾等环保问题是一种经济效益和环境效益俱佳的有效手段之一。与传统方法比较，生物治理方法具有许多优点：一是生物技术处理环境污染物是降解破坏污染物的分子结构，降解产物及副产物，大都是可以被生物重新利用的，有助于把人类活动产生的环境污染减轻到最低程度，这样既做到一劳永逸，不留下长期污染问题，又对污染物进行了资源化。二是生物技术是以酶促反应为基础的生物化学过程，而作为生物催化剂的酶是一种活性蛋白质，其反应过程是在常温常压和接近中性的条件下进行的，所以大多数生物技术可以就地实施，而且不影响其他作业的正常进行，与需要高温高压的化工过程比较，具有反应条件大大简化、设备简单、成本低廉、效果好、过程稳定、操作简便等优点。三是利用发酵工程技术处理污染物的最终转化产物大都是无毒无害的稳定物质，如二氧化碳、水、氮气和甲烷气体等，常常是一步到位，避免污染物的多次转移，因此生物技术是一种消除污染的既安全又彻底的手段。生物技术作为一种高新技术，自从 20 世纪 80 年代以来，便受到世界各国，以及各大民间机构的高度重视，发展十分迅速，广泛应用于环境监测、工业清洁生产、工业"三废"和城市生活污水与垃圾的处理、有毒有害物质的无害化处理等各个方面，已经成为一个成熟的产业。

一、环境污染治理生物技术

1. 废气的生物处理

采用生物技术控制和处理废气、净化空气，是一项空气污染控制的新技术，目前采用的方法有生物过滤、生物洗涤和生物吸附法等。生物技术与传统有机废气处理方法比较，具有成本低、效率高、安全性好和无二次污染等技术优点。

美国利用微生物代谢净化工业性恶臭气体效果显著，而且不产生二次异臭气体；德国和荷兰利用生物膜过滤处理含硫化氢的气体，硫化氢去除率达 90% 以上；中国工程物理研究院研制的生物过滤技术，采用好氧细菌、亚硝化细菌和硫化细菌等微生物，与环境工程结合处理城市固体废物堆放处置过程中产生的异臭气体，对其中的甲烷、硫化氢、甲硫醇、甲胺等异臭物质的清除效果显著。

此外为了控制燃煤中 SO_2 等含硫气体的排放，在燃煤的处理过程中，广泛采用浮选与微生物脱硫技术相结合，将煤和黄铁矿进行分离，达到清除或降低煤燃烧时 SO_2 的排放目的。美国采用 CB1 菌株处理原煤，可以脱去 18%～47% 的有机硫，捷克采用氧化亚铁硫杆菌处理褐煤技术，使无机硫脱除率达 78.5%，有机硫脱除率达 23.4%。

2. 工业废水和生活污水的生物处理

近年来，随着生物工程技术的发展和环境生物技术的开发和应用，生物技术充分显示了在污水处理中的优越性和广阔应用前景。

（1）植物对污水的净化：美国康奈尔大学威廉·朱厄尔教授对植物清除废水中的污染物进行了深入的研究，在实验中发现，废水在植物根部形成一层膜，植物像生长在类似阴沟的不漏水的膜内，在不添加任何养料的情况下，植物的外延根就可以将污水中的有毒物质滤掉，净化废水。最近对我国海南沿岸城镇排污入海口的海草生态调研发现，在城镇排污入海口的海床上，在海草未遭到破坏的入海口的海水中海草生长茂盛，海水净化度高，海水水质优良。

（2）细菌对污水的净化：针对城市生活废水和多种工业污水的特点，中国科学院武汉病毒研究所和成都生物研究所等科研单位联合攻关，已分离到数十种对污水具有高效降解和净化能力的菌株。通过反复对不同工业污染源和环境化学污染物的净化菌株进行分离、鉴定、特点和净化效率的深入研究，并结合环境工程技术进行工艺设计研究与推广，已成功地将控制联苯代谢的基因转移到"六六六"降解菌细胞中并得到了表达；将分离的 CB1 菌株运用于处理聚乙烯醇退浆液时，废水净化效果达到国家标准；筛选的染料脱色菌对印染废水中的各种色素物质除去率达 95%，净化效率十分显著。此外，已成功分离到了氯联苯分解菌，甲烷螺菌，PVA、脂肪腈、五氯酚降解等多种净化工业废水污染物质的细菌，通过工艺试验均显示出广阔的应用前景。美国科学家从土壤中分离出两种厌氧菌，它们能分解聚氯乙烯等有机物，并能将这些毒性较强的化合物转化为醋酸盐和乙醇等化工原料。他们还利用一种能"吃"氰化物的细菌处理污水，这种细菌同时还能收集水中锌、铜等重金属，使水澄清后再利用。俄罗斯科学家将微生物群落附着在玻璃纤维上制成一种生物过滤器，是一种有生命的过滤器，该生物过滤器不仅净化效率高，而且设备简单、建设费用低、能吸附大量水中杂质，还能使有机物分解和腐化。

（3）真菌对工业废水的净化处理：近年来，我国科学工作者对采用真菌治理环境污染、净化处理工业废水进行了探索。北京市营养源研究所采用丝状真菌处理酿酒和化工行业废液中的丙酮和丁醇等污染物取得良好效果，他们从数千份土壤中分析筛选了 300 余种能分解丙酮和丁醇的真菌株，从中驯化培养出一种在 7 h 内能分解掉废水中丙酮和丁醇的菌种，而且能获得营养价值较高的蛋白质菌丝体饲料，净化处理后的废水达到国家标准。有人采用银耳芽孢对啤酒生产废水和废酵母提取液进行深层发酵，获得低酒精度的功能性饮料酒，同时净化了啤酒工业废水，保护了环境。中国科学院生态环境研究中心采用酵母菌处理高浓度色拉油加工废水，净化效果良好。我国科研人员采用金针菇、香菇菌种对淀粉厂工业废水进行深层发酵处理，取得了良好效果。

（4）酶生物技术改造制浆和漂白工艺：传统的化学漂白废水中含有大量含氯致癌致畸

物质，如呋喃、二噁英等，容易造成严重的环境污染和生态破坏。20世纪80年代，芬兰率先将生物漂白技术用于造纸工业的漂白工艺，采用木聚糖酶对纸浆进行预漂白，减少化学漂白工艺的氯用量，废水中有机氯等毒性物质大量降低。

近年来利用各种木质素酶进行生物漂白的研究正在不断深入，以期用木质素酶实现完全生物漂白。一种具有同样漂白作用的漆酶用于酶法漂白的研究已成为研究的热点，日本科学家采用漆酶处理纸浆可以除去其中50%~60%的残余木质素，减少50%~60%的氯用量。

3. 固体废物的生物处理

中国科学院成都生物研究所经过多年的研究，分离、筛选、优化了一批高效基因工程菌，以及微生物处理固体废物的新工艺、新技术，如城市有机垃圾处理技术、有机垃圾高速发酵处理技术、餐厨垃圾发酵处理技术等。江西某铜业公司研究开发的细菌浸出法回收开采废矿石中的铜，提高了资源利用率，减少酸性废水对环境的污染。

在城市垃圾生物技术处理方面目前有一种生物处理方法是先经过筛选，回收可再生资源后，引入具有特定功能的微生物（主要是一些能高效降解有机物质如纤维素、脂肪、蛋白质的微生物）进行好氧处理或厌氧发酵，加速发酵过程，同时还可以收集所产生的沼气。英国伦敦一家公司用"工程菌"嗜热脂肪芽孢杆菌能够将废弃的稻草、玉米芯等废料转化为乙醇，其效力明显高于酵母菌。

4. 环境生物修复

生物修复的概念有狭义和广义之分。广义的生物修复，指一切以利用生物为主体的环境污染的治理技术，包括利用植物、动物和微生物吸收、降解、转化土壤和水体中的污染物，使污染物的浓度降低到可接受的水平，或将有毒有害的污染物转化为无害的物质，也包括将污染物稳定化，以减少其向周边环境的扩散，一般分为植物修复、动物修复和微生物修复三种类型。根据生物修复的污染物种类，可分为有机污染生物修复、重金属污染生物修复和放射性物质生物修复等。狭义的生物修复，是指通过微生物或植物的作用清除土壤和水体中的污染物，或是使污染物无害化的过程，包括自然的和人为控制条件下的污染物降解或无害化过程。

植物修复是一类重要的污染土壤生物修复方式，主要利用植物本身的提取、吸收和固定作用，以及植物根际微生物的分解和转化作用来清除土壤、沉积物、污泥或地表、地下水中的有毒有害污染物。根据机理的不同，污染土壤的植物修复技术有植物提取、植物固定、植物挥发和植物降解等基本形式。其中，植物提取修复是目前研究最多且最有发展前景的植物修复方式，特别是通过种植对重金属耐性较强且积累能力较强的超积累植物，利用其根系吸收污染土壤中的重金属，并运移至植物的地上部分，收割植物地上部后即可去除土壤中的重金属。几种超累积植物及其富集重金属元素如表6-1所示。

微生物在污染水体修复与净化中起着至关重要的作用。它们可以在获取自身生长所需养分的同时，分解水中的有机污染物及其他生物的排泄物及尸体，促进水生生态系统的养分循环。如果水体中污染物的降解菌很少，在现场富集培养降解菌存在一定难度，可以向水环境中引入菌种。投入微生物按来源可分为土著微生物、外来微生物和基因工程菌。目前关于接种有效微生物或基因工程菌，国内外学者对其技术的环境安全性还存在争议。

表 6-1 几种超累积植物及其富集重金属元素

植物名称	图片	富积重金属元素	植物名称	图片	富积重金属元素
李氏禾		Cr	宝山堇菜		Cd
东南景天		Zn	壶瓶碎米荠		Se
蜈蚣草		As	遏蓝菜		Zn，Cd
大叶井口边草		As	香根草		Zn
商陆		Mn	芥菜		Pb、Cd、Zn 等

资料来源：李玉宝，夏锦梦，论东东.土壤重金属污染的 4 种植物修复技术［J］.科技导报，2017，35（11）：47—51.

采用生物酶、无毒表面活性剂、营养物质、电子受体或共代谢基质等激活土著微生物的降解活性的技术被广泛认可。通过投加营养物刺激水体微生物发挥修复作用最成功、规模最大的例子是美国 Exxon 公司和美国环保局联合实施的"阿拉斯加研究计划"，该项目取得非常明显的效果，使得近百公里海岸的环境质量得到明显提高。

人工湿地是污水生态修复的重要技术之一，其基本原理是利用湿地水体中的微生物和湿地植物降解、吸收和截流污水中的污染物，从而达到修复受污染水体的目的。水体植物修复的特点是以大型水生植物为主体，利用植物和根际微生物所产生的协同效应净化污水。经过植物的直接吸收、微生物转化、物理吸附和沉降作用除去氮磷、悬浮颗粒，以及其他有毒有害物质。常用于水体修复的植物有芦苇、香蒲、喜旱莲子草、浮萍、灯芯草和空心菜等。

二、环境监测生物技术

1. 环境生物监测

随着生物技术的迅猛发展，以现代生物技术为代表的高新技术在环境科学中得到了越来越广泛的应用。现代生物技术是以 DNA 重组技术的建立为标志的多学科交叉的新兴综合性技术体系，它以分子生物学、细胞生物学、微生物学、遗传学等学科为支撑，与化学、化工、计算机、微电子和环境工程等学科紧密结合和相互渗透，极大地丰富了各学科的内涵，推动了科学理论和应用技术的发展。现代生物技术正被利用或嫁接到环境监测领域，构成了现代生物监测技术。当今研究和应用比较广泛的有聚合酶链式反应（PCR）技术、生物传感器、生物芯片、酶联免疫技术、单细胞凝胶电泳和污染物的致癌致畸致突变性监测等方面。

2. 生物标志物

鉴于评价外来化合物对生态系统影响和生态健康的重要性，生物标志物在环境评价中的应用日益受到重视。生物标志物是环境和地质体中记载着原始生物母质分子结构信息的有机物，其含量可以指征特定生物来源对天然有机质的相对贡献，其组成和同位素信息还可以记录有机质的转化及环境信息。与传统元素及组分分析相比，生物标志物为研究天然有机质的来源、动态变化和转化特征提供了具有高度专一性和灵敏度的工具，因此，近年来被广泛地应用于生态学和生物地球化学研究中。特别是，与生态系统观测及控制实验相结合，生物标志物在揭示微生物的活性与碳源变化、土壤有机碳的稳定机制及其对全球变化的响应等方面显示了广阔的应用前景。近些年开发的生物标志物单体同位素分析也在生态系统碳氮周转与食物网研究等方面显示了巨大的研究潜力。

生物标志物是确定环境污染物暴露、毒性反应和预测可能生物学反应的重要工具。生物学反应的范围很广，从分子水平上的化学物质与受体的结合直至生态系统的结构和功能改变，都可以认为是某类污染物的生物标志物。一般根据个体从暴露到暴露终点发生的过程把生物标志物分为暴露标志物、效应标志物和易感性标志物。暴露标志物主要测定体内某些外来化合物，或检测该化学物质与内源性物质相互作用的产物，或与暴露有关的其他指标。通过测定组织或体液中特定的加合物（蛋白质或 DNA 加合物）水平，可用于指示特定污染物的环境暴露，如苯乙烯、黄曲霉素、部分除草剂等。效应标记物测定生物机体中某一内源性成分，指示有机体功能所发生的改变，可进一步分为防护性响应标志物和非防护性响应标志物。例如，有机磷化合物可以引起乙酰胆碱酯酶抑制，铅可以引起氨基乙酰丙酸脱水酶抑制，这些酶活性抑制持久，因此，可作为重要的效应生物标志物。易感性标志物指示个体之间机体对环境因素影响相关的响应差异，与个体免疫功能差异和靶器官有关。近年来，由于遗传变异在毒性效应中作用日益重要，易感性变异及其标志物受到极大关注。

三、环境污染预防生物技术

环境污染防治包括污染的预防和治理两个方面。环境污染的预防实质上是从源头采取措施减少或消除环境污染。如果控制好源头，人类在生产、生活过程中尽量少产生甚至不产生环境污染，就无须花费巨大的人力、物力、财力进行污染治理。所以，环境污染预防，实际上是环境污染控制策略的上上之策，值得进一步下大力气积极开展。21世纪是生物技术迅速发展的时代，应用生物技术、生物工程手段预防环境污染问题将得到广泛关注。

1. 生物肥料和生物农药

国内外研究表明，由于化肥、农药的大量使用，农业环境污染在整个环境污染中的比例占到一半以上，是一个值得政府和环境工作者高度重视的问题。据研究估计，由于长期以来使用化肥，对土地重用轻养，我国2/3的土地严重退化，已影响到农业的可持续发展。为了提高土壤肥力，应重视有机肥或复合肥、生物肥料的开发应用。如此，城市有机垃圾（包括城市污泥）的堆肥与制肥生物技术可望发挥重要作用。农药污染防治方面，生物农药的开发及病虫害的生物防治技术也是重要的发展方向。

生物肥料，即指微生物（细菌）肥料，简称菌肥，又称微生物接种剂。它是由具有特殊效能的微生物经过发酵（人工培制）而成的，含有大量有益微生物，施入土壤后，或能固定空气中的氮素，或能活化土壤中的养分、改善植物的营养环境，或在微生物的生命活动过程中产生活性物质，刺激植物生长的特定微生物制品。现有生物肥料都以有机质为基础，然后配以菌剂和无机肥混合而成。为广泛改善这种一般性和传统性的状况，生物肥料产品远远超越了现有概念。其将扩大至既能提供作物营养，又能改良土壤，同时还能对土壤进行消毒，即利用生物（主要是微生物）分解和消除土壤中的农药（杀虫剂和杀菌剂）、除莠剂，以及石油化工等产品的污染物，并同时对土壤起到修复作用。

生物农药是指利用生物活体或其代谢产物对害虫、病菌、杂草、线虫、鼠类等有害生物进行防治的一类农药制剂，或者是通过仿生合成具有特异作用的农药制剂。关于生物农药的范畴，目前国内外尚无十分准确统一的界定。按照联合国粮农组织的标准，生物农药一般是天然化合物或遗传基因修饰剂，主要包括生物化学农药（信息素、激素、植物调节剂、昆虫生长调节剂）和微生物农药（真菌、细菌、昆虫病毒、原生动物，或经遗传改造的微生物）两个部分，农用抗生素制剂不包括在内。我国生物农药按照其成分和来源可分为微生物活体农药、微生物代谢产物农药、植物源农药、动物源农药四个部分。按照防治对象可分为杀虫剂、杀菌剂、除草剂、杀螨剂、杀鼠剂、植物生长调节剂等。就其利用对象而言，生物农药一般分为直接利用生物活体和利用源于生物的生理活性物质两大类，前者包括细菌、真菌、线虫、病毒及拮抗微生物等，后者包括农用抗生素、植物生长调节剂、性信息素、摄食抑制剂、保幼激素和源于植物的生理活性物质等。但是，在我国农业生产实际应用中，生物农药一般主要泛指可以进行大规模工业化生产的微生物源农药。

2. 生物能源

能源问题已经成为制约我国及全球经济发展的重要因素。生物能源的开发利用，可带来以可持续发展为目标的循环经济。

生物能源又称绿色能源，是指从生物质得到的能源，它是人类最早利用的能源。古人钻木取火，伐薪烧炭，实际上就是在使用生物能源。"万物生长靠太阳"，生物能源是从太阳能转化而来的，只要太阳不熄灭，生物能源就取之不尽。其转化的过程是通过绿色植物的光合作用将二氧化碳和水合成生物质，生物能的使用过程又生成二氧化碳和水，形成一个闭合的物质循环，理论上二氧化碳的净排放可为零。生物能源是一种可再生的清洁能源，开发和使用生物能源，符合可持续发展和循环经济的理念。因此，利用高新技术手段开发生物能源，已成为当今世界能源战略的重要内容。

沼气是微生物发酵秸秆、禽畜粪便等有机物产生的混合气体，主要成分是可燃的甲烷。生物氢可以通过微生物发酵得到，由于燃烧生成水，因此氢气是最洁净的能源。生物柴油是利用生物酶将植物油或其他油脂分解后得到的液体燃料，作为柴油的替代品更加环保。燃料乙醇是植物发酵时产生的酒精，能以一定比例掺入汽油，使排放的尾气更清洁。虽然生物能源的开发利用处于起步阶段，生物能源在整个能源结构中所占的比例还很小，但是其发展潜力不可估量。以我国为例，目前全国农村每年有 8 亿 t 秸秆，可转化为 1 亿 t 酒精。南方有大量沼泽地，可以种植油料作物，发展生物柴油产业。加上禽畜粪便、森林加工剩余物等，我国现有可供开发用于生物能源的生物质资源至少达到 4.5 亿 t 标准煤。

3. 生物材料

为预防环境污染、提高生态环境质量、保障人民身体健康，许多国家正在积极开发利用环境生物材料。环境生物材料种类非常丰富，按照应用领域分为：微生物絮凝剂、可降解生物塑料、生物吸附剂，以及生物表面活性剂等。

（1）微生物絮凝剂：微生物絮凝剂是一类由微生物或其分泌物产生的代谢产物，是利用微生物技术，通过细菌、真菌等微生物发酵、提取、精制而得的，是具有生物分解性和安全性的高效、无毒、无二次污染的水处理剂。由于微生物絮凝剂可以克服无机高分子和合成有机高分子絮凝剂本身固有的缺陷，最终实现无污染排放，因此微生物絮凝剂的研究正成为当今世界絮凝剂方面研究的重要课题。

国外微生物絮凝剂的商业化生产始于 20 世纪 90 年代，因不存在二次污染，使用方便，应用前景诱人。迄今，微生物絮凝剂的应用研究已涉及各种废水处理，主要运用在悬浮物去除、脱色、油水分离、污泥沉降脱水等，在发酵工业和食品工业中也可作为一种安全有效的分离辅助方法。

（2）生物塑料：塑料制品质量轻、强度高、耐腐蚀、运输方便，被评为 20 世纪最伟大的发明之一。20 世纪 70 年代以来，塑料工业得到了迅猛发展，目前世界塑料年产量已超过亿吨，但塑料污染随之成为影响人类生活环境的重要问题：塑料产品由于物理化学结构稳定，在自然环境中可能数十至数百年都不会被分解；大部分塑料作为包装材料在一次性使用后即被丢弃；废弃塑料，特别是塑料袋随处可见，无论是北极还是南极都发现了微塑料（粒径小于 5 mm 的塑料颗粒）。随着技术进步，生物塑料正在推动塑料工业的进化与发展。与传统塑料产品相比，采用生物技术的塑料产品有两大优势：利用生物质的可再生性，节省石化资源，并具有独特的碳中和潜力；生物降解性是某些类型生物塑料的附加特性，它在产品寿命结束时还可有利于废弃物的管理，减少"白色污染"。

根据欧洲生物塑料协会和日本生物塑料协会的定义，生物塑料是生物基塑料和生物降解塑料的统称。生物基塑料是从原材料来源角度提出的概念，而生物降解塑料主要是从塑料废弃后对环境的消纳性能角度提出的概念。依据原材料的来源和生物可降解性能不同，生物塑料可分为3类：全生物质来源及部分生物质来源，如将玉米淀粉转化为生物乙醇，再进行加工所得的基于生物乙醇的聚乙烯（PE），以及部分基于生物乙醇的聚对苯二甲酸乙二醇酯（PET）等，都属于生物基生物塑料；生物质来源且可生物降解，如热塑性淀粉（来源于淀粉，在助剂等作用下使其具有热塑性）、聚乳酸（PLA，由玉米淀粉降解为乳酸，再经过聚合而成）、乙酸纤维素（原料来源于植物纤维素，通过羟基乙酰化而制成）等，既属于生物基塑料，又属于生物降解塑料；来源于石油基，但可生物降解，如聚丁二酸丁二醇酯（PBS，由丁二酸和丁二醇聚合而成）、聚己内酯（PCL，由6-羟基己酸缩合而成），属于生物降解塑料。由此可见，生物基塑料不一定能生物分解，而生物降解塑料也不一定是生物基塑料；生物塑料不只是一种单一的材料，它们是由一系列具有不同性能和用途的材料所组成的。

（3）生物吸附剂：各种化学材料吸附剂已经广泛应用于食品、医疗、纺织、造纸、制革、酶精制等工业生产中。为了实行清洁生产，一些企业已经开始在生产工艺中推广使用生物吸附剂。生物吸附是微生物对重金属的吸附作用，包括细胞的不同部位对重金属离子的络合、螯合、离子交换、转化、吸附和无机微沉淀等。能够吸附重金属及其他污染物质的材料称生物吸附剂。广义地说，生物吸附剂除微生物菌体外，也可包括其他生物材料，如壳聚糖等。

（4）生物表面活性剂：表面活性剂素有"工业味精"之称，在各个工业领域均有广泛应用。化学合成的表面活性剂受到原料、价格和产品性能等多种因素影响，且在生产和使用过程中容易产生环境污染问题，甚至对人体产生毒害作用。所以，如何克服合成表面活性剂的这些缺点是大家关注的焦点问题。随着生物技术的发展，因生物法生产对人类无刺激作用、可降解、生产条件温和，生产对环境友好的表面活性剂成为可能，这种表面活性剂就是生物表面活性剂。

生物表面活性剂是生物在一定的生长条件下，在其代谢过程中分泌产生的一些具有一定表面/界面活性的代谢产物。生物表面活性剂的发展开始于20世纪70年代后期，80年代中期随着非水相酶学研究的进展，由酶促反应经生物转换途径合成生物表面活性剂成为可能。目前，酶促反应和整胞生物转换已成为生物表面活性剂生产的两条主要途径。

生物表面活性剂的来源包括微生物、植物和动物。其中，微生物生产的表面活性剂是一类具有极高表面活性的生物分子，具有较好的两亲性和界面优先分配能力，更适合工业化生产。生物表面活性剂按用途可广义地分为生物表面活性剂和生物表面乳化剂。

习题与思考

1. 阐述生态因子的环境效应。
2. 环境污染对生物的危害有哪些？

3. 外来物种入侵的途径有哪些？会带来什么样的生态环境危害？

4. 生物多样性的价值主要体现在哪些方面？

5. 人类活动对生物多样性的影响有哪些？如何保护生物多样性？

6. 环境污染治理的生物技术有哪些？

7. 环境污染预防生物技术有哪些？

第七章 全球变化

当前全球正面临着一系列重大环境问题，如大气污染、温室效应加剧、地球臭氧层减少、土地退化和沙漠化、水资源短缺且污染加重、海洋环境恶化、森林锐减、生物多样性锐减、垃圾成灾等。全球变化作为一个科学术语和一门交叉学科，正是随着上述环境问题的出现和人类对其认识程度的不断深化而被提出并发展起来的。

第一节 全球变化概述

一、全球变化的概念

（一）全球变化的由来

全球变化一词最早于 20 世纪 70 年代为人类学家所使用，当时的国际社会科学团体使用"全球变化"一词表述人类社会、经济和政治系统越来越不稳定，特别是国际安全和生活质量逐渐降低这一特定现象。至 20 世纪 80 年代，自然科学家借用并拓展了"全球变化"的内涵，将其概念延伸至全球环境，即将地球的大气圈、水圈、生物圈和岩石圈的变化纳入"全球变化"范畴，用以强调地球系统的变化。由于全球变化是新兴的跨学科概念，所包括内容广泛，因此长期以来对其科学内涵并未进行共识性的厘定。随着研究范围的不断扩大和研究的不断深入，全球变化概念反而更为宽泛和松散。就目前的发展阶段而言，全球变化仍然是一个非常年轻的学科，其学科内涵仍处于不断丰富和发展的过程。

（二）全球变化的内涵

全球变化是指对人类现在和未来生存与发展有重要的直接或潜在影响，由自然因素或人类因素驱动在全球范围内所发生的地球环境的变化，或与全球环境有重要关联的区域环境的变化，包括气候变化、陆地生产力变化、海洋和其他水资源变化、大气化学变化，以及生态系统变化等。

全球变化的过程涉及三个基本方面：物理过程、化学过程和生物过程，在这三个过程之间存在着相互作用和相互制约的机制。其中，物理气候系统和生物地球化学循环是两大主要循行系统。物理气候系统的子系统主要涉及大气物理学（热力学、动力学等）、海洋动力学、地表的水汽和能量循环；生物地球化学循环的子系统主要涉及大气化学、海洋生物地球化学和陆地生态系统。每个子系统都直接或间接地与其他子系统发生相互作用。驱动全球变化的最终能源是太阳能。能量和水以各种方式贯穿整个体系。人类活动也加入全球变化过程中，同时，人类活动也受到全球变化的制约。

（三）全球变化研究

全球变化研究的科学目标是描述和理解人类赖以生存的地球环境的运行机制、变化规律，以及人类活动在其中所起的作用与影响，从而提高对未来环境变化及其对人类社会发展影响的预测和评估能力。其研究对象包括地球表层系统的岩石圈、大气圈、水圈、冰冻圈、生物圈，发生在地球系统各部分之间的各种现象、过程，以及各部分之间的相互作用。

全球变化的研究范围包括地球现今的变化、历史时期的变化、未来的发展趋势。此外还包括人类活动以不同的方式在不同程度上对全球变化的动态影响。同时，人类社会的持续发展也面临着全球变化带来的影响。由此可知，全球变化涉及的范围已从人类活动、气候系统的变化，扩展到地球表层系统和整个地球系统的变化。

全球变化研究的主要内容包括：

（1）研究地球系统复杂的多重相互作用的机制，这是目前全球变化最主要的研究内容；

（2）分析地球系统各种尺度的变化规律和控制这些变化的主要因素；

（3）建立地球系统变化的预测理论及方法；

（4）提出全球资源和环境科学管理的建议。

目前，学术界通常将研究作为整体的地球系统的运行机制、变化规律和控制变化的机理（自然的和人为的），并预测其未来变化的科学，称为全球变化科学。它研究的首先是一个行星尺度的问题。从行星地球整体角度出发，将地球的大气圈、水圈（含冰雪圈）、岩石圈和生物圈看作有机联系的全球系统，把太阳和地球内部作为两个主要的自然驱动力，人类活动作为第三种驱动力，发生在该系统中的全球变化是在上述驱动力的推动下，通过物理、化学和生物学过程相互作用的结果。

二、全球变化的研究重点

（一）四大研究计划

全球变化问题是 21 世纪最关键的问题之一。人类通过开展系列的研究计划和研究活动，试图更清晰地了解地球环境的变化，掌握其发展规律，规范人类自身的活动。全球变化研究在对自然变率、环境演变进行研究的同时，也广泛地渗入人文社会领域，对诸如人类健康、生存安全、粮食生产与食物供应、碳排放及其减排、国家安全等方面的全球变化因素展开全面的研究。目前，全球变化的研究重点可归纳为四大研究计划：① 国际地圈和生物圈计划（International Geosphere–Biosphere Programme，IGBP）；② 全球气候研究计划（World Climate Research Programme，WCRP）；③ 国际全球环境变化的人文因素计划（International Human Dimensions Programme on Global Environmental Change，IHDP）；④ 国际生物多样性科学计划（An International Programme of Biodiversity Science，DIVERSITAS）。具体研究内容包括：大气组成变化、生态系统变化、全球碳循环、气候多样性的变化、全球水循环等专题。

（二）全球变化的作用机理研究

根据变化模式和形成过程可从以下四个作用机理入手：

1. 生物地球化学过程

主要从大气化学、生物排放和海洋生物化学三方面进行研究。具体的研究问题有北方森林、热带地区、水稻与甲烷、大气污染与云，以及全球性的微量气体源汇监测网等。

2. 陆地生态与气候的相互作用

就植被在地球系统水循环中的作用和全球变化对陆地生态系统的影响两方面进行研究。

3. 地球系统的综合分析和模拟

把海气耦合模式与陆地过程模式及环境系统中的化学过程、人类活动的影响作用耦合起来，是一个重要研究内容。

4. 社会、经济影响评估

预测全球变化对农业、海岸带、能源等社会经济的影响，并在有关科学研究和政策制定之间筑起桥梁。

全球变化研究已经为全世界带来可观的效益。地球环境的自然波动和人类活动对环境影响的科学数据可以指导合理利用水、食物网络等自然资源，为生态与环境和人类健康提供决策依据。

（三）全球变化与人类活动

近几十年来，全球正以异乎寻常的速度变暖。通过比较大气中二氧化碳含量，以及其他环境指标，不少科学家进一步断言：目前的全球变暖、大气温室效应增强、低纬度夏季风系统受到影响、海平面上升、沙漠化等气候、环境问题与日益扩大的人类活动有关。主要体现在以下几个方面：

（1）人为的局部污染源与大气运动对污染物的远距离携带；

（2）人为的局部污染源与河流、海流对污染物的远距离携带；

（3）人类运载工具运行的空间范围扩大，把污染和"垃圾"带向全球和高空；

（4）人类的全球性流通，把疾病和污染带向全球各地；

（5）人类活动对森林和水域的大规模改变，影响大气环境的全球性变化。

以上五大过程使世界上的局部环境变化最终都参与了全球变化，导致全球环境变化。这个变化速度异常惊人，所以它相应产生的灾害对人类生产和生活构成了严重威胁，引起全世界各国的密切关注。以联合国为主持机构的全球变化研究已经开展了数十年，并在许多方面达成了协议。

三、全球变化的影响及后果

全球变化通过三个途径对人类构成影响：① 直接对人类的健康产生影响；② 全球变化事件也可能对某些社会事件的发生产生影响；③ 通过资源和灾害的变化改变自然系统的承载能力，影响为人类提供物质基础的人为环境系统的生产能力，进而影响人类的供需平衡，并进一步影响人类与人类社会。按照全球变化对人类的影响程度可以将其分为对土地承载能力、生产系统、经济与生活、社会政治文化四个层次的影响。

（一）对土地承载能力的影响

全球变化从改变资源的供需关系、改变灾害的频率和强度，以及改变自然系统本身的脆弱性等途径改变土地的承载能力，这是全球变化影响的第一个层次。

全球变化首先意味着资源条件的变化，具体表现为资源数量或质量的变化。温度的升降意味着热量资源的增加或减少，降水的变化意味着水资源的增加或减少，土地沙漠化与土地退化意味着土地生产力的下降，森林的减少意味着可利用的木材资源匮乏等。

全球变化造成某些环境因素对人类限制程度的增加或减少，从而导致人类对资源需求的变化。如我国北方冬季气候变暖会使得我国北方对冬季供暖用的燃料的需求减少，对棉衣保暖性能的要求降低，从而减少对棉花、羊毛等的需求；而炎热的夏季对制冷设施的需求增加，因而消耗更多的电力。

自然环境变化造成的资源数量在一定范围内的增减会相应地造成某些灾害强度与频率的改变，如我国东北地区低温冷害的强度和频率在温暖时期均明显地低于寒冷时期。而资源的增减如果超出人类所适宜利用的范围，造成资源的严重过剩或不足，也会产生灾害。非洲萨赫勒地区在 20 世纪 60 年代初期及以前存在长达 20 多年的多雨期，为利用这个气候资源，人类对这里的生产模式进行了调整，废除了休闲地，扩大了耕地和放牧，使这里的生产模式适应了稍为湿润的气候。20 世纪 60 年代末以来气候变化导致严重干旱，使横贯非洲的一些贫穷国家遭受了非常沉重的打击，灾害毁坏了他们的牧场和庄稼，造成牲畜的大量死亡，夺去了数十万人的生命。

人类一些活动造成的自然环境的改变有时也会使某些灾害更易于发生。以城市洪水为例，由于各种建筑物和路面覆盖，雨水不能渗进土壤，于是几乎全部雨水立即在光滑的人工地面上汇集，本不该发生洪水的地方却泛滥成灾。

自然环境承受人类活动影响的能力也随全球变化而改变。在气候变干的背景下，人类活动所导致的干旱、半干旱地区的土地荒漠化、草场退化等过程更易于发生。

（二）对生产系统的影响

全球变化影响的第二个层次是对与资源和灾害的变化相联系的生产系统的影响，包括直接受资源和灾害影响的生产水平或生产结构变化，以及为满足全球变化所引起的人类需求的改变而进行的生产系统产业结构调整。

直接受资源与灾害影响的生产领域主要包括农业、林业、渔业生产等人类支持系统，全球变化对它们的影响集中体现在生产力的变化方面，并最终表现为土地承载能力的变化。以气候变化对农业的影响为例，气候变化不仅直接导致一个地区的产量变化，而且能够通过影响适宜耕作区范围的变化、作物界线的迁移，以及耕作制度的改变进一步对生产力构成影响。在我国，降水变化 100 mm 可引起亩产潜力约 50 kg 的变化；温度变化 1 ℃，大致相当于全国各茬作物变化一个熟级，产量变化 10%。

全球变化对生产系统的间接影响包括改变了生产系统运行的边界条件，为维持系统的正常运转需要适当地增加或减少有关投入。例如，海平面上升对沿海的城市和农田均构成重大威胁，为此需要增强沿海防护堤的建设。我国历史上，海塘建设兴盛的时期也就是高海平面时期。在气候变暖的情况下，高寒地区的道路建设需要考虑冻土融化的问题。全球变化的间接影响也包括全球变化引起的新的需求所导致的产业结构的某些调整，如我国历史上河南、陕西等地的竹产业随气候的冷暖期变化而发生兴衰变化。

（三）对经济与社会的影响

全球变化影响的第三个层次是社会对生产和消费平衡关系变化的响应。生产系统变化的结果导致生产力的改变，必然破坏业已存在的社会供给与消费需求平衡，这需要社会对人类的经济与生活领域给予适当的干预，如为提高生产力而实行的技术投入与政策措施、为满足消费而进行的地区间贸易、为调剂消费需求而进行的市场价格调整，以及为保证社会最低需求而采取的社会救济措施等，其目的是在新的基础上重新建立起平衡关系。

中外历史上，因环境变化导致经济倒退、促使社会变革的事例不胜枚举。我国历史上绝大多数的大规模农民起义都与大灾大饥事件联系在一起，如西汉末年的农民起义、唐末的黄巢起义、元末的红巾军起义、明末的农民起义等。在世界其他地区也有同样的现象，在16—19世纪的"小冰期"，寒冷气候对欧洲的农业造成了灾难性的打击，深刻地影响了社会政治、经济的稳定。其中对人类历史进程有重大影响的1789年的法国大革命，就是在严重的自然灾害致使粮食严重短缺的背景下发生的。寒冷的小冰期的冲击也深刻地影响了欧洲殖民者与其殖民地之间的关系，18世纪后期是小冰期最寒冷的一段时期，寒冷使英国的收成减少，于是英国就在殖民地增加税收，把本土的经济危机转嫁到殖民地，结果使许多殖民地决心完全摆脱英国的控制，这就是美国爆发独立战争时的环境背景。可以说，环境恶化激化了英国与美洲大陆殖民地之间的矛盾，是美洲革命的潜在触发因素。

（四）对社会政治文化的影响

全球变化影响的第四个层次是对人类本身及社会政治文化平衡的影响，其不利的方面表现为重大生命损失、社会矛盾的激化、社会秩序的破坏、地区冲突的加剧，甚至文明的兴衰等。全球变化可能对人类健康造成广泛而极不利的影响，造成重大生命损失。这些影响可以是直接的，也可以是间接的，从长期看，间接影响可能起主导作用。以气候变化为例，极端天气的增加会造成死亡、受伤、心理紊乱的范围扩大。气候变化的间接影响主要包括：传染病（如疟疾、黄热病和一些病毒性肺炎）传播媒介的潜在传播，原因是传播媒介有机体活动的地理范围扩大；卫生基础设施破坏导致防御健康伤害的能力降低；随气候变化而增强的大气污染、粉尘、霉菌孢子等带来的呼吸和过敏紊乱；气候变化而对生产力（如农业）产生的不利影响，导致一些地区营养状况下降；淡水供应受到限制也会影响人类健康。

全球变化影响的层次总是从低到高，即从土地承载能力上升到生产、经济与生活系统，甚至社会政治经济系统。在影响传递的过程中会受到人类社会的调节作用，当影响超出某一层次所能承受的范围或调节能力时，这种影响就会传递到更高的一个层次。在一定的社会条件下，全球变化的幅度越大，其影响的层次也越高。较短时间内的环境变化所引起的资源在数量上的变化，可以造成生产上起伏波动，其产生的影响可能是暂时的、区域性的，但也有可能对历史的进程起加速或减缓的作用；较长时间内的变化会导致资源在一定时期内不可逆转的质的变化，这种变化后果是长期的，严重者足以改变一个地区乃至全球范围的历史进程，甚至造成某些文明的衰亡和促使新文明的产生。

（五）全球变化的后果

全球变化直接或间接地影响人类及其生产和生活的各个领域。世界气候影响计划提出研究气候对人类影响的十个方面：① 人类的健康和工作能力；② 住房建筑和新住宅区；③ 各类农业；④ 水资源开发和管理；⑤ 林业资源；⑥ 渔业和海洋资源；⑦ 能源的生产和消费；⑧ 工商业活动；⑨ 交通和运输；⑩ 各种公共服务。其中，气候变化、海平面升降、土地覆盖和生态系统变化、环境污染等对农业和粮食供给、淡水资源、沿海地区的土地资源、人类健康等方面的影响最受关注。

全球变化已被科学研究证实。通过对气候系统、地球系统、生态系统及人类社会和各自的主要变化，以及循环过程的分析，特别是近几十年以来的分析，可以清楚地看到人类在这些系统的变化过程中所产生的巨大影响。人类正在以各种连自己还没能认识得很清楚的方式，根本性地改变着使生命得以在地球上存在的各种系统和循环。对于人类而言，全球变化引起了人类自身生存条件的变化，势必对人类产生有利或有弊的影响。为适应全球变化，人类必须弄清全球变化的过程并采取相应的措施。其实在人类的发展历史中，更多的是对全球变化产生了负面的影响。温室效应、土壤遭受破坏、荒漠化程度加剧、臭氧层破坏、酸雨和空气污染、海洋污染与过度开发、生物多样性破坏、森林减少、有害废物的排放和越境转移、淡水资源的匮乏、混乱无序的城市化等全球新增环境问题层出不穷，且愈演愈烈。

全球变化造成了一系列的环境与生态问题，并在不同时间与空间尺度表现出不同的特征。① 温室效应：工业废气、汽车尾气和木材燃烧放出的气体能吸收太阳光中的长波光，减少阳光的反射，进而使地球表面的温度升高，引起温室效应的气体主要有 CO_2、NO_2、CH_4 和氯氟烃等。预计到 21 世纪中叶，地球表面平均温度将升高 1.5~4.5 ℃，海平面上升 20~165 cm，5 000 万人将无家可归，成为环境难民。② 臭氧层破坏：臭氧层能吸收太阳光中的紫外线，人类活动中释放的氟氯烃日益增加，氟氯烃经紫外线照射能放出氯原子，一个氯原子能破坏 10 万个 O_3 分子，导致臭氧层减薄。气象卫星探测到南极点附近出现臭氧层空洞，1985 年已相当于美国国土面积的大小，而且还在扩大。臭氧层减薄，导致人类相关疾病发病概率大大增加，同时对农作物亦有诸多负效应。③ 生物多样性丧失：由于人们对森林资源的过度需求，全球森林每年以 2 亿 hm^2 的面积递减，数以万计的动植物失去了赖以生存的环境。过去 2 亿年中，每 27 年有一种植物从地球上消失，每一个世纪有 9 种动物灭绝，但随着人类活动的加剧，物种灭绝的速度是自然界的 1 000 倍，生物多样性锐减和消亡的速度明显增长。④ 土地退化：由于天然植被的破坏特别是森林砍伐，全球每年约有 600 亿 t 表土被冲刷而流入海洋。由于泥沙淤积，中国黄河下游 4 000 多千米的海床每年抬高约 10 cm；截至 2014 年，全国荒漠化土地总面积 261.16 万 km^2，占国土总面积的 27.20%，超过我国现有耕地面积（127.86 万 km^2）。⑤ 赤潮：海洋遭受污染，过量的有机物质和营养物流入海中，使浮游生物裸甲藻类等种群在海水里暴发性繁殖生长，呈粉红色或红褐色，染红了海水，因此称为赤潮。由于浮游藻类恶性繁殖，其呼吸作用消耗了有限的溶解氧，同时分泌出有害的毒素，水中的鱼虾贝类等大面积死亡，人食用这种海产品也会中毒。

全球变化产生一系列的后果，在不同时空尺度上对地球环境与人类社会发展造成了极其复杂的影响，这些全球性的环境变化困扰着人类社会的进步，威胁着现代文明的发展。

第二节　全球变化中的气候变化

气候变化是研究全球变化的核心问题和重要内容。全球变化不同于通常意义下的全球气候变化。前者包括的科学意义远远大于后者，实际上全球气候变化是包含于全球变化之中的一个问题。

　　气候变化是指气候平均状态和离差（距平）两者中的一个或两个一起出现了统计意义上显著的变化。离差值增大，表明气候状态不稳定性增加，气候异常明显。引起气候变化的因素可分成自然的气候波动与人类活动的影响两大类。前者包括太阳辐射的变化和火山爆发等；后者包括人类燃烧化石燃料及毁林引起的大气中温室气体浓度的增加、硫化物气溶胶浓度的变化、陆面覆盖和土地利用的变化等。

一、近现代气候变化回顾及未来气候变化预测

　　全球气候变化给人类带来了什么？人们最直接的感觉就是气温升高，天气和气候极端事件如干旱、洪涝、高温热浪和低温冷害等频繁出现。

　　2021 年 8 月 9 日，政府间气候变化专门委员会（Intergovernmental Panel on Climate Change，IPCC）举行新闻发布会，正式发布 IPCC 第六次评估报告（AR6）第一工作组报告《气候变化 2021：自然科学基础》（以下简称报告）及决策者摘要（Summary for Policymakers，SPM）。报告以 2013 年第一工作组对 IPCC 第五次报告（AR5，涵盖时间段：2003—2012 年）和 IPCC 2018—2019 年 AR6 周期特别报告为基础，并纳入了随后来自气候科学的新证据。报告通过对 14 000 多篇文献的综合评估，以最新的数据、翔实的证据、多元的方法提供了全球和主要区域当前气候变化状态、气候变化归因、未来气候变化趋势的评估结论，为加强风险管理和区域适应、减缓气候变化提供了重要的科学基础。

　　报告明确指出，人类活动的影响使大气、海洋、冰冻圈和生物圈发生了广泛而迅速的变化。而自 1750 年起观测到的温室气体浓度的增加无疑是由人类活动引起的。自 2011 年以来，大气中的温室气体（GHG）浓度持续增加，2019 年观测到的 CO_2 年平均浓度达到了 410 ppm，CH_4 的年平均浓度达到了 1 866 ppb，以及 N_2O 的年平均浓度为 332 ppb[①]。过去 60 年中，陆地和海洋在人类活动产生的 CO_2 排放中所占比例几乎恒定（全球每年约 56%），但存在区域差异。

　　1850 年之后的 40 年中，每 10 年的地球表面温度都依次比前一个 10 年的温度更高。由线性趋势计算的结合陆地和海洋表面温度资料的全球平均值显示，相比于 1850—1900 阶段，21 世纪前 20 年（即 2001—2020 年）全球地表温度高出其 1.09 ℃（0.95～1.20 ℃）、陆地高出 1.59 ℃（1.34～1.83 ℃），以及海洋高出 0.88 ℃（0.68～1.01 ℃）。与 AR5 相比，全球地表温度升高了 0.19 ℃（0.16～0.22 ℃）。从 1850—1900 年到 2010—2019 年，人类活动造成的全球地表温度升高值为 1.07 ℃（0.8～1.3 ℃）。

　　海平面的逐渐上升与变暖相一致（图 7–1）。自 1901 年以来，全球海平面上升的平均速率为每年 0.20 mm（0.15～0.25 mm），其中 1901 年至 1971 年间，平均速率为每年 1.3 mm（0.6～2.1 mm），1971 年至 2006 年间，平均速率为每年 1.9 mm（0.8～2.9 mm），2006 年至 2018 年间，平均速率为每年 3.7 mm（3.2～4.2 mm）。可以看出，随着时间的推移，海平面上升速率大幅增加，热膨胀、冰川、冰帽和极地冰盖的融化为海平面上升做出了贡献。而人类的影响很可能是 1971 年以来海平面上升速率快速增长的主要驱动力。气候变暖通过陆地上的冰损失和海洋变暖带来的热膨胀使全球平均海平面上升，其贡献了

---

① 1 ppm=10^{-6}；1 ppb=10^{-9}。

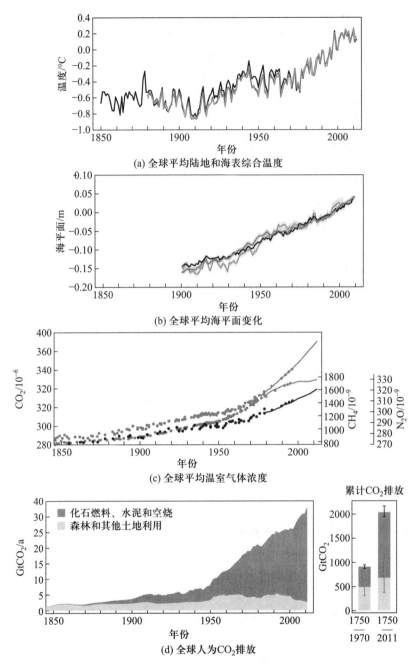

图 7-1   观测资料（a）、（b）、（c）与排放（d）之间的复杂关系

1971—2018 年期间 50% 的海平面上升。另外，冰川融化占 22%，冰盖占 20%，以及陆地蓄水变化占 8%。在 2010—2019 年期间，冰盖损失的速度是 1992—1999 年的 4 倍。极地冰盖和冰川的质量损失是 2006—2018 年全球平均海平面上升的主要原因。

已观测到的积雪和海冰面积减少与全球变暖息息相关。2011—2020 年，北极海冰年平均面积达到自 1850 年以来的最低水平，夏末北极海冰面积比过去 1 000 年来的任何时候都要小。自 20 世纪 50 年代以来，全球范围内的冰川几乎都在继续退缩。人类活动的影响很可能是 20 世纪 90 年代以来全球冰川退缩，以及 1979—1988 年和 2010—2019 年期间北极海冰面积减少的主要驱动因素。由于区域趋势相反和内部变率较大，南极海冰面积在 1979—2020 年期间没有显著的变化趋势。自 1950 年以来，人类活动可能是北半球春季积雪减少的主要原因之一。此外，仅有限的证据表明人类活动可能导致了近二十年里格陵兰表面冰块融化的现象。

（一）气候变化的驱动要素

自从工业化前时代起，人为温室气体的排放就出现了上升，当前已达到最高水平，这主要是经济和人口增长造成的。自从 1750 年以来，人类活动导致全球大气中 CO_2、CH_4 及 N_2O 浓度显著增加，目前已经远超过了工业革命之前的水平。自 1750 年以来，CO_2、CH_4、N_2O 的浓度分别增长了 47%、156% 和 23%。其中，全球 CO_2 浓度的增加主要是由化石燃料的使用及土地利用的变化引起的，而 CH_4 和 N_2O 浓度的增加主要是农业引起的。在整个气候系统中都已经探测到了这类影响，以及其他人为驱动因素的影响，而且这些影响极有可能是自 20 世纪中叶以来观测到变暖的主要原因。AR6 报告指出，人类活动导致全球地表温度从 1850—1900 年的 +0.8 ℃ 升高至 2010—2019 年的 +1.3 ℃，混合温室气体贡献 +1.0 ~ +2.0 ℃（图 7-2）。从图 7-3 可以看出，自然驱动因素使全球地表温度变化了 −0.1 ~ +0.1 ℃，内部变动范围为 −0.2 ~ 0.2 ℃。GHG 很可能是 1979 年以来对流层变暖的主要驱动因素，而人类活动造成的平流层臭氧损耗是 1979 年至 20 世纪 90 年代中期平流层低层变冷的主要原因。

报告指出，2019 年相对于 1750 年，人类活动导致了 +2.72 W/m²（+1.96 ~ +3.48 W/m²）的净效应驱动着气候变暖。据实测气象数据，气候平均变暖速率从 1971—2006 年期间的 +0.50 W/m²（+0.32 ~ +0.69 W/m²）增加到 2006—2018 年期间的 +0.79 W/m²（+0.52 ~ +1.06 W/m²）。由于 CO_2、CH_4 和 N_2O 等温室气体浓度的增加，其组合辐射强迫为 +2.91 W/m²（其中 CO_2 为 +2.16 W/m²，CH_4 为 +0.54 W/m²，N_2O 为 +0.21 W/m²），且工业时代的增长率之高很可能是 10 000 多年来没有的。GHG 使辐射强迫自 2011 年增加了 19%（+0.4 W/m²）。人类活

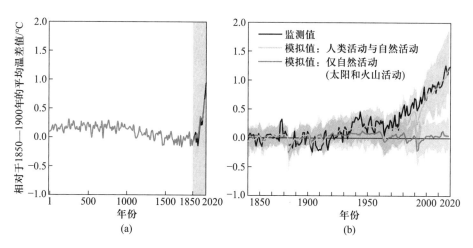

图 7-2　全球温度变化的历史和近期变暖的原因，（a）全球地表温度变化（1850—2020 年）；（b）利用人类及自然活动和仅自然活动观测和模拟的全球地表温度（年平均）变化（1850—2020 年）

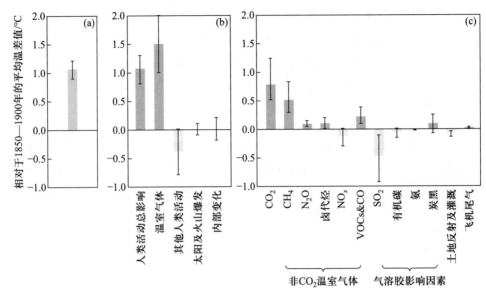

图 7-3　相对于 1850—1900 年，2010—2019 年观测到的气候变暖的贡献评估，（a）观测 2010—2019 年相对于 1850—1900 的温差值，（b）从归因角度评估 2010—2019 年相对于 1850—1900 年的气候变暖的综合贡献，（c）从辐射强迫角度评估 2010—2019 年相对于 1850—1900 年的气候变暖的贡献

动导致大气中气溶胶增多，引起气候变冷，总的直接辐射强迫影响为 $-1.1 \ W/m^2$（$-1.7 \sim -0.4 \ W/m^2$）。由释放的化学物质引起臭氧变化对辐射影响为 $+0.47 \ W/m^2$（$+0.24 \sim +0.71 \ W/m^2$），卤代烃变化引起的直接辐射变化为 $+0.41 \ W/m^2$，土地覆被变化引起地表反照率变化进而产生的辐射影响为 $-0.2 \ W/m^2$（$-0.3 \sim -0.1 \ W/m^2$）。

自 IPCC 第四次评估报告（AR4）以来，有关人类对气候系统影响的证据已有所增加。根据图 7-3 可知，2010—2019 年全球平均表面温度升高的一半以上是由温室气体浓度的人为增加和其他人类活动共同导致的。人类活动引起的变暖最佳估计值与这个时期观测到的变暖现象是相似的。人类活动可能对 20 世纪中叶以来除南极洲之外的所有大陆表面温度升高起到了重要作用。人为影响可能已影响了自 1960 年以来的全球水循环，并导致了 20 世纪 60 年代以来的冰川退缩和 1993 年以来格陵兰冰盖表面的加速融化。人为影响很可能导致了 1979 年以来北极海冰的损耗，而且很可能已对观测到的 20 世纪 70 年代以来全球海洋上层（0~700 m）热含量增加，以及全球平均海平面的上升起到了重要作用。

（二）气候变化的直接影响

当前，气候变化已经通过多种方式影响了地球上的每一个区域，人们所经历的变化将随着全球升温而加剧。不管其成因为何，上述影响是由观测到的气候变化造成的，这说明自然系统和人类系统对气候的变化非常敏感。

从证据上看，观测到的气候变化对自然系统的影响是最强、最全面的。在许多地区降水量变化或冰雪融化正在改变水文系统，从而影响水资源的数量和质量。为了应对不断发生的气候变化，许多陆地、淡水和海洋物种已经改变了其地理分布范围、季节活动、迁徙规律、丰度和物种交互（高信度）。对人类系统的一些影响也被归因于气候变化，而气候变化的作用虽然有主要、次要，但其有别于其他影响。许多研究涉及多个地区和多种作物，对这些研究结果所作的评估表明，更多情况下气候变化对作物产量的影响是负面的而非正面的。在海洋酸化对海洋生物的影响中一些影响被归因于人类活动。

1950 年前后已观测到了许多极端天气和气候事件的变化，见图 7-4。这些变化中有些变化与人类影响有关，其中包括低温极端事件的减少、高温极端事件的增多、极高海平面的增多，以及很多区域强降水事件的增多。北美洲、欧洲、澳大利亚、拉丁美洲众多地区、南部非洲的西部和东部、俄罗斯到整个亚洲，地球上大部分地区已经在遭受高温极端天气（包括热浪）的影响。而极端事件的未来变化取决于气候变暖的幅度，升温幅度越大，极端事件越剧烈。

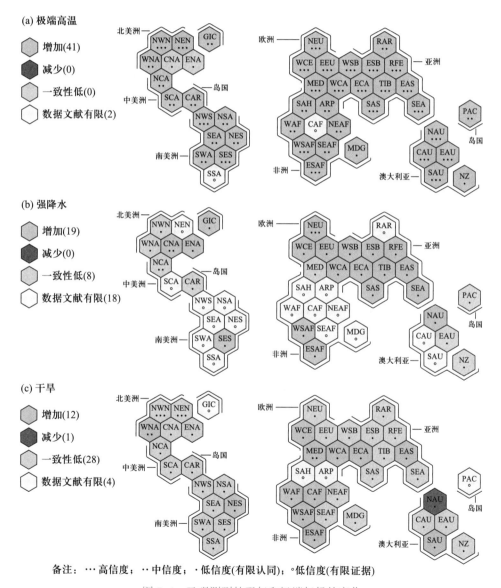

图 7-4 已观测到的天气和极端气候的变化

注：图中 NWN、NEN 等为各地区英文首字母简写，如 NWN 为 North-Western North America 的缩写，指北美西北部。

（三）气候未来变化的预测

20 世纪中期以来，全球平均温度的上升很可能是人类活动导致温室气体增加引起的。目前，人类活动的影响已经扩展到了气候的其他方面，包括海洋变暖、大陆平均温度上升、温度极端事件发生及风模式的变化等。

在观测数据的约束下，气候模型分析能够估计首次给出的气候敏感区的可能范围，从而可以增进对气候系统响应辐射强迫的了解。报告考虑了五种特别情景，以探讨气候对更大范围的温室气体、土地利用和空气污染物未来的响应。报告提供了相对于 1850—1900 年，21 世纪近期（2021—2040 年）、中期（2041—2060 年）和长期（2081—2100）等不同时间跨度的预测结果，见图 7-5。

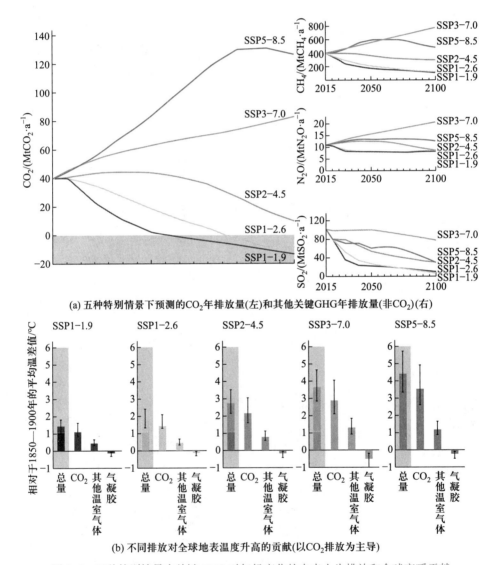

(a) 五种特别情景下预测的CO₂年排放量(左)和其他关键GHG年排放量(非CO₂)(右)

(b) 不同排放对全球地表温度升高的贡献(以CO₂排放为主导)

图 7-5　五种特别情景中关键 GHG 对气候变化的未来人为排放和全球变暖贡献

注：五种特别情景被称为SSPx-y，其中"SSPx"指共享社会经济路径（SSP）描述情景下的社会经济趋势，"y"指辐射强迫的大致水平（单位：W/m²）。

　　图 7-6 描绘了一系列特别情景下预测的 CO_2 累积排放量与全球地表温度升高之间的近线性关系，图中历史数据（细黑线）显示，1850—1900 年观测到的全球地表温度增量与 1850—2019 年的历史 CO_2 累积排放量（$GtCO_2$）呈近线性关系。灰色范围及其中心线体现了历史上人类活动导致的地表变暖的估计曲线。蓝色区域显示评估的全球地表温度预测的可能范围，而蓝色粗中心线显示了 2020—2050 年一系列特别情景（SSP1-1.9、SSP1-2.6、SSP2-4.5、SSP3-7.0 和 SSP5-8.5）。图 7-6 下侧为各情景下，历史和预计累积 CO_2 排放量。多重证据链表明，在各类情景下，CO_2 累积排放和预估到 2100 年的全球温度变化之间存在很强的近似线性的一致关系。任何水平的升温程度都与一定范围的 CO_2 累积排放有关。从图 7-6 可知，目前全球地表平均温度较工业化前高出约 1 ℃。从未来 20 年的平均温度变化预估来看，全球温升预计将达到或超过 1.5 ℃。在考虑所有排放情景下，至少到 21 世纪中叶，全球地表温度将继续升高。除非在未来几十年内大幅减少 CO_2 和其他温室气体排放，否则 21 世纪温度增幅将超过 2 ℃。

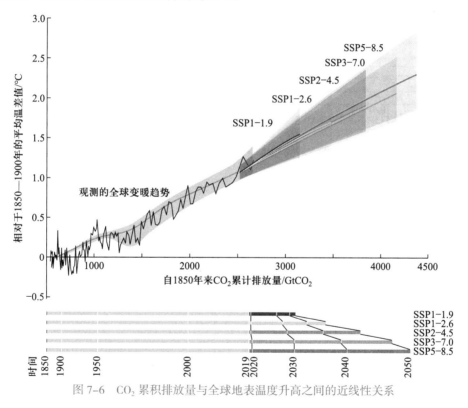

图 7-6　CO_2 累积排放量与全球地表温度升高之间的近线性关系

　　与 1850—1900 年相比，在极低温室气体排放情景（SSP1-1.9），2081—2100 年的全球平均地表温度下不同场景很可能高出 1.0~1.8 ℃；在中等温室气体排放情景（SSP2-4.5），升温幅度为 2.1~3.5 ℃；在极高温室气体排放情景（SSP5-8.5），升温幅度为 3.3~5.7 ℃。值得注意的是，全球地表温度比 1850—1900 年高出 2.5 ℃出现在 300 多万年前。气候系统的许多变化与日益加剧的全球变暖直接相关。其主要表现就包括极端高温事件、海洋热浪和强降水的频率和强度增加，部分地区出现农业和生态干旱，强热带气旋的比例增加，以及北极海冰、积雪和多年冻土的减少，具体见图 7-7。

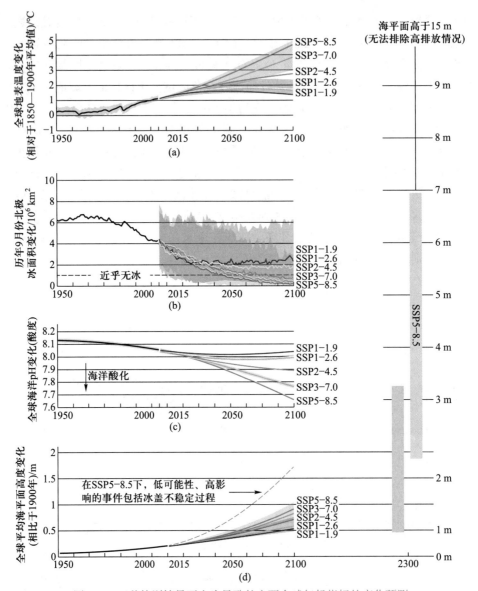

图 7-7　五种特别情景下人为导致的主要全球气候指标的变化预测

随着全球变暖的增加，极端情况的变化将继续变得更大。例如，全球变暖每增加 0.5 ℃，极端高温事件的强度和频率会明显增加，包括热浪、强降水，以及某些地区的农业和生态干旱。在某些地区，全球变暖每增加 0.5 ℃，气象干旱的强度和频率会发生明显变化，增加的区域多于减少的区域。在某些地区，随着全球变暖的加剧，水文干旱频率和强度的增加变得更大。若全球变暖增加 1.5 ℃，前所未有的一些极端事件也会越来越多地发生，而较罕见的事件发生的概率也在变大。

相比于 1971—2018 年的地表温度升高值，21 世纪余下时间可能产生的地表温度增幅可达 2~4 倍（SSP1-2.6）或 4~8 倍（SSP5-8.5），见图 7-7。多项研究结果表明，海洋上层分层、海洋酸化和海洋脱氧将在 21 世纪继续增加，其速度取决于未来温室气体的排放。全球海洋温度、深海酸化和脱氧在百年至千年时间尺度上的变化是不可逆的。从长期来看，由于深海持续变暖和冰盖融化，未来数百年至数千年内海平面将持续上升并将保持居高不下。在接下来的 2000 年内，如果温度增量达到 1.5 ℃，全球平均海平面将上升 2 ~ 3 m；温度增量约为 2.0 ℃，全球平均海平面则上升 2 ~ 6 m；温度增量若增加 5.0 ℃，全球平均海平面将大幅上升，高度可达 19 ~ 22 m，并在接下来的几千年内会继续上升。

山地冰川和极地冰川将在数十年或数世纪内继续融化。在 100 年时间尺度上，多年冻土融化后的多年冻土碳的损失是不可逆的。事实上，21 世纪格陵兰冰盖的冰将持续减少，南极冰盖亦如此。格陵兰冰盖的总冰损失将随着 GHG 累积排放而增加。

二、工业革命后的全球环境变化

全球环境变化是指由于自然和人为因素造成的全球性环境变化，主要包括气候变化、大气组成变化，以及由于人口、经济、技术和社会的压力引起土地利用的变化等三个方面。具体说来，全球变化包括温室效应、臭氧层破坏、森林锐减、物种灭绝、土地退化、淡水资源缺乏和污染等一系列重大全球性环境变化。

人类自诞生之日起，便开始逐步地关注起环境的变化，这在早期神话和宗教故事中都有反映。为了生存，人们需要不断适应环境，而同时也因此而成为环境的重要干扰因子。但是这种关系，在不同的历史阶段是不同的。工业社会之前，主要是人类适应环境的过程，如果说农业的发展对土地利用覆盖变化存在影响的话，那这种影响也是微乎其微的。而工业社会之后，科学技术突飞猛进、人口急剧增加，在短短的几百年时间内，人类对于环境的改变已经远远超过了自然作用本身，出现了一系列的环境问题。从 20 世纪 30 年代到 60 年代，世界范围内出现了一系列重大环境污染事件，其中包括了大家熟知的八大公害事件。此后，20 世纪 70 年代到 80 年代，化石燃料的大量燃烧、大气组分的变化、温室气体增加、全球变暖、臭氧层破坏、土地退化、热带雨林的砍伐、生物多样性锐减、淡水资源耗竭、海岸生境破坏。全球环境在人类 – 自然系统的相互作用下，正在发生急剧的改变。研究表明，在近期百年尺度内，人类活动对环境的影响已经超过了自然变率。同样，地球各圈层也将这种影响通过反馈机制再作用于人类社会。自然环境受人类作用影响的定量化和人类对已有和未来可能环境变化的应对措施研究，也成为未来全球变化应该加强的领域之一。

有研究表明，自 1750 年工业革命以来，大气温室气体浓度明显增加，导致全球气候变暖，而气候变化的许多特征直接取决于全球升温的水平。AR6 报告预估，在未来几十年里，所有地区的气候变化都将加剧。报告显示，全球温升 1.5 ℃时，热浪将增加，暖季将延长，而冷季将缩短；全球温升 2 ℃时，极端高温将更频繁地达到农业生产和人体健康的临界耐受阈值。根据《2020 年全球自然灾害评估报告》统计（见表 7–1 和图 7–8），2020 年全球共发生 313 次自然灾害（不含流行性疾病），受影响的国家和地区达 123 个，其中洪水频次最高，达 193 次；共造成 15 082 人死亡，其中极端气温造成的死亡人口最多，达 6 343 人，占 42.06%；共造成 9 896.67 万人受影响，其中风暴影响人口最多，达 4 547.08 万人，占 45.95%；共造成直接经济损失 173 133.05 百万美元，其中风暴灾害最多，达 93 225.89 百万美元，占 53.85%（根据《2021 年排放差距报告》）。

表 7-1   2020 年全球自然灾害频次与损失情况

灾害类型	频次（次）/占比（%）	死亡人口（人）/占比（%）	影响人口（万人）/占比（%）	直接经济损失（百万美元）/占比（%）
洪水灾害	193/61.66	6 171/40.92	3 321.56/33.56	51 456.66/29.72
风暴灾害	69/22.04	1 742/11.55	4 547.08/45.95	93 225.89/53.85
滑坡灾害	19/6.07	514/3.41	17.98/0.18	130.00/0.08
地震灾害	14/4.47	196/1.30	37.61/0.38	9 582.50/5.53
干旱灾害	7/2.24	45/0.30	1 877.52/18.97	7 500.00/4.33
野火灾害	6/1.92	70/0.46	14.35/0.14	11 172.00/6.45
火山灾害	3/0.96	1/0	77.58/0.78	66.00/0.04
极端气温灾害	2/0.64	6 343/42.06	3.00/0.03	0/0
总计	313/100	15 082/100	9 896.67/100	173 133.05/100

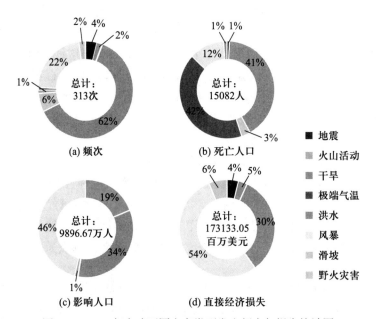

图 7-8   2020 年全球不同灾害类型发生频次与损失统计图

注：图中数据由表 7-1 约简而来。

　　全球气候变暖已成为各国科学界、政府，以及公众关注的重大问题。适应和减缓气候变化对人类社会的影响已成为当今国际政治和环境外交的热点。气候变化对地球环境的影响也不可低估。目前，国际社会关于应对气候变化已形成共识并积极行动。2015 年，《巴黎协定》进一步明确到 21 世纪末全球平均气温较工业化前升高控制在 2 ℃之内的目标。近年来，中国坚定落实《巴黎协定》，积极兑现承诺，彰显了责任担当。但随着美国政府宣布退出《巴黎协定》，全球各国提出的自主贡献目标，这使得实现温升控制在 2 ℃之内的目标难度加大。

根据《2021 年排放差距报告》，2017—2019 年 GHG 排放量连续增长，这表明 2015 年和 2016 年的排放增长放缓是短暂的（见图 7-9）。自 2010 年以来，温室气体排放（不包括土地利用变化）平均每年增长 1.4%，初步数据显示 2019 年增长 1.1%。如果考虑土地利用变化排放，全球 GHG 排放量自 2010 年以来平均每年增长 1.4%，但 2019 年增长更快，增幅为 2.6%。2019 年总量达到 52.4 $GtCO_2$（±5.2），若将土地利用变化产生的排放量包括在内，则高达 59.1 $GtCO_2$（±5.9）。化石燃料燃烧产生的 CO_2 排放占 GHG 排放的绝大部分。初步数据表明，化石燃料燃烧产生的 CO_2 排放量达到 38.0 $GtCO_2$（±1.9），为历史最大值。自 2010 年以来，化石燃料燃烧产生的 CO_2 排放量平均每年增长 1.3%，2019 年增长 0.9%。2019 年化石燃料燃烧产生的 CO_2 排放量增长的原因为绿色能源使用量的小幅增加。受全球气候变化的影响，土地利用变化产生的 CO_2 排放量逐年显著增加。CH_4 是第二主要的温室气体，自 2010 年以来，其排放量平均每年增长 1.2%，2019 年增长 1.3%。2010 年至 2019 年，N_2O 的排放量平均每年增长 1.1%，而氟化气体包括如六氟化硫（SF_6）、氢氟碳化物（HFCs）和全氟化学品（PFCs）等自 2010 年以来平均每年增长 4.7%，2019 年增长 3.8%。在过去的十年中，所有 GHG 的排放量都在继续增加，其中化石燃料燃烧产生的 CO_2 排放量自 21 世纪始显著增加。

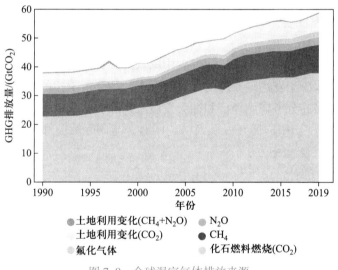

图 7-9　全球温室气体排放来源

人类活动对气候变化的影响程度越来越引起科学界的关注。过去关注较多的是与人类活动有关的工业化造成的温室气体排放。近期的研究发现，人类活动造成的土地利用和地表覆盖变化也是造成区域乃至全球气候变化的重要因素之一。面对人类活动影响全球气候的双重效果，有理由相信，人类对全球气候的影响是至关重要的，如果人类不能约束自己的行为，未来气候变化的严重后果可能是灾难性的。科学家警告：真正的风险在于气候变化所造成的影响往往是不可逆转的，人类必须在未来更大的风险和为长远利益而放弃部分眼前利益之间做出选择。

三、中国应对气候变化国家方案

气候变化是国际社会普遍关心的重大全球性问题。气候变化既是环境问题，也是发展问题，但归根到底是发展问题。《联合国气候变化框架公约》（以下简称《气候公约》）指出，历史上和目前全球温室气体排放的最大部分源自发达国家，发展中国家的人均排放仍相对较低，发展中国家在全球排放中所占的份额将会增加，以满足其经济和社会发展需要。《气候公约》明确提出，各缔约方应在公平的基础上，根据他们共同但有区别的责任和各自的能力，为人类当代和后代的利益保护气候系统，发达国家缔约方应率先采取行动应对气候变化及其不利影响。《气候公约》同时也要求所有缔约方制定、执行、公布并经常更新应对气候变化的国家方案。

中国作为一个负责任的发展中国家，对气候变化问题给予了高度重视，成立了国家气候变化对策协调机构，并根据国家可持续发展战略的要求，采取了一系列与应对气候变化相关的政策和措施，为减缓和适应气候变化做出了积极的贡献。作为履行《气候公约》的一项重要义务，中国政府特制定《中国应对气候变化国家方案》（以下简称《国家方案》）。方案明确了中国应对气候变化的具体目标、基本原则、重点领域及其政策措施。中国将按照科学发展观的要求，认真落实方案中提出的各项任务，努力建设资源节约型、环境友好型社会，提高减缓与适应气候变化的能力，为保护全球气候继续做出贡献。

《气候公约》第四条第7款规定："发展中国家缔约方能在多大程度上有效履行其在本公约下的承诺，将取决于发达国家缔约方对其在本公约下所承担的有关资金和技术转让承诺的有效履行，并将充分考虑到经济和社会发展及消除贫困是发展中国家缔约方的首要和压倒一切的优先事项"。中国愿在发展经济的同时，与国际社会和有关国家积极开展有效务实的合作，努力实施《国家方案》。

（一）中国与气候变化

2021年10月27日，国务院新闻办公室发表《中国应对气候变化的政策与行动》白皮书（以下简称《白皮书》），介绍了中国应对气候变化进展，并分享了中国应对气候变化的实践和经验，以增进国际社会了解。《白皮书》指出，气候变化是全人类的共同挑战，中国高度重视应对气候变化。作为世界上最大的发展中国家，中国克服自身经济、社会等方面困难，实施一系列应对气候变化战略、措施和行动，参与全球气候治理，应对气候变化取得了积极成效。

1. 中国深受气候变化影响

中国是拥有14亿人口的最大发展中国家，能源结构以煤为主，应对气候变化能力相对较弱，气候变化已经并将对中国的自然生态系统和社会经济系统产生不利影响。

2. 历史排放少，人均排放低

2004年中国人均化石燃料排放二氧化碳3.65 t，为经济合作与发展组织国家（OECD）的33%。中国单位GDP二氧化碳排放强度总体呈下降趋势，2004年比1990年下降49.5%，而同期OECD国家仅下降16.1%。

3. 积极应对，效果显著

（1）中国高度重视应对气候变化。作为世界上最大的发展中国家，中国克服自身经济、社会等方面困难，实施一系列应对气候变化战略、措施和行动，参与全球气候治理，应对气候变化取得了积极成效。经济发展与减污降碳协同效应凸显。中国坚定不移走绿色、低碳、可持续发展道路，在经济社会持续健康发展的同时，碳排放强度显著下降（见图 7-10）。2020 年中国碳排放强度比 2015 年下降 18.8%，超额完成"十三五"约束性目标，比 2005 年下降 48.4%，超额完成了中国向国际社会承诺的到 2020 年下降 40%~45% 的目标，累计少排放二氧化碳约 58 亿 t，基本扭转了二氧化碳排放快速增长的局面。与此同时，中国经济实现跨越式发展，2020 年 GDP 比 2005 年增长超 4 倍，取得了近 1 亿农村贫困人口脱贫的巨大胜利，完成了消除绝对贫困的艰巨任务。

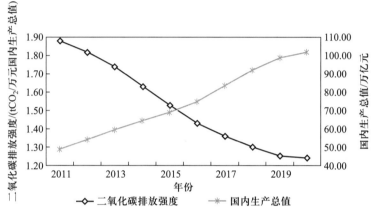

图 7-10　2011—2020 年中国 CO_2 排放强度和国内生产总值

（2）能源生产和消费革命取得显著成效。① 大力开发利用非化石能源，推进能源绿色低碳转型，初步核算（见图 7-11），2020 年，中国非化石能源占能源消费总量比例提高到 15.9%，比 2005 年大幅提升了 8.5 个百分点；中国非化石能源发电装机总规模达到 9.8 亿 kW，占总装机的比例达到 44.7%。非化石能源发电量达到 2.6 万亿 kW·h，占全社会用电量的比例达到三分之一以上。② 能耗强度显著降低。初步核算（见图 7-12），2011—2020 年中国能耗强度累计下降 28.7%。据测算，供电能耗降低使 2020 年火电行业

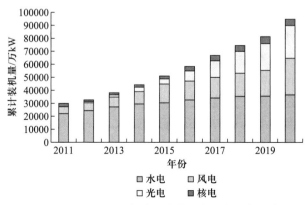

图 7-11　2011—2020 年中国非化石能源发电装机容量

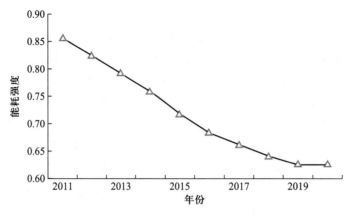

图 7-12 2011—2020 年中国能耗强度（单位：吨标准煤 / 万元国内生产总值）

相比 2010 年减少 CO_2 排放 3.7 亿 t。2016—2020 年，中国发布强制性能耗限额标准 16 项，实现年节能量 7700 万 t 标准煤，相当于减排 CO_2 1.48 亿 t。③ 能源消费结构向清洁低碳加速转化。如图 7-13 所示，2020 年中国能源消费总量控制在 50 亿吨标准煤以内，煤炭占能源消费总量比例由 2005 年的 72.4% 下降至 2020 年的 56.8%。截至 2020 年底，中国北方地区冬季清洁取暖率已提升到 60% 以上，据测算相当于少排放 CO_2 约 9 200 万 t。

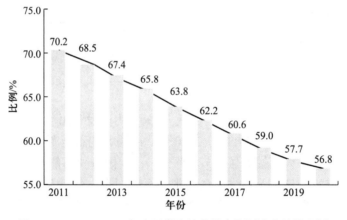

图 7-13 2011—2020 年中国煤炭消费量占能源消费总量比例

（3）产业低碳化为绿色发展提供新动能。① 产业结构进一步优化。2020 年中国第三产业增加值占 GDP 比例达到 54.5%，比 2015 年提高 3.7 个百分点，高于第二产业 16.7 个百分点。节能环保等战略性新兴产业快速壮大并逐步成为支柱产业，高新技术制造业增加值占工业增加值比例为 15.1%。② 新能源产业蓬勃发展。中国新能源汽车生产和销售规模连续 6 年位居全球第一，截至 2021 年 6 月，新能源汽车保有量已达 603 万辆（见图 7-14）。③ 绿色节能建筑跨越式增长。截至 2020 年底，城镇新建绿色建筑占当年新建建筑比例高达 77%，累计建成绿色建筑面积超过 66 亿 m^2。累计建成节能建筑面积超过 238 亿 m^2，节能建筑占城镇民用建筑面积比例超过 63%。④ 绿色交通体系日益完善。截至 2020 年底，31 个省（区、直辖市、自治区）中有 87 个城市开展了国家公交都市建设，43 个城市开通运营城市轨道交通。

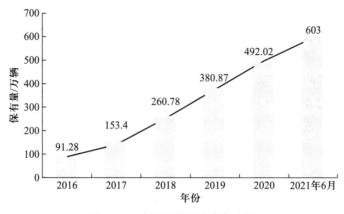

图 7-14　中国新能源汽车保有量

（4）生态系统碳汇能力明显提高。2010—2020 年，中国实施退耕还林还草约 1.08 亿亩。2020 年底，全国森林面积 2.2 亿 hm²，全国森林覆盖率达到 23.04%，草原综合植被覆盖率达到 56.1%，湿地保护率达到 50% 以上，森林植被碳储备量 91.86 亿 t。截至 2020 年底，中国建立了国家级自然保护区 474 处，面积超过国土面积的十分之一，累计建成高标准农田 8 亿亩，整治修复岸线 1 200 km、滨海湿地 2.3 万 hm²，生态系统碳汇功能得到有效保护。

（5）绿色低碳生活成为新风尚。以公交、地铁为主的城市公共交通日出行量超过 2 亿人次，骑行、步行等城市慢行系统建设稳步推进，绿色、低碳出行理念深入人心。从“光盘行动”反对餐饮浪费、节水节纸、节电节能，到环保装修、拒绝过度包装、告别一次性用品，“绿色低碳节俭风”吹进千家万户，简约适度、绿色低碳、文明健康的生活方式成为社会新风尚。

（二）中国应对气候变化新理念

中国把应对气候变化作为推进生态文明建设、实现高质量发展的重要抓手，基于中国实现可持续发展的内在要求和推动构建人类命运共同体的责任担当，形成应对气候变化新理念，以中国智慧为全球气候治理贡献力量。

1. 牢固树立共同体意识

坚持共建人类命运共同体。地球是人类唯一赖以生存的家园，面对全球气候挑战，人类是一荣俱荣、一损俱损的命运共同体，没有哪个国家能独善其身。世界各国应该加强团结、推进合作，携手共建人类命运共同体。这是各国人民的共同期待，也是中国为人类发展提供的新方案。

坚持共建人与自然生命共同体。中华文明历来崇尚天人合一、道法自然。但人类进入工业文明时代以来，在创造巨大物质财富的同时，人与自然深层次矛盾日益凸显。大自然孕育抚养了人类，人类应该以自然为根，尊重自然、顺应自然、保护自然。中国站在对人类文明负责的高度，积极应对气候变化，构建人与自然生命共同体，推动形成人与自然和谐共生新格局。

2. 贯彻新发展理念

理念是行动的先导。立足新发展阶段，中国秉持创新、协调、绿色、开放、共享的新发展理念，加快构建新发展格局。在新发展理念中，绿色发展是永续发展的必要条件和人民对美好生活追求的重要体现，也是应对气候变化问题的重要遵循。绿水青山就是金山银山，保护生态环境就是保护生产力，改善生态环境就是发展生产力。应对气候变化代表了全球绿色低碳转型的大方向。中国摒弃损害甚至破坏生态环境的发展模式，顺应当代科技革命和产业变革趋势，抓住绿色转型带来的巨大发展机遇，以创新为驱动，大力推进经济、能源、产业结构转型升级，推动实现绿色复苏发展，让良好生态环境成为经济社会可持续发展的支撑。

3. 以人民为中心

气候变化给各国经济社会发展和人民生命财产安全带来严重威胁，应对气候变化关系最广大人民的根本利益。减缓与适应气候变化不仅是增强人民群众生态环境获得感的迫切需要，而且可以为人民提供更高质量、更有效率、更加公平、更可持续、更为安全的发展空间。中国坚持人民至上、生命至上，呵护每个人的生命、价值、尊严，充分考虑人民对美好生活的向往、对优良环境的期待、对子孙后代的责任，探索应对气候变化和发展经济、创造就业、消除贫困、保护环境的协同增效，在发展中保障和改善民生，在绿色转型过程中努力实现社会公平正义，增加人民获得感、幸福感、安全感。

4. 大力推进碳达峰碳中和

实现碳达峰碳中和是中国深思熟虑做出的重大战略决策，是着力解决资源环境约束突出问题、实现中华民族永续发展的必然选择，是构建人类命运共同体的庄严承诺。中国将碳达峰碳中和纳入经济社会发展全局，坚持系统观念，统筹发展和减排、整体和局部、短期和中长期的关系，以经济社会发展全面绿色转型为引领，以能源绿色低碳发展为关键，加快形成节约资源和保护环境的产业结构、生产方式、生活方式、空间格局，坚定不移走生态优先、绿色低碳的高质量发展道路。

5. 减污降碳协同增效

二氧化碳和常规污染物的排放具有同源性，大部分来自化石能源的燃烧和利用。控制化石能源利用和碳排放对经济结构、能源结构、交通运输结构和生产生活方式都将产生深远的影响，有利于倒逼和推动经济结构绿色转型，助推高质量发展；有利于减缓气候变化带来的不利影响，减少对人民生命财产和经济社会造成的损失；有利于推动污染源头治理，实现降碳与污染物减排、提高生态环境质量协同增效；有利于促进生物多样性保护，提升生态系统服务功能。中国把握污染防治和气候治理的整体性，以结构调整、布局优化为重点，以政策协同、机制创新为手段，推动减污降碳协同增效一体谋划、一体部署、一体推进、一体考核，协同推进环境效益、气候效益、经济效益多赢，走出一条符合国情的温室气体减排道路。

（三）未来中国应对气候变化的原则、目标与措施

在应对气候变化的问题上，我国的基本立场是本着以下五项基本原则：

第一，坚持可持续发展。气候变化是人类不可持续发展模式的产物，只有在可持续发展的框架内加以统筹，才可能得到根本解决。要把应对气候变化纳入国家可持续发展整体规划，倡导绿色、低碳、循环、可持续的生产生活方式，不断开拓生产发展、生活富裕、生态良好的文明发展道路。

第二，坚持多边主义。国际上的事要由大家共同商量着办，世界前途命运要由各国共同掌握。在气候变化挑战面前，人类命运与共，单边主义没有出路，只有坚持多边主义，讲团结、促合作，才能互利共赢，福泽各国人民。要坚持通过制度和规则来协调规范各国关系，反对恃强凌弱，规则一旦确定，就要有效遵循，不能合则用、不合则弃，这是共同应对气候变化的有效途径，也是国际社会的基本共识。

第三，坚持共同但有区别的责任原则。这是全球气候治理的基石。发达国家和发展中国家在造成气候变化上历史责任不同，发展需求和能力也存在差异，用统一尺度来限制是不适当的，也是不公平的。要充分考虑各国国情和能力，坚持各尽所能、国家自主决定贡献的制度安排，不搞"一刀切"。发展中国家的特殊困难和关切应当得到充分重视，发达国家在应对气候变化方面要多作表率，为发展中国家提供资金、技术、能力建设等方面支持。

第四，坚持合作共赢。当今世界正经历百年未有之大变局，人类也正处在一个挑战层出不穷、风险日益增多的时代，气候变化等非传统安全威胁持续蔓延，没有哪个国家能独善其身，需要同舟共济、团结合作。国际社会应深化伙伴关系，提升合作水平，在应对全球气候变化的征程中取长补短、互学互鉴、互利共赢，实现共同发展，惠及全人类。

第五，坚持言出必行。应对气候变化关键在行动。各方共同推动《巴黎协定》实施，要持之以恒，不要朝令夕改；要重信守诺，不要言而无信。要积极推动各国落实已经提出的国家自主贡献目标，将目标转化为落实的政策、措施和具体行动，避免把提出目标变成空喊口号。

2020年9月22日，中国国家主席习近平在第七十五届联合国大会一般性辩论上郑重宣布：中国将提高国家自主贡献力度，采取更加有力的政策和措施，二氧化碳排放力争于2030年前达到峰值，努力争取2060年前实现碳中和。中国正在为实现这一目标而付诸行动。

气候变化带给人类的挑战是现实的、严峻的、长远的。把一个清洁美丽的世界留给子孙后代，需要国际社会共同努力。无论国际形势如何变化，中国将重信守诺，继续坚定不移坚持多边主义，与各方一道推动《联合国气候变化框架公约》及其《巴黎协定》的全面平衡有效持续实施，脚踏实地落实国家自主贡献目标，强化温室气体排放控制，提升适应气候变化能力水平，为推动构建人类命运共同体作出更大努力和贡献，让人类生活的地球家园更加美好。

习题与思考

1. 简述全球环境变化研究的主要内容，并列举相关国际计划。

2. 全球环境变化的主要问题有哪些？试分析其影响机制和解决途径。

3. 驱动全球气候变化的内力因素有哪些？它们在全球变化中如何起作用？

4. 简单谈下你对全球气候变化的理解和态度，并简述日常生活中可以采取的减碳措施。

5. 扩展思考：了解可持续发展的理念和要求、政策；了解应对全球变化的措施与策略；分析绿色生活、绿色生产、循环经济和生态经济的实现途径。

下篇　环境学原理

第八章 环境多样性原理

多样性是世界复杂性程度的一个内容广泛的概念，1985年，"生物多样性国家论坛"第一次筹备会首次提出生物多样性。2001年，联合国教科文组织第31届大会在巴黎总部通过了《世界文化多样性宣言》，确立了文化多样性。与生物多样性、文化多样性相同，环境多样性也是对这个世界性质的客观描述。它是环境的基本属性之一，是人类与环境相互作用的基础规律，是具有普遍意义的客观存在。认识和解读环境多样性、揭示环境多样性的内在规律是全面系统认识人类与环境相互作用的基础，是环境科学研究的重要内容。

第一节 多样性原理概述

一、生物多样性

生物多样性是已经得到普遍公认的科学概念。20世纪80年代初，"生物多样性"一词出现于自然保护刊物上，第一次进入生态学的研究范畴，人类开始逐渐认识到生物多样性对于人类自身生存和发展的重要性。目前，生物多样性的研究和保护已经成为世界各国普遍重视的一个问题，联合国和各国政府每年都投入大量的人力和资金开展生物多样性的研究与保护工作，一些非政府组织也积极支持和参与全球性生物多样性的保护工作。生物多样性包括遗传多样性、物种多样性、生态系统多样性和景观多样性四个层次。本书第六章已对生物多样性的相关知识进行了简单介绍，这里不再重复。

二、文化多样性

文化多样性指的是人类文化的起源与发展是多元的、多线索的、多样态的，而不是一元的、单线索的、单一样态的，每种文化都是其主体独特生活史的产物和表征，都有其存在的意义和价值。文化多样性包罗万象，其中主要以语言多样性、宗教多样性、民族文化多样性和民族风情多样性为代表。

（一）语言多样性

据联合国教科文组织统计，全球共有6 800多种语言，美洲的印第安人有1 000多种语言，非洲有近 1 000 种语言，巴布亚新几内亚岛上有 700 多种，印度有 150 多种语言，等等。但是，许多国家注重官方语言却忽略了本族语言，导致 40% 的语言目前濒危灭绝，因此，有必要开展语言保护。中国的语言是多种多样的，方言种类众多，如汉语有七种主要的方言。中国文字的种类同样多种多样。除了使用（或部分使用）汉字的语言以外，还有壮文、藏文、维吾尔文、蒙文、满文、锡伯文，以及表意文字彝文、象形文字纳西文。

（二）宗教多样性

原始人的宗教观念及崇拜活动多种多样，由灵魂不死的观念而衍变出物活论、万物有灵论、鬼魂论、祖灵论和神灵论等观念，并由此开始对自然物、自然力、祖先、氏族的崇拜活动，形成自然神、祖先神、氏族神信仰，以及与之相关的图腾崇拜。世界宗教种类多样，目前世界上主要的宗教有犹太教、基督教、佛教、伊斯兰教、印度教、儒教、道教、神道教、锡克教等。中国是个多宗教的国家，主要有佛教、道教、伊斯兰教、天主教和基督教。根据 2018 年 4 月国务院新闻办公室发表的《中国保障宗教信仰自由的政策和实践》白皮书，中国有信教公民近 2 亿，宗教教职人员 38 万余人，宗教团体约 5 500 个，其中全国性宗教团体 7 个，分别为中国佛教协会、中国道教协会、中国伊斯兰教协会、中国天主教爱国会、中国天主教主教团、中国基督教三自爱国运动委员会、中国基督教协会。依法登记的宗教活动场所 14.4 万处。截至 2017 年 9 月，经国家宗教事务局批准设立的宗教院校有 91 所，其中佛教 41 所、道教 10 所、伊斯兰教 10 所、天主教 9 所、基督教 21 所。宗教院校在校学生 1 万多人，历届毕业生累计 4.7 万余人。

（三）民族文化多样性

目前世界上有 2 000 多个民族。其中，亚洲地区居住着 1 000 多个民族，欧洲共有大小民族 160 多个。这些民族的社会、经济、文化分别处于各个不同的发展阶段上。我国是一个多民族的国家。第一次人口普查显示，民族名称达 400 多个，仅云南一省就有 260 多个，经过长期、大量的调查和甄别最终认定为现在的 56 个民族。多民族造就民族文化的多样性。民族文化的多样性是人类社会的珍宝，是人类智慧的总库存。维护民族文化的多样性，有助于建设宽松的人类生存环境，对缓解目前已出现的生存环境恶化问题有着积极的意义。

（四）民俗风情多样性

民俗风情主要包括饮食文化、行业民俗、岁时民俗、成年礼俗、生育礼俗、婚姻礼俗、丧葬礼俗、服饰民俗、居住民俗、行旅民俗、自然崇敬、神鬼崇拜等。我国各地的民族风情文化活动与特有的生态环境、生物、自然景观，以及气候条件有着密不可分的联系，因此，不同的时节、不同的区域形成了多样化的民族风情。

人类文化是多样的，是对环境的一种社会生态适应的产物。因为，在人类生态学里，环境的概念既包括了多样化的自然环境，也包括了人类创造的多样化的文化环境。而人类对多样化的自然环境和多样化的文化环境的社会生态适应，也必然是多样化的。

三、环境多样性

环境多样性是环境的基本属性之一，是人类与环境相互作用中的基本规律，是具有普遍意义的客观存在。环境多样性包括自然环境多样性、人类需求和创造多样性，以及人类与环境相互作用多样性。自然环境中的生命物质和非生命物质、环境过程、环境形态，以及环境功能都具有多样性；人类的需求和创造产生于人类的智力活动，具有无穷尽的深度，因此具有更广泛的多样性；人类与环境的相互作用，在作用方式、作用过程、作用效应等方面都具有多样性。上述各类多样性及其内在联系的总和统称为环境多样性。

第二节 自然环境多样性

自然环境是人类出现之前就存在的，是人类赖以生存和发展所必需的自然条件和自然资源的总称，即地球的空间环境、阳光、地磁、空气、气候、水、土壤、岩石、动植物、微生物，以及地壳稳定性等自然因素的总和。构成自然环境的物质种类很多，除了生物和生命物质以外，主要还有空气、水、土壤、岩石矿物、太阳辐射等，这些是人类赖以生存的物质基础。在地表上各个区域的自然环境要素及其结构形式是不同的，因此各处的自然环境也就不同。自然环境的多样性是经历了漫长的地质历史年代，逐渐积累、演化、发展而来的，并随着生产力的发展和科学技术的进步，其范围会逐渐扩大和丰富。

一、物质多样性

物质多样性分为生命物质多样性和非生命物质多样性。

（一）生命物质多样性

生命物质主要有蛋白质、核酸、多糖、脂类。在生物体的细胞内至少可以找到 62 种元素，其中常见的有 29 种。虽然组成生物体的化学元素大体相同，但是，在不同的生物体内，各种化学元素的含量相差很大。

1. 蛋白质

人体内蛋白质的种类很多，性质、功能各异，但都是由 20 多种氨基酸按不同比例组合而成的，并在体内不断进行代谢与更新。对人体而言，氨基酸可分为必需氨基酸和非必需氨基酸。必需氨基酸指的是人体自身不能合成或合成速度不能满足人体需要，必须从食物中摄取的氨基酸，对成人来说，这类氨基酸有 8 种；非必需氨基酸并不是说人体不需要这些氨基酸，而是说人体可以自身合成或由其他氨基酸转化而得到，不一定非从食物直接摄取不可。

2. 核酸

核酸是遗传信息的载体，是一切生物的遗传物质，对生物的遗传变异和蛋白质的合成有极其重要的作用。核酸分为核糖核酸（RNA）和脱氧核糖核酸（DNA）两大类。这两类核酸有某些共同的结构特点，但生物功能不同。DNA 储存遗传信息，在细胞分裂过程中复制，使每个子细胞接受与母细胞结构和信息含量相同的 DNA；RNA 主要在蛋白质合成中起作用，负责将 DNA 的遗传信息转变成特定蛋白质的氨基酸序列。核酸的基本结构单元是核苷酸。核苷酸含有含氮碱基、戊糖和磷酸 3 种组分。DNA 和 RNA 中的戊糖不同，RNA 中的戊糖是 D- 核糖；DNA 不含核糖而含 D-2- 脱氧核糖（核糖中 2 位碳原子上的羟基为氢所取代）。

3. 多糖

多糖又称多聚糖，由单糖聚合而成，其分子量一般为数万，甚至达数百万。它作为构成高等动植物细胞膜和微生物细胞壁的天然高分子化合物，是构成生命活动的 4 大基本物质之一。目前已发现的活性多糖有几百种，按其来源不同，可分为真菌多糖、高等植物多糖、藻类地衣多糖、动物多糖、细菌多糖 5 大类。多糖具有多种生物活性，与维持生物机能密切相关。多糖的主要功能是形成表面作用物（如纤维素、黏液）及储存食物。它还可以与蛋白质形成糖蛋白，构成一些重要的生理功能物质如抗体、酶、激素。它还能与脂肪形成糖脂，这是细胞膜结构与神经组织的重要部分。

4. 脂类

脂类指用非极性溶剂（如氯仿或乙醚）从生物细胞或组织中提取的、不溶于水的油性有机物，又称脂质，包括甘油三酯（即脂肪）及类脂。类脂中以磷脂、胆固醇及其酯和糖脂最为重要。最丰富的脂类是甘油三酯，它们是多数生物的主要燃料，是化学能的最重要储存形式；磷脂等具有极性的脂类是细胞膜的主要成分，细胞膜的许多性质是其极性脂类成分的反映，主要有卵磷脂、脑磷脂、肌醇磷脂等；类固醇主要有胆固醇、麦角固醇、皮质甾醇、胆酸、维生素 D、激素等；糖脂主要有脑苷脂类等。

（二）非生命物质多样性

非生命物质是生命物质在内的世界存在和发展的基础，其多样性的积累经历了极为漫长的年代。虽然自然形成的纯净物是有限的，主要包括单质、化合物，但这些物质相互作用组合形成的混合物就数不胜数了，构成地球上各不相同的山水、土壤、岩石、空气，以及其他物质，而且这些物质处于不断的变化当中，多样性也就在不断的演化当中逐渐积累。

纯净物包括单质和化合物。同一种元素可以形成几种不同单质，如磷元素可以形成白磷、红磷、黑磷三种单质。化合物是由不同种元素组成的纯净物，化合物主要分为有机物、无机物和高分子化合物等。物质世界是多姿多彩的，从古代最原始的分类（金、木、水、火、土）到目前有确定组成的化合物，每年还有大量新的化合物被发现。这些化合物有的由两种元素组成，有的由三种、四种，甚至更多的化学元素组成。

混合物由两种及两种以上单质或化合物混杂一起组成，无固定组成和性质，而其中的每种单质或化合物都保留着各自原有的性质。因此，其多样性相对于纯净物而言就更加丰富了，如常见的有：含有氧、氮、稀有气体、二氧化碳等多种气体的空气，含有各种有机物的石油（原油）、天然水、溶液、泥水、牛奶、合金、化石燃料（煤、石油、天然气）等。

当然，无论是生命物质还是非生命物质，就目前人类所知，组成这些物质的共约 300 多种原子、118 种元素。所以说，虽然自然界的物质多种多样，但多样性的背后也存在着一定的规律性。

二、生物多样性

生命系统是一个等级系统，包括多个层次或水平，从微观到宏观有：基因→细胞→组织→器官→种群→物种→群落→生态系统→景观等层次，每一个层次都具有丰富的变化，即都存在着多样性。生物多样性涵盖了所有生物体、物种和生物种群内部的差异，以及它们之间的基因变异，还包括各种生物群落和生态系统内部，以及它们之间的差异。

1. 遗传多样性

遗传多样性的表现是多层次的，可以表现在外部形态上，如豌豆的花色、西红柿的果色、米粒的颜色和形状；表现在生理代谢上，如植物光合作用的强弱、酶活性的高低；也可以表现在染色体、DNA 分子水平上。全世界的生物中存在约 10^9 个不同的基因在为总的遗传多样性做贡献，其中大约 10^5 个分布在高等生物体内。遗传密码在高等植物和动物体中有 10 亿 ~ 100 亿个核苷酸对，在细菌中大约有 100 万个核苷酸对。

2. 物种多样性

目前，地球上大约有 2 000 万物种，海洋和陆地的物种数各占一半。但是，科学描述过的仅有 175 万种，且绝大多数是陆生生物，其中，病毒 4 000 种、细菌 4 000 种、真菌 7.2 万种、原生动物 4 万种等。巴西、哥伦比亚、厄瓜多尔、秘鲁、墨西哥、扎伊尔、马达加斯加、澳大利亚、中国、印度、印度尼西亚、马来西亚在内的 12 个生物多样性特别丰富国家拥有全世界 60% ~ 70% 甚至更高的物种多样性。

3. 生态系统多样性

无论是物种多样性还是遗传多样性，都是寓于生态系统多样性之中。中国是世界上生态系统最丰富的国家之一，陆地生态系统分成 595 类，其中森林生态系统 248 类、灌丛生态系统 126 类、草原生态系统 55 类、荒漠生态系统 52 类、草甸生态系统 77 类、沼泽生态系统 37 类。

三、自然环境过程多样性

自然环境过程是指不同物质在环境中不同的物理、化学、生物、生态作用下的动力学迁移过程和转化过程，以及各种发生条件和影响因素的生物降解和生态变化过程。由于物种的多样性和物质的多样性，产生了丰富的运动变化过程。参与的物种和物质不同、时间尺度上的差别，以及变化过程本身性质的迥异，就共同组成了自然环境过程的多样性。

例如，从时间尺度上而言，有些变化是瞬时过程，如闪电、一些化学变化、位移等；有些变化需要时间可以用秒、分、小时或者天来计算，如完成一段位移、加热、蒸发、天气现象、一些有机化学反应、一些生理过程等；有些变化的时间需要用月、年来计算，如生物的成长、进化，种群、群落、生态系统的演化，陆地形态的变化，河流水文的变化等；有些变化的时间相对于人类的历史则是极为漫长的，如矿产资源的形成、地球的演化、气候的演化、大气层的演化、地质的演化，甚至宇宙的演化和各种物质的形成等，类似这样的时间尺度通常用"地质年代"的概念来描述，一般都要以数十万年、数千万年，甚至数亿年来计。

从变化本身的性质而言，有物理过程，如蒸发、分割、组合、衰变、大气运动、水流、扩散迁移等；化学过程，如成岩、分解、合成、降解等；生物过程，如生物的生老病死，以及进化等；生态过程，如能量流动、物质循环、信息传递等；更多的变化是多种过程交织在一起形成的，如自然界的水、碳、氮等物质循环，生态系统的演化、地质演化等。这些环境过程确实是多样性的，但是也并非无迹可寻，它们总在遵循着一定的规律进行。

（一）物理过程多样性

物理过程是指物体发生旋转、物质进行迁移、状态实现转化、分子不断扩散等一系列的过程。自然界中的物理过程数不胜数，每种物质都在不断的物理运动过程中存在，在人类不断的认识和探索中，其中的规律不断得到确认和认知。

1. 力学过程

力学过程是指物体受力下的形变过程，以及速度远低于光速的运动过程。根据力学的主要分支体系，可以将力学过程大致概括为固体力学过程、流体力学过程、天体力学过程等。

2. 热学过程

热力学主要包括热现象中物态转变和能量转换的过程，主要可以分为热扩散、热传递、相变与相平衡、黏滞性输送等过程。

3. 光学过程

当一束光投射到物体上时，会发生反射、折射、干涉、散射，以及衍射等现象，且光线在均匀同等介质中沿直线传播。

4. 声学过程

声学过程一般是指媒质中机械波的产生、传播、接收和效应的物理过程，其中媒质包括各种状态的物质，可以是弹性媒质也可以是非弹性媒质。声学过程主要包括声的产生、传播、反射、折射、干涉、衍射、驻波、散射、接收和效应等过程。

5. 电磁学过程

电磁学过程是指电、磁和电磁的相互作用过程。电磁学过程主要包括电荷移动过程、电流形成过程、磁效应过程、电效应过程和电磁感应等。

（二）化学过程多样性

化学过程包括物质在组成、结构和性质上的变化。物质的多样性决定了化学过程的多样性。物质结构类型众多，化学键键型复杂，化学反应多种多样，且大部分反应并不是经过简单的一步就能完成的，而是要经过生成中间产物的许多步骤完成的，且其反应速率也相差悬殊。在此列举水化学过程、大气化学过程和土壤化学过程来说明化学过程的多样性。

1. 水化学过程

水化学过程大致可以概括为水的酸碱化学过程、配位过程、氧化还原过程和相互作用等。水体中一些重要的化学和生化现象都是相互作用过程，主要有气体在水中的溶解和挥发、固体的沉淀和溶解、胶体微粒的聚沉及微生物细胞的凝絮等相互作用过程等。

2. 大气化学过程

大气化学过程是指大气与地表生物圈和海洋，以及地球与其他星体和空间的相互作用，主要包括大气物质浓度的变化过程、均相与非均相化学过程、沉降过程、循环过程、光化学反应等。大气中大多数均相化学过程直接或间接地与太阳紫外辐射的大气吸收有关。在均相气相过程中最具代表性的化学过程有：氢氧化合物的光化学转化、氮氧化合物的光化学转化、臭氧的光化学循环等。大气中的微量和痕量成分在发生化学变化的同时又在全球尺度上被输送，并形成循环过程，最具代表性的有水循环、氢循环、碳循环、氮循环、氧循环、硫循环、磷循环等。

3. 土壤化学过程

土壤化学过程主要指土壤中的物质组成、组分之间和固液相之间的化学反应和化学过程，以及离子（或分子）在固液相界面上所发生的化学现象。土壤中的化学过程多种多样，主要包括土壤中溶质运移过程、土壤离子吸收与交换过程、土壤的酸化与碱化过程、土壤的氧化还原过程等。

（三）生物过程多样性

生物过程是指生物各个层次的物质运输与代谢、生殖发育、起源进化，以及生物与周围环境相互作用等过程的统称。生物不仅具有多种多样的形态结构，也具有多样的生物过程。

1. 生物物质运输与代谢

生物的物质运输多种多样，生物的物质运输是一个复杂的生理过程，既决定生物本身的特性，也受许多环境条件的影响。绿色植物的营养方式是自养，其呼吸主要以扩散方式运转；动物为异养型生物，其呼吸方式多种多样，如皮肤呼吸、鳃呼吸、肺呼吸、气管呼吸等。生物的新陈代谢包括了生物体内一切化学反应，其反应过程是复杂的，而且由一系列反应组成，但有顺序性，各反应之间紧密联系密切配合，有条不紊地进行着。在生物体的新陈代谢中最普遍的有：糖类的代谢、脂类的代谢、氨基酸的代谢、核苷酸的代谢，以及酶的代谢。

2. 生物生殖

生殖是生物生长发育到一定阶段产生后代以延续种族的现象。无性生殖是指不经过生殖细胞的结合，生物个体的营养细胞或营养体的一部分，直接生成或经过孢子而产生能独立生活的子体的生殖方式，如裂殖、芽殖、孢子生殖。有性生殖是由亲体产生性细胞，通过两性细胞结合成为合子，进而发育成新个体的生殖方式，如同配生殖、异配生殖和卵式生殖。

3. 生物进化

生物进化是指生物种群多样性和适应性的变化，或一个群体在历史发展中遗传组成的变化。生物进化的范围很广，包括某一物种、某一类群直至整个生物界的历史发展。现代的各类生物都是由较原始的古代生物经过长期、缓慢、复杂的演变而来的。生物进化的道路是曲折的，表现出种种特殊的复杂情况。除进步性发展外，生物界中还存在特化和退化现象。生物进化既包含缓慢的渐进，也包含急剧的跃进；既是连续的，又是间断的。

4. 生物死亡与灭绝

生命的本质是机体内同化、异化过程这对矛盾的不断运动；而死亡则是这对矛盾的终止。灭绝是物种的死亡，物种总体适应度下降到零。在演化上，灭绝、生存几乎同等重要。灭绝是生物圈在更大的时空范围内的自我调整，是生物与环境相互作用过程中，生物为达到与环境相对平衡和协调所付出的代价。地球上自从 35 亿年前出现生命以来，已有 5 亿种生物生存过，如今绝大多数早已消逝。

（四）生态过程多样性

生态过程是生态系统内部和不同生态系统之间物质、能量、信息的流动和迁移转化过程的总称。生态过程的具体表现多种多样，包括生物生产、物质循环、能量流动、信息流动，以及生态平衡等过程。

1. 生物生产过程

生物生产过程是指生态系统中没有人类直接参与的生物进行不断生产的过程。作为生物生产的物理过程、化学过程和生物过程等自然过程仍在发生作用，不断地进行生物生产，为人类的生存和发展提供物质基础，创造了生态基本过程和多种多样的生物物种，推动生物进化和生态系统进化。

2. 物质循环过程

在生态系统中，物质从自然地理环境开始，经生产者、消费者和分解者，又回到自然地理环境中，完成一个由简单无机物到各种有机物，最终又还原为简单有机物的循环过程。生物通过物质循环得以生存和繁衍，并使得自然地理环境不断更新，使其越来越适合生物生存的需要。碳、氢、氧、氮、磷、硫是构成生命有机体的主要物质，占原生质成分的 97%，因此，这些物质的循环是生态系统基本的物质循环。

3. 能量流动过程

能量是一切生命活动的基础，能量流动过程是生态系统的基本功能之一。生态系统中生命系统与环境系统在相互作用的过程中，始终伴随着能量的流动与转化。在生态系统中，能量流动与转化过程是多样的。食物链和食物网是生态系统能量流动的渠道，能量以物质作为载体，同时又推动着物质的运动，能量流与物质流是不能截然分开的。

4. 信息流动过程

庞大的生物世界，种类繁多，生物性状表现复杂，生物本身就是一个巨大的信息源。当你环顾周围生命世界，形态各异的生物个体显现的颜色、散发的气味、发出的声音、表现的动作等生命活动随时都在显示其信息的复杂性。生物体内新陈代谢，也在不断地产生各种信息，并且在信息的控制与调节下实现其正常的生理活动。生态系统的信息流动过程包括信息的传递、交换和转化，是生态系统的基本功能之一。

5. 生态平衡过程

生态平衡是生态系统在一定时间内结构和功能的相对稳定状态，其物质和能量的输入输出接近相等，在外来干扰下能通过自我调节（或在人为控制下自我调节）恢复到原初的稳定状态。当外来干扰超越生态系统的自我控制能力而不能恢复到原初状态时谓之生态失调或生态平衡的破坏。生态平衡是一种动态的平衡而不是静态的平衡。例如，生态系统中的生物与生物、生物与环境，以及环境各因子之间，不停地在进行着能量的流动与物质的循环；生态系统在不断地发展和进化：生物量由少到多、食物链由简单到复杂、群落由一种类型演替为另一种类型等；各种生态环境要素也处在不断的变化中。

（五）地学过程多样性

地学过程是指地球表层和内部事物随时间的推移而出现的动态变化过程。地学过程主要包括地球表层和内部事物的形成过程、地球表层和内部事物的循环平衡过程、地球演变过程和地理波动性变化过程等多方面。

1. 地球事物形成过程

地球事物形成过程是指地球表层和内部事物经过一定时间和空间尺度的持续变化得到的新的事物的过程。每一种物质都有一个形成→发展→灭亡→形成新物质的过程，在自然地理环境中，最具代表性的有宇宙的形成过程、岩石的形成过程等。

2. 事物循环平衡过程

事物循环平衡过程是指地球表层和内部事物在一定空间领域范围内进行周而复始并在一定程度上保持物质平衡的运动或变化过程。其表现形式多种多样，大致可以概括为两大类：第一种类型为"运动式循环平衡"，即地球表层和内部事物在不断循环并保持平衡的过程中，按照"初始位置→一系列运动环节→系统发展到新的位置"这一模式进行，如大气环流、大洋洋流、水循环等；第二种类型为"演替式循环平衡"，即地球表层和内部事物在循环平衡过程中，按照"初始位置→一系列新旧更替的变化阶段→恢复原来的状态"这一模式进行，如地壳中的物质循环、生态系统的物质循环等。

3. 地理演变过程

地理演变过程是指地球表层和内部事物随时间的推移而出现的新旧更替、盛衰消长等变化过程。地理演变过程既有经历时间尺度较长的渐变型演变过程，如土壤的演变过程、河口河床的演变过程、湖泊的演变过程、岩石的风化过程、地表形态变化过程等；也有经历时间尺度较短的骤变性演变过程，如昼夜和四季更替、气团的变性、锋面的生长与消亡等。

4. 地理波动性变化过程

地理波动性变化过程是指地理事物的数量在一定时间尺度内持续变化的过程，如河流水文变化、气温的日变化和年变化、农作物产量（某一时间内）的变化等。

四、环境形态多样性

在自然环境中，物质以各种各样的形态存在着：花虫鸟兽、山河湖海、不同肤色的人种、各种美丽的建筑……大到星球宇宙，小到分子、原子、电子等极微小的粒子，真是千姿百态、争妍斗奇。自然环境自身的发展，造就了绚丽多彩的环境形态。物质具体的存在形态有多少，这的确是难以说清的。

（一）物质形态多样性

自然界是物质的，自然界的一切物质总是以一定形态存在，又在一定条件下相互作用发生形态的转化。在广阔无垠的大千世界里，存在着千姿百态多种多样的物质形态。可以根据内容和形式的异同，相对地划出一些基本形态。日常生活中，人们见到的物质主要是固态、液态和气态三种，它们的形态特点，以及相互转化的条件，早已为人们所熟知。但是，这三态的物质在整个宇宙中极少，绝大部分物质是以其他形态存在的。

现代科学发现，自然界的物质除了固、液、气三态，以及一系列的过渡态之外，还有第四态、第五态、第六态、第七态等。迄今发现有 12 种物态，如固态、液态、气态、非晶态、液晶态、超高温下的等离子态、超高压下的超固态、超高压下的中子态、超导态、超流态、玻色–爱因斯坦凝聚态、费米子凝聚态。有文献归纳说还存在着更多种类的物态，如超离子态、辐射场态、量子场态等。随着科学的发展，更多的物态还会得到认识，并利用它们奇特的性质造福于人类。

（二）自然景观形态多样性

自然景观是复合型景观，它是由许多自然物构成的，各种因素相互作用，共同创造着景观的美。自然景观的基本要素有山、水、石、洞、气、光、生物等，它们经过巧妙的组合形成千变万化的自然景观形态。在自然景观中，富于变化多样又协调和谐的形象才会给人以美感。景观多样性是指景观单元在结构和功能方面的多样性，它反映了景观的复杂程度。

1. 种类多样性

自然景观形态多样，以我国为例，目前主要有地文景观形态、水域风光形态、生物景观形态等。地文景观是指由地质、地貌等自然地理要素所组成的各类景观类型，包括岩石、化石、典型的地层、构造地貌遗迹、地震火山遗址、山岳洞穴、海岸沙漠，以及各种奇特地质地貌类型等。地文景观形态繁多，主要有典型地质构造景观、生物化石景观、标准地层剖面景观、蚀余景观、自然灾变景观、山川景观、沙地景观、沙滩岛屿景观、洞穴景观等。水域风光形态主要有河流景观、湖泊景观、瀑布景观、泉水景观、海洋景观。生物景观含有常见的花草树木、禽兽虫鸟鱼等，其形、色、味、声、动态、气势等特征各异，形成了多样化的生物景观形态，如树林景观、古树名木景观、花卉景观、草原景观和动物景观等。

2. 形式多样性

形式多样性是指自然景观形态在空间表现形式的多样性。自然景观形态的形式多样性主要表现为形象多样性、色彩多样性、状态多样性、声音多样性、气息多样性等方面。自然景观的形象具有多样性，其内涵丰富，主要表现为"雄、奇、险、秀、幽、奥、旷"。自然景观的这些形态特征，绝不是孤立地存在的。

（三）地貌形态多样性

地貌，也叫地形，是指地表起伏的形态，如陆地上的山地、平原、河谷、沙丘，海底的大陆架、大陆坡、深海平原、海底山脉等。地貌形态是多种多样的，主要有山地、丘陵、平原、高原、盆地等。地貌形态的多样性主要表现在地貌成因作用多样性和地貌成因类型多样性上。

1. 地貌成因作用多样性

风化作用　指地表或接近地表的坚硬岩石、矿物与大气、水及生物接触过程中发生物理、化学变化而在原地形成松散堆积物的全过程。根据风化作用的因素和性质可将其分为三种类型：物理风化作用、化学风化作用、生物风化作用。

重力作用　指坡面上的岩土体由于重力影响沿坡面向下运动的过程。由于坡地重力所移动的物质多为块体形式，故又将这种移动称为块体运动。按运动方式分为：崩落、滑动、蠕动三类。

流水作用　指流水对地表岩石和土壤进行侵蚀、搬运、堆积和坡面冲刷等过程的统称。流水作用一般可以分为侵蚀作用、搬运作用和堆积作用。

岩溶作用 也称喀斯特作用，是指以地下水为主、地表水为辅，以化学过程（溶解与沉淀）为主、机械过程（流水侵蚀和沉积，重力崩塌和堆积）为辅的对可溶性岩石的破坏和改造作用过程。

冰川作用 冰川形成以后对地表的侵蚀作用、搬运作用和堆积作用统称为冰川作用。

冻融作用 指随着冻土区温度周期性地发生正负变化，冻土层中水分相应地出现相变与迁移，导致岩石的破坏，沉积物受到分选和干扰，冻土层发生变形，产生冻胀、融陷和流变等一系列复杂过程。它包括融冻风化、融冻扰动和融冻泥流作用。

风沙作用 指风及其挟带的沙粒及尘土对地表岩石和地形的破坏和建造作用的总称，包括风蚀作用、搬运作用和沉积作用。

风蚀作用 指风对地表岩石、地形的破坏改造作用，其方式主要有吹蚀作用和磨蚀作用。

海岸动力作用 指海洋水体作用于海岸的动力过程，包括堆积、侵蚀、泥沙输移和形态各异的海岸地貌单元的塑造等过程。

气候作用 指不同气候条件下形成的地貌与地貌组合的过程。

地质构造作用 指主要由地球内部能量引起的地壳或岩石圈物质的机械运动的作用。它使岩石发生变形的主要类型是褶皱和断裂，使岩石发生变位的方式有水平运动和升降运动。地壳运动造就了地表千变万化的地貌形态，主宰着海陆的变迁。

2. 地貌成因类型多样性

地貌发展变化的物质过程称地貌过程，包括外力过程和内力过程。以外营力作用为主形成的地貌有坡地地貌、河流地貌、岩溶地貌、冰川地貌、冻土地貌、荒漠地貌、黄土地貌和海岸地貌；以内营力作用为主形成的地貌如大地构造地貌、褶皱地貌、断层地貌和火山地貌等。虽然地壳表面的形态千变万化，多种多样，但是也具有分布规律，因为地貌是内营力和外营力相互作用的统一体，而内营力的各种地壳变动形成和外营力作用过程都具有一定的规律。

第三节 人类需求和创造多样性

一、人类需求的多样性

人类需求，一般是指为了维持人类自身的生存和发展而与外界交换的物质、能量和信息等。人类需求是社会发展的原动力。人类的需求驱使人类对环境产生影响，并随着人类需求的增加对环境的影响也趋于多样。

人类的需求不仅是多样的，而且随着人类社会的不断发展和进步而不断发生变化，其内容也日趋丰富。人类不仅有物质层面的需求，也有精神层面的需求。而物质需求是人类最基本的需求。人类为了维持正常的生理活动，摄取营养以维持生命、生长发育，需要从外界获取食物、饮水；为了蔽体、御寒，以及美观，人们需要服装；为了安全，人们需要躲避自然灾害、抵御野兽的住所和良好的人居环境；为了出行方便、快捷、舒适，人们需要便捷的交通工具和交通网络；为了生活得更加舒适惬意，为了提高效率……人们需要各种各样的用品。人们在精神生活中也有大量的、丰富的需求。精神需求是人们因社会环境和条件的影响，对社会生活、社会秩序、社会安全等对自身利益有关的重大问题所产生的精神方面的需要，是其他动物不具备而为人所特有的心理状态，它和人的物质需求一起共同构成人类的整个需求，如文学、艺术、景观的欣赏和个人价值实现、社会认同等。大千世界，纷繁复杂；人海茫茫，形形色色。人的认识总不会处在同一个层面，人的精神需求不会停留在同一个水平，总是在不断变化发展。

二、人类创造的多样性

创造一般是把以前没有同样或类似的事物给产生或者构造、制造出来，以达到某种目的的人类自主行为，是人和其他动物的根本区别之一。它的最大特点是人类有意识地增加世界多样性的探索性劳动。自从地球上有了人，就和创造联系在一起。可以说，人类的历史，就是一部不断创造、日益繁荣昌盛的文明史。人类需求是人类创造的驱动力，自然生态环境是人类创造的基础和素材。当自然界提供的物品、环境不足以满足人们的需求时，人类就利用自身智慧所产生的巨大创造力，改造自然事物或者创造新事物来满足其越来越多和越来越高的需求。人类创造同样具有多样性：人类为了能够保证食物的稳定供应而驯化了稻谷、玉米等粮食作物，驯化了鸡、鸭、鹅、猪、牛、马等家禽家畜，创造了非常多适合人类需要的作物和禽畜品种；为了保暖、蔽体、美观等发明了纺织术、印染术，创制了品种繁多的纤维材料、布料和服装；为了居住，建造了各种各样的建筑；为了健康，发明了医药技术；为了实现人类飞翔的梦想，创造了各种飞行器；为了满足精神享受，创造了品种多样的文学、艺术、建筑形式和大量内涵丰富、艺术高超的文化瑰宝等。

在古代，人类创造活动的发展跨越原始社会、奴隶社会和封建社会漫长的历史时期，其范围大体上还局限在人的感官所能及的领域，以及人类生产实践和生存斗争的各种领域之中。这段时期，人类的创造活动成果尽管是零散的和低水平的，但却涉及了自然科学知识和技术（特别是手工业技术）的许多领域和专业。其中，在自然科学知识方面，已经涉及天文学、力学、物理学、化学、生物学、医学、地学，以及数学等各个学科领域；在技术方面，已经形成了打磨石器技术、人工取火技术、建筑技术、制陶技术、冶炼技术、水利技术、农业生产技术，以及酿造、制革、榨油、纺织、造纸、印刷、火药、造船和医疗等技术。自近代以来，人类的创造活动在组织规模上日益扩大，在宏观范围上日益扩展，在微观层面上日益深入，其发展和多样性的增加日益迅速，使得创造与人类社会和人类生活的关系日益密切，在科学发现和技术发明的各个领域取得了丰硕的成果。在现代，人类创造活动的范围已扩大到了上百亿光年的宇宙天区，深入到基本粒子和层子的微观层次，并探索了各个学科、专业之间广泛的交叉地带和边缘地区，从而使新的科学理论和新的科学学科层出不穷，浩如烟海。如今人类的能力已经在各种各样技术的帮助下变得日益强大，每年创造的、自然界原本没有的物质就达万种之多，而且这种速度不断加快。其中最具代表性的就是专利技术的发展。自 1474 年世界上出现第一部专利法至今已有五百多年的历史，专利作为社会鼓励发明创造、推动科技进步和经济发展的一种法律制度而得到了迅速的发展，迄今全球已有 4 700 万件专利，且全世界每年新增 100 多万件专利文档。从 1985 年到 2020 年，国内外发明、实用新型、外观设计三种专利申请量和授权量显著增长（表 8-1，表 8-2）。到 2020 年，我国专利申请量为 501.6 万件，比上年增长 16.8%，专利授权量达到 363.9 万件，比上年增长 40.4%；每万人口发明专利拥有量已达 35.8 件；PCT 国际专利申请量达到 6.9 万件，国际排名第一。截至 2020 年底，我国的申请专利总量为 3 931.4 万件；其中，国内申请专利总量和国外申请专利总量分别为 3 669.6 万件和 261.8 万件。我国的授权专利总量为 2 271.5 万件；其中，国内授权专利总量和国外授权专利总量分别为 2 114.7 万件和 156.8 万件（图 8-1）。

表 8-1 国内外三种专利申请年度状况（1985—2020 年）　单位：件

时间		发明	实用新型	外观设计
合计	1985—2014	5 255 996	5 498 406	4 700 379
	2015	1 101 864	1 127 577	569 059
	2016	1 338 503	1 475 977	650 344
	2017	1 381 594	1 687 593	628 658
	2018	1 542 002	2 072 311	708 799
	2019	1 400 661	2 268 190	711 617
	2020	1 497 159	2 926 633	770 362
国内	1985—2014	3 885 343	5 456 994	4 515 027
	2015	968 251	1 119 714	551 481
	2016	1 204 981	1 468 295	631 949
	2017	1 245 709	1 679 807	610 817
	2018	1 393 815	2 063 860	689 097
	2019	1 243 568	2 259 765	691 771
	2020	1 344 817	2 918 874	752 339
国外	1985—2014	1 370 653	41 412	185 352
	2015	133 613	7 863	17 578
	2016	133 522	7 682	18 395
	2017	135 885	7 786	17 841
	2018	148 187	8 451	19 702
	2019	157 093	8 425	19 846
	2020	152 342	7 759	18 023

表 8-2   国内外三种专利授权状况总累计表（1985—2020 年）   单位：件

时间		发明	实用新型	外观设计
合计	1985—2014	1 551 887	4 093 119	3 083 691
	2015	359 316	876 217	482 659
	2016	404 208	903 420	446 135
	2017	420 144	973 294	442 996
	2018	432 147	1 479 062	536 251
	2019	452 804	1 582 274	556 529
	2020	530 127	2 377 223	731 918
国内	1985—2014	898 543	4 057 480	2 913 351
	2015	263 436	868 734	464 807
	2016	302 136	897 035	429 710
	2017	326 970	967 416	426 442
	2018	345 959	1 471 759	517 693
	2019	360 919	1 574 205	539 282
	2020	440 691	2 368 651	711 559
国外	1985—2014	653 344	35 639	170 340
	2015	95 880	74 83	17 852
	2016	102 072	6 385	16 425
	2017	93 174	5 878	16 554
	2018	86 188	7 303	18 558
	2019	91 885	8 069	17 247
	2020	89 436	8 572	20 359

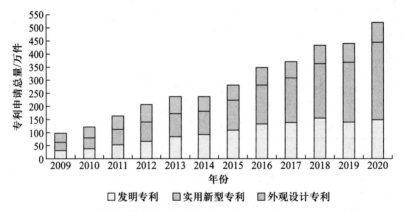

图 8-1   我国三类专利申请总量变化情况图（2009—2020 年）

资料来源：中华人民共和国国家知识产权局。

三、人类衣食住行的多样性

衣食住行是人在世上生存发展的基础，对其的需求和创造是最迅捷、最复杂、最神奇、最丰富多样的。除了衣食住行，还有许多，如艺术、娱乐、交际、游观等，也是人类所不可缺的。在此将人类需求和创造的多样性简化为饮食、服饰、居住和出行的需求和创造多样性。衣食住行不仅承载着人类社会生活方式的基本内涵，也是人类精神文化的有形载体。

（一）饮食需求与创造的多样性

1. 食物来源的多样性

农作物的多样性　地球上共有植物 39 万余种，被人类利用的栽培植物有 5 000 种左右，但属于大面积种植的只有 200 多种。目前我国栽培的主要作物种类约 600 种，其中粮食作物 30 多种，经济作物约 90 种，果树作物约 150 种，蔬菜作物 120 多种，牧草约 50 种，花卉 140 余种，绿肥约 20 种，药用植物 60 余种。当然，作物的种类也不是固定不变的，随着生产和科学技术的发展，有些作物逐步被淘汰，同时也有新驯化甚至新创造的作物开始用于农业生产。根据中国农业科学院 2021 年 1 月发布的通报，全国作物种质资源保存总量超过 52 万份，位居世界第二。

畜禽种类的多样性　在食品和农业生产中，家畜（禽）以肉、蛋、奶、毛、畜力和有机肥等形式满足了人类 30%～40% 的需求，这些都来源于 40 多个畜禽种类的大约 4 500 个品种，它们是人类社会现在和将来不可缺少的重要资源。根据品种资源调查及 2001 年"国家畜禽遗传资源委员会"审定，中国畜禽资源主要有猪、鸡、鸭、鹅、特禽、黄牛、水牛、牦牛、大额牛、绵羊、山羊、马、驴、骆驼、兔、梅花鹿、马鹿、水貂、貉、蜂 20 个物种，共计 576 个品种和类群，其中地方品种（类群）为 426 个（占 74%）、培养品种 73 个（占 12.7%）、引进品种有 77 个（占 13.3%）。

渔业资源的多样性　渔业资源的种类繁多，其中鱼类居于主体，全世界共有 2 万多种。除鱼类外，藻类、甲壳类、贝类、头足类、海兽类等也很多。我国内陆土著淡水鱼类共 804 种，过河口洄游性鱼类及入河口的海水鱼类共有 238 种，沿海海水鱼类有 1 500 多种。

2. 食物处理技术的多样性

食品处理技术包括物理处理、化学和生物处理，以及食品包装技术等。其中物理技术对食品的处理包括食品的热处理和杀菌、食品的低温处理与保藏、食品的干燥、食品的浓缩与结晶、食品的微波处理、食品的辐射保藏等。化学和生物处理包括食品的盐制和糖制、食品的烟熏、食品添加剂的应用、发酵和酶技术等。食品包装从包装材料及容器来看，有玻璃、陶瓷、金属、纸及纸板、塑料、木材等多种。不同食品对于包装的要求又是不同的，相对应地也产生了多样的包装技术。

（二）服饰需求与创造的多样性

世界上有 200 多个国家和地区，超过 2 000 个不同的民族，每个国家和民族在不同的历史时期其服饰的种类是具有多样性的。

1. 服装面料的多样性

面料是指用于制做服装表面的材料。服装面料可分为纺织类面料和非纺织类面料。纺织类面料包括丝织物、麻织物、棉织物、毛织物、化纤织物，以及针织面料等。在纺织过程中，不同的原料、不同的组织结构，会产生不同的服用性能和织物风格，各种混纺交织织物的出现进一步丰富了纺织面料的种类。非纺织类面料是指不经过纺织过程而具有类似织物外形和用途的服装面料，常用的非纺织类面料主要是裘皮、皮革、无纺布、纸布、塑料布等。当今服装面料的新产品不胜枚举，纤维的改变、纱线结构的改变、面料的设计和组织结构的变化、各种新颖的印花和整理工艺等，都能使织物的外观、性能、功能发生很大的变化。

构成服装时，除面料以外的所有用料都称为辅料，它与面料共同组成服装材料的整体。为适应不同服装、不同部分、不同面料和不同穿着的需要，辅料有很多种，且同一类辅料中又包含不同的品种与规格。根据辅料在服装中所起的作用，辅料可分为里料、衬垫料、填充材料、缝纫线、扣紧材料、装饰材料、包装材料、标志说明材料等。

2. 服装品种的多样性

服装的功能多样，材料性质不同，着装的对象、环境、场合、目的各不相同，从而形成了各种各类的服装品种。具体的服装品种是随着生活的发展变化而不断创造出来的。如职业装是企事业的象征物和标识物之一，体现着装者所从事的职业、职务等；礼服是正式社交活动中约定俗成的着装形式。

3. 服饰的发展趋势

服饰，从历史的角度来审视，总处在一种不断变化的状态。它既是日常生活中个人最为密切的组成部分之一，又是深深植根于特定时代文化模式中的社会活动的一种表现形式。它伴随着原始人从远古走来，又紧跟着现代人走向未来。它的出现加快了人类向文明社会的迈进，它的演变直接反映了社会的政治变革、经济变化，以及风尚变迁。在生产或发明了服饰之后，其进化就一直没有停止过，人类不断地在服饰上积淀着新的符号意义和精神功能，不断地增加服饰的行为、功能、文化、科技含量。

（三）居住需求与创造的多样性

人类经过数千年的奋斗，世界各地出现过无比丰富的建筑文化，集科学性、创造性、艺术性于一体，体现着人类的需求和智慧，成为人类文化和文明的重要组成部分。

1. 建筑材料多样性

建筑材料种类繁多、组成各异、用途各不相同，可以有多种分类方法。按来源可以分为天然和人造材料；按使用部位可以分为承重材料、墙体材料、地面材料和屋面材料等；按功能用途可以分为结构材料、装饰材料、防水材料、保温绝热材料、吸声材料等；按组成物质的种类和化学成分可以分为无机材料、有机材料、复合材料三大类。

2. 传统民居多样性

与多样的气候和地理特征相适应，我国的传统民居样式丰富、姿态万千：南有干栏式民居，北有四合院，西有窑洞民居，东有水乡古镇。中国传统民居作为居住建筑的一个重要类型，在不同的朝代、不同的地区具有不同的风格特点，或多或少地表现出特定的样式或风格特性，凝聚了中华民族的生存智慧和创造才能，从一个侧面直观地反映了人类居住需求和创造的多样性。中国传统民居类型众多，粗略统计民居形式有四十余种，概约地划分为北方民居、南方民居、客家民居、港澳台民居、少数民族民居等。

3. 现代住宅类型

现代住宅的雏形是随着现代城市的出现而形成的。钢材、玻璃和混凝土材料在建筑上的应用，使现代住宅的产生既有需要又有广泛发展的可能。现代住宅类型丰富多彩，在材料结构、建筑形式、使用功能、建造方式上呈现多样性。常见的材料结构有生土住宅、砖结构住宅、石结构住宅、混合结构住宅、混凝土住宅、木构住宅、金属住宅、充气结构住宅、塑料住宅、陶瓷住宅、玻璃住宅、冰住宅、盐住宅、纸住宅等。常见的建筑形式有低层住宅、多层住宅、高层住宅、超高层住宅、地下住宅、车上住宅、船上住宅、树上住宅、水上住宅等，其形状有矩形、方形、圆形、三角形、人体形、动物形、轮船型、风车形、随意形等。按照住宅的使用功能一般有城市住宅、农村住宅、野外住宅等，同时根据不同的使用功能，其类型不胜枚举。

（四）出行需求与创造的多样性

1. 交通工具的多样性

交通工具狭义上指一切人造的用于人类代步或运输的装置。交通工具是现代人生活中不可缺少的一个部分。随着时代的变化和科学技术的进步，人们周围的交通工具越来越多，给每个人的生活都带来了极大的方便。陆地上的汽车、海洋里的轮船、天空中的飞机，大大缩短了人们交往的时间距离；火箭和宇宙飞船的发明，使人类探索另一个星球的理想具有了实现的可能。

2. 道路网络的多样性

道路是交通的主要组成部分。在城市内，由于各区域参与交通的车流量和人流量不同，以及建筑物性质、风格的不同，因而对道路的要求也各不一样。

城市道路网络是城市交通的主要组成部分，它担负着各种机动车、非机动车、行人，以及地面有轨交通的运行，比其他组成部分都重要。城市道路网形式多种多样，现有的城市道路网络形式大致分为以下几种：

（1）线形或带形道路网络，如我国的兰州、深圳。

（2）环形放射式道路网络，典型的有著名大城市莫斯科、巴黎、伦敦、慕尼黑。

（3）方格形道路网络，由东西向和南北向的平行线和垂直线所组成，美国城市的道路网络早期都是方格形的。我国城市道路网络传统的形式多为方格形，或称棋盘式，北京、西安老城区道路网络是典型代表。成都、桂林、太原中心区（老城）也都是方格式的。

（4）交通走廊式道路网络，城市中心区道路网络成一定格局后，城市沿着放射干道发展，形成交通走廊式道路网络。华盛顿最近三四十年来的发展，就是采取这种方式。

（5）方格环形放射式道路网络，这种道路网络，中心区为方格形，向四周呈环形放射式发展，近40年来我国城市道路网络规划，多采用这种布局形式，上海、天津、成都、桂林中心区都是方格环形放射式道路网络。

（6）手指式（巴掌式）道路网络，这种道路网络以五条放射线呈手指式发展，市区以外沿着手指式的道路规划一些重点建设区，每个重点建设区规划一个行政办公及商业服务业为主的副中心，手指式放射线用几条环路联系起来，丹麦首都哥本哈根是典型例子。

（7）星状放射式道路网络，星状放射式道路网络和子母城市的布局（即城市由市区和卫星城所组成）相配套，道路网络从城市中心起呈放射状联系四个或多个卫星城市，而城市由三个或几个层次的同心圆所组成。

除了城市道路网络外，还有郊区道路网络、铁路枢纽布局、地铁网络等，它们都有着各种类型，具有丰富的多样性。

3. 多元城市交通体系

交通方式是多样的，城市的交通方式更是多样的。在现在的城市中，除了地面上的公共汽车、小汽车外，还有地下的地铁网络、空中的高架轻轨、城市河道中的船舶，有些城市中还有运营性直升机。这种多种交通工具共同运营、多层次、多方式交通网络交织与组合而成的城市交通系统，称为多元城市交通体系。城市交通的发展经历了一个由低速到高速、由简单到复杂、由低级到高级的发展演化过程。从骑马到人力车、马车，到火车、电车、公共汽车、小汽车，到有些国家已经或正在研制并部分投入使用的自动步道、独轨、导轨、磁浮、气垫等自动化程度很高的多种交通方式，或其他新运输工具组成的综合客运系统，这样一种发展进程改变了过去单一的平面交通系统，从而形成由地铁网络、地上高架道路、高架电车和地面的公共交通、快速轨道运输系统组成的地下、地面、地上（空中）立体综合交通系统。

人类的需求与创造是无穷的，而相应的技术发展与其相匹配，也是无穷尽的。总之，人类的需求和创造具有多样性。当人类的一种需求得到满足时，人类就会萌发新的需求，这是人类的本性，也因此促进人类社会的不断发展，形成越来越丰富多彩的世界。因此，通过克制人类的需求欲望，降低对客观事物的需求，是不现实也不科学的。在多样的人类需求和创造中，人们只能通过与规律的相互关系来进行科学合理的选择。与人类社会经济发展规律相抵抗的需求和创造，在人类历史的进程中会逐渐被淘汰；与规律相偏离的人类需求和创造，需要通过正确方向的引导，使之逐渐与规律相协同；与规律相协同的人类需求和创造，在人类历史进程中将逐渐强大，成为主流。

第四节   人类与环境相互作用多样性

一、人类与环境相互作用

人类与环境的相互作用反映了人类文明的兴起与衰落，直接推动着人类社会的发展和演化。近几十年来，科学技术的迅猛发展加速了人类文明的繁荣，同时也增强了人类对自然环境的影响能力，人类与环境的相互作用引起的全球环境问题正成为人类生存和社会经济发展面临的最严重的挑战。由于自然环境的多样性，以及人类需求和创造的多样性，人类与环境的相互作用也必然具有多样性。

（一）人类与环境相互作用界面多样性

人类与环境相互作用的界面分布在人类活动的各个领域之中。在生产活动中，工厂、矿藏、农田、牧场、森林、渔场等都是人类与环境相互作用的界面；在生活活动中，住房、家具、电器、水、食物、市场、服务设施、交通工具等也是重要的界面；在生物领域，从分子、组织、器官、系统到个体、群体、群落，甚至生态系统，也都会成为人类与环境相互作用的界面；在科研领域，大到整个宇宙、小到基本粒子的几乎所有客观事物都会成为研究对象，从而成为人类与环境相互作用的界面。同样，人类与环境的相互作用可以发生在城市，可以发生在乡村，也可以发生在地面上、大气层内、水中或者太空中等，甚至可以发生在人类所未知的荒郊野外、宇宙深处。在现代科技和现代机械的支持下，人类与客观环境之间的相互作用越来越复杂，界面的多样性也日益增加。

（二）人类与环境相互作用方式多样性

在不同的界面上会发生着多种多样的人与环境相互作用的方式。这些方式可以概括为人类对资源的开发利用、工农业生产、物品使用、废弃物排放、城市建设、乡村建设、道路建设和科学研究等，有些时候这些作用方式是直接的，有时候这些作用方式是间接的。当然，不同的资源有不同的开发利用方式，不同产品生产的方式也千差万别，不同物品有不同的用途，不同城市建设风格各异等。所以人类作用于环境的方式具有多样性，反之，环境作用于人类的方式同样具有多样性，不仅可以直接作用于人体本身，还可以作用于人类赖以生存和发展的环境、生命支持系统，进而间接作用于人类；不仅可以通过人体接触、呼吸道、饮食作用于人类，也可以作用于资源－经济体系，以及人类社会关系和伦理道德等。总之，人类与环境之间相互作用的方式具有非常广泛的多样性。

（三）人类与环境相互作用的过程多样性

在人与环境相互作用的过程中，其内容更是丰富多彩。在复杂的现实世界中，很多过程通常是由许多子过程有机组合而成的，这些子过程常常属于不同的门类，从而产生了多种多样的作用过程。每一过程都包含着非常丰富的内容，即各自具有多样性。例如，在全球碳元素的循环和平衡中，有煤炭、石油、天然气的开采，在生产和生活中的使用，二氧化碳的大气迁移、归趋，植被的光合作用和呼吸，粮食的生产加工、消费者和分解者放出二氧化碳，以及煤炭、石油等形成的地质过程等，其多样性和复杂性可见一斑。在人类与环境的相互作用中，这样的过程随处可见。因此，人类与环境相互作用的过程也是多样的。

（四）环境效应多样性

多样化的作用界面、作用方式，以及作用过程形成了多样化作用效果，即环境效应，其多样性更加丰富。环境效应是在环境诸要素综合影响下，物质之间通过物理、化学和生物作用所产生的环境效果。环境效应一般可以分为自然环境效应和人为环境效应。自然环境效应是以地能和太阳能为主要动力来源，环境中的物质相互作用所产生的环境效果；人为环境效应则是由于人类活动而引起的环境质量变化和生态变异的效果。这两种环境效应都伴随着物理效应、化学效应、生物效应和生态效应。物理效应是物理作用引起的环境效果，如热岛效应、温室效应、噪声、地面沉降等。化学效应是指在各种条件的影响下，物质之间的化学反应所引起的环境效果，如环境的酸化、土壤的盐碱化、地下水硬度升高、光化学烟雾发生等。生物效应是各种环境因素的变化而导致生物物种变异的效果。生态效应是指自然过程和人为活动造成的环境污染和破坏引起生态环境结构和功能的变化，以及生态环境变异。这些环境效应有些是物质的，有些是能量的；有些是瞬时的，有些是在不太长的一段时间内就可以看出来的，有些则是需要经过比较长的时间才能够观察到的；有些作用效果是显著的，有些则具有很强的隐蔽性；有些作用效果可以促进人类与环境的协同发展，有些则破坏了人类与环境的和谐。

二、人类与环境要素相互作用多样性

人类与环境相互作用经历了一个长期的发展过程，随着人类文明的演进，人类依赖于周围的环境，并利用资源改造环境以适应其生存。在这一过程中，人类对环境的作用主要体现在水、大气、土壤、生物等不同界面上，在这些界面中，其作用方式、作用过程，以及作用效果也是多样化的。在人类与环境多样性的相互作用下，人类的生存和发展的环境结构和状态发生多种变化，这些变化有些成为环境问题，如环境污染、生态破坏，有些变化逐渐提高了人类的生存质量、改善自然生态系统，在合理保护和利用环境的过程中实现了人与环境的和谐。在多种多样的环境要素中，下面选择水、气、土、生物进行阐述。其中所涉及的各要素环境问题等在第一篇中大多已有详述，这里进行总结归纳，不再具体展开。

（一）人类与水环境相互作用多样性

水是与人类关系最为密切的环境要素之一，人类活动对于水环境的作用主要集中在四个层面：水资源、水灾害、水污染、水环境保护。

1. 水资源开发途径与利用方式多样性

集水　集水是对现有降水、地面水、地下水充分收集、储存的方法，主要包括工程集水、植物集水、农田集水等。

调水　粗略估计，世界上现有20多个国家建成了140多项调水工程，其中比较著名的有：中国南水北调工程、巴基斯坦西水东调工程、美国中央河谷工程与加州调水工程、澳大利亚雪山调水工程、加拿大切尔奇赫尔调水工程等。

提水　是指利用人力、畜力、机电动力或水力、风力等拖动机具（如水泵、水车等）开发水资源的一种途径。

水资源利用　方式各不相同，有的需消耗水量，如生产用水、生活用水和生态用水，有的仅利用水能，如水力发电，有的则主要利用水体环境而不消耗水量，如航运、渔业等。

2. 水灾害种类多样性

水灾害种类繁多，最常见的有江河洪水、山洪、涝渍、干旱、风暴潮、灾害性海浪、泥石流、水生态环境恶化等。

3. 水污染物质与效应多样性

从环境保护角度出发，任何物质若以不恰当的数量、浓度、速率、排放方式排入水体，都可造成水体污染，成为水体污染物，其范围非常广泛，种类多样。

水污染效应同样具有多样性。

水污染的物理效应　主要表现在改变水环境的物理性质，如热效应、感光效应、放射性效应等。

　　水污染的化学效应　　主要是由水体污染物之间或污染物与水环境之间的化学反应引起的环境效应。水体的化学污染可引起水体化学性质的变化，产生不同的化学效应，如酸碱化、硬水污染等。

　　水污染的生物效应　　主要是由水环境因素变化影响生物生长、繁殖等一系列生理活动的变化。每种污染物质都具有自身独特的生物效应，如重金属主要通过食物进入人体，不易排泄，能在人体的一定部位积累，使人慢性中毒，如日本的水俣病事件、骨痛病事件等。

　　水污染的生态效应　　主要是由水环境因素变化而引起水生态系统结构和功能的变化。

4. 水环境保护手段多样

　　水环境保护的方法和手段多样，如水资源统筹规划、涵养水源、调节水量、科学用水、节约用水、建设节水型工农业和节水型社会，制定水环境保护法规和标准、进行水质调查、监测与评价，研究水体污染物迁移、转化、降解和自净规律，建立水模型，制定水环境规划，实行科学的水质管理等。其中水污染控制是水资源保护最核心的内容。

（二）人类与大气环境作用多样性

1. 气象灾害多样性

　　气象灾害是自然灾害中最为频繁而又严重的灾害，是指大气变化产生的各种天气现象对人类的生命财产、国民经济建设及国防建设等造成直接或间接损失的灾害。气象灾害的形成在时间上有一个孕育和发生发展的演化过程，但每一次气象灾害在时间长度上、表现形式上、严重程度上都不尽相同。气象灾害的多样性与随机性、表现的隐含性、灾害的起源与路径的变动性、群发性，使得产生的后果更加多样化。随着全球变暖、气候发生变化，气象灾害的次数和严重程度正逐渐增加，人类将面临比以前更为严重的威胁。

　　从气象灾害形成的原因、性质和危害人民生命财产的特点可以分成7类：洪涝灾害、干旱灾害、热带气旋灾害、冷冻灾害、风雹灾害、连阴雨灾害、浓雾等其他灾害，如表8–3所示。

表 8–3　气象灾害分类

天气	气象灾害种类			
	总称	种类	灾害	引发的灾害
暴雨大雨	洪涝	暴雨洪水	山洪暴发、河水泛滥、城市积水	泥石流、山崩、滑坡
		雨涝	内涝、渍水	
久晴少雨高温	干旱	干旱	农业、林业、草原旱灾，工业、城市、农村缺水	森林、草原、城市火灾，作物病虫害
		干热风	干旱风、焚风	
		高温热浪	酷暑性高温、人体疾病、灼伤、高温高热	
狂风暴雨	热带气旋	（强）热带风暴、台风	狂风、暴雨、洪水	巨浪、风暴潮

天气	气象灾害种类			
	总称	种类	灾害	引发的灾害
冷空气、寒潮、霜冻、雨凇、结冰、大雪等	冷冻	寒潮	沙尘暴、大风翻船	交通事故
		冷害	强降温和气温低造成作物、牲畜、果树受害	
		冻害	霜冻，作物、牲畜冻害，水管、油管冻坏	
		冻雨	电线、树枝折断、路面结冻	交通事故、停电
		冰害	河面、湖面、海面封冻，雨雪后路面结冰	交通事故、阻碍航运
		雪害	暴风雪、积雪	交通事故、雪崩
雷雨大风、冰雹、龙卷风	风雹	雹害	毁坏庄稼、破坏房屋	
		风害	倒树、倒房、翻车、翻船	沙暴、巨浪、风暴潮
		龙卷风	局部毁灭性灾害	
		雷电	人畜伤亡、电器电子设备损坏	火灾
阴雨	连阴雨	连阴雨	对作物生产发育不利、粮食霉变等	农作物病虫害
雾	其他	浓雾	疾病、交通受阻、污闪跳闸停电影响生产	交通事故

资料来源：陆亚龙，肖功建. 气象灾害及其防御［M］. 北京：气象出版社，2001.

2. 大气污染物质多样性

凡是能使空气质量变差的物质都是大气污染物，其种类不下数千种，目前已知的有100多种，其中大部分是有机物。大气中污染物质多种多样，概括起来可分为两类，即颗粒状污染物和有害气体。目前，对于大气污染物的监测，美国提出了43种空气优先监测污染物；我国在《居住区大气中有害物质的最高容许浓度》中规定了34种有害物质的限值。

3. 大气污染效应多样性

大气污染的物理效应　主要表现在降低能见度，影响气味、光效应、电磁效应等。

大气污染的化学效应　大气污染可使建筑物、桥梁、文物古迹和暴露在空气中的金属制品及皮革、纺织等物品发生性质的变化，造成直接和间接的经济损失。SO_2 与其他酸性气体可腐蚀金属、建筑石料及玻璃表面，还可使纸张变脆、褪色，使胶卷表面出现污点、皮革脆裂，并使纺织品抗张力降低。O_3 及 SO_2 会使染料与绘画褪色，对宝贵的艺术作品造成威胁。

大气污染的生物效应　如全球变暖、臭氧层空洞带来的生态胁迫等使大气污染的生物效应也是多种多样的，本书第二章中已有详述。

（三）人类与土壤环境作用多样性

1. 土壤利用途径多样性

由于构成土地各要素的地域差异，土地在利用方向和效果上存在差异。国家标准《土地利用现状分类》（GB/T 21010—2017）规定了土地利用的类型、含义，将土地利用类型分为耕地、园地、林地、草地、商服用地、工矿仓储用地、住宅用地、公共管理与公共服务用地、特殊用地、交通运输用地、水域及水利设施用地、其他用地 12 个一级类、73 个二级类，适用于土地调查、规划、审批、供应、整治、执法、评价、统计、登记及信息化管理等。

2. 土壤灾害多样性

土壤灾害种类多样，主要包括：水土流失（或称土壤侵蚀）、土地沙化、草原退化、次生盐碱化和沼泽化、泥石流、土壤污染等。

3. 土壤污染物质多样性

通过各种途径输入土壤环境的物质种类多种多样，土壤环境中存在的污染物几乎囊括了自然界中存在的所有物质。不仅土壤污染物质具有多样性，其污染物来源同样具有多样性。根据土壤污染物的性质，一般分为无机污染物和有机污染物。无机污染物主要包括酸，碱，重金属（铜、汞、铬、镉、镍、铅等）盐类，放射性元素铯、锶的化合物，含砷、硒、氟的化合物等。有机污染物主要包括有机农药、酚类、氰化物、石油、合成洗涤剂、苯并 [a] 芘，以及由城市污水、污泥及厩肥带来的有害微生物等。

4. 土壤污染效应多样性

土壤污染的物理效应　土壤的放射性污染，使得植物体内积累了放射性物质，并可由食物链而进入人体。同时，土壤的放射性污染也可直接通过皮肤接触进入人体，或直接的外照射而危及人体健康；也可通过迁移至大气和水体，由呼吸道、皮肤、伤口或饮水而进入人体。当一定剂量的放射性物质进入人体后，可引起很多病变。

土壤污染的化学效应　土壤酸化是指土壤中盐基离子被淋失而氢离子增加、酸度增高的过程。不同类型的农药对土壤环境造成不同的污染效应，如有机氯农药的化学性质稳定、残效期长、短期内不易分解、易在人体脂肪中蓄积，造成慢性中毒；有机磷农药在水中能逐渐水解、残留性小，但能抑制胆碱酯酶的活性，引起某些神经功能紊乱，对人畜的急性毒性较大，易造成人畜急性中毒。

土壤污染的生物效应　土壤中各元素与生命活动密切相关，可见表 2-7 所示，其中某些元素含量的巨大变化引起生物明显病变称为地方病，这是土壤生物效应的一种表现，主要的地方病有地方性甲状腺肿、地方性氟病、克山病、大骨节病、砷中毒、铅中毒等。

土壤污染的生态效应　不同的土壤污染物质产生不同的生态效应。重金属对土壤的生态效应主要表现为对土壤生化过程的影响，影响土壤有机质的分解，以及氨化和硝化作用等，影响植物的正常生长和发育，以及微生物的数量、生物量、群落平衡及其生化活性，降低有机质的分解和转化速率。

（四）人类与生物环境作用多样性

1. 生物资源开发与技术多样性

生物资源提供了地球生命的基础，包括人类生存的基础。人们所有的食物大都来自野生物种的驯化，人类已利用了大约 5 000 种植物作为粮食作物，其中不到 20 种提供了世界绝大部分的粮食。植物和动物是主要的工业原料，现存和早期灭绝的物种支持着工业的发展过程。大多数医药原料起先都来自野外，在中国，对 5 000 多种药用植物已经有记载，世界上很多药物都含有从植物、动物或微生物中提取的或者利用天然化合物合成的有效成分。

现代生物技术包括基因工程、细胞工程、酶工程和发酵工程四大技术体系，其中基因工程是现代生物技术的标志性尖端技术。现代生物技术广泛应用形成了生物技术产业，形成了药品、农产品生产开发和环境治理的产业，其发展和应用为解决全人类的粮食短缺、医药、环境，以及能源问题，带来了美好的前景。

2. 生物灾害种类多样性

生物灾害是由植物、动物、微生物的活动和变化造成的灾害，主要包括生物体本身活动带来的灾害现象和人类不合理活动导致的生物界异常而产生的灾害现象。生物灾害的种类是多种多样的。甚至可以这样认为，任何一种生物的异常活动都可能形成灾害，只不过这种伤害对人类或直接或间接，损害或大或小而已。通常习惯于把生物灾害分为三大类：植物灾害、动物灾害和微生物灾害。

植物灾害　主要有：① 有害植物自身致灾，如有毒植物、植物致火等；② 有害植物的蔓延，如水葫芦、一枝黄花等造成的生物入侵；③ 天然火灾，如森林火灾、灌木火灾、牧场火灾等；④ 人为致灾，如乱砍滥伐、开垦草原、人为火灾；⑤ 生态危机，这是植物灾害的综合表现，其危害是间接的。

动物灾害　主要有：① 食肉动物造成的人身伤害，如虎、狼、狗、鲨鱼等；② 食草动物与家畜争食造成灾害，如澳大利亚的野兔、袋鼠泛滥等；③ 与人类争食造成的灾害，如鼠害、蝗虫灾害等；④ 传染疾病的灾害，如老鼠、苍蝇、蚊子等；⑤ 有毒有害动物，如松材线虫引起的具有毁灭性的森林病害；⑥ 人为活动使动物种类减少的灾害，特别是珍稀动物的灭绝。

微生物灾害　它是最直接，又最为恐怖的生物灾害。这些最细小、最原始的病原微生物能以各种不同方式传播疾病，引起人或其他动物死亡。粗略统计约有 1 000 种细菌、病毒、立克次体、螺旋体、寄生虫等病原体在威胁着人类的生命。它们所引起的传染病每一次暴发和流行，都给人类带来一场灾难。14 世纪欧亚两洲的鼠疫暴发，18 世纪欧洲的天花、结核病肆虐，1918 年全球流感大流行，死亡人数都在数百万甚至上千万，超过了任何一场其他自然灾害。除了对人的直接伤害外，一些病原体还会对畜禽及其他动物造成疾病和死亡，间接地给人类造成灾害。曾令欧洲人恐惧的疯牛病、被恐怖分子当作武器的炭疽菌，以及口蹄疫、禽流感、猪瘟、鸡新城疫、狂犬病、禽流感、SARS 等流行起来，致死率极高，造成的损失巨大。其中一些畜禽疾病还能感染给人，使人致病、致残、致死。

3. 生物污染效应多样性

生物污染对不同的生物引起了不同的污染作用，如引起生物基因变化、免疫体系变化、神经系统变化等，并导致生物界产生一系列的畸变。污染物对动物个体水平的影响主要有死亡、行为改变、繁殖下降、生长和发育抑制、疾病敏感性增加和代谢率变化，对植物影响主要表现为生长减慢、发育受阻、失绿黄化、早衰等。

在环境中，往往有多种化学污染物同时存在，生物暴露于复杂、混合的污染物中，此时产生的生物学效应与单一污染物分别作用完全不同，把两种或两种以上污染物共同作用所产生的生物学效应称为联合作用。根据生物学效应差异，又分为协同作用、相加作用、独立作用和拮抗作用。

习题与思考

1. 在生物多样性保护方面，人类在做哪些有益的努力？哪些措施比较卓有成效？在人类干预下，一些自然环境过程会发生较大的变化，试理解其中的规律作用特点。

2. 自然界诸多环境过程都是相互关联的，如生物过程中存在大量的物理过程和化学过程，化学过程中也伴随着物理过程。还有哪些过程是相互关联和交织的？试理解自然环境过程相互关联、相互作用的多样性。

3. 文化的保护是尽可能保持文化原本的内涵，一成不变吗？文化的保护与文化的交流、交融与发展是什么关系？落后的文化，需要保护吗？落后的文明，需要保护吗？如何理解当今世界文化、文明的冲突与文化多样性保护、文明多样性保护的关系？

4. 生态学规律给予人与环境相互作用哪些借鉴和启示？哪些生态学规律不能简单套用到人类社会或人与环境的相互作用？

5. 个人的需求和人类的需求之间是什么样的关系？各类需求是否能够或应当得到满足，需要具备什么样的条件？人类的需求如何影响人类的环境？正面的和负面的影响，分别有哪些具体的表现？

6. 除了物质、科学、技术层面创造的多样性，人类文明创造的多样性还大量地体现在人类的精神需求层面。请结合世界各国的民俗、文学、艺术，以及世界文化遗产、非物质文化传承等理解人类创造的多样性。

7. 人类的创造极大地影响着人与环境的相互作用，哪些影响是人们期望的，哪些影响是人们极力想要避免的？

8. 多样性原理是一个普遍的规律，那么在我们的学习、生活、工作中有哪些客观存在的多样性？我们应当如何适应这些多样性的客观存在？

第九章　人与环境和谐原理

和谐是中国古代思想史中的一个重要概念，也是中国传统文化的典型特征。和谐是一个属于美学概念的词，是审美创造的重要原则之一。在环境科学研究中，"和谐"取义于其本义中的平衡、协调的含义。人与环境的和谐就是在人类与环境相互作用中取得的一种相互协调、相互平衡的状态。和谐原理提供了判别环境问题的基本准则：无论是自然原因还是人为原因，无论其表现形式如何的多种多样，只要损害或破坏了人与环境的和谐，环境问题就出现了；人与环境和谐的底线不能突破，人与环境和谐的程度上无止境。

第一节　人与环境和谐原理概述

纵观人类历史，人与环境的和谐程度大致可以包括适应生存、环境安全、环境健康、环境舒适和环境欣赏五个方面的内容，它们在和谐程度上，是逐级递增的。值得指出的是，人与环境的和谐既包括人与自然环境的和谐，也包括人与人工环境的和谐，以及人工环境与自然环境的和谐。人与环境和谐与目前广为流行的"人与自然和谐"两者含义是一致的。

一、适应生存

适应生存是一切生命存在的基本条件，也是人与环境和谐的最低层次。适应生存的条件下，人们仅能够勉强维持基本的生理需求，需要时刻提防危险动物的攻击，以及一些危及生命的灾难的降临，生存状况基本上和其他动物没有太大的差别。在这样的和谐背景下，人类需求的满足停留在生存的基准线上，人口死亡率很高，人口增长和人类发展都很缓慢；人类尽一切可能向环境索取，同时受制于环境，也无力建设环境，人与环境之间主要处于适应生存的状态。

目前，世界上大多数国家早就解决了适应生存的问题，中国也在 20 世纪 80 年代以后解决了温饱问题。但是，这并不意味着人类已经彻底解决了适应生存的问题，除了一些国家和地区还挣扎在基本温饱的边缘，人口剧增、资源耗竭、生态环境破坏，特别是人类生命支持系统的破坏，使人类仍然面临难以适应生存的困境。

二、环境安全

环境安全是指人类社会的生存和发展安全免于灾害的危险和威胁。人类与威胁环境安全的灾害之间的斗争，基本上伴随着人类发展的全过程。过去人类主要面对的是天文、地质、气象水文、土壤生物等自然因素形成的灾害。当前，人类发展过程中产生的人为灾害，正成为严重威胁环境安全的另一个难题。环境公害、战争、核威胁、生物安全等问题已经成为或正在成为人类最终实现环境安全的巨大障碍，这些安全问题对人类的威胁不亚于自然灾害。人类是否会被自己发展起来的文明所毁灭？人类如何避免自己灭亡自己，已成为当今人们需要思索和回答的一个重大问题。

三、环境健康

环境健康是指在人类与环境相互作用的过程中，环境系统功能正常，环境质量良好，人类身心健康有保障。度量环境健康的主要指标是环境质量。环境质量一般是指在一个具体的环境内，环境的总体或环境的某些要素，对人群的生存和繁衍，以及社会经济发展的适宜程度，是反映人类具体需求而形成的对环境评定的一种概念。

环境污染是对环境健康的直接威胁，严重影响着环境质量和人类健康。原生性环境污染的主要表现是各种地方病，如地方性甲状腺肿、地方性氟病、克山病、大骨节病等。人为造成的污染是目前环境污染的主要形式。环境污染造成环境质量下降、环境系统功能削弱和丧失，严重危及人类身体健康，破坏和损害人与环境之间的和谐。

四、环境舒适

环境舒适代表着更高的人类与环境之间的和谐程度，需要比较高的社会、经济发展水平、良好的环境和生态作为基础。以城市环境为例，舒适的城市环境意味着适宜的人口密度、完善的基础设施、充足的绿地广场、便捷的城市交通、良好的环境质量、宽敞的住宅、丰富的休闲娱乐场所、方便的服务系统、快捷的信息通信服务和良好的周边生态环境，以及具有活力的社会经济体系等。总而言之，就是要有舒适的人居环境和良好的发展空间。目前，世界发达国家和部分发展中国家的少数城市，人类与环境之间的和谐程度已经达到这样的水平，但对于世界大多数人而言，还只是奋斗的目标。

五、环境欣赏

环境欣赏的和谐程度下，人类物质需求已经得到相当充分的满足，精神需求成为人类生产和生活的主要内容。人们欣赏自然景观中（天象、气象、山水、生物）包含的形象美、色彩美、动静美、朦胧美、气息美和寓意美，欣赏人文景观中（文化遗产、城市建筑、园林绿化、工艺美术等）包含的和谐美、色彩美、特色美和人文美等，从而获得精神上的极大愉悦。当人类大多数有条件尽情欣赏环境美，从中获得精神满足的时候，可以认为，人类与环境的和谐程度总体上达到了环境欣赏的高度。

第二节 适 应 生 存

人类通过对环境的生态适应生存下来并不断发展。人类作为地球生态系统的组成部分，必须与地球生态系统相适应，另一方面，人类的生产、生活都必须依赖于一定的自然资源，包括水资源、土地资源、矿藏资源及能源等。"适应生存"的基本要求是维系良好的生态系统和保障满足基本需要的资源供给。

适应是通过行为、生理和遗传的变迁方式产生与环境有利关系的过程。生态学中的生态适应是指生物与其生存环境的协调过程，生物在与环境长期的相互作用中，形成一些具有生存意义的特征，依靠这些特征，生物能免受各种环境因素的不利影响和伤害，同时还能有效地从其生境获取所需的物质、能量，以确保个体发育的正常进行。而环境学中的适应是指人类与环境的协调过程，也可指协调过程的后果。人作为生物的人和社会的人，既具有生物生态属性，又具有社会生态属性。作为生物的人，人对环境的生物生态适应使人类形成了不同的人种和不同的体质形态；作为社会的人，人对环境的社会生态适应形成了不同的文明。

适应关系常常是稳定的，并持续很长一段时间。例如，在温带落叶林地区，植物、动物、土壤等彼此保持着独特的长期关系，即使面临相当严重的冲击也能坚持。否则，温带落叶林就可能与其他各具特色的生态难分彼此，如沙漠、草原或热带森林等。这种稳定性引导生态学家界定了生态系统的概念。生态系统是一组相当稳定的关系，反映一群生物彼此适应，以及对环境的适应。

一、生物生态适应

在人类与环境相互作用的过程中，作为生物的人，人类对环境的生物生态适应是最基础也是最重要的方面。一个生物种群在特定空间内个体数目的多少，不仅取决于它本身的生物特性和繁殖能力，而且必定还要受到其必要的生存空间和自然资源的限制。人类的生存、进化和发展与生态环境有着不可分割的关系，人类的外部形态、内部结构、生理生化等方面的特点，与其生存的环境有着密切的联系。人作为生态系统的组成部分，必须与其所生存的生态系统相适应。

人类由古猿进化而来，人类完成从猿到人的进化过程，正是对环境的变化逐步产生生态适应的结果。人类进化与生存环境的变化有密切关系，尤其是全球性的气候变化，及由它引起的植被和地形的变化。人类从猿到人的进化是生存环境变化造成的生态适应进化的结果。不少科学家认为促使猿从四条腿爬行变成两条腿直立行走的原因，是当时地球气候变得干燥，森林面积缩小，早期人类被迫从树栖生活变为草原生活。

从地球上诞生了人类以后，人类逐步由诞生地向世界各地迁徙。人类的迁徙是人类为生存而适应环境的表现，也具有主观意识的特点。亚洲南部和非洲东部的热带、亚热带地区是人类诞生的摇篮。随后，人类便逐水源和森林迁徙流动。大约在 4 万年前，人类已扩散到亚洲、非洲、欧洲三大洲的疆域，并在距今 3.5 万年前出现了人类向美洲和大洋洲迁徙的行为。那时，亚洲蒙古人种的一支从亚洲北部地区，穿过白令海峡迁徙至北美洲的阿拉斯加地区，之后又向南移动；大约到了新石器时代的初期，到达了南美洲的最南端。另一支亚洲人则向南移动，从马来半岛迁徙到印度尼西亚的爪哇岛，而后再迁往大洋洲。在欧洲，大约从公元前 4 世纪，古罗马人大举移入欧洲腹地和中东地区。公元前 2 世纪，日耳曼人向东迁徙到多瑙河下游地区。

广布于世界各地的人类，由于环境的多样性，不同的人群长期适应不同的气候环境。长期生态适应的结果就是，当人类的体质形态和社会组织发展到一定阶段时，在世界范围内，出现了一定地域环境所形成的人种。人种或种族是指根据能遗传的体质形态特征（如肤色、发色、发型、眼色和眼形，胡须和体毛的多少，身材的高矮，四肢的比例等，以及一些明显的生理、生化特征如血型等）划分出来的地域性的人群。人类对环境的生物生态适应的趋异性，造就了世界上不同的人种。但作为世界上不同的人种来说，对相同环境条件的影响，也有趋同适应的表现。而且，这种生态适应现象具有一定的规律性：

第一，人类对地理环境影响的生物生态适应性，不论其种族和民族的属性如何，都会在同样的方面表现出来。

第二，人体生态适应的反应率，即人体特征的变化，是在某种族所固有的界限范围内实现的，这是人体对地理环境反应的自然遗传性。

第三，人类对极端环境的生态适应具有补偿性的特征。例如，当人群处于极端环境下，人的体重减轻、胸围和身体肌肉块减小，以及在人群体质下降时，其血液中制造免疫体的 γ– 球蛋白含量呈增加的趋势，从而提高人体对极端环境生态适应的能力。

第四，人类对环境生态适应最普遍和明显的特征，在于组成人体的化学元素与其所处环境的化学元素背景值息息相关，环境本底的化学元素含量的多少，往往决定其居民体质形态的某些特征。例如，在含有大量的促进骨骼生长的化学元素的地区内，居民都在自己所属人种的体质范围内，显得身体相对高大而魁伟，头较长而颅骨显得优美；而生活在含抑制成骨过程元素（硅）较多的地区，居民的特点恰恰相反，身材相对矮小，脸型较大，颅骨宽而短。

第五，人类的食物结构是人对环境中生存资源的一种文化生态适应，而人的生物生态适应又与这种文化生态适应息息相关。例如，人类血清内胆固醇含量与食物内脂肪和蛋白质的含量及热量成正相关，而与食物内糖的含量成负相关。环境中的动植物，以及人的食性，也是人类生物生态适应的一个重要原因。

二、社会生态适应

作为地球上的一个生物种群，人类种群的增长和发展必然要受到自然生态环境的限制。而人类之所以能够成为世界最广布的一个生物种，是因为人类除了具有生物生态属性，还具有社会生态属性，能够创造文明，从而改变环境，使环境更加适合人类生存发展。随着人类社会的发展，人类对环境的社会生态适应形成了不同的文明。人类创造了文明来适应环境，也意味着人类利用文明来提高环境承载力，减少环境阻力。人类作为地球生态系统的组成部分，必须与地球生态系统相适应，另一方面，人类的生产、生活都必须依赖于一定的自然资源，当人类逐渐认识到地球的资源有限，才开始由鼓励生育的文化转变为有计划生育的文化，以此适应与环境、资源的协调发展。

早期人类的文明为渔猎文明。当时的人类以小群体的采集－狩猎活动为生。小群体所能开发的区域是有限的，他们通常以营地为中心，在半径为 10 km 的范围内活动。领地内人口的数量受领地生态系统各方面条件的限制，特别是水和食物资源的限制。人口数量主要取决于资源潜力、食物途径和消费水平等因素。领地人口的多少与资源潜力及食物途径成正比，而与消费水平成反比。

总的来说，资源潜力越大，食物途径越多样化，也就是人口的食物网越复杂，领地生态系统所能支持的人口越多，也越稳定。两者对人口规模的制约是通过当时领地内居民的生产能力来实现的。由于原始时代人类种群的数量受资源潜力、食物途径和消费水平三项因素的限制，渔猎文明时代人口的基本特点是低密度和小群体，人口增长的环境阻力是较大的。那时的人口密度一般为 0.01 ~ 1 人 /km^2。

距今1万多年以前，地球上的人类开始创造农业文明，以后的几千年内，农耕文化一直是人类适应地球环境的主要方式。因为在人类将动植物驯化成功以后，人类的食物来源发生了巨大的变化，不再完全依赖自然界提供的野生动植物，而出现了栽培作物和最早的畜牧业，食物来源变得稳定且可控。这当中，采集－狩猎方式造成的对环境的人口压力和日益增长的环境阻力，是萌发农业的重要动力。因为农业文明与渔猎文明相比，能大大提高土地对人口的承载能力（提高的幅度约在 500 倍）、减少环境阻力。但是，在整个农业文明发展的进程中，由于对土地资源的不合理利用（如过度放牧、大水漫灌的耕作方式等），以及快速增长的人口，对环境的压力骤增，往往导致了环境的退化。

工业革命以后，随着科学和技术的进步，地球上人口增长和人口的规模是空前的，人类对地球有限资源的需求也是空前的。一方面，人类通过大幅度提高生产力和生产效率以减少环境阻力，提高地球人口的环境容量；另一方面，人口的迅速增长又对环境和资源造成了巨大的压力。这两方面的矛盾，促使人类必须调整自己的文明发展方向和策略，包括调整生育文化、绿色文化来使人口、资源和环境协同共进，提升人与环境的和谐度。

第三节   环 境 安 全

凡危害人类生命财产和生存条件的各类事件通称为灾害。纵观人类的历史可以看出，灾害的发生原因主要有两个：一是自然因素，二是人为影响。通常把以自然变化为主因的灾害称为自然灾害，如地震、风暴潮；将以人为影响为主因的灾害称为人为灾害（包括环境灾害、人为灾害等），如人为引起的火灾和交通事故。环境安全的基本要求是不断提升抵御自然灾害和环境灾害的能力，建立对这些能力的评价方法和体系。

一、自然灾害与安全

（一）自然灾害定义和分类

《环境科学大辞典》对自然灾害的定义是：自然环境的某个或多个环境要素发生变化，破坏了自然生态的相对平衡使人群或生物种群受到威胁或损害的现象。

自然灾害的分类是一个很复杂的问题，根据不同的考虑因素可以有许多不同的分类方法。根据自然灾害的特征及自然灾害在地球环境系统中出现的位置，可以将自然灾害分为以下类型：① 天文灾害：如超新星爆发、陨石冲击、太阳辐射异常、电磁异爆、宇宙射线等；② 地质灾害：如火山爆发、地震、岩崩、雪崩、滑坡、泥石流、地面下沉等；③ 气象水文灾害：如旱灾、水灾、风灾、沙尘暴、雪灾、雹灾、寒潮、霜冻、低温、陆龙卷风及气候异常等；④ 海洋灾害：如台风、海啸、风暴潮、海水倒灌、海岸侵蚀、厄尔尼诺、赤潮等；⑤ 土壤生物灾害：如农业病虫害等。

（二）自然灾害与防灾减灾

虽然人类很难避免自然灾害的发生，但是可以采取一些措施来减少灾害带来的损失，如灾害预报、建设堤坝等防灾设施，提高建筑物抗灾能力，灾害中的紧急救助，以及灾后疾病控制和灾区重建等；也可以运用已经掌握的规律，避开在灾害多发地区进行建设，或者避免人为地制造或强化自然灾害；在某些条件下，也可以通过干预灾害形成的条件，达到减少灾难发生、削弱灾难影响的目的，如应对旱灾的人工降雨、流域水资源调度，应对洪水灾害的水库调蓄、综合防洪措施等。在科学技术日益发达的今天，人们已经能够在一定范围内控制一些诸如洪灾、蝗灾、病虫害，以及地面下沉塌陷等灾害的发生，也许将来人们还可以实现更多灾害的有效防治。

1. 影响自然灾害危害程度的因素

自然灾害的危害方式和破坏效应主要表现为危害人群生命健康和正常生活，破坏各项产业设施，阻碍经济健康发展，破坏资源和生态环境，削弱区域社会持续发展的能力。概括来说，自然灾害危害程度主要取决于自然灾害活动程度和社会经济的发展水平，以及对自然灾害的防御、承受能力。

自然灾害活动程度 主要包括 3 方面因素：第一，自然灾害种类，危害最严重的自然灾害通常为洪涝、旱灾、地震、台风、风暴潮，其次为风雹、低温冻害、雪灾、沙尘暴、生物病虫害、森林火灾、滑坡、泥石流等灾害，再次为海冰、海浪、赤潮、地面塌陷、地面沉降、地裂缝等灾害。若一个地区多种自然灾害并发，其危害则尤其严重。第二，自然灾害活动的强度或活动的规模，指的是洪涝灾害的水量和重现期规模、旱灾的持续时间及降水量异常减少的程度、地震震级和烈度、风暴潮的增水值等。自然灾害的活动强度越高、规模越大，其造成的危害也越严重。第三，自然灾害活动的频次，即自然灾害活动的次数和密度。

社会经济发展水平 包括人口密度、城镇密度、财产密度、产值密度和产值构成等要素，还包括防灾工程，以及其他防灾措施等要素，这些要素汇集在一起就综合地反映了区域社会经济的发展程度。从一般意义上说，一个地区的社会经济越发达，城市化程度越高，人口密度、财产密度、产值密度越大，自然灾害所造成的受灾人口和财产损失的绝对数量也越大；但是，这些地区由于经济发达、资产雄厚，防灾水平通常也较高，所以承灾能力比较强，同等烈度自然灾害所造成的损失比较小，且灾后恢复能力较强，因此自然灾害的危害程度反而比较轻。

2. 自然灾害危害程度的评价指标

自然灾害对社会经济系统的危害程度是根据受灾人口、损毁房屋、受灾农作物面积和经济损失等进行综合评价的。由于自然灾害对社会经济具有多方面的危害，因此其评价指标是一个具有多层次特点的指标体系。根据自然灾害的主要破坏效应和中国灾情统计现状，我国通常选取如下指标来评价社会经济系统受灾程度。第一，受灾人口，包括因灾死亡人口、失踪人口、伤残人口，因灾围困和转移人口，以及因房屋遭受破坏、农作物因灾减产或收入因灾减少而发生较严重生活困难的人口。第二，损毁房屋，包括因灾倒塌的房屋、被淹房屋、被灌埋的房屋，以及结构、构件、功能遭受破坏的房屋。第三，受灾农作物面积，包括因灾绝收或减产的粮食作物、油料作物，以及经济作物等的面积。第四，经济损失，指因灾造成的以货币形式反映的直接经济损失，主要包括因人口伤亡、牲畜死亡、粮食损毁及各种物资、破坏房屋及各种工程设施、农作物减产等造成的经济损失。

为了反映社会经济受灾程度的时空变化，各项指标可分为绝对性指标和相对性指标。前者是指一定区域、一定时间内受灾人口、损毁房屋、受灾农作物面积，以及经济损失的数量，即损失总量或单位时间、单位面积的平均损失数量。后者则包括 3 种：一是指各类受灾数量与同类受灾体总量的比值；二是不同时段受灾指标的比值，反映受灾程度的时间变化；三是不同地区之间，以及各地区与全国平均受灾指标的比值，反映受灾程度的区域变化。

二、环境灾害与安全

所谓环境灾害即指在人类与环境相互作用过程中，人类活动作用超过所在环境的承载能力，致使人类环境的系统结构与功能遭到较大破坏，以致部分或全部失去服务于人类的功能，甚至对人类生命财产构成严重威胁，造成人类生命财产严重损失的环境现象，具有自然与社会双重属性。环境灾害所强调的是其后果的严重性，包括人员伤亡与财产损失。只有当人与环境相互作用，产生不利于人类生存的严重后果以后，才认为暴发了环境灾害。环境灾害的根源是人类社会自身，随着人类活动的加剧，环境灾害的严重化趋势是不难预见的。印度博帕尔事件、苏联切尔诺贝利事件等一系列重大环境问题，已经使人类深切感受到了环境灾害的切肤之痛。

（一）环境灾害的基本特性和分类

1. 基本特性

一是具有被动诱发性，是在一定条件下发生的，包括由一些自然灾害或人为因素诱发的。二是具有群聚性，致灾因子与承灾体在时空上分布的不均匀性，导致环境灾害在时空上存在相对聚集与分散的特性。三是突发性与影响的持续性，环境灾害的发生大多是突然的，而对承灾体的影响的持续性表现为环境灾害形成的过程和影响历时较其他灾害长，如全球变暖造成的极端天气多发形成于长期的温室气体排放，而其是对生态环境的影响往往不是几年内就可以恢复的。四是多样性和差异性，环境灾害是多种多样的，其成因及机理、发生、发展与演变过程，影响所涉及的时空范围等方面都存在着极大的差异。五是可控性与不可完全避免性，环境灾害与自然灾害相比，包含极大的人为因素，人类不能抗拒自然规律，但可约束自身行为，控制灾害的发生条件；与此同时，诸多人为疏忽和意外，导致环境灾害难以完全避免。

2. 分类

随着人类不合理活动的加剧，自然界对人类的报复也在逐渐升级。这种报复升级的表现就是环境灾害的发生。一般而言，某些环境问题严重到一定程度，就产生较大的危害性，会直接产生或间接导致一些类似于自然灾害或人为灾害的灾害性事件。目前，环境灾害已经被认为是与传统的自然灾害、人文灾害相并列的一种新的灾害类型，见表9-1。

表 9-1　灾害的分类体系：自然灾害、环境灾害和人文灾害

灾害类型	灾种
自然灾害	陨石与太阳风等天文灾害；旱灾、飓风、暴雨、龙卷风、寒潮、热带风暴与暴风雪、霜冻等气象灾害；洪水与海水入侵等水文灾害；地震、火山、滑坡与泥石流等地质灾害；以及病虫害与瘟疫等生物灾害等
环境灾害	资源枯竭、重大环境污染事故、酸雨、水土流失、土壤沙化、气候变暖、臭氧层破坏、物种灭绝，以及人为诱发的地震、滑坡、泥石流与地面沉降等地质灾害
人文灾害	战争、犯罪与社会动乱等政治灾害；人口爆炸、能源危机与经济危机等经济灾害；计算机病毒、交通事故、空难、海难与火灾等技术灾害；社会风气败坏与文化技术落后等文化灾害

资料来源：曾维华，程声通. 环境灾害学引论. 北京：中国环境科学出版社，2000.

环境灾害分为全球性环境灾害、区域性环境灾害与局域性环境灾害。全球性环境灾害包括污染型环境灾害与资源型环境灾害。区域性与局域性环境灾害包括污染型环境灾害与地质环境灾害（也有人称之为环境地质灾害）。

全球性环境灾害　指那些影响范围涉及全球各个角落，需要世界各国政府、专家学者共同协作，制定全球范围内的减灾策略，才能控制的环境灾害现象。其中全球性污染型环境灾害主要包括：由于温室效应造成的海平面上升等危及人类生命财产的灾害现象与由于大气层中臭氧层破坏造成环境灾害现象，以及由于空气污染造成的酸雨灾害等。全球性资源型环境灾害主要包括：由于人类掠夺性开发造成的全球范围内的自然资源枯竭，以及由于乱砍滥伐森林造成的水土流失、滥垦草原造成土地沙漠化与物种灭绝，以及由此导致的生物多样性锐减等环境灾害。目前，在世界范围内全球性环境灾害已引起高度重视，各国政府与世界组织对全球性环境灾害问题都进行了大量研究工作。

区域性环境灾害　指那些影响范围仅限于某一地区或流域，但在一定时空范围内对人类生命财产构成严重威胁的环境灾害现象。区域性污染型环境灾害主要包括：由于严重的水环境污染或严重的水环境污染事故造成的环境灾害现象（如1995年9月淮河流域发生的重大水污染事故）；由于严重的大气污染或严重的大气污染事故造成的环境灾害现象

（如著名的英国伦敦烟雾事件、比利时马斯河谷事件，以及美国洛杉矶光化学烟雾事件）；土壤环境灾害（如输油管漏油事故造成的大面积土壤环境污染等）、放射性环境灾害（苏联切尔诺贝利核电站核泄漏事故等）与城市垃圾污染灾害等。区域性水文地质环境灾害包括：由于地下水过度开采或地下矿产资源开采造成地面塌陷灾害；由于地下水过度开采引起的海水入侵，进而造成土壤盐碱化等次生灾害的环境灾害现象；以及植被破坏等原因造成的次生泥石流与滑坡灾害；由于水利设施的建立或由于油井注水引发的地震灾害等。

局域性环境灾害　主要是指那些在小范围内发生的（由于某一污染源出现事故排放等），但强度很大，对周围环境及人类生命财产构成严重威胁的环境灾害，如印度博帕尔光气泄漏事件等。其分类体系与区域性环境灾害类同。

环境灾害分类体系见表 9-2。

表 9-2　环境灾害分类体系表

环境灾害		灾种
全球性环境灾害	污染型环境灾害	温室效应诱发的环境灾害 酸雨 臭氧层破坏造成的环境灾害
	资源型环境灾害	自然资源枯竭 水土流失与土地沙漠化 物种灭绝与生物多样性锐减
区域性环境灾害	污染型环境灾害	水环境灾害 大气环境灾害 土壤环境灾害 放射性环境灾害 城市垃圾灾害
	地质环境灾害	海水入侵灾害 地面沉降灾害 次生泥石流与滑坡 水库诱发地震 油井注水诱发地震
局域性环境灾害	污染型环境灾害	水环境灾害 大气环境灾害 土壤环境灾害 放射性环境灾害 城市垃圾灾害
	地质环境灾害	海水入侵灾害 地面沉降灾害 次生泥石流与滑坡 水库诱发地震 油井注水诱发地震

（二）环境灾害的量度

环境灾害是由环境风险演变而来的，反过来又给承灾体带来风险。对承灾体而言，环境灾害是一种风险，也就是说环境灾害对承灾体构成一种潜在的威胁。可见，环境灾害和环境风险密不可分，通过环境灾害的风险评价可对环境灾害加以研究。环境灾害的度量正是通过环境灾害的风险评价进行的。环境灾害的风险评价是通过灾害不确定性理论的探索和灾害危险的识别及预测，探讨灾害危险的孕育、发展和灾害产生的规律，为灾害防御和环境保护提供科学依据。灾害的风险评价包括风险识别、风险评定和社会评估三个部分。其中风险识别是对灾害风险构成因素的识别和剖析，是风险评价的基础；风险评定是对已识别风险的度量和预测，是风险评价的重点；社会评估是对风险管理决策的评价，是一种比较分析法。

1. 环境风险评价的基本内涵

环境风险是由自发的自然原因和人类活动引起的、通过环境介质传播的、能对人类社会及自然环境产生破坏、损害及毁灭性作用等不幸事件发生的概率及其后果。一个具体事件或事故（以 x 表示）的风险可表示为

$$R(x) = P(x) \times C(x)$$

不幸事件发生的概率称为风险概率（P，事故/时间），也称风险度；不幸事件发生后所造成的损害称为风险后果（C，危害/事故）；风险（R，危害/时间）就是前两者的积。

2. 环境风险评价的范围

环境风险评价的范围，指环境风险评价活动所要识别的工作对象及主要内容。环境风险评价是一项技术性很强的活动，其评价范围往往受到技术条件的限制。因此一国的工业技术水平往往对一国的环境风险评价的范围产生影响。受技术条件和技术水平的影响，各国对环境风险评价的范围规定存在很大差异，而且这一制度还处于初步发展阶段，很多国家对此并没有专门立法规定。

广义的环境风险评价是对人类行为诱发的灾害及自然灾害，对人体健康、经济发展、工程设施、生态系统等可能带来的损失进行识别、度量和管理。目前在我国环境风险评价中多采用狭义的风险定义，指在一定时期产生有害事件的概率与有害事件后果的乘积。实际上该定义是指风险的强度或大小，把风险的内涵缩小了。环境风险评价不仅分析特大事故的危害，找出其发生概率，分析后果和影响，而且还评价一些常规性的环境污染，对应相应指标，分析其可能打破标准的概率。

（三）环境灾害管理

尽管一般而言环境灾害对人类生活和经济建设的危害程度不比一些自然灾害大，但其灾难性后果的广泛性与持续性却是自然灾害无法比拟的，并且有些灾难性后果是无法恢复的，如不严加控制，甚至可造成整个自然生态环境的彻底崩溃。环境灾害不仅为人民生活和经济建设带来巨大危害，同时还能动地为自然灾害的形成和发展提供背景条件。这不仅表现为较脆弱的环境系统对自然灾害有较大的破坏响应，更重要的是对自然灾害的发生频率与强度将有直接的反馈作用。近年来，自然灾害频发，损失加剧，在很大程度上是自然生态环境恶化的结果。从此意义上讲，环境灾害较之自然灾害更可怕，更应引起人类高度重视。

与自然灾害不同，环境灾害的形成既有自然因素，又有人为因素；因此，在顺应自然规律的前提下，人类社会应该发挥人的主观能动性，运用技术、经济、法律、行政和教育等各种手段，削弱、消灭或回避环境风险源，控制环境风险因子的释放与传播，限制环境风险的发展与演变，隔离、保护或转移承灾体，以达到减轻环境灾害危害性后果的目的，从而提升人与环境的和谐度，实现环境安全。

环境灾害管理包括在环境灾害发生之前设法减轻可能造成的影响（建立减灾预案与环境灾害预警等），以及环境灾害发生时的危机管理（人员疏散与救助等）与灾后恢复（灾后重建、生态修复）等。环境灾害管理涉及的内容很多，具体包括：环境灾害的监测与信息收集、管理与传递；环境灾害风险分析与预测预报（预警）；环境灾害区划与规划，建立减轻环境灾害的预案，并进行人员、物资、装备的储备和准备；减轻环境灾害、环境灾害爆发过程中的救助，以及灾后恢复重建等方面工作的组织与协调；有关环境灾害管理的方针、政策与法规的制定；环境灾害管理组织结构的建立；环境灾害的公共监督机制的建立；环境灾害的宣传教育与减灾防灾培训等。

第四节   环 境 健 康

环境健康意味着人与环境的和谐关系之中，人类健康和生态系统健康都能得到保障。当人与环境各要素处于平衡时，人的健康状态才能保持，一旦这种平衡被打破，健康会受到影响，疾病即会发生。当人类的生产活动过程中排入环境中的废弃物数量或浓度超过了环境的自净能力，造成环境质量下降即环境污染时，就可能引起相应的健康效应，从而降低人与环境之间的和谐程度。

一、原生环境问题与健康

原生环境指天然形成的基本上未受人为活动影响的环境。原生环境问题是自然环境中原来就存在的不利于人类活动与生存的因素，如地球化学异常、虫灾等引起的环境问题。原生环境问题的主要表现是地方病，包括化学性地方病和生物性地方病，如地方性甲状腺肿、地方性砷中毒、克山病、大骨节病等。

（一）化学性地方病

研究表明，人的生长和发育与一定地区的化学元素含量有关。在地球地质历史的发展过程中，逐渐形成了地壳表面元素分布的不均一性，如局部地区某些元素含量过多或过少等，从而导致当地居民人体与环境之间元素交换出现不平衡；人体从环境摄入的元素量超出或低于人体所能适应的变动范围，就会患化学性地方病。某些地方由于地质的原因，环境中某些必需微量元素含量过低，影响该地生活人群对元素的摄入量，造成体内微量元素缺乏，严重时出现临床症状，导致疾病的发生。例如，缺碘地区可出现以地方性甲状腺肿和克汀病为典型表现的碘缺乏病；缺硒地区可发生克山病和大骨节病。相反，由于环境中浓度过高，导致人群中必需微量元素或非必需微量元素摄入过多时，也会对健康带来危害。例如，含氟量过多的地区常常出现以氟斑牙和氟骨症为主要表现的氟中毒；饮水中砷过高可导致慢性砷中毒。环境健康学中将这类由于某些地区的水土中某些微量元素过多或过少而引起的疾病称为生物地球化学疾病。生物地球化学疾病往往明显局限于一定地区，因此也称为地方病。

（二）生物源性地方病

生物源性地方病是在某些特异的地区，由于某些致病生物或某些疾病媒介生物滋生繁殖而造成的。生物源性地方病是一类传染性的疾病，病因为微生物和寄生虫，如细菌、蠕虫等，包括鼠疫、布鲁氏菌病、乙型脑炎、森林脑炎、流行性出血热、钩端螺旋体病、血吸虫病、疟疾、黑热病、肺吸虫病、包虫病等。

二、环境污染与健康

环境污染是对环境健康的直接威胁，严重影响着环境质量和人类健康。目前，全球范围内的环境污染对人体健康的危害已受到公众越来越多的关注，各国设立了专门的研究机构，投入了大量的资金，开展环境污染对人体健康的影响研究，尤其是针对持久性有机污染物（POPs）和持久性有毒污染物（PTs）的研究。对于各类环境污染对健康的影响，在前述章节中已有简略介绍，这里对大气污染、水污染、土壤污染做比较简要的陈述。

（一）大气污染与健康

大气污染物种类繁多，但排放量大、污染范围广、危害严重的只有几十种，可分为化学性物质、放射性物质和生物性物质三类。

1. 化学性物质污染与健康

对大气造成污染的化学性物质主要来自煤和石油的燃烧与加工。冶金、焦化、石油化工和火力发电等工业生产过程排入大气中的有害化学物质最多。最常见的大气一次污染物有：① 颗粒悬浮物，包括降尘、飘尘、石棉和无机金属粉尘等；② 有害气体，包括二氧化硫、二氧化氮、一氧化碳、碳氢化合物、氟、氯、硫化氢、硫醇和氨等。大气二次污染物主要是光化学氧化剂、硝酸雾和硫酸雾等。

一个成年人每天吸入 $10 \sim 15 \ \mathrm{m^3}$ 空气，大气中的有害化学物质一般是通过呼吸道进入人体的。也有少数的有害化学物质经消化道或皮肤进入人体。大气污染对健康的影响，取决于大气中有害物质的种类、性质、浓度和持续时间，也取决于人体的敏感性。例如飘尘对人体的危害作用就取决于飘尘的粒径、硬度、溶解度和化学成分，以及吸附在尘粒表面上的各种有害物质和微生物等。有害气体在化学性质、毒性和水溶性等方面的差异，也会造成危害程度的差异。另外，呼吸道各部分的结构不同，对毒物的阻留和吸收也不尽相同。一般说，进入越深，面积越大，停留时间越长，吸收量也越大。成年人肺泡总面积为 $55 \sim 70 \ \mathrm{m^2}$，而且布满毛细血管，因此，毒物能很快被肺泡吸收并由血液送至全身，不经过肝脏的转化就发生作用，所以毒物由呼吸道进入机体的危害最大。

大气中的某些有害化学物质还具有致癌作用。它们大部分是有机物，如多环芳烃及其衍生物，小部分是无机物，如砷、镍、铍、铬等。在严重污染城市的大气烟尘和汽车尾气中，可检测出 30 多种多环芳烃组分，其中苯并[a]芘的存在比较普遍，致癌性也最强。20 世纪 50 年代以来，各国城市居民的肺癌发病率和死亡率都在逐渐增高，而且显著高于农村，有的已超过胃癌、肝癌、宫颈癌而上升为第一位。英美各国流行病学调查资料表明，城市大气中的苯并[a]芘浓度或煤烟量与肺癌死亡率有明显的相关性。但这种关系究竟是致癌还是促癌，尚待进一步研究。美国公共卫生署已作出吸烟与肺癌有关的结论。

2. 放射性物质污染与健康

大气中的放射性物质主要来自核爆炸产物。一些微小的放射性灰尘能悬浮在大气中很多年。此外，放射性矿物的开采和加工、放射性物质的生产和应用，也能造成对空气的污染。污染大气起主要作用的是半衰期较长的放射性元素，如铀的裂变产物，其中重要的是 ^{90}锶和 ^{137}铯。放射性元素在体外，对机体有外照射作用；通过呼吸道进入机体，则有内照射作用。放射性物质在肺中的浓度，通常比在其他器官中大，因而肺组织一般受到较强的照射。肺部的巨噬细胞，在吞噬了放射性微粒以后，可形成电离密度相当高的放射源。进入肺中的放射性物质能十分迅速地散布到全身。除核爆炸地区外，大气中的放射性物质，一般不会造成急性放射病，但长时间超过容许范围的小剂量外照射或内照射，也能引起慢性放射病或皮肤慢性损伤。大气中放射性物质对人体更重要的影响是远期效应，包括引起癌变、不育和遗传的变化或早死等。

3. 生物性物质污染与健康

大气中的生物性污染物是一种空气变应原，主要有花粉和一些霉菌孢子。这些由空气传播的物质，能在个别人身上引起过敏反应。空气变应原可诱发鼻炎、气喘、过敏性肺部病变等。另一种生物性污染物是病原微生物。抵抗力较弱的病原微生物在日光照射、干燥的条件下，很容易死亡，故而在一般空气中数量很少。抵抗力较强的病原微生物，如结核杆菌、炭疽杆菌、化脓性球菌，能附着在尘粒上对大气造成污染，进入人体影响健康，引发传染性疾病。

（二）水污染与健康

未经处理或处理不当的工业废水和生活污水排入水体，数量超过水体自净能力，就会造成水体污染，直接或间接危害人体健康。水污染对人体健康的影响，主要有以下几方面：

1. 引起急性和慢性中毒

水体受化学有毒物质污染后，通过饮水或食物链便可能造成人或者动物中毒，如甲基汞中毒（水俣病）、镉中毒（痛痛病）、砷中毒、铬中毒、氰化物中毒、农药中毒、多氯联苯中毒等。铅、钡、氟等也可对人体造成危害。这些急性和慢性中毒是水污染对人体健康危害的主要方面。

2. 致癌作用

某些有致癌作用的化学物质，如砷、铬、镍、铍、苯胺、苯并[a]芘和其他多环芳烃、卤代烃污染水体后，可以在悬浮物、底泥和水生生物体内蓄积。长期饮用含有这类物质的水或食用体内蓄积这类物质的生物就可能诱发癌症。美国俄亥俄州饮用以地表水为水源的自来水的居民患癌症的死亡率较饮用地下水为水源的自来水的为高。这是因为地表水受污染比地下水严重。但癌症发生与水因素间的关系，尚未完全阐明。

3. 发生以水为媒介的传染病

人畜粪便等生物性污染物污染水体，可能引起细菌性肠道传染病如伤寒、副伤寒、痢疾、肠炎、霍乱、副霍乱等。肠道内常见病毒如脊髓灰质炎病毒、柯萨奇病毒、致肠细胞病变人孤儿病毒、腺病毒、呼肠孤病毒、传染性肝炎病毒等，皆可通过水污染引起相应的传染病。某些寄生虫病如阿米巴痢疾、血吸虫病、贾第虫病等，以及由钩端螺旋体引起的钩端螺旋体病等，也可通过水传播。

4. 间接影响

水体污染后，常可引起水的感官性状恶化。如某些污染物在一般浓度下，对人的健康虽无直接危害，但可使水产生异臭、异味、异色、泡沫和油膜等，妨碍水体的正常利用。铜、锌、镍等物质在一定浓度下能抑制微生物的生长和繁殖，从而影响水中有机物的分解和生物氧化，使水体的天然自净能力受到抑制，影响水体的卫生状况。

（三）土壤污染与健康

土壤污染对人体健康的影响，是一个非常复杂的问题。

被病原体污染的土壤能传播伤寒、副伤寒、痢疾、病毒性肝炎等传染病。这些传染病的病原体随患者和带菌者的粪便，以及他们的衣物、器皿的洗涤污水污染土壤。通过雨水的冲刷和渗透，病原体又被带进地表水或地下水中，进而引起这些疾病的水型暴发流行。因土壤污染而传播的寄生虫病（蠕虫病）有蛔虫病和钩虫病等。人体与土壤直接接触，或生吃被污染的蔬菜、瓜果，就容易感染这些蠕虫病。土壤对传播这些蠕虫病起着特殊的作用，因为在这些蠕虫的生活史中，有一个阶段必须在土壤中度过。此外，被有机废弃物污染的土壤，是蚊蝇滋生和鼠类繁殖的场所，而蚊蝇和鼠类又是许多传染病的媒介。因此，被有机废弃物污染的土壤，在流行病学上被视为特别危险的物质。

土壤被有毒化学物质污染后，对人们的影响大都是间接的，主要是通过农作物、地表水或地下水对人体产生影响。在生产磷酸钙工厂的周围，土壤中砷和氟的含量显著增高；铅、锌冶炼厂周围的土壤，不仅受到铅、锌、镉的严重污染，而且还受到含硫物质所形成的硫酸的严重污染；重金属会通过植物的吸收和食物链，间接影响人体健康（如镉污染导致的骨痛病）。任意堆放的含毒废渣，以及被农药等有毒化学物质污染的土壤，通过雨水的冲刷、携带和下渗，会污染水源。人畜通过饮水和食物可中毒。20 世纪 70 年代以来，通过对致癌物质的研究，还发现许多工业城市及其近郊的土壤中含有苯并[a]芘等致癌物质。被有机废物污染的土壤还容易腐败分解，散发出恶臭，污染空气。有机废物或有毒化学物质还能阻塞土壤孔隙，破坏土壤结构，影响土壤的自净能力，有时还能使土壤处于潮湿污秽状态，影响居民健康。

第五节 环境舒适

环境舒适代表着更高的人类与环境之间的和谐程度，需要比较高的社会、经济发展水平，良好的环境和生态作为基础。环境舒适主要是指人居环境舒适。人居环境，顾名思义是人类聚居生活的地方，是与人类生存活动密切相关的地表空间，它是人类在环境中赖以生存的基地，是人类利用自然、改造自然的主要场所。人居环境不仅仅指住房、乡村、集镇、城市、道路等实体，而且包含人类的活动过程，如居住、工作、教育、卫生、文化、娱乐、交通等，以及为维护这些活动而进行的实体结构的有机结合，这些都是人居环境的组成部分。

人居环境的内涵十分丰富，从不同的学科、不同的研究视角，研究和关注人居环境的侧重点各有不同。环境舒适是城乡人居环境建设的基本要求。下面将从城市环境和农村环境两方面来对环境舒适进行展开。

一、城市环境舒适

城市是人居环境发展的高级形式，是社会、经济发展到一定程度的产物。城市的发展凝聚了人类为追求舒适而探索的过程。舒适的城市环境意味着适宜的人口密度、完善的基础设施、充足的绿地广场、便捷的城市交通、良好的环境质量、宽敞的住宅、丰富的休闲娱乐场所、方便的服务系统、快捷的信息通信服务和良好的周边生态环境，以及具有活力的社会经济体系等。总而言之，就是要有舒适的人居环境和良好的发展空间。目前，世界发达国家和部分发展中国家的少数城市，人类与环境之间的和谐程度已经达到这样的水平，但对于世界大多数人而言，还只是奋斗的目标。

（一）自然环境

城市形成于自然环境之中，城市所处的地理位置、地貌、植被，以及气候等，是影响城市环境舒适度的自然基底。城市是典型的人工系统，是通过人的行为修饰或改变了自然环境而建设的人居环境。因此因势就势、充分利用自然地理条件，就成为决定一个城市环境舒适与否的首要条件。一般而言，地貌、地质、气候、山水等与城市环境舒适度密切相关。

1. 地貌

地貌条件不仅决定了城市最初的位置和形态，而且对城市从用地选择、功能区组织到道路、工程管网、绿地布局，以及城市景观组织都有影响。城市的形成和发展，一方面得益于自然地貌，另一方面也受到自然地貌条件的制约。

在社会生产力尚不发达、抗御外来侵略的能力不强的古代，往往把城市建在依山傍水、临近平原的地貌部位或水陆交通要道、岔口、隘口，使城市安全感增加，同时濒临江河平原，使城市交通和供给都较方便。例如，我国首都北京，位于西部高原盆地与东部平原丘陵交界区；四川省会成都市，位于青藏高原向东部平原丘陵区过渡地带的冲积平原。

平原或盆地一般地面平坦或起伏和缓，地表覆盖层较厚，地下水比较丰富，易于组织内外交通、建设投资等，周围农副业生产发达，城市总体经济效益高，因此国内外许多大中城市都分布在平原地区。例如沈阳、哈尔滨、西安、贵阳、台北等城市，均分布在平原或盆地中部。

自然地貌在影响城市分布的同时，还对城市扩展的地域形状产生影响。重庆市城区地貌以丘陵为主，坡地面积广大，平坦地面较少，主要是沿江断续阶地和缓丘平坝，受地貌环境影响，城市扩展具有不均衡性、跳跃性和立体性，城区跨河成三足鼎立，江河既是城市发展的基础，又成为城市发展的障碍；广州市位于西江、东江、北江三江汇流出海处，珠江从西到东穿城而过，城市沿珠江两岸扩展形成带状组团式结构，并由河口三角洲的低平海积冲积平原向北面台地平原扩展；兰州地处陇中皋兰山北麓，黄河流经市区，于是城市便沿黄河两岸发展成长条形。此外，呈方格形城市如西安、北京、苏州等，蛛网形如成都、合肥、昆明、无锡等，哑铃形如湛江、连云港，鼎足形如武汉、宜宾等，都是依据局地特殊地貌环境发展形成的。

2. 地质

地质条件是城市建设与发展的固体基础，也是城市环境舒适的基础，它对城市环境的影响是多方面的，在此仅略述一二。

一般城市的发展、建筑结构等都受到地质条件的制约。例如建筑物层数，一般地基承压力要求为 $7.5 \sim 10 \ t/m^2$，四层以上者要求 $25 \ t/m^2$ 以上。不同基础地质地基的承压力差别很大，如沿海地区淤泥仅为 $4 \sim 10 \ t/m^2$，细砂（湿、中、密）为 $12 \sim 16 \ t/m^2$，碎石（中密）为 $40 \sim 70 \ t/m^2$，黏土为 $25 \sim 50 \ t/m^2$ 等。因此地质基础好的地区，城市建设安全系数高。

在沿海岸地区，地下咸淡水直接接触，形成咸淡水交接面。如果城市抽取地下淡水，潜水就会降低，咸淡水交接面就会向内陆方向移动，有的淡水水井就可能由于咸水侵入而报废。滨海城市由于地下水大量抽取和排水网系统的修筑，减少了地下淡水的补给量，引起地面沉降，会发生海水倒灌现象，影响人们的生产和生活。

3. 气候

气候对城市环境舒适度的影响，可分为两类，一类是由于不同城市所处地理位置差异而造成的自然气候差异，由于人为的自然适应性和人工环境建设，此气候差异引起的环境舒适的差异可以在一定程度上避免，如通过建筑、基础设施建设和城市功能的有机组织。另一类则是由于城市建设改变下垫面和城市大气成分而形成的城市小气候，这一方面对于城市环境舒适度而言则具有共性。

下垫面 下垫面的性质是气候形成的重要因素之一，地面与其上的大气摩擦层间存在复杂而普遍的水分、热量和物质交换及平衡，同时地面又是空气运动的界面。因而下垫面的性质直接影响着气温、辐射、湿度、大气稳定度、风等气象要素量值的时空分布，对城市局部气候的形成有着重要的作用。

城区大量的建筑物和道路构成以砖石、水泥和沥青等材料为主的下垫面，相比于郊区自然界以植被、土壤、水体为主的下垫面，其热容量偏低、导热率偏高，而对太阳光的反射率低、吸收率大。因此在白天，城市下垫面的表面温度远远高于气温，其中沥青路面和屋顶温度可高出气温 $8 \sim 17 \ ℃$。此时下垫面的热量主要以湍流形式传导，推动周围大气上升流动，形成"涌泉风"，并使城区气温升高，形成"城市热岛"。

城市路面坚硬致密，渗水性能差，使城区雨水地表径流提前形成，径流量加大，影响了径流洪峰和滞后时间。与此同时，由于城区大气温度升高，而可供蒸发的水量又远远小于郊区，造成城区大气干燥。

城市大气成分 城市大气成分因为人为活动也发生了变化。由于城市高强度的经济活动排放出大量的 SO_2、CO_x、NO_x，以及各种气溶胶颗粒物，城市空气浑浊度加大，雨雾天气较为多发，因而日照时数和太阳直接辐射强度均小于四邻。此外，城市生产、生活活动释放出大量废热，大部分以热能的形式传给大气空间，使城市气温明显高于四邻。

城市大气成分变化还改变了大气透明度，为云雾的形成提供了丰富的凝结核，使雾可在水汽未达饱和之前出现。另外，由于热岛的上升气流使城市上空的云量多于郊区，常在其下风向产生降水。

（二）人工环境

1. 城市居住

从总体上讲，居住区的环境舒适包括以下内容：

住宅　满足居民的生理需求，具有充足的阳光、良好的通风，能够避免噪声干扰，空间宽敞，住宅设计能够满足居民的审美需求。

交通　有方便而安全的交通系统。居住区道路系统功能分级明确、主次分明。居住区、居住小区、住宅组团及宅前小路合理配合，功能明确，过境交通不能穿越居住区，以保持居民安静和老年人、儿童走路安全。道路应形成系统，具有相对独立性和封闭性，避免城市干道的汽车交通在小区内穿行。

生活服务设施　满足居民物质生活和文化生活的需要，具有合理的服务半径，方便日常生活和活动。一般来讲，居住区级主要包括专业性服务设施，娱乐、商务、医院、影剧院、银行、邮电、公共交通和居住区级行政机构等，合理服务半径为 800～1 000 m。居住小区级包括菜场、综合商店、饮食、油粮、幼托、小学、中学等，合理服务半径为 400～500 m。居住组团包括小商店、活动室、卫生站、居委会等，合理服务半径为 150～200 m。

绿地　应满足居住区环境的需求、美化的需求、游憩的需求，以及防灾避难、隐蔽建筑等需求。居住区绿地一般包括：居住区公园，为全居住区居民就近使用，相当于小型公园，设施丰富，步行路程以 10 min 左右，距离为 800～1 000 m 为宜；居住小区中心游园位于居住小区中心，服务半径以 400～500 m 为宜；居住组团绿地以住宅组团内居民为服务对象，特别满足老年人和儿童的活动要求，离住宅入口最大步行距离在 100 m 左右为宜。

2. 城市基础设施

城市基础设施是城市环境舒适的物质载体，是城市生产、流通、消费等经济活动和其他社会活动得以运行的一般性共同物质条件，是城市存在和发展的物质前提。城市基础设施与城市建成区范围基本相当，其水平和完善程度直接影响居民生活的方方面面，从日常供水、排水到燃气、电源等能源供应设施，从信息化的联系方式到道路交通式的联系方式，城市基础设施在城市居民生活中的角色一日不可或缺，直接关系到居民生活水平的改善和提高。

我国城市基础设施是指城市赖以生存和发展的一般条件，是为城市物质生产和人民生活提供公共服务的行业总体。其内容包括如下六大系统。

能源动力设施　包括由城市集中统一进行的电、热、气的生产、输送、供应、管理设备和设施。

交通运输设施　包括用于城市内部，以及联系城市外部交通的道路、桥梁，火车的站点设施，机场、码头及附属设施和设备，交通管理设施和各类公共客运车辆。

邮电通信设施　包括城市内部及与外部信息传递所需的电信设施和邮政设施。

给水排水设施　包括水资源的开发、利用和管理设施，工业和民用自来水的生产供应设施，污水、雨水排放设施等。

环境保护设施　主要包括环境卫生、"三废"治理和管控等方面的设施。

安全防灾设施　包括防洪、防风、防震、防寒等自然灾害的设施和防火、防空袭等人为灾害的设施。

3. 城市公共活动中心

城市公共活动中心是城市居民活动最频繁的地方，这里有城市的重要建筑物、建筑群，以及街道和公园等，是集中表现城市风貌的重要场所。城市公共活动中心按其服务的范围和性质，可分为不同的类别。从所服务的地区范围来分，存在为全市服务的市中心、为城市各区服务的区中心、为居住小区服务的小区中心三种。从性质上分，可分为政治中心、科技中心、文体活动中心、商业经济活动中心及纪念游览活动中心等。一般情况下，往往是一个中心兼有各方面的功能，综合满足人们的各种需求。

组成城市公共活动中心的主要内容是公共建筑，它一般包括以下几个部分：

科学、文化方面的建筑　如科学技术馆、文化馆、图书馆、展览馆、博物馆、学校等；

纪念性建筑　如纪念馆、纪念堂、历史文物建筑等；

文娱体育方面的建筑　如剧场、影剧院、体育场馆、俱乐部、游泳池等；

商业服务方面的建筑　如百货商店、专业商店、旅馆、餐厅等；

医疗卫生方面的建筑　如各类医院、卫生站、防疫站等；

交通方面的建筑　如各类车站、码头等。

城市公共活动中心由上述建筑，以及各类活动场地、绿化地带、道路等设施组成。这些内容可组织在一个广场上，或组织在一条道路上，或在广场、道路上结合布置。

城市广场是城市中最重要的城市公共活动空间，也是城市中最重要的建筑、空间和交通枢纽，是市民社会生活的中心，起着当地市民的"起居室"、外来旅游者的"客厅"的作用，是城市中最具公共性、最富艺术魅力，也最能反映现代都市文明的开放空间。城市广场由于所处的位置与环境的不同，主要性质和功能有所差异，但其性质和功能具有复合性，如交通广场除了具有交通疏散分流的功能外，周边往往设有完善的商业服务设施，兼有商业广场的性质。更多的广场既是交通枢纽，又是休息广场。但无论什么性质和功能的广场，它们在提高城市环境舒适度方面是相同的，都具有广场的共性和个性。

总之，广场是建设以人为本城市的关键。城市居民渴望既能走出狭小的住宅空间又能躲避繁杂的城市喧哗，渴望进入宽广的自由空间和欣赏大自然的景色。公共广场为市民提供了活动的公共空间，为城市提供更多的空气和阳光，打破了城市建筑的压迫感。现代都市人对城市生活交往性、娱乐性、参与性、文化性、宽松性和多样性的追求与广场具有的多功能、多景观、多活动、多信息和大容量作用是吻合的。因此，城市广场是城市建设中必不可少的公共活动中心，其建设成败直接关系到城市的环境舒适度。

4. 园林绿地

绿色，代表自然，象征生命。绿色空间，能给城市和建筑带来舒适、优美、清新和充满生趣的环境。因此，千百年来人类一直在追求着身居城市也能享受"山林之乐"的理想生活。

在古代，城市建筑与自然之间的矛盾，主要通过营造园林绿地来协调。大至帝王的苑囿，小至百姓的庭院，无不用绿色来调剂人造建筑群体与自然环境之间的关系，使之成为人类身心"回归自然"本性的一种寄托，以及精神与自然对话、交流的一种渠道。在西方，有古罗马的别墅庄园、英国的风景式园林等；在东方有中国的自然山水园、苏州园林，日本的池泉回游式庭园等。

在当代城市中，园林绿地的规划和布局、数量和质量、功能和效益已成为评价一个城市舒适与否的基本条件。园林绿地作为决定城市环境舒适度的关键因素，其评价指标需要考虑多方面的因素，不仅要反映城市总体的绿化水平、绿化质量，而且要满足提高环境舒适度的要求，满足城市环境保护和居民游览休憩的需要，并能够用定量的形式表示。一般采用如下指标：城市园林绿地总面积、人均公共绿地占有量、城市绿化覆盖率、城市园林绿地可达性。这四项指标是城市园林绿地的基本评价指标，其中前三项直接反映了城市的绿化水平，而城市园林绿地的可达性则是以人的需要为出发点而考虑的，是评价环境舒适度的重要条件。绿地作为提高城市环境舒适度的重要因素，对于保障城市环境，维护居民的身心健康有着至关重要的作用，而居民是否能够方便、平等地享用这种环境舒适的载体是城市环境可持续性的重要指标。

二、农村环境舒适

这里的农村环境主要是指农村人居环境。农村人居环境是人类聚居环境的重要组成部分。农村人居环境可以定义为"集镇和村庄及其维护人类活动所需要的物质和非物质结构的有机结合体"，不仅指人类居住和活动的有形空间，还包括贯穿其中的人口、资源、环境、社会政策和经济发展等各个方面。构成农村人居环境的要素包括：由住宅、基础设施和公共服务设施所构成的人工环境；以自然方式存在和变化着的山川、河流、湖泊、湿地、海洋和除人之外的生物圈构成的自然环境。

（一）自然环境

农村处在一定的自然环境之中，大自然的地形、地貌、植被，以及气候等，是影响农村环境舒适度的地理基底。我国几千年传承下来的风水建筑理论，其科学合理的内涵就是人们选宅定居的环境理论。无论大村小村，甚至独居民宅，其选址定位都受自然环境因素影响。山区，村落小而分散；丘陵，村落多靠崖就势；高原沟壑，或地坑院或靠山窑；平原，村落则大而集中。这些地貌和建筑选址都是农村人居与自然环境不可分割的一部分。

大自然的地理条件、气候条件、自然资源等大自然生态，是村镇发展最直接的物质基础，也是农村环境舒适的基础。背山面水，背枕龙脉，坐北朝南，负阴抱阳，这应该是村镇的吉祥地，背山既可生气、纳气、藏气，又可接纳阳光、阻挡寒流；而面水可使气"界水而止"，为村镇环境孕育生机。村址选择要顺应大自然环境，才能保证农村人居环境的舒适。

尽管农村也是人类创造的人工环境，但与城市不一样的是，农村与城市在地域景观上存在自然生态的巨大反差：城市中的自然环境有着更多的人为因素；而农村生态环境更多表现"原生态"或"半自然半人工"状态。充分利用农村的天然植被，继承村民尊重周边环境与之和谐共存的思想，尽量保护村庄原有的宜人尺度、优美的山水风光和田园气息，不取直道、不砍树、不填塘、不劈山、不截直河道，把现代生态文明建立在传统自然景观上，将建设对环境的破坏降至最低，实现对自然环境的合理开发利用。

（二）人工环境

农村建设的最终目的是适宜农民居住、适宜农民发展。村庄的总体布局、功能配套、房屋设计、交通路网、人居环境、建筑风格，都要把握和适应山水走势、地理形貌、场地特性，打造势、场、形相融的宜居环境，建设一批环境优美、设施配套、生活便利、居住舒适、体现地域特色的上档次有品位的新农村。通过人工环境建设，使农村居民居住的大环境能够向着便捷、舒适、可持续，以及现代化的方向发展。

1. 村庄规划与建设

村庄是农民生产生活的聚集地。村庄规划的合理与否，直接影响着人们的生存和发展，关系到农村环境的舒适度。长期以来，我国村庄的建设都是以农户自发建设为主，没有经过系统、科学的规划，因此存在着规模偏小、布局分散、基础设施薄弱等特点。为了实现村庄人居环境的整洁，同时促进土地的集约利用，提高投资效益，在农村人居建设中必须坚持规划先行，充分发挥村庄规划对村庄布局和建设的指导和调控作用。

农村不仅具有城市不可比拟的原生态的自然资源，像河网、水系、山川、湖泊、滩涂、礁石、历史林带、古树名木等，还蕴藏着浓厚的历史文化资源和地域特色。作为历史文明见证和精神家园的传统乡土建筑是中华民族传统文化的宝贵财富。由于经济发展和生活方式现代化的冲击，小城镇建设和传统民居的更新出现盲目照抄大中城市建设式样的趋势，传统建筑风格被破坏，丧失了各地的特色和优势。在小城镇、乡村中行列式状的住宅小区布局形式随处可见，丧失了传统居住区中街坊巷道活泼自然的特色和亲切自然的生活气息，原本和睦互助的友好邻里关系也日趋淡漠。

因而，农村村庄规划不能简单理解为农村居民点的规划和老村庄的改造，还要注意在规划中使村庄既能反映出乡村的一般特色，又要保持具体区域的产业结构；既要反映现代城市文明的辐射，又要保持传统优秀文化的特点。有中国特色的农村不应该是简单的"盖洋楼"或追求规划形式上的整齐划一，也不应该是复杂的"文物保护"或追求规划上的原汁原味。与希腊文明和欧洲工业文明相比，中国农村特色的核心在于因地制宜、就地取材、勤俭节约、寄托情思、与自然景观相协调，留下最小的"生态脚印"的生态文明的特征。

同时，不仅是要建设一个有地方特色的生态村落，更是追求建设一个公共服务设施完善和适宜生活的社区。各地规划布局农村村庄时，应该充分考虑广大农村居民的需要，尊重他们的意愿，在村庄布局规划和实施的全过程中应当广泛征求群众意见并得到群众认可，以提升农村人居环境的舒适度。

2. 基础设施建设

农村基础设施是农村经济社会发展和农民生产生活改善的物质基础，也是社会主义新农村建设的重要内容。没有完善的基础设施，就没有农村环境的舒适。目前，我国农村基础设施薄弱，与城市相比存在巨大差距。农村基础设施具有广泛的外部效应，属于公共品和准公共品范畴，许多是老百姓需要但自身又无法解决的事情。因此，加强农村基础设施建设是各级政府义不容辞的责任，并且农村基础设施建设应该在与农民生产生活最密切相关的小型基础设施建设方面多下功夫。下面将从"路""水""电""网"四方面展开，论述与农村人居环境相关的基础设施建设。

（1）"路"——公路建设：农村公路规模大，覆盖面广，作为我国公路网的重要组成部分，农村公路是保障农村社会经济发展最重要的基础设施之一。如果说国省道是国家经济发展的主动脉，那么农村公路就是毛细血管，它对加强城乡联系与沟通，疏通和扩大商品、信息交流渠道，改善农村投资环境，促进农村地区的资源开发，转变人们的传统观念，促进小城镇建设等都具有十分重要的意义。

（2）"水"——饮水安全建设：根据国务院新闻办公室 2021 年 9 月 9 日举行的新闻发布会，"十三五"期间，全国 2.7 亿农村人口供水保障水平得以提升，1 710 万建档立卡贫困人口饮水安全问题全面解决，1 095 万人告别了高氟水、苦咸水。全国农村集中供水率和自来水普及率分别从 82% 和 76% 提高到 88% 和 83%。"十三五"期间，困扰众多农民祖祖辈辈的吃水难问题历史性地得到解决。

随着乡村振兴战略全面推进，对农村居民生活水平的提升提出了更高要求，按照乡村振兴战略的总体部署要求，农村饮水安全方面还存在短板和不足。主要表现在水源还不稳定，部分分散、小型的集中供水工程标准相对较低，一些乡村工程管护薄弱等。下一步，水利部将不断提升农村饮水标准，由农村饮水安全转变成农村供水保障。水利部将从巩固脱贫攻坚农村饮水安全成果底板，补齐农村饮水工程水源、工程建设短板，推进城乡供水一体化，提升农村供水管护水平等方面发力，进一步提升农村饮水、供水标准，满足乡村振兴需要。

（3）"电"——户户通电：当前，我国城乡用电普遍服务均等化取得积极进展，农村用电条件明显改善，有效助力乡村振兴。2021 年，农村人均生活用电量 1 031 kW·h，是 2012 年的 2.5 倍，农村用电条件大幅提升。2015 年，我国全面完成无电地区电力建设工程，解决了 4 000 万无电人口的用电问题，在发展中国家率先实现了人人有电用。目前，农村平均停电时间从 2015 年的 50 h 降低到 2018 年的 15 h 左右，综合电压合格率从 94.96% 提升到 99.7%，户均配电容量从 1.67 kV·A 提高到 2.7 kV·A。农村用能方式深刻变革，电气化水平显著提升，2022 年农业农村电气化率达到 35%，比 2012 年的 12% 提高近 3 倍；电冰箱、洗衣机利用率明显提高，空调保有量是 2012 年的 2 倍以上，电磁炉、电饭锅已经成为常见的炊事工具，摩托车、农用车逐步被电动车取代。用能清洁化程度不断提高，2018 年清洁能源占农村能源消费总量的 21.8%，比 2012 年提高 8.6 个百分点，秸秆和薪柴使用量减少了 52.5%。北方地区冬季取暖更多地用上了电力、天然气和生物质能。南疆天然气利民工程让 430 多万群众用上天然气。能源保障有力有效，农田机井全部通上了电，农业灌溉成本每年节省 100 多亿元；脱粒机、粉碎机等大功率用电设备走进千家万户。

国家电网公司根据不同地区电网布局、能源资源分布、农民居住地域的特点，按照"统筹安排、分步实施，因地制宜、经济实用"的原则，确定"户户通电"的供电方式、建设方式和时间进度。对能够依靠电网延伸解决供电的地区，优先采取电网延伸解决；对不适宜通过电网延伸解决的地区，充分利用当地资源，主要通过发展小水电等方式解决；对一些特别偏僻、不适宜居住的无电地区，则根据地方政府易地扶贫搬迁规划，做好移民后的通电工作；有条件的地区，加快推进。

（4）"网"——信息化建设：信息网络作为一种高效快捷的信息承载手段和工具，能够非常廉价而又便利地让农民获取来自外部世界的科技、文化、教育、市场等各类信息，创造更多、及时的学习、教育机会，促进农民思维的转变，以及知识与技术水平的提高。另外，信息化还有利于建设和完善农村公共基础设施条件。信息网络已经成为城市和经济发达地区的公共基础设施，极大地提升了城市公共服务能力和质量。农村公共服务要焕发生机和活力，也必须与时俱进，利用信息技术手段改进农村公共服务的传统运作模式，整合资源，促进现代农村公共服务的快速发展。

"十三五"时期，农业农村部会同各地区、各部门大力推进农业农村信息化发展，推动现代信息技术向农业农村各领域渗透融合，取得了阶段性成效。信息化基础设施明显改善，智慧农业建设取得初步成效，农产品电商快速发展，农业农村大数据逐步应用，数字乡村建设起步良好，创新能力持续提升，农业农村信息化已经成为推动农业农村现代化、助力乡村全面振兴的新手段新动能。"十四五"是农业农村信息化从"盆景"走向"风景"的关键时期。从发展机遇看，一是"十四五"时期"三农"工作重心转向全面推进乡村振兴，农业农村领域成为政策高地，资金投入和政策支持力度不断加大；二是发展数字经济已经成为国家战略，我国数字经济规模已经连续多年位居世界第二，农业农村领域现代信息技术创新空前活跃，新产业、新业态、新模式不断涌现；三是在国内国际双循环新发展格局下，农村日益成为我国经济内循环的增长极、消费增长的新兴力量。从面临挑战看，主要还存在网络基础设施不足、创新能力不足、有效数据不足、人才不足等突出短板。

第六节 环境欣赏

当达到环境欣赏的和谐程度时，人类物质需求已经得到相当充分的满足，精神需求成为人类生产和生活中的主要内容。当人类大多数有条件尽情欣赏环境美，从中获得精神满足的时候，可以认为，人类与环境的和谐程度总体上达到了环境欣赏的高度。环境欣赏是人类自古以来就不断建设和无限赏悦自然人文景观这一客观事实的科学总结。

环境欣赏从其实现的层面上来说，体现在对景观的欣赏。景观一词的原意是表示自然风光、地面形态和风景画面，作为科学名词被引入地理学和生态学，则具有地表可见景象的综合与某个限定性区域的双重含义。景观是一个由不同土地单元镶嵌组成，具有明显视觉特征的地理实体，它处于生态系统之上、大地理区域之下的中间尺度，兼具经济价值、生态价值和美学价值。景观作为环境欣赏的存在方式，可以分为自然景观和人文景观。

一、自然景观欣赏

自然景观是复合型景观，是由许多自然物构成的，各种因素相互作用，共同创造着景观的美。以决定自然景观审美品格的基本要素——自然性为视角，可以将自然景观首先区分为大地景观和天象景观，大地景观又可以分为山景、水景、平原景等。动物与植物都要依托山水等而生存，因此它们的景观归属于它们生存的环境。天象景观又可以分为气象气候景观和星象景观。自然景观的最大特点，就在于它无限多样的展现形态：它的形象、它的色彩、它的声音、它的形态，它的气息等。

（一）大地景观

山水是大地景观最重要的组成部分。自古及今，山水在人们心目中占有特别重要的地位。有多少骚人墨客放情山水，又有多少逸士高人终老其间。乃至在艺术领域，山水诗、山水画，成为人们最喜爱的艺术品种。中国古代有许多思想家已经特别注意山水。"子在川上曰：逝者如斯夫，不舍昼夜。"孔子从东流不息的河水中悟到了深刻的哲理，并把他的学说同山水联系起来，说出了"仁者乐山，知者乐水"这句千古名言。

山之美，美在山形之奇特，美在山景之变化，峰、谷、石、树、小溪、瀑布、云雾、飞禽走兽、奇花异草等，寓无限多样于浑然一体之中。孤峰幽谷、奇松怪石，则更能激发人们丰富的想象力，激起人们寻幽探奇的强烈愿望。从审美的角度言之，人们一般对奇峰有着无穷的兴趣。奇峰之奇，在于其突破一般山的形状，给人一种视角上的冲击力，一种心理上的新鲜感，一种联想，一种想象，从而极大地满足了人们的好奇心理、探秘心理、思维与想象拓展心理，从而生发出无穷的乐趣。

山似乎永远离不开水。"山得水而活""水得山而媚"。有绿水，才有青山，"青山隐隐水迢迢"，山水相连，更增添无限魅力。举世闻名的长江三峡，正是把崇山峻岭同浩浩大江连成一体；桂林山水甲天下，则在于清澈的漓江与一座座奇特的孤峰相得益彰。我国许多著名的湖泊也都有名山与之相配。镜泊湖与孤山，天池与白云峰，鄱阳湖与庐山，洞庭湖与君山，太湖与洞庭山，滇池与西山，洱海与点苍山，天池与博格达峰，日月潭与清龙山，姐妹潭与阿里山……湖光山色，交相辉映。水是自然界分布最广、最活跃的因素，性质柔和，它以海洋、湖泊、河流、涌泉、瀑布、冰川、积雪、云雾等形式存在于大自然中，时而流经崇山峻岭，时而穿越密密丛林，时而又在平原舒缓展开，蜿蜒如带。无论是波平如镜、微起涟漪，或波涛滚滚、连天奔涌，水波丰腴的曲线一览无余。再加上清澈透明或水绿如蓝的格调，更是给人以诗情画意的美感。无怪乎有人将水称为"风景的血脉"。

山水之美不是孤立的，必须有其他景物与之相伴随，共同构成大地景观。宋代画家郭熙在《林泉高致》里说："山以水为血脉，以草木为毛发，以烟云为神彩，故山得水而活，得草木而华，得烟云而秀媚。水以山为面，以亭榭为眉目，以渔钓为精神，故水得山而媚，得亭榭而明快，得渔钓而旷落。"

生物，包括植物和动物，也是大地景观的重要组成部分。花、草、树木，飞禽、走兽、鱼类和昆虫等，赋予自然以生机和活力，使自然景观美得有生气，美得有灵性。干枯的荒山不美，一旦披上绿装，就美了。活泼的流水之所以美，因为那是"活"水，而污浊的死水就不美。要是没有了森林，没有了鲜花和绿草，没有了苍鹰和麋鹿……自然就会一片死寂，还有什么美可言？所以可以这样说：大自然的美，就在于它总是生机盎然，是一切生命现象的发祥地。

（二）天象景观

天象景观，是自然景观中最富于神秘性的审美对象。从环境欣赏层面看天象景观，太阳、月亮，以及由于它们的缘故而造就的景观是最为人称道的，历来为人们所注重，如朝霞、夕阳、新月、月夜等。黄山日出，那一轮红日从云雾岚霭中喷薄而出，峰云相间，霞光万丈，气象万千；海边日出，那一轮红日从海平线上冉冉升起，水天一色，金光万道，光彩夺目。"白日依山尽""长河落日圆"，构成了美丽的图画。西湖十景中的"平湖秋月""三潭印月"；燕京八景中的"芦沟晓月"；避暑山庄的"梨花伴月"；无锡的"二泉映月"；西安临潼的"骊山晚照"；桂林象鼻山的"水月倒影"等，其深远的审美意境，引起人的无限遐思。

气象为大气中冷、热、干、湿，风、云、雨、雪，霜、雾、雷电、闪光现象等各种物理状态和物理现象的统称。千变万化的各类气象景观与岩石圈、水圈、生物圈旅游景观结合，再加上人文旅游资源的点缀，就构成了一幅幅仙境幻影般的自然旅游景观。作为自然景观的一部分，气象景观在自然美的构成中占有重要地位。风、霜、雨、雪、云、雾都可以构成大自然的壮丽景色。

二、人文景观欣赏

人文景观是指历史形成的、与人的社会性活动有关的景物构成的风景画面，它包括建筑、道路、摩崖石刻、神话传说、人文掌故等。人文景观的组成要远比自然景观复杂，人文景观包含了几乎一切人类生产、生活活动所创造的具有审美价值的对象，按时间跨度可将人文景观分为历史遗产景观和现代人文景观。值得指出的是，从古代文人墨客留下的优美诗词就可以看出，环境欣赏自古就有，古代文人墨客通常具有比较高的经济社会地位，在满足了物质生活需求后，产生了环境欣赏的需求，从而留下了千古传诵的佳句。随着经济社会的发展，人类有条件尽情欣赏环境美，获得精神满足，人类与环境的和谐程度总体上达到了环境欣赏的高度。

（一）历史遗产景观

历史遗产景观是指历史遗存下来的历史文物、建筑群和考古遗址等所形成的景观，体现了人类在社会历史实践过程中创造的财富遗存的突出、普遍价值，是人类悠久历史和灿烂文明的真实见证，世界各国普遍高度重视对历史遗产景观的保护，继续弘扬优秀文化，保证文化和自然遗产的充分保护和适度利用，力图做到世代相传，从而进一步提升人与环境和谐程度。1972 年，联合国教科文组织在巴黎通过了《保护世界文化和自然遗产公约》，根据该公约，世界遗产分为：自然遗产、文化遗产、自然遗产与文化遗产混合体（即双重遗产）和文化景观，以及近年设立的非物质遗产 5 类。需要说明的是，本书所指的历史遗产景观为物质性的世界遗产，不包括非物质遗产。截止到 2021 年 8 月，世界各国的世界遗产数达到 1 154 个，随着时间的推移，必将有越来越多的文化遗产进入保护名录。中国是一个历史悠久、文化灿烂、旅游资源十分丰富的国家，不仅拥有巍峨的山川、秀美河流、雄伟的古代建筑艺术，还有数不尽的名胜古迹，可谓自然景观与人文景观交相辉映。截至 2023 年 9 月，中国已有 57 项世界文化和自然遗产列入《世界遗产名录》，其中世界文化遗产 39 项、世界文化与自然双重遗产 4 项、世界自然遗产 14 项。

（二）现代人文景观

现代人文景观是指现代经济、技术、文化、艺术、科学活动场所形成的景观，主要通过人工筑台、堆山、堆石、人工水景、绿化等这些可以改造的自然景观，以及人工设施景观的建筑物、构筑物、道路、广场和城市设施等元素来反映。城市是人集中居住的地方，是人类文明集中的代表，因此，现代人文景观集中地体现在城市景观上。此外，与城市景观相对应的乡村景观也包括很多现代人文景观，如农田景观、乡舍等。

1. 城市景观

城市景观是指城市建成区和城市外围环境的各种地物和地貌给人带来的综合视觉感受。城市景观直接反映一个城市的面貌及城市经济发展水平和环境保护意识。城市景观是自然景观和人文景观的综合体，在这里主要介绍人文景观，主要包括以下几个方面：

建筑景观　建筑是城市景观的主体，是构成城市轮廓线的基本因素。建筑的高度集中是城市环境和自然环境的显著区别，因而也是城市景观中最富特色的部分。建筑艺术是实用与审美的结合。然而随着人类生产力的发展和社会生活的进步，建筑的审美特性也日益突出，在实用的基础上，人们的兴趣更多地投向了艺术性，注意它的外在形式，使建筑形象的体积形态、空间结构、装饰形式、环境布置达到和谐统一。

雕塑景观　城市雕塑包括各种小品建筑与园林、城市建筑是结合为一体的艺术，是城市景观美不可缺少的组成因素。在城市的自然美和人工美中，如果没有城市雕塑的配置，整个城市的美就会大为逊色。如果在城市广场、市中心或园林绿地上，屹立起不分季节、不论昼夜地总是放射着艺术光华的城市雕塑，那么这块绿地、这个公园乃至整个城市，似乎便立刻"活"了起来。踏浪欲飞、形态各异的哈尔滨"天鹅"，屹立于珠海海滨的"珠海渔女"，坐落于洛阳市皇城公园的"牡丹仙女"，曲靖市中心的"阿诗玛"，天津街头的"引滦入津纪念碑"母子塑像，包头市徽"腾飞的鹿城"等，这些雕塑是园林、建筑之"魂"，既在园林、建筑之中，又超然其上；既有生动的"造型"，又具无限的"神韵"。

交通景观　城市的交通体现了一种流动之美。城市的道路四通八达，纵横交错。交通给城市注入了生命与活力，使城市呈现出动态风貌，给人以鲜明的时代感。城市干道中各种车辆形成车流，各种车辆穿梭不息，也呈现出一种秩序的美。车辆的各种各样的造型，层出不穷的色彩和形形色色的功能构成一幅五彩缤纷的流动的景象，使人感到城市的生命节律。在很多城市，地铁也是一大交通景观，如法国巴黎地铁，四通八达，十分便利；俄国莫斯科地铁车站规模宏大，富丽堂皇；我国的地铁，富丽的站台，宽敞的车厢，全封闭的空调，都使人体验到现代化设施给人带来的方便、舒适和美感。

广场景观　广场是城市主要公共开放空间，它是市民聚会、休息和公共活动中心，是反映当地历史、文化、艺术特色和人的精神风貌的主要场所。广场活力的源泉是功能多样化。只有功能多样化，才能使广场真正成为富有魅力的城市公共空间。现代广场设计中利用空间形态的变化通过垂直交通系统将不同水平层面的活动场所串联为整体，打破了以往只在同一平面做文章的概念，上升、下沉和地面层相互穿插组合，构成一幅既有仰视又有俯视的垂直景观，与平面型广场相比较，更是点、线、面相结合，以及层次性和戏剧性的特点。

2. 乡村景观

乡村景观是指乡村地域范围内不同土地单元镶嵌而成的嵌块体，包括农田、果园及人工林地、农场、牧场、水域和村庄等生态系统，以农业特征为主，是人类在自然景观的基础上建立起来的自然生态结构与人文特征的综合体。乡村景观的主要美学价值就在于其疏淡、平静、安详的田园美，其作为人文景观的美与其内在的自然景观的美是分不开的。

乡村景观与农业劳动联系在一起，构成了一个有机整体。乡村的自然环境是一个特殊的环境，在这里，自然物不是点缀，不是孤立的几处存在，不是像城市中所拥有的自然物那样，而是连成无垠的大片。中国南方的农业劳动对水的依赖性最大，所以优秀的乡村环境都有青山环裹，有碧水绕村。农业劳动因为是与自然的直接"对话"，是以自然界本身为对象的活动，因此，它的背景就是大自然，或是山岭，或是田野，或是牧场，或是湖泊……农业劳动的画面总是极为壮美，极具感染力。

农作物是农业景观的主要构成部分。农作物所构成的景观既可以是单一的，也可以是复合的。特别值得提出的是它与季节有着密切关系，同一片田畴，春天来了，先是金灿灿的油菜花以其极为鲜艳的色彩让人无比惊喜，油菜收割后种上水稻，田野则变成了绿茵茵的海洋，而到盛夏，水稻成熟了，这片绿色大海的颜色则变成略带棕色的金黄。农作物的景观极为丰富，与纯粹的自然景观相比，由于它经过人工的栽培管理，要显得更为整齐，更有韵律，更有气势。

乡村住宅是最为显眼的乡村景观，它具有相对的稳定性。乡村住宅集中的地方，则为村庄，村庄有大有小，大村庄近于小镇，颇有些城市风味了。乡村住宅的建筑风格与城市中的建筑有区别，除了公共设施，作为农民住宅的屋子，在绝大多数地区，都是一家一座。不仅在中国如此，在欧洲、美国、日本等地区也是如此，世界各地乡村多是一家一栋住宅。考虑到家庭的需要，不管是中国，还是欧洲，合院式是乡村住宅最常见的形式，在中国北方，四合院是常见的民居样式，在中国南方，则有不同形态的聚合式庭院。

习题与思考

1. 人类主要通过改造环境适应自身的生理需求，具体表现在哪些方面？这些活动对人类环境有哪些影响？

2. 人类的社会生态适应面临什么样的威胁？生态文明、绿色文明、可持续发展文明等需要人类如何调整发展方向和策略？试从全人类社会生态适应的角度理解人类命运共同体。

3. 近年来世界上发生了哪些典型的环境灾难事件？由什么样的因素引起？有哪些危害？人们如何应对的？查询资料了解人类社会应对环境灾害的防灾减灾行动有哪些？有哪些比较重要的国际合作协议与

共同行动？

4. 查阅资料了解新污染物对人类健康的威胁。思考如何有效防范环境污染对人体健康和生态环境健康的不利影响。突破适应生存、环境安全和环境健康的底线时，我们认为就产生了环境污染或者生态破坏。那么，影响人与环境和谐的因素，除了生存、安全、健康之外，还有没有不可突破的底线？

5. 未来城市人居环境舒适度的提升，其重点领域和策略有哪些？城乡人居环境的主要差别在哪些地方？如何进一步缩小城乡人居环境的品质差距？

6. 请了解当前世界发展情景下，各个国家人与环境和谐的程度，并尝试理解不同经济发展水平的国家人民对于提升人与环境和谐的不同诉求和努力。

第十章 规律规则原理

人类实践已反复证明，偏离规律的规则往往是事物发展的离心力，背离规律的规则常常是发展的阻力，只有顺应规律的规则才是发展的动力，这就是规律规则原理的基本内涵。制定符合客观规律的环境规则，是环境管理的基本科学问题。

第一节 规律规则原理概述

一、规律

（一）规律的内涵

规律，亦称法则，是客观事物发展过程中的本质联系。规律和本质是同等程度的概念，都是指事物本身所固有的、深藏于现象背后并决定或支配现象的方面。然而本质是指事物的内部联系，由事物的内部矛盾所构成，而规律则是就事物的发展过程而言的，指同一类现象的本质关系或本质之间的稳定联系，它是千变万化的现象世界的相对静止的内容。规律是反复起作用的，只要具备必要的条件，合乎规律的现象就必然重复出现。

世界上的事物、现象千差万别，它们都有各自的互不相同的规律，但就其根本内容来说可分为自然规律、社会规律和思维规律。自然规律和社会规律都是客观的物质世界的规律，但它们的表现形式有所不同。自然规律是在自然界各种不自觉的、盲目的动力相互作用中表现出来的；社会规律则必须通过人们的自觉活动表现出来；思维规律是人的主观的思维形式对物质世界的客观规律的反映。

也可将规律分为自然规律、技术规律、社会规律、经济规律和环境规律。这五类规律以人类智力行为为界可以分成两组：自然界的（包括人的生物属性在内）行为规律是自然规律，属于非智力行为规律；人类智力行为规律包括技术规律、经济规律、社会规律，以及环境规律，它们依次是人类技术行为、经济行为、社会行为规律，以及人类与环境相互作用的规律。

（二）规律的客观性

规律是客观的，既不能被创造，也不能被消灭；不管人们是否承认，规律总是以其铁的必然性起着作用。唯心主义者或者否认规律的存在，或者以这样那样的方式把规律说成"绝对精神"、个人的主观意志等意识现象的产物。他们甚至认为规律是人强加给自然界的。否认人类社会的发展有客观规律性，是唯心史观的根本特征之一，也是马克思主义产生前的一切思想体系共有的根本缺陷。马克思、恩格斯创立了唯物史观，并发现了人类社会发展的一般规律，第一次使人们真正认识到，人类社会和自然界一样，也是按照自己固有的客观规律运动和发展的。自然科学和社会科学的规律都是对客观事物发展过程的客观规律的反映。

规律是客观的，指的是它的存在和发生作用不以人的意志为转移；规律是客观的，还指规律既不能被创造，也不能被消灭；规律是客观的，集中表现为它的不可抗拒性。规律是客观的，不等于说人们在客观规律面前就无能为力。人们能认识规律并能利用规律。人在客观规律面前并不是完全消极被动的，人们在实践中，通过大量的外部现象，可以认识或发现客观规律，并用这种认识指导实践，即应用客观规律来改造自然、改造社会，为社会谋福利。人们要想在活动中获得预期的目的（即取得成功）就要从实际出发，坚持实事求是，认识和尊重客观规律，按照客观规律办事，否则就会受到客观规律的惩罚。

二、规则

（一）规则的定义

规则是多种多样的。词典中规则的定义是"规定出来供大家共同遵守的制度或章程"；规则的另一个定义是"以一种可持续可预测的方式运用信息的系统性决策程序"。根据这两条定义，规则可以被简单地看作"人为制定出来的，告诉人们应该怎样做、什么可以做，以及什么不可以做"。据此，可以给规则这样一个定义：规则是人为规定的，规范人类行为的伦理道德、规章制度、法律条例、标准规范等的总和。

（二）规则的分类

人类行为纷繁复杂，每一类行为都有其相关的规则，因此人类制定的规则也多种多样，不胜枚举。

1. 按是否成文划分

显性规则　指的是已经以书面形式确立下来的规则，包括规章、制度、条例等，其特点是具体而明确，规范的行为和内容确定。

隐性规则　指的是并未以书面形式确立，但对人类行为也能够起到规范作用的规则，如道德规范、规矩、风俗、习惯等。

2. 按是否具有强制性划分

硬规则　指的是具有强制性，不可违反的规则，如法律规章制度、比赛规则等。

软规则　指的是不具有强制性的规则。如果违反这类规则，不会受到事先规定的惩罚，但可能受到舆论的谴责或招致其他后果。

3. 按规范的人类行为划分

社会规则　指的是调节和规范人们的社会关系和社会行为，使人类社会行为有序化的规则总和，主要由风俗、习惯、时尚、道德、纪律、法律、规章制度和宗教教义等组成。

经济规则　指规范人类经济关系和经济行为，使其有序化的规则总和，主要由生产关系、市场规范等组成。

技术规则　指规范人类技术行为的规则，主要有行业技术标准、产品标准、工艺规范等。

环境规则　指的是规范人类环境行为的规则，主要有环境法规、环境标准、环境政策、环境制度和规范等。

三、规律与规则

规律与规则既有区别又有联系。它们的区别在于：

第一，规律具有客观"自在性"，而规则具有"人为性"。规律在人的意识之外独立存在，不能被制定、修改、废除或改造，是客观的；规则是人们制定的，可以修改、补充或废除，是主观的。这就是规律和规则在基本性质上的不同。

第二，规律是客观地、自发地发生作用；规则则是依靠人们的自觉遵守来发挥作用。规律是被人发现出来的，客观规律在它们未被人发现的时候也是存在的；而规则是由人制定出来的，规则在它们被制定出来的之前是不存在的。

第三，从语言学和逻辑学的角度看，规律是关于存在的普遍性的陈述和判断，规则是对于行动者在所指定的环境条件下应该如何行动的"规范"或"指令"；规律是用陈述句表达的，规则是用祈使句表达的；规律回答的是关于外部世界的"所是"或"是什么"，而规则回答的则是关于人在某种条件下应该怎样行动和要怎样行动。于是，规律和规则的关系的问题"映射"在语言学"领域"中就成了"是"和"应该"的关系的问题。

第四，科学理论是一个规律系统，科学家以发现和研究规律为己任；工程、技术、社会和经济活动都是规则系统，管理者、工程师、工人和职员以制定、改进和执行规则为己任。

第五，只有规则才会有是遵守它还是违反它的问题。由于规律具有"不可违反性"，严格地说，对于规律是不存在遵守它还是违反它的问题的。

规律与规则的联系则在于：规律决定规则，规则反映规律。一个正确的、合理的规则总是根据客观规律制定的，是对客观规律的反映。

四、规律规则原理

规律与规则共同影响事物发展的方向。在任何时间、任何地点，事物的发展都是由其背后的规律决定的，但其最终发展方向可能与期望相符，也可能与期望相反，这就取决于事物发展过程中相关人类行为所遵守的规则是否顺应了相关的规律。人类实践反复证明，偏离规律的规则往往是事物发展的离心力，背离规律的规则常常是发展的阻力，只有顺应规律的规则才是发展的动力，这就是规律规则原理的内涵。

作为环境学四大原理之一，规律规则原理是隐藏在所有事物发展中的一条基本原理，也就是说，当事物发展符合人们的预期时，说明人们所制定的规则符合相关的规律，而当事物发展不符合或与预期相反时，说明人们制定的规则有偏离或背离规律的地方。在后面的内容中，将集中于分析环境规则的发展、实施与改革中规律规则原理的体现。具体分为环境质量标准、环境自然规则（环境基准）、环境技术规则、环境社会规则和环境经济规则，环境质量标准是人与环境相互作用的和谐程度的具体量度之一，四类环境规则分别与环境-自然规律、环境-技术规律、环境-社会规律、环境-经济规律相对应，同时受到其他规律的一定影响。

第二节 环境基准与环境质量标准

环境基准和环境质量标准都是典型的环境规则，并且是大多数环境规则的制定依据和重要基础，同时，环境基准与环境质量标准的关系非常紧密。本节对两者进行系统阐述和分析。

一、环境基准

（一）定义

环境基准（environmental criteria/benchmark）是环境质量基准的简称，在特定条件和用途下，环境因子（污染物质或有害要素）对人群健康与生态系统不产生有害效应的最大剂量或水平（最大无作用/效应剂量），只考虑污染物与特定对象之间的剂量-反应关系，不考虑社会、经济及技术等方面因素，不具有法律效力，但可作为制定环境质量标准的科学依据。

环境基准研究以环境暴露、毒性效应和风险评估为核心，揭示环境因子影响人群健康和生态安全客观规律。从揭示客观规律看，生态环境基准具有普适性，由于自然地理和生态系统构成等方面的差异，也会使这种客观规律呈现一定的地域特殊性。我国于2020年2月28日发了第一个国家生态环境基准《淡水水生生物水质基准—镉》（2020年版），从中可以看到，由于推导方法、关注物种的差异，不同国家甚至同一国家在不同时期制定的镉水质基准也存在较大差异。例如，美国于1980年、1985年、1995年、2001年和2016年，对淡水水生生物镉水质基准进行了5次修订。1980年发布淡水水生生物镉水质基准时，短期水质基准推导纳入了29个物种的急性毒性数据，长期水质基准推导纳入了13个物种的慢性毒性数据；2016年基准更新时，短期水质基准推导纳入了101个物种的急性毒性数据，长期水质基准推导纳入了27个物种的慢性毒性数据。因此，在条件允许的情况下，各国、各地区应根据本国或本地区生态环境特点有针对性地开展基准研究。

环境基准按环境要素可分为大气质量基准、水质量基准和土壤质量基准等；按保护的对象可分为保护人体健康的环境卫生基准，保护鱼类等水生生物的水生生物基准，保护森林树木、农作物的植物基准等。同一污染物在不同的环境要素中或对不同的保护对象有不同的基准值。

（二）环境基准的研究

环境基准研究是一项特殊的研究，具有以下特点：

① 环境基准的研究属于自然科学研究的范畴，研究成果具有社会共享性；

② 环境基准的研究一般耗资大、费时长，一种环境基准资料的获得需要较长时间做

大量而细致的研究工作。

③ 环境基准的研究结果具有不确定性，与其他学科研究资料不一样，虽然也经过一套严格的科学实验程序方法获得，但由于研究的介质和对象的自然可变性，再加上技术规范的不同，都可能使最后的结果不能以确定的数值来表示。

④ 环境基准是一个复杂的系统，对某一污染物，完整的环境基准资料应该是各种环境基准组成的体系，而在一般情况下往往只需研究其中主要的环境基准。

环境基准的研究不仅是环境科学研究的核心内容，而且为环境管理特别是环境标准的制定提供科学依据和基础资料。因此，环境基准的研究在环境科学和环境管理中具有十分重要的意义。到目前为止，组织和开展环境基准研究的主要是一些国际卫生组织和发达国家的相关机构，如世界卫生组织和美国环保署等，它们拥有足够的资金实力，并可召集需要的专家来从事环境基准研究，并将得出的基准资料对外公布。我国在环境基准研究中相对滞后，目前尚未建立起比较完整的环境质量基准体系。随着生态文明建设的不断深化及其对生态环境服务功能要求的不断提高，研究制定符合我国生态环境特征的生态环境基准，不仅是制修订生态环境质量标准、评估生态环境风险，以及进行生态环境管理的理论基础和科学依据，也是构建国家生态环境风险防范体系的重要基石。2017 年以来，我国发布了《国家环境基准管理办法（试行）》，组建了国家生态环境基准专家委员会，陆续发布了一些基准制定技术指南，初步形成顶层设计、技术规范、基准值有序衔接的生态环境基准管理链条，但这些工作距离满足生态环境管理工作的实际需要还远远不够。随着科学研究的不断发展和深入，国家生态环境基准也将适时修订和更新。需要指出的是，世界各国由于自然和经济条件存在诸多差异，各国饮食结构和人体素质不同，生物群落和种群结构也不同，因此根据各自国情研究获得的环境基准之间存在差异。

（三）环境基准概览

1. 水质量基准（水质基准）

一方面，水体污染物对人体和水生生物的健康和安全产生影响；另一方面，水体中的部分营养物质可能对水体生态产生影响。对水质基准的研究基于这两者进行。一般来说根据基准的制定方法，可以将水质基准划分为两大类：① 毒理学基准，该类基准是在大量科学实验和研究的基础上制定的，如人体健康基准、水生生物基准等；② 生态学基准，该类基准是在大量现场调查的基础上通过统计学分析制定的，如营养物基准等。也可根据基准针对的保护对象，分为水环境卫生基准、水生生物基准和水体营养物基准。

（1）水环境卫生基准：保护人体健康的基准用以毒理学评估和暴露实验为基础的污染物的浓度表示，是分别根据单独摄入水生生物，以及同时摄入水和水生生物两种情形计算出来的。人体健康基准的核心是对污染物剂量–效应（对象）关系的认识，曲线分为两类：有阈值和无阈值曲线。有阈值曲线表明人体对该种污染物在一定暴露浓度下具有自我消除能力，或者难以察觉可忽略不计，这种物质就是常规污染物；而无阈值曲线的污染物在人体中具有累积效应，会造成人体健康不可逆效应，甚至具有"三致"（致畸、致癌、致突变）风险，这些物质被称为有毒污染物或"优先污染物"。一般认为污染物对少数人群的环境风险不应超过 $10^{-5} \sim 10^{-4}$，对社会全体人群的风险不应超过 $10^{-7} \sim 10^{-6}$。当污染物的环境风险达到了与正常死亡率相当的 10^{-3} 水平时，被认为是不能接受的，必须采取紧急措施。

（2）水生生物基准：保护水生生物的基准包括暴露的浓度、时间和频次等，是针对淡水水生生物和海水水生生物两种情形计算出来的。淡水（或海水）水生生物基准对于每个污染物都制定了两个限值，即基准连续浓度（criterion continuous concentration，CCC）和基准最大浓度（criteria maximum concentration，CMC）。其中，CCC 是为了防止在低浓度的污染物长期作用下对水生生物造成慢性毒性效应而设定的，在该浓度下水生生物群落可以被无限期暴露而不产生不可接受的影响；CMC 是为了防止在高浓度的污染物短期作用下对水生生物造成的急性毒性效应而设定的，一般认为在该浓度下，水生生物群落可以被短期暴露而不产生不可接受的影响。制定水质基准要充分考虑生物多样性的特点，推导 CMC 的急性毒性数据至少涉及 3 门、8 科的生物，所选生物要有较好的代表性，能为大多数生物提供适当保护，避免过多采用同一属（或科）的试验生物而影响数据代表性，因为研究表明，分类上相近的生物对化学品的反应也是相似的。

（3）水体营养物基准：氮、磷等营养物质对水生生物的毒理作用相对较小，其危害主要在于促进藻类生长而爆发水华，从而导致水生生物的死亡和水生态系统的破坏。因此，防止水体富营养化的营养物基准是基于生态学原理和方法制定的，而非用生物毒理学方法。富营养化的发生不仅与水质条件相关，同时也与湖泊、水库（简称湖库）的地理和气象条件，以及自身的水力条件相关，因此不可能采用一个统一的营养物基准来反映不同区域的水体富营养化条件。需要根据不同区域的特点和水体类型，制定具有区域针对性的营养物基准。因此，制定营养物基准的首要工作是确定营养物基准的适用区域单元，而研究表明，水生态区就是一种非常有效的空间单元。水生态区是指具有相似生态系统或期待发挥相似生态功能的水域。根据水生态区划，人们可以对具有同样属性的水体进行统一管理，并制定相应的管理标准，确定监测的参考条件及恢复目标，采取切实可行的管理对策。在同一水生态区内，由于具有相似的气候、地形、土地利用等特征，水体生产力和营养状况与总磷、总氮、叶绿素 a 和透明度等指标均具有较好的相关性，可为营养物基准制定奠定良好基础。

2. 大气质量基准

国际上对大气污染与人群健康、人体健康的研究开展较早。涉及大气污染的环境基准物质主要有二氧化氮、浮游粒子状物质、光化学氧化剂、二氧化硫和一氧化碳。可吸入颗粒物，尤其是细颗粒物（$PM_{2.5}$）被公认为危害最大、代表性最强的大气污染物，美国环保署（EPA）和欧盟在评价大气污染的健康危害时均选择颗粒物作为代表性大气污染物。自 1987 年以来世界卫生组织（WHO）定期发布基于健康的《空气质量指导值》（Air Quality Guidelines，AQG），2021 年发布了最新修订的《空气质量指导值（2021）》（AQG 2021），涵盖了 $PM_{2.5}$、PM_{10}、O_3、NO_2、SO_2、CO 六种主要空气污染物的指导值水平（AQG）和过渡阶段目标值（interim targets），前者为基于科学研究结果判断的人群暴露于空气污染引起健康风险的空气污染物最低浓度值，后者基于不同空气污染物浓度下健康影响的风险水平，为制定空气质量管理阶段性目标提供参考。

我国《环境空气质量标准》（GB 3095—2012）基本参照 WHO 的 AQG 2005 制定，制定依据多为欧美流行病学和毒理学研究结果，缺乏我国自己的数据支持。近年来，随着我国大气环境科研的强力推进，相关研究成果大量涌现，但仍存在缺乏系统性和完整性等问题。从基准值转化为一个国家有法律效力的空气质量标准，还需要对社会、经济、技术等方面做全面的分析，同时也对相关领域的研究提出了更高的要求。例如，开展中国人群的污染暴露来源及暴露特征研究，基于大气环境与流行病学研究特定人群的暴露反应关系、多种污染同时暴露的健康风险、黑炭和近地面臭氧等污染物在短期和长期内的影响和复杂关联、易感人群的空气污染预防与干预措施等。未来需要基于本地化研究为决策目标提供代表中国人群特征的科学依据，并为我国大气质量基准的修订提供必要的科学依据。并且，在碳达峰碳中和目标下，还需要从健康风险与效益角度开展大气污染与气候变化的协同治理目标与路径优化研究。

3. 土壤质量基准

土壤污染物可以通过食物链而危害人体健康，也可以通过地表径流污染地表水，通过淋溶作用污染地下水，或通过挥发作用污染大气。对大多数土壤有害元素而言，由于在多数条件下它们的淋溶作用、径流作用及挥发作用较弱，它们对周围介质的危害主要体现在通过食物链对人体健康的危害上。土壤有害元素向作物可食用部分的转移程度是该危害途径的限制性环节，应该成为以保障农产品安全为主要目标的土壤质量基准中有害元素限量制定的主要依据。

早在 20 世纪 50 年代，在发达国家由于环境污染而引起的疾病，如当时在日本发生的骨痛病重要原因之一，就是工业排放大量镉，通过土壤污染，导致稻米中含镉量过高，人们长期食用了这种稻米而中毒。经过多年的调查和研究，1970 年日本制定了镉、铜和砷的土壤标准，并在此基础上制定了土壤污染防治法。从 1970 年以来，美国很多州也制定了土壤中一些有毒元素的最高容许量，但大多是推荐值，其中不少和农田施用污泥有关。

土壤质量基准是科学制定土壤环境质量标准的依据。2019 年 1 月 1 日起实施的《土壤污染防治法》第十二条提出"国家支持对土壤生态环境基准的研究"。我国土壤类型复杂多样，土壤生态环境基准研究起步晚、基础薄弱，需要大力推动相关研究：一是要立足国际科学前沿，充分借鉴欧美发达国家在土壤生态环境基准研究方面的经验，结合我国土壤环境特点和管理需求，制定符合我国实际的土壤生态环境基准框架和方法体系；二是基于我国实际的本土化参数严重缺乏，部分关键参数仍采用国外的参数值，给基准推导带来很大的不确定性，要开展推动关键参数的本土化工作；三是基于我国国情开展土壤生态环境基准分区、分类和分级的研究，提高我国土壤生态环境基准研究的科学性、针对性和指导性，为我国土壤生态环境基准的制修订提供科学依据。

二、环境质量标准

（一）定义

环境质量标准是为保障人体健康、维护生态良性循环和保障社会物质财富，基于环境基准，结合社会经济、技术能力制定的控制环境中各类污染物质浓度水平的限值。环境基准和环境质量标准是两个不同的概念。环境基准是由污染物与特定对象之间的剂量-反应关系确定的,不考虑社会、经济、技术等社会因素,不具有法律效力。环境质量标准是以环境基准为依据,并考虑社会、经济、技术等因素,经过综合分析制定的,由国家管理机关颁布,一般具有法律强制性。环境基准与环境质量标准有密切的关系。环境质量标准规定的污染物容许剂量或浓度原则上应小于或等于对应的基准值。

（二）应用

环境质量标准是环境标准体系的核心。生态环境质量标准是开展生态环境质量目标管理的技术依据,由生态环境主管部门统一组织实施。实施大气、水、海洋、声环境质量标准,应当按照标准规定的生态环境功能类型划分功能区,明确适用的控制项目指标和控制要求,并采取措施达到生态环境质量标准的要求。

（三）主要内容

生态环境质量标准包括大气环境质量标准、水环境质量标准、海洋环境质量标准、声环境质量标准、核与辐射安全基本标准等。表 10-1 列出了截至 2023 年 3 月我国所制定和实施的环境质量标准名录。

表 10-1　环境质量标准名录

类别	标准编号	标准名称	实施日期
水环境质量标准	GB 3838—2002	地表水环境质量标准	2002-06-01
	GB 3097—1997	海水水质标准	1998-07-01
	GB/T 14848—2017	地下水质量标准	2018-05-01
	GB 5084—2021	农田灌溉水质标准	2021-07-01
	CJ 3020—93	生活饮用水水源水质标准	1993-08-05
	GB 11607—89	渔业水质标准	1990-03-01
大气环境质量标准	GB 3095—2012	环境空气质量标准	2016-01-01
	GB/T 18883—2022	室内空气质量标准	2023-02-01
声环境质量标准	GB 3096—2008	声环境质量标准	2008-10-01
	GB 9660—88	机场周围飞机噪声环境标准	1988-11-01
土壤环境质量标准	HJ 350—2007	展览会用地土壤环境质量评价标准（暂行）	2007-08-01
	HJ 53—2000	拟开放场址土壤中剩余放射性可接受水平规定（暂行）	2000-12-01
	GB 36600—2018	土壤环境质量 建设用地土壤污染风险管控标准（试行）	2018-08-01
	GB 15618—2018	土壤环境质量 农用地土壤污染风险管控标准（试行）	2018-08-01
其他环境质量标准	HJ 333—2006	温室蔬菜产地环境质量评价标准	2007-02-01
	HJ 332—2006	食用农产品产地环境质量评价标准	2007-02-01

除了国家环境质量标准外,我国环境质量标准还包括地方环境质量标准。国家标准是适用于全国范围的标准。我国幅员辽阔,人口众多,各地区对环境质量短期要求也不相

同，各地工业发展水平、技术水平和构成污染的状况、类别、数量等都存在差异；环境中稀释扩散和自净能力也不相同，完全执行国家标准是不适宜的。为了更好地控制和治理环境污染，结合当地的地理特点、水文气象条件、经济技术水平、工业布局、人口密度等因素，进行全面规划，综合平衡，划分区域和质量等级，提出实现环境质量要求，同时增加或补充国家标准中未规定的当地主要污染物的项目及容许浓度，有助于治理污染，保护和改善环境。省人民政府对国家环境质量标准中未作规定的项目可制定地方环境质量标准，并报国家生态环境主管部门备案。

第三节　环境技术规则

环境技术规则包括国家和地方政府所制定的有关环境技术发展、推广、评估等方面的规划和政策，以及对与环境相关的各种事物的技术属性所做的规定，即环境标准。这里需要特别指出的是，前面所介绍的环境质量标准虽然也是环境标准的重要组成部分，但不属于环境技术规则。

一、环境技术政策

（一）定义

环境技术指能够节约资源、避免或减少环境污染的技术，包括清洁生产技术、污染控制技术和综合利用技术等环境污染防治技术。环境技术政策是国家为保障实现节能减排和环境保护目标，指导全社会在生产和生活中采用先进的环境技术，提高环境污染防治和生态保护的效果，引导环境技术和环保产业的发展，支撑环境监督执法、环境影响评价、环境监测、环保标准制修订等管理工作，所制定的对环境技术进行评估、示范、推广和规范的相关政策。制定和实施环境技术政策是环境技术管理工作的一个重要手段。

（二）我国环境技术管理与环境技术政策发展

为适应环境管理的需要，20 世纪 90 年代初，我国开始出台有关环境技术政策。首先集中在对现有治理技术的筛选上，"七五"期间汇编了《1990 年国家科技成果重点推广计划》环境保护项目目录。为使技术成果的筛选规范化，加速环境科技成果转化，1991 年成立了国家环境保护总局最佳实用技术评审委员会和环境保护最佳实用技术推广办公室（筹），并于 1995 年 5 月正式成立国家环境保护局最佳实用技术推广办公室。1992—2003 年间，全国各省市环保局和国务院各部门、行业协会共推荐了 2 418 项环境保护实用技术。通过专家评审和筛选，共选出 1 024 项国家重点环境保护实用技术进行推广。

（三）我国主要环境技术政策

我国的环境技术管理工作与发达国家相比，仍有一定差距，现有的环境技术政策还不能适应环境工作的需要，正在快速的发展过程中。根据国家环境保护总局 2007 年发布的《国家环境技术管理体系建设规划》，未来我国应建立起一整套环境技术管理体系，我们从规划中总结出未来我国环境技术政策体系的基本框架，如图10-1所示，分为环境技术指导政策、环境技术示范推广政策和环境技术评价政策三个部分。环境技术指导政策指导行业进行污染全过程防治，引领环境技术发展方向；环境技术示范推广政策对环境技术进行示范和推广；环境技术评价政策保证环境技术的有效和科学发展。目前我国的环境技术政策还没有完成上述体系的构建，这里选择已经制定的部分政策进行介绍。

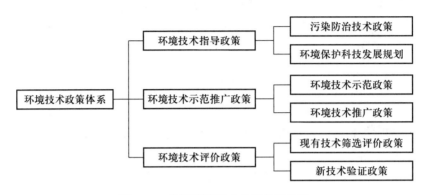

图 10-1   我国环境技术政策体系构建

1. 环境保护科技发展规划

我国从"十五"开始制定环境保护科技发展规划，定期提出每个五年计划内环境科技的重点发展领域和优先主题，引导全国和各地的环境保护科技发展，为实现各个五年计划的环境保护目标提供技术支持。

2. 污染防治技术政策

污染防治技术政策是根据一定阶段的经济技术发展水平和环境保护目标，针对污染严重行业提出的全过程控制污染的技术原则和技术路线，是行业污染防治的基本指导文件。污染防治技术政策的作用主要是为行业污染控制提出技术路线，引导环境工程技术发展，指导环保部门、工程设计单位和用户选择技术方案，最大限度地发挥环保投资效益，规范环保技术市场。污染防治技术政策主要内容包括制定技术政策的目的、污染防治目标、污染防治的技术路线、原则和措施等。

3. 其他环境技术政策

除了环境保护科技发展规划和污染防治技术政策外，我国已制定的环境技术政策还有一些，其中大部分以零散和非系列化的意见、通知、办法等形式出现。

二、环境标准

（一）性质

环境标准（也称生态环境标准）是指由国务院生态环境主管部门和省级人民政府依法制定的生态环境保护工作中需要统一的各项技术要求，是对环境保护领域中各种需要规范的事物的技术属性所做的规定，是除规划政策之外最重要的环境技术规则，在环境保护工作中起到基础性的作用。首先，环境标准是执法的依据，不论是环境问题的诉讼、排污费的收取、污染治理目标等执法依据都是相关的环境标准；其次，环境标准是进行环境规划、环境管理、环境评价和城市建设等的依据；同时，环境标准还是组织现代化生产的重要手段和条件。总之，环境标准是环境工作的技术基础。

环境标准是生态环境管理最基本、最常用、最有效的手段之一。作为生态环境法律规范体系的重要组成，生态环境标准是生态环境保护的靶向标尺和执法准绳，是经济社会高质量发展的绿色引擎和重要抓手。2021 年 2 月 1 日起施行的《生态环境标准管理办法》是我国生态环境标准工作的统领与指南，规定了生态环境标准体系构成、各类标准制定原则与基本要求及实施方式，地方生态环境标准管理要求，以及标准实施评估和信息公开等方面的总体要求。

（二）我国环境标准体系和内容

我国生态环境标准工作是与生态环境保护事业同步发展起来的。自 1973 年发布第一个生态环境标准——《工业"三废"排放试行标准》以来，我国生态环境标准体系经历了五个发展阶段，见图 10-2。

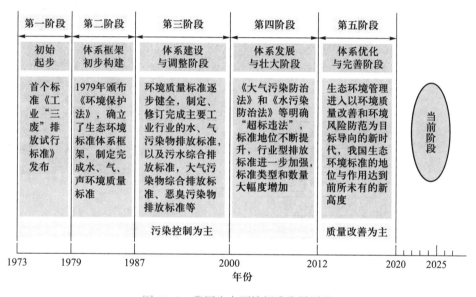

图 10-2　我国生态环境标准发展历程

注：资料引自：国家生态环境标准的结构和起草规则编制组 . 国家生态环境标准的结构和起草规则（征求意见稿）编制说明［R］. 北京：中华人民共和国生态环境部，2022.

经过近 50 年的发展，我国已形成了"两级六类"的生态环境标准体系，覆盖了水、大气、土壤、固废、化学品、噪声与振动、生态、放射性物质、电磁辐射等领域。"两级"指国家级和地方级，"六类"指生态环境质量标准、生态环境风险管控标准、污染物排放标准、生态环境监测标准、生态环境基础标准和生态环境管理技术规范六类。其中，生态环境监测标准包括生态环境监测技术规范、生态环境监测分析方法标准、生态环境监测仪器及系统技术要求、生态环境标准样品 4 个小类。图 10-3 列出了我国"两级六类"的生态环境标准体系。

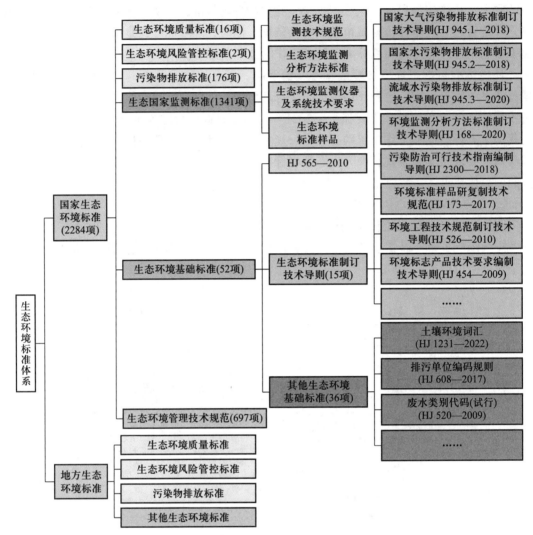

图 10-3 "两级六类"的生态环境标准体系

注：资料引自：国家生态环境标准的结构和起草规则编制组 . 国家生态环境标准的结构和起草规则（征求意见稿）编制说明［R］.北京：中华人民共和国生态环境部，2022.

　　生态环境质量标准通常包括生态环境功能分类、控制项目及限值规定、监测要求、生态环境质量评价方法和标准实施与监督 5 部分内容。

　　生态环境风险管控标准包括生态环境功能分类、控制项目及风险管控值规定、监测要求、风险管控值使用规则、标准实施与监督 5 部分内容。

　　污染物排放标准包括适用的排放控制对象、排放方式、排放去向等情形；排放控制项目、指标、限值和监测位置等要求，以及必要的技术和管理措施要求；适用的监测技术规范、监测分析方法、核算方法及其记录要求；达标判定要求；标准实施与监督 5 部分内容。

　　生态环境监测标准中的生态环境监测技术规范包括监测方案制定、布点采样、监测项目与分析方法、数据分析与报告、监测质量保证与质量控制等内容；生态环境监测分析方法标准包括试剂材料、仪器与设备、样品、测定操作步骤、结果表示等内容；生态环境监测仪器及系统技术要求包括测定范围、性能要求、检验方法、操作说明及校验等内容。

制定生态环境基础标准中的生态环境标准制订技术导则，应当明确标准的定位、基本原则、技术路线、技术方法和要求，以及对标准文本及编制说明等材料的内容和格式要求；制定生态环境通用术语、图形符号、编码和代号（代码）编制规则等其他生态环境基础标准，应当借鉴国际标准和国内标准的相关规定，做到准确、通用、可辨识，力求简洁易懂。

制定生态环境管理技术规范应当有明确的生态环境管理需求，内容科学合理，针对性和可操作性强，有利于规范生态环境管理工作。

截至 2022 年 11 月 8 日，我国发布各类国家生态环境标准 2 794 项，现行标准总数为 2 284 项，其中，生态环境质量标准 16 项、生态环境风险管控标准 2 项、污染物排放标准 176 项、生态环境监测标准 1 341 项、生态环境基础标准 52 项、生态环境管理技术规范 697 项。生态环境部备案的地方环境质量标准和污染物排放标准已达到 345 项，其中现行有效标准 276 项。上述标准为深入打好污染防治攻坚战和推动社会经济高质量发展提供了有力支撑。

第四节　环境社会规则

环境社会规则是当前社会中最为显性的环境规则，在制约和规范人类环境行为中起到最关键的作用，主要包括环境伦理、环境法律和环境管理等。环境社会规则的制定在遵循自然、技术、环境规律协同的前提下，最重要的是取得社会规律的协同。

一、环境伦理

以环境伦理为基础所建立的规范体系包含基本原则和具体行为规范两个部分。其基本原则是进行环境伦理道德判断的核心和根本依据，具体规范是基本原则的具体落实，在现实生活的不同层面上对人们提出具体的要求，规范人们的思想和行为。

1. 公正原则

公正原则是环境伦理的基本原则，指的是在与自然发生关系时，人们要以利益公正作为行动的根本原则。寻求不同利益之间的协调与均衡是公正的本质，环境伦理的公正原则也体现着这一本质。

代内公正　人类利益的代内公正指的是，当代人在利用自然资源、谋求自身利益和发展的过程中，要把大自然看成全人类共有的家园，全体人类平等地享有地球资源，共同承担维护地球的责任。

代际公正　指人类在世代更替过程中对利益的享有也应保持公平，当代人在满足自己利益的同时，还要考虑后代人的生存和发展需求，对后代人负责。

人地公正　指的是人类和大自然应该保持一种公正关系，具体说来就是人们应该尊重自然的完整与稳定，尊重自然物的固有价值，有意识地控制自己的行为，合理地利用自然资源，控制改造自然的程度，保护生物多样性，自觉维护生态系统的完整稳定。

2. 环境道德规范

作为环境伦理思想的贯彻和实施，环境道德规范在人们的生产行为、消费行为、生育行为，以及生活态度方面都提出具体的要求。

控制人口　从人类生存的现实来看，人口与环境的矛盾是客观存在的。人口的增加必然导致需求的增加，生态环境承受的压力也随之增大，环境压力增大到一定程度必然造成生态失衡，从而引发人类的生存危机。因而控制人口是解决生存危机、协调人与自然关系的重大问题。

清洁生产　清洁生产的伦理规范主要针对的是人类的生产行为。在现代社会中，人们应该清醒地认识到生产与生态环境的关系，以及自身对社会的责任感。

合理消费　在环境伦理中，合理消费的具体道德规范包括：消费的文明化，把消费看成自我发展的条件而不是生活的目的；消费的无害化，要求人的消费活动不要对环境造成危害，或力求将危害降低到最低程度；消费的适量化，要求建立科学合理的消费体系。

适度发展　即尽可能地少投入、多产出、多利用、再利用、少排放，把生态环境作为一种潜在的生产力加以保护，改变过量消费资源、以破坏环境为代价的生产发展模式。

尊重自然、善待生命　人作为自然界的一员，有尊重其他生命，保护一切生物，维系环境平衡的义务。珍爱生命、善待生命，要求人类保护自然生境，挽救濒危物种，维护生物的多样性，坚决反对野蛮的捕杀、灭绝物种，禁止对其他生命不必要的伤害。

二、环境法律

《环境保护法》（简称"环境法"）是由国家制定或认可，并由国家强制保证执行的关于保护与改善环境、合理开发利用与保护自然资源、防治污染和其他公害的法律规范的总称。环境法最初产生于西方工业发达国家。最初的环境法主要由单个的污染事件推动，到20世纪下半叶，在"环境危机"深刻化、全球化的背景下，很多国家对环境实行更加全面、严格的管理，环境立法趋向完备化。环境法形成了一个独立的法律部门，并不断完善。1979年颁布的《环境保护法》（试行）标志着我国的环境保护工作进入了法治阶段，也标志着我国的环境保护法体系开始建立。目前，我国环境保护法体系已经形成了以宪法为基础，以环境保护基本法为核心，其他相关部门法中关于环境保护的规定为补充，由若干彼此相互联系协调的环境保护法律、法规、规章、标准，以及国际条约所组成的一个完整而又相对独立的法律体系。

（一）宪法关于环境保护的规定

宪法关于环境保护的规定是环境法的基础，为各种环境保护法律、法规和规章的制定提供指导原则和立法依据。2018年3月11日，第十三届全国人民代表大会第一次会议通过了《中华人民共和国宪法修正案》，在将生态文明、美丽中国、绿色发展纳入其中。

（二）环境保护基本法

环境保护基本法在环境保护法体系中，占有核心的地位，仅次于宪法，对环境保护的目的、范围、方针政策、基本原则、重要措施、管理制度、组织机构、法律责任等做出原则规定。《环境保护法》是我国的环境保护基本法，对环境保护的重要问题作了全面的规定，主要有8个方面：① 规定了环境法的任务；② 规定了环境保护的对象；③ 规定了我国的环境保护应采用的基本原则和制度；④ 规定了保护自然环境的基本要求和开发利用环境资源者的法律义务；⑤ 规定了防治环境污染的基本要求和相应的义务；⑥ 规定了中央和地方环境管理机构对环境监督管理的权限和任务；⑦ 规定了一切单位和个人都有保护环境的义务，对污染和破坏环境的单位和个人，有监督、检举和控告的权利；⑧ 规定了违反环境法的法律责任。

2014年修订的《环境保护法》引入了生态文明的理念，明确了生态环境保护是基本国策，完善了政府对环境监督管理的责任，设立了信息公开和公众参与专门的一章，加大了违法排污责任，对环境污染入刑也作了相应的修改。因此这部法被称为是有史以来最严的环境保护法。

（三）环境保护单行法规

环境保护单行法规是针对特定的保护对象（例如某种环境要素或特定的环境社会关系）而进行专门调整的立法。它以宪法和环境保护基本法为依据，是进行环境管理、处理环境纠纷的直接依据，在环境保护法体系中数量最多，占有重要的地位。按其所调整的社会关系，环境保护单行法规分为环境污染防治法、自然保护法、土地规划法和环境管理行政法规四类。党的十八大以来，我国制定了《长江保护法》《湿地保护法》《噪声污染防治法》等7部法律，修订了《环境保护法》《大气污染防治法》《水污染防治法》等17部法律，其中《长江保护法》是全国首部流域性的环境法律，《黄河保护法》经第十三届全国人民代表大会常务委员会第三十七次会议通过，于2023年4月1日起施行。我国在生态文明领域的科学立法、严格执法、公正司法、全民守法也达到了历史的新高度。

1. 环境污染防治法律法规

在环境保护单行法规中，污染防治法占的比例最大。环境污染防治法规包括大气污染防治、水污染防治、水质保护、噪声控制、废物处置、农药及其他有毒物品的控制与管理，也包括其他公害（例如震动、恶臭、放射性、电磁辐射、热污染、地面沉降等）的防治法规。

2. 自然资源保护法律法规

自然资源保护法的目的是保护自然环境，使自然资源免受破坏，以保持人类的生命维持系统，保存物种遗传的多样性，保证生物资源的永续利用。目前我国对自然环境要素和资源保护立法已基本完备，如《水法》《森林法》《草原法》等，但尚无综合性的自然资源保护法。

3. 土地利用规划法

土地利用规划法的目的是通过国土利用规划实现工业、农业、城镇和人口的合理布局与配置，是控制环境污染与破坏的根本途径之一，也是贯彻预防重于治理原则的有效措施。土地利用规划法包括国土整治、农业区域规划、城市规划、村镇规划等法规。国土整治法规在土地利用规划法中，居于牵头和基本法的地位。

4. 环境管理行政法规

国家对环境的管理，通常通过制定法规的形式对环境管理机构的设置、职权、行政管理程序、行政管理制度，以及行政处罚程序等做出规定。

5. 其他环境保护单行法规

随着环境工作范围的扩展，近年陆续出现了一些无法被纳入上述类别的法律法规，对促进相应的环境工作起到重要作用，包括：《清洁生产促进法》《环境影响评价法》《可再生能源法》《节约能源法》《全国污染源普查条例》等。

（四）环境标准

环境标准是环境保护法体系中一个独立的、特殊的、不可缺少的组成部分。它是国家为了维护环境质量、控制污染，从而保护人群健康、社会财富和生态平衡，按照法定程序制定的各种技术规范的总称。

（五）其他部门法中关于环境保护的法律规范

由于环境保护对象及所调整的社会关系的广泛性，其他部门法如《民法》《刑法》《经济法》《劳动法》《行政法》中，也包含不少关于环境保护的法律规范。它们也是环境保护法体系的组成部分。

三、环境管理

环境管理既是实践，也是规则。这里说的是作为环境社会规则之一的环境管理规则，包括环境管理体制、政策与制度等。

（一）我国环境管理体制

环境管理体制是环境保护机构设置、领导隶属关系和环境管理权限划分等方面的体系、制度、方法、形式等的总称。我国非常重视环境管理体制建设，迄今为止已经建立起由全国人民代表大会立法监督、各级政府负责实施、环境保护行政主管部门统一监督管理、各有关部门依照法律规定实施监督管理的环境管理体制。面对日益严峻的环境污染形势，自党的十八大召开以来，环境问题得到了党和政府空前重视，我国环保事业迈向更高层次。党的十八大报告提出了经济建设、政治建设、文化建设、社会建设和生态文明建设的"五位一体"总体布局，将生态文明建设置于突出位置，并提出了坚持节约优先、保护优先、自然恢复为主的方针。党的十九大更进一步把"坚持人与自然和谐共生"作为新时代坚持和发展中国特色社会主义的基本方略之一，强调"必须树立和践行绿水青山就是金山银山的理念，坚持节约资源和保护环境的基本国策"。在这一思想指导下，我国先后出台了一系列促进生态文明建设的政策法规。2015年，《国务院关于加快推进生态文明建设的意见》和《生态文明体制改革总体方案》作为生态文明制度体系的顶层设计正式发布，明确了我国生态文明制度体系建设的战略目标和实施步骤。在环保机构改革方面，2018年组建的自然资源部与生态环境部，取代了国土资源部、环境保护部、国家海洋局、国家林业局等部门，进一步优化了职能配置，有利于强化自然资源和生态环境监管，解决环保部门职能交叉、管制重叠、标准不一等矛盾。总体说来，我国已基本形成环境保护与经济发展平衡、污染防治与生态防护并重的环境规制政策理念，初步建成由法律、行政法规、部门规章、环境标准、批准和签署的国际条约共同构成的生态环境保护体系。

（二）我国环境管理政策与制度

1. 环境管理基本政策

环境管理基本政策的思想是把消除污染、保护环境的措施实施在经济开发和建设过程之前或之中，实行全过程控制，从源头上消除环境问题，从而减轻事后治理所要付出的沉重代价，避免重走发达国家"先污染后治理"的老路。无论是从经济学角度还是从行政管理学角度来说，预先采取防范措施，不产生或尽量减少对环境的污染和破坏，是解决环境问题的最好办法，具体可概括为以下三条。

预防为主、防治结合、综合治理　把环境保护纳入国家的、地方的和各行业的中长期和年度国民经济和社会发展计划；调整产业结构，实现资源的优化配置和多级综合利用，促进经济增长方式的转变；对开发建设项目实行环境影响评价制度、排污许可制度和"三同时"制度，将可能产生的重大环境问题消除在萌芽中；实行环境综合整治。

从"谁污染谁治理"到"谁污染谁付费"　20世纪70年代初，国际经济合作与发展组织（OECD）把日本环境政策中的污染者负担原则（Polluter Pay Principle，也称为污染者付费原则，PPP原则）作为一项经济原则提出来。其基本含义是：污染者应承担治理污染源、消除环境污染、赔偿受害人损失的费用。我国由污染者付费原则引申出"谁污染谁治理"政策，1989年修订的《环境保护法》对污染者的责任进行规定："产生环境污染和其他公害的单位，必须……采取有效措施防治在生产建设或者其他活动中产生的……环境污染和危害"。1999年全国环境保护市场化会议上国家对环境保护政策进行了重大调整，提出我国的环境保护政策将由原来的"谁污染谁治理"转变为"谁污染谁付费"，也就是指某个区域内的若干家排污企业可以通过付费的方式，把污染治理交给独立的专业化公司来完成，实现治污集约化。

强化环境管理　强化环境管理是我国环境保护工作的中心任务和基本工作路线，其主要措施为：加强环境立法和执法，包括制定各种环境标准；建立健全环境管理机构，形成完善的环境管理制度；通过报刊、影视、网络等传播媒介，普及环境科学知识，增强公民环境意识，动员公众广泛参与环境保护的监督管理。

2. 环境管理制度

环境管理制度是在环境管理基本政策指导之下，由各级政府及环境保护部门制定的在污染控制、生态保护、流域治理等环境保护工作各方面的管理制度。我国的环境管理制度随着环境工作的逐步开展和环境问题的不断发展，由少至多，不断深入。目前施行的环境管理制度主要包括：

① 环境影响评价制度；

② "三同时"制度；

③ 排污申报登记与排污许可证制度；

④ 污染集中控制制度；

⑤ 污染限期治理制度；

⑥ 环境保护目标责任制；

⑦ 城市环境综合整治定量考核制度；

⑧ 区域限批制度；

⑨ 生态保护制度；

⑩ 环境信息公开制度；

⑪ 环境管理认证（ISO14000）。

第五节 环境经济规则

环境经济规则与环境社会规则相同，也是比较显性的规则，它通过作用于人类的经济行为，调整和修正经济发展与环境之间的关系，使经济和环境得以协调发展，或纠正经济发展带来的不良环境后果。影响环境经济规则制定的最主要规律是经济规律和环境规律，环境经济规则只有在同时顺应经济规律和环境规律的前提下才能够起到预期的作用。与此同时，社会规律、技术规律和自然规律也对其实施效果起到一定的作用。

一、环境经济战略

（一）内涵

战略，泛指指导或决定全局的策略。环境经济战略的内涵是能够影响经济和环境总体发展的策略。由于在经济与环境的关系中，往往是经济发展对环境造成一定的影响，随后反过来受到环境的作用，因此环境经济战略调整的往往是经济发展的方式和走向，从全局上决定经济与环境的相互关系。所以说，环境经济战略是人类为了促进经济与环境协调发展所决定的全局性的、高瞻远瞩的、高屋建瓴式的总体发展战略，它不会深入具体的操作层面，而是通过各种政策、制度、手段的制定被具化，成为每一个相关行为背后的根本原则。

（二）典型环境经济战略

1. 可持续发展

可持续发展，指满足当前需要而又不削弱子孙后代满足其需要之能力的发展。其核心思想是，健康的经济发展应建立在生态可持续能力、社会公正和人民积极参与自身发展决策的基础上。它所追求的目标是：既要使人类的各种需要得到满足，个人得到充分发展；又要保护资源和生态环境，不对后代人的生存和发展构成威胁。它特别关注的是各种经济活动的生态合理性，强调对资源、环境有利的经济活动应给予鼓励，反之则应予摒弃。

2. 转变经济发展方式

"九五"计划之前，随着我国经济规模的扩大和人口数量巨大的压力，资源约束日趋强化，资源、人口与经济发展的矛盾日趋突出，国民经济在粗放经营下长期低效运行与需求不断增长的矛盾更加尖锐，转变经济发展方式逐步引起重视。国家计委拟定"九五"计划时提出，中国经济的大问题是增长方式问题，要从外延、粗放的增长方式向集约、内涵方向转化。中央吸取了苏联增长方式难以转变的教训，在制定关于"九五"计划的建议中完善了计委的提法。但经过"九五""十五"时期，我国粗放型的经济增长方式并没有发生根本性的转变。"十一五"时期,加快转变经济增长方式成为战略重点。党的十七大提出要转变经济发展方式,要求由粗放型的经济增长方式向集约型的经济增长方式转变。2017 年,党的十九大首次提出高质量发展的新表述,把实施扩大内需战略同深化供给侧结构性改革有机结合起来,增强国内大循环内生动力和可靠性,提升国际循环质量和水平,加快建设现代化经济体系,着力提高全要素生产率,着力提升产业链供应链韧性和安全水平,着力推进城乡融合和区域协调发展,推动经济实现质的有效提升和量的合理增长,走出一条有中国特色的社会主义现代化道路。

二、环境经济政策

环境经济政策和环境经济制度都是前述可持续发展战略及转变经济发展方式战略的具体体现。与环境经济制度相比,环境经济政策更加偏于宏观,多作用于整体国民经济,通过各种政策手段调整或引导经济,使其向更有利于环境的方向发展。主要包括产业发展政策;财政、金融、价格政策,清洁生产政策,以及绿色国民经济核算等。

(一)产业发展政策

1. 产业结构调整

从环境经济协调发展的角度来看,产业结构调整的作用是降低高耗能、高污染型产业在经济体中所占比例,提高低污染无污染的产业比例,从而促进环境与经济的协调发展。所以说,产业结构调整是一项重要的环境经济政策,是实现转变经济发展方式这一环境经济战略的基本思路和主要途径。在我国,党的十六届五中全会明确提出,要把加快经济结构战略性调整,作为需要紧紧抓住的一条主线,在结构调整中实现较快发展。

2. 产业发展名录

实现产业结构的调整和优化升级有很多途径,而其中最为直接的,就是制定产业发展名录。从 2005 年至今,国家发改委每年根据产业发展的情况进行调整,分年度发布《产业结构调整指导目录》,在产业结构调整工作中起到十分重要的作用。除此以外,国家相关部门还根据需要从不同角度出台了一些产业发展名录,作为产业结构调整的重要手段。

3. 对外贸易政策

对外贸易政策与产业结构调整密不可分。我国的产业结构和经济增长方式给资源环境带来了很大压力,其相当一部分原因是现有进出口结构导致的。其主要表现方式是:部分资源型产品进口不合理增加,高污染、高能耗的资源密集型产品出口大幅增长,对生态环境和自然资源形成了巨大的压力。因此,对外贸易政策的调整和制定也是重要的环境经济政策之一。当前中国对外贸易政策的转变主要为由出口导向型转向中性贸易政策。

(二)财政政策

财政政策是国家干预和调节经济的基本手段之一,包括财政收入政策和财政支出政策两方面。作为环境经济政策的财政政策目标通常在于调整经济结构,通过各种手段扶持需要大力发展的部门和地区经济,抑制某些部门生产的增长。

1. 税收政策

税收政策是最基本的财政政策,在环境经济工作中,主要通过税收优惠政策、进出口税收政策、免税政策、出口退税政策等实现经济结构的调整，使其向有利于环境的方向发展。税收政策在我国今后加强对能源资源节约和生态环境保护方面，将扮演十分重要的角色。

2. 政府采购

政府可以通过政府采购支出的分布结构来增加或改善对某个产业的供给，即可以通过政府采购预算（总量不增加）进行调配以增加或减少对某一产业的采购需求，客观上相应地增加或减少对某个产业的供给，并促进需求结构和方向变化。

（三）金融政策

1. 绿色信贷

信贷政策可以从资金源头对产业投资进行控制，是一个十分有力的环境经济政策。我国从 2007 年开始逐步制定相关的绿色信贷政策并持续推进，取得了一定的成果，但与预期的目标相比还有不小的差距。

2. 绿色证券

绿色证券是另一项有力的环境经济金融政策。加强对上市公司的环保核查，并督促上市公司履行社会责任，披露环境信息，不仅可以促进上市公司改进环境表现，更有助于保护投资者利益。

（四）价格政策

价格是直接影响资源配置的因素之一。通过建立健全价格激励机制，如完善脱硫电价政策、制定有利于促进可再生能源发电的价格政策等，可以鼓励清洁生产，促进可再生能源开发；通过建立健全价格约束机制，如调整小火电上网电价政策、实行差别式排污收费政策等，可以抑制污染物排放，促进减排目标的实现；通过建立健全价格补偿机制，如实施城镇污水处理收费制度、生活垃圾处理收费制度、危险废物处置收费制度、完善水资源收费制度、风景名胜资源收费制度等，可以支持环保产业发展，促进生态保护。总之，灵活运用价格杠杆，制定和实施适宜的价格政策也是一项有力的环境经济政策。

（五）绿色国民经济核算

国民经济核算体系是对国民经济运行或社会再生产过程进行全面、系统的计算、测定和描述的宏观经济信息系统，它是整个国民经济信息系统的核心。传统的国民经济核算体系没有充分考虑自然资源耗减和环境质量退化的成本，绿色国民经济核算就是将自然资源和环境要素纳入国民经济核算体系，通过核算描述资源环境与经济之间的关系，提供系统的核算数据，为可持续发展的分析、决策和评价提供依据。绿色国民经济核算是一项复杂的系统工程，需要全社会各方面的合作与努力。不论在我国还是在国际上，目前还没有成熟和广为接受的绿色国民经济核算体系，总的来说，这项环境经济政策还处于发展过程之中。

三、环境经济制度

环境经济制度偏于微观，大多是针对经济主体，包括企业、消费者乃至某个区域等，通过各种手段形成激励，纠正或引导经济主体的行为，实现环境外部性的内在化，从而提高效率，实现经济与环境双赢。北京、天津、上海、重庆、湖北、广东及深圳等省市陆续开展了碳排放交易试点，各行业也逐渐建立起全国统一的碳排放交易市场，生态补偿、绿色采购、绿色价格等政策也都相继发展起来。

1. 罚款、赔偿和保险制度

环保违法罚款制度和环境损害赔偿制度等罚款和赔偿制度是较早建立的环境经济制度，其相关条款分列于各项相关的环境保护法律法规之中，主要针对各项违法的环境行为，包括超标排污、逃避环保监管、发生污染事故、污染损害等，规定了罚款和赔偿的相关条例。

环境污染责任保险是以企业发生的污染事故对第三者造成的损害依法应负的赔偿和治理责任为标的保险。环境污染责任保险可以使被保险人（造成污染事故的单位或个人）把对第三者的赔偿责任转嫁给保险公司，被保险人可以避免巨额赔偿的风险，环境污染受害者又能够得到迅速、有效的救济。与罚款和赔偿制度相比，环境污染责任保险显得灵活有效，已被许多国家证明是一种有效的环境风险管理的市场机制。

2. 排污收费制度及环境税

环境经济工作中的收费制度，主要指的是征收排污费制度，也称排污收费制度，是国家环境管理机关依照法律规定对排放污染物的单位和个人征收一定费用的环境经济制度。排污收费制度也是我国较早实施的环境经济制度之一。1982 年 7 月国务院颁布《征收排污费暂行办法》，标志着我国排污收费制度正式建立。2003 年颁布的《排污费征收使用管理条例》构筑了以总量控制为原则、以环境标准为法律界限的新的排污收费框架体系。

排污收费制度的经济学原理是，通过征收排污费，使企业排污造成的环境外部性内在化，从而在企业决策过程中纳入环境行为的考虑，促使企业寻求减污办法，实现包括环境资源在内的整体资源有效配置。二十几年的实践证明，排污收费制度在促进企业污染治理、筹集污染治理资金、加强环境保护能力建设和严格环境监察执法等都起到了十分重要的作用，在整体上，这一制度顺应环境规律与经济规律，起到了正面的作用。

2016 年，我国首部专门体现"绿色税制"的单行税法《环境保护税法》于第十二届全国人大常委会第二十五次会议通过，并于 2018 年 1 月 1 日起施行。为保证《环境保护税法》的顺利实施，2017 年，该法的配套文件《环境保护税法实施条例》由国务院正式颁布，这意味着在我国施行了 40 年的排污费征收制度被环保税取代，环保"费改税"正式完成。开征环境保护税，主要目的是使排污单位承担必要的污染治理与环境损害修复成本，并通过"多排多缴、少排少缴、不排不缴"的税制设计，发挥税收杠杆的绿色调节作用，引导排污单位提升环保意识，加大治理力度，加快转型升级，减少污染物排放，助推生态文明建设。

3. 资源环境产权制度

环境问题与产权理论密切相关。从 20 世纪 60 年代至今，人们对环境资源的产权理论进行了多方面的研究，取得的共识是，环境资源实行产权管理、有偿使用，建立完善的市场调节机制，是摆脱环境资源困境的根本出路。因此，资源环境产权制度是一项十分重要的环境经济制度。到目前为止，我国最为引人注目的资源环境产权制度改革体现在林权制度的改革上。在其他资源环境方面，我国的相关产权制度改革还处于研究和启动阶段，可以预见，资源环境产权制度改革将是一件复杂而长期的工作。

4. 排污权交易制度

所谓排污权交易制度，是指在实施排污许可证管理及排放总量控制的前提下，鼓励企业通过技术进步和污染治理节约污染排放指标，这种指标作为"有价资源"，可以"储存"起来以备自身扩大发展之需，也可以在企业之间进行商业交换。那些无力或忽视使用减少排污手段、导致手中没有排放指标的企业，可以按照商业价格，向市场或其他企业购买指标。排污权交易制度是一种典型的资源产权制度，其基本理论就是经济学的科斯定理，与排污收费制度相比，排污权交易制度在总量控制和提高企业减污积极性上能够取得更好的效果。在世界发达国家，排污权交易制度已经发展得比较成熟，确立了一些行之有效的制度，对排污总量控制起到了重要作用。在我国，国家环境保护总局从2002年开始在部分省份启动了排污权交易的综合试点。2007年11月，浙江省嘉兴市成立国内首个排污权交易中心，此举标志着中国的排污权交易开始逐步走向制度化。总的来说，我国的排污权交易制度（包括碳排放权交易）还处于推行的初期阶段。

5. 生态补偿制度

生态补偿制度则是指为改善、维护和恢复生态系统服务功能，调整相关利益者因保护或破坏生态环境活动产生的环境利益及其经济利益分配关系，以内化相关活动产生的外部成本为原则的一种具有经济激励特征的制度。建立生态补偿制度是当前国内外环境经济制度建设的前沿领域，各国都在进行尝试和探索，开展相关理论研究和实践，研究重点主要集中在生态补偿原则、补偿主体、补偿对象、补偿依据、补偿标准、补偿办法、资金筹措、资金管理、运行机制等。

习题与思考

1. 日常生活中，人们通常会将反复出现的事物误认为"规律"，一定程度上干扰了人们对客观事实及其背后规律的认知。试寻找类似的案例，并分析其背后真正起决定性作用的规律。

2. 规律发挥作用，通常都是需要具备一定的现实基础和条件。人们利用规律，一定程度上，就是调整相关条件，使得促进目标达成的规律发挥作用。请寻找类似的案例，分析其规律发挥作用的条件和规律作用的特点。

3. 试理解不同类型的规则，如何规范人们的环境行为。试查询近年来世界各国在社会经济发展及改革领域的政策措施的变化，理解规则偏离规律、背离规律和顺应规律的具体表现。

4. 环境标准制定过程中如何统筹考量环境基准及与现有社会、经济、技术条件的关系？查阅资料，了解我国当前的环保科技发展规划、污染防治技术政策等，思考其与当前国家社会经济和技术发展水平的相宜性。

5. 人类有哪些比较典型的环境伦理观？其核心思想和观点是什么？人类中心主义、宇宙飞船伦理、生态中心主义等环境伦理观分别有哪些有利或不利于人与环境和谐发展的思想或行为规范？

6. 阅读了解我国的《环境保护法》等生态环境法律法规，理解生态文明思想如何落实到具体的法规条文中。思考环境伦理与生态环境立法、司法之间的关系。

7. 查阅理解中国式现代化道路，理解其主要内涵和目标，理解中国式现代化道路对我国社会经济发展及生态环境保护的影响。

8. 我国有哪些主要的环境经济政策？它们如何调节和规范人们的环境经济行为？我国的环境经济政策未来可能在哪些方面和领域会有所调整和创新？环境经济政策的制定和修订如何尽可能地贴近相关规律的要求，更好地促进人类社会经济发展与生态环境保护的和谐？

9. 如何理解生态环境承载力的资源价值？如何优化配置生态环境资产，以更好地促进社会经济发展与生态环境保护的和谐？

第十一章　五律协同原理

制约人类发展的规律有五类：自然规律、社会规律、经济规律、技术规律和环境规律，人类在实现重大目标的过程中，往往同时受到五类规律的联合作用，当五类规律作用方向都与目标一致时，它们都成为实现目标的动力，这种状态称为五律协同。人类战略目标的确定和实现目标的途径都应尽可能实现五律协同，这就是五律协同原理。五律协同原理建立了五律解析和五律协同两个方法论，前者是系统分析方法，后者则是系统综合方法。

本章从"现象—规律—科学"的内在联系出发，建立五类现象、五类规律和五类科学之间的对应关系，并结合人类现有的知识体系，举例阐述了五类现象、五类规律和五类科学的本质特征和区别。通过本章的阅读和学习，希望读者能够初步建立五类现象与五类规律、五类科学对应关系的基本概念，掌握各类现象、规律的主要特征和相互区别，对于具体规律的细节则不作要求。

第一节　五类现象与五类规律

现象是事物表现出来，通常不需要理性思考就能被人感觉到的一切情况。

规律是事物本身所固有的、深藏于现象背后并决定或支配现象的方面，是客观事物本质或本质之间必然的、稳定的联系，体现事物发展的基本趋势、基本秩序。规律具有客观性，它的存在和发生作用都不以人的意志为转移，既不能人为创造，也不能人为消灭；不管人们承认与否，都稳定地以其铁的必然性发挥作用，人类行为和自然过程都不可能违反它。规律通常隐藏于事物内部，不能为人的感官所直接认识，只有当感性认识上升到理性认识时才能够把握。

人们通过理性思维、实验和实践获得的关于客观事物规律的认识，并将之系统化、逻辑化，形成具阶段性、发展性、历史性、辩证性且不断逼近真理的知识体系，这就是科学。关于科学的定义是多种多样的。尼采认为科学是一种社会的、历史的和文化的人类活动。达尔文认为"科学就是整理事实，从中发现规律，作出结论"。《辞海》（1999年版）将科学定义为"运用范畴、定理、定律等思维形式反映客观世界各种现象的本质规律的知识体系"。《现代科学技术概论》将科学定义为"如实反映客观事物固有规律的系统知识"。无论何种解释，科学都是人类探索各种现象和规律获得的理论化、系统化的知识体系，它随着人类对于客观事物和客观规律认识的逐步加深而不断趋于逼近真理。

世界上的事物、现象千差万别，它们都有各不相同的规律。自然现象、技术现象、经济现象、社会现象和环境现象是人类世界客观存在的五类现象，它们背后起决定和支配作用的是自然规律、技术规律、经济规律、社会规律和环境规律，人们不断认识和探索这五类现象和五类规律的需求促进了自然科学、技术科学、经济科学、社会科学和环境科学的发展。五类科学产生和发展的任务和目的即在于揭示五类规律，以更好地指导人们的生存和发展。

一、自然现象、自然规律与自然科学

（一）自然现象

自然界泛指除人类社会以外的客观物质世界。自然现象（natural phenomenon）指自然界中由于大自然的运作规律自发形成的某种状况。相对于人类引发的社会现象，自然现象完全不受人为主观能动性因素影响。自然现象可以被直接感知，主要有天文现象、地理现象、物理现象、化学现象、生物现象、生态现象等，如月盈月缺、四季变化、气候冷暖、刮风下雨、白天黑夜等。自然现象纷繁复杂，具有非常广泛的多样性，是无法穷举的，下面简单介绍一些常见的自然现象。

天文现象是天体到了某个特定位置（客观上的位置）或状态而造成的特殊现象。最为常见的天文现象就是日升月落、满天星斗。目前人类可以预测的一些天文现象包括：天体与天体之间的掩食现象，主要如"食"（如日食、月食）、"掩"（月掩恒星、行星掩恒星、小行星掩恒星）、"凌"（水星凌日、金星凌日）等现象；各类天体预报位置，如日、月、行星、行星卫星、小行星位置；天体与天体之间视位置接近，如行星合月、双（三或更多）星伴月、土星合月、五星连珠等；彗星、流星或流星雨等。

地理现象是指地理事物在发生、发展和变化过程中表现出来的外部形式和表面特征。地理现象与人们的生活息息相关，有影响全球人类生活节律的由地球公转自转而产生的各种地理现象，如近日点和远日点的区别、太阳直射点的南北移动、各地昼长的变化、四季更替等；有关系到居民生活生产方式的各种地形地貌，如山脉、丘陵、河流、湖泊、海滨、沼泽等；有人类必须面对的各种地理灾害，如泥石流、飓风、地震、火山爆发、海啸、厄尔尼诺现象、龙卷风、冰雹等。

物理现象通过物质的外在结构性质（如大小、高度、速度、温度、电磁性质、外形等）的改变表现出来，同时物质本质（如分子结构、化学性质等）不发生变化的自然现象，如物体位置、速度和外表形态的变化，光的折射——下雨天天空中出现彩虹，光的反射——镜像、沸腾现象，磁力现象——两块磁铁相互吸引或排斥，能量的转化——细线悬挂的小球在空中摆动（重力势能和动能的转化），液体凝固——河水结冰，扩散现象——一滴红墨水滴入一个装满清水的杯子使一杯水逐步变红，烧开的水的水面不停地翻滚等。

化学现象指物质发生化学变化而表现出的各种现象。宏观上可以看到各种化学变化都产生了新物质，这是化学现象的特征。化学反应前后原子的种类、个数没有变化，仅仅是原子与原子之间的结合方式发生了改变。化学现象常表现为光、热、气体、沉淀产生或颜色气味改变等表面现象的发生，如铁生锈、节日焰火、酸碱中和等。

生物现象是地球上最具有活力的现象之一。虽然宇宙的某个角落还存在着其他形式的生命或者智慧生命，但就人类目前的探测范围而言，地球依然是唯一具有复杂生命体系的星球。生命的孕育、出生、生长、活动、衰老、死亡，生物个体的形态、行为的多样性，生物的产生、变异、进化，以及种群的繁衍、迁移、灭绝，乃至生态系统的演化等，都是典型的生物、生命现象。生命在地球上无处不在，生命创造的奇迹，人们今天还没有完全认识到。

（二）自然规律与自然科学

自然规律是存在于自然界客观事物内部的规律，是自然现象固有的、本质的联系。通过特殊的社会实践活动（如调查、实验、研究等）而形成的关于自然事物及规律的知识体系，就构成了人类的自然科学。自然科学的研究对象是自然界及其规律性，其任务是研究自然界各种物质的形态、结构、性质和运动的基本规律，不断探索新现象，研究新问题，提出新概念，建立新理论，揭示自然界形形色色的奥秘。自然界各种物质的结构千差万别，运动形式千变万化，因此，其现象、规律、概念、理论等也各不相同。一般说来，根据自然现象和自然规律的本质差别，传统的自然科学划分为物理学、化学、生物学、天文学、地学五大门类，分别对应物理、化学、生物、天文、地学五类自然现象、自然规律。

1. 物理规律与物理学

物理规律是对物理现象、物理过程的抽象和概括，是分析物理问题所应遵循的准则。人们不断研究物理现象，揭示物理规律，建立和发展了物理科学，即物理学（physics）。物理的研究对象是宇宙的基本组成要素，即物质、能量、空间、时间及它们的相互关系，通过理论推导和实验、实践验证，以数学的形式表达各要素之间的定量关系，形成物理学理论。经过大量实验验证的物理学规律被称为物理学定律，它们如同许多自然科学理论一样不能被证明，只能通过反复的实验来检验，如人们耳熟能详的牛顿三定律、能量守恒定律、动量守恒定律等。根据研究内容的不同，物理学可以分为经典力学及理论力学、电磁学及电动力学、热力学与统计物理学、量子力学和相对论等；根据研究对象的不同，则可以分为天体物理学、凝聚态物理学、原子和分子物理学、亚原子和基本粒子物理学等；此外，还有大量的交叉学科和应用学科。

阅读材料

物理学的分支学科与代表规律

由于自然物质世界的千变万化，物理学的研究领域非常广泛，物理规律的内容（通常表达为各种物理学定律、物理学理论）极为丰富。但有一些物理规律被认为是最基本的，其正确性也被普遍接受，这些理论被看作物理学的中心学说和基础理论，由此也构成了物理学的主要分支学科（见表11-1）。

表 11-1 物理学主要分支学科与典型规律（按研究内容分）

分支学科	研究内容	代表理论与规律	重要概念
经典力学及理论力学（mechanics）	研究物体机械运动的基本规律	牛顿三定律、拉格朗日力学、哈密顿力学、转动学、静力学、动力学、声学、流体力学、连续介质力学、混沌理论	时间、空间、转动、位移、速度、加速度、质量、力、力矩、动量、角动量、能量、功、功率、振动、波
电磁学及电动力学（electromagnetism and electrodynamics）	研究电磁现象，物质的电磁运动及电磁辐射等规律	电学、磁学、电动力学、麦克斯韦方程、光学	电荷、电流、电导、电阻、电场、磁场、磁通、电磁场、电磁感应、电磁辐射、电磁波
热力学与统计物理学（thermodynamics and statistical physics）	研究物质热运动的统计规律及其宏观表现	热机、分子运动论	温度、热量、内能、自由能、熵、压强、配分函数、平衡态、态函数、涨落、相、相变
量子力学（quantum mechanics）	研究微观物质运动现象及其基本运动规律	薛定谔方程、路径积分、量子场论、量子统计、不确定原理	波函数、哈密顿量、全同粒子、自旋、波粒二相性、零点能、量子、量子化、能级
相对论（relativity）	研究物体的高速运动效应及其相关的动力学规律，以及时空相对性的规律	狭义相对论、广义相对论、爱因斯坦场方程、等效原理	时空、引力场、引力波、四维动量、洛仑兹变换、协变性、相对论、等效

注：理论力学、电动力学、热力学与统计物理学、量子力学统称为四大力学，是物理学的重要理论基础和分支学科。

根据研究对象的差别，物理学也可以分为天体物理学、凝聚态物理学、原子和分子物理学、亚原子和基本粒子物理学等研究领域（见表 11-2）。此外，还有电子学、材料物理学、高分子物理学等应用学科和计算物理学、数学物理学、物理化学、生物物理学等教学科学。

表 11-2 物理学主要分支学科与典型规律（按研究对象分）

研究领域	分支领域	代表理论 / 规律
天体物理学（astrophysics）	宇宙学、等离子体物理学	大爆炸理论、广义相对论
凝聚态物理学（condensed matter physics）	固体物理学、低温物理学、介观物理学	超导的微观理论、费米液体理论、费米气体理论、多体理论
原子和分子物理学（atomic and molecular physics）	原子物理学、分子物理学、光学	量子光学、量子化学、玻尔模型
亚原子和基本粒子物理学（subatomic particle and elementary particle physics）	核子物理学、粒子物理学	自发对称性破缺机制、标准模型、大统一理论、M 理论

2. 化学规律与化学

化学（chemistry）是一门在原子、分子水平上研究物质的组成、结构、性质、变化，以及变化规律的科学，是一门以实验为基础的科学。化学在保障人类生存和提高人类生活质量方面有重要作用，如利用化学规律和知识生产化肥和农药、合成各类药物、开发新能源和新材料等。当代的化学大致可分为无机化学、有机化学、物理化学、分析化学四大类，各大类又有许多延伸的子学科和应用化学领域，分别从各自的研究对象和研究目标出发，探索不同的化学规律。

阅读材料

化学主要分支学科见表 11-3。

表 11-3　化学主要分支学科与典型规律

四大化学	分支学科	研究内容	典型化学规律
无机化学（inorganic chemistry）	元素化学、无机合成化学、无机高分子化学、无机固体化学、配位化学（即络合化学）、同位素化学、生物无机化学、金属有机化学、金属酶化学等	研究无机物的合成途径和方法，结构与性质	元素周期律 无机物结构与化学性质 无机化学反应方程式 化学键的电子理论
有机化学（organic chemistry）	普通有机化学、有机合成化学、金属与非金属有机化学、物理有机化学、生物有机化学、有机分析化学等	研究有机物的合成途径与方法，结构与性质	有机合成化学原理 生物化学原理 结构活性相关规律
物理化学（physical chemistry）	结构化学、热化学、化学热力学、化学动力学、电化学、流体界面化学、量子化学等	从物理学角度分析化学原理	化学反应动力学原理 催化作用及其理论 溶液理论
分析化学（analytical chemistry）	化学分析、仪器分析等	开发分析物质成分、结构的方法，使得化学成分得以定性和定量，化学结构得以确定	有机物微量分析方法 质谱仪原理

3. 地学规律与地学

地学（earth sciences）是对以地球为研究对象的学科的统称，它的学科分类，各个领域的科学家莫衷一是，不过通常认为地学一般包括地理学、地质学、大气科学、海洋学、水文学等分支学科。随着现代观测与探测技术的发展，地学的研究范围不断拓展、研究内容日益丰富和深化，产生了很多交叉性、边缘性和应用性的子学科，如遥感地质学、环境地学、行星大地测量学、计算地球物理学、应用气象学、空间环境学等，它们分别从不同角度探索地球，以及地球表面事物的本质结构与演变、发展规律。

阅读材料

地学主要分支学科见表11-4。

表11-4 地学主要分支学科与典型规律

地学	内涵	分支学科	典型地学规律
地理学（geography）	关于地球与其特征、居民和现象的知识体系	自然地理（普通地理学、地图学、地貌学、大地测量学、土壤学及土壤地理、物候学、冰川学等） 人文地理（社会文化地理学、经济地理学、城市地理学、人口地理学等）	地球圈层结构理论 气候分区 区位理论 经济地理规律
地质学（geology）	关于地球的物质组成、内部构造、外部特征、各层圈之间的相互作用和演变历史的知识体系	地球化学、地球物理、矿物学、岩石学、矿床地质学、构造地质学、动力地质学、古生物学、地层学、地质年代学、冰川地质学、海洋地质学、石油地质学、水文地质学、工程地质学、灾害地质学、找矿勘探地质学、矿山地质学等	地球化学构成 板块构造说 地层层序律 地质年代表 构造地质理论 成矿理论与矿床学
大气科学（atmospheric sciences）	研究大气的结构、组成、物理现象、化学反应、运动规律，以及如何运用这些规律为人类服务的学科	大气探测、气候学、天气学、动力气象学、大气物理学、大气化学、人工影响天气、应用气象学等	大气的铅直结构 风和气压的关系 锋面、气旋和气团学说 位势涡度理论
海洋学（oceanography）	研究海洋的自然现象、性质及其变化规律，以及与开发利用海洋有关的知识体系	海洋物理学、海洋化学、海洋地质学、海洋生物学、区域海洋学、海洋工程学	大洋潮汐动力学理论等
水文学（hydrology）	关于地球上水的起源、存在、分布、循环、运动等变化规律，以及运用这些规律为人类服务的知识体系	河流水文学、湖泊水文学、沼泽水文学、冰川水文学、雪水文学、水文气象学、地下水水文学、区域水文学、海洋水文学、水文测验学、水文调查、水文实验、工程水文学、农业水文学、森林水文学、都市水文学、医疗（卫生）水文学等	水文循环规律、明渠均匀流公式、水流能量方程、水面蒸发的道尔顿公式、孔隙介质中地下水运动的达西定律等

4. 生命规律与生物学

生物学（biology）是研究生命现象和生物活动规律的科学，是研究生物的种类、结构、功能、行为、发育、起源、进化，以及生物与周围环境的关系等的科学。目的在于揭示生命的本质，有效地控制生命活动和积极地加以调节、改造、利用，使之更好地为人类服务。根据研究对象，分为动物学、植物学、微生物学等；根据研究内容，分为生物分类学、解剖学、生理学、毒理学、遗传学、生态学等，这些学科分别从不同的角度揭示生物现象与生命现象背后的内在规律，为人类更好地认识生命、保护和开发生物资源、提高人类生存质量提供科学依据。

阅读材料

生物学主要分支学科见表11-5。

表11-5　生物学主要分支学科与典型规律

生物学	主要分支	内涵	分支学科	典型规律
按研究对象分类	动物学（zoology）	研究动物的种类组成、形态结构、生活习性、繁殖、发育与遗传、分类、分布、发展，以及其他有关生命活动的特征和规律	无脊椎动物学、原生动物学、寄生虫学、软体动物学、昆虫学、甲壳动物学、鱼类学、鸟类学、哺乳动物学等　动物形态学、动物生理学、动物生态学、动物地理学、动物遗传学等	细胞学说　进化论　遗传定律　基因理论　蜜蜂的舞蹈语言理论　生态学的阿利规律（过疏过密都对种群不利）
	植物学（botany）	研究植物各类群的形态结构、分类、生理、生态、分布、发生、遗传、进化规律的科学	植物分类学、植物形态学、植物遗传学、植物解剖学、植物生理学、植物生态学、植物分类学、植物群落学、植物病理学、植物地理学等　藻类学、真菌学、苔藓植物学、蕨类植物学、古植物学等	植物形态与分类　植物亲缘关系　光合作用机理　植物代谢过程与机理
	微生物学（microbiology）	研究各类微小生物（细菌、放线菌、真菌、病毒、立克次氏体、支原体、衣原体、螺旋体原生动物及单细胞藻类）的形态、生理、生物化学、分类和生态的科学	普通微生物学、微生物分类学、微生物生理学、微生物遗传学、微生物生态学、分子微生物学自养菌生物学、厌氧菌生物学、土壤微生物学、应用微生物学	微生物生理学、DNA双螺旋结构模型、核酸半保留复制学说、基因三联密码学说、生物固氮机制

续表

生物学	主要分支	内涵	分支学科	典型规律
按研究内容分类	生物分类学（taxonomy）	研究生物分类的方法和原理的生物学分支	细胞分类学、血清分类学、化学分类学；植物分类学、动物分类学、细菌分类学	"杂交不育"原理系统分类学
	解剖学（anatomy）	研究动物或植物结构的学科	人体解剖学、动物解剖学、植物解剖学	人体的构造内外屏障
	生理学（physiology）	以生物机体的生命活动现象和机体各个组成部分的功能为研究对象的一门课	微生物生理学、植物生理学、动物生理学和人体生理学	血液循环生理收缩耦联关系条件反射
	毒理学（toxicology）	一门研究化学物质对生物体的毒性反应、严重程度、发生频率和毒性作用机制的科学，也是对毒性作用进行定性和定量评价的科学	细胞毒理学、遗传毒理学、膜毒理学、生化毒理学、分子毒理学；器官毒理学、肝脏毒理学、肾脏毒理学、眼毒理学、耳毒理学、神经毒理学、生殖毒理学、免疫毒理学、皮肤毒理学、血液毒理学等	剂量－效应/反应关系
	遗传学（genetics）	研究基因的结构、功能、变异、传递和表达规律的学科	群体遗传学、细胞遗传学、分子遗传学、免疫遗传学、微生物遗传学、生态遗传学、进化遗传学、人类遗传学、系统遗传学等	孟德尔定律遗传的染色体学说克隆选择学说遗传和变异规律
	生态学（ecology）	研究有机体及其周围环境相互关系的科学	植物生态学、动物生态学、微生物生态学、生态系统生态学、景观生态学、修复生态学、可持续生态学	生物多样性生态系统承载力理论多效应原理相互联系原理勿干扰原理

5. 天文规律与天文学

天文学是一门古老而重要的科学，起源于古代人类时令的获得和占卜活动。天文学是观察和研究宇宙空间与天体的学科，研究内容包括天体的分布、运动、位置、状态、结构、组成、性质、起源和演化的规律，以及宇宙形成、发展、演化的规律。主要通过观测天体发射到地球的辐射，发现并测量它们的位置，探索它们的运动规律，研究它们的物理性质、化学组成、内部结构、能量来源及其演化规律。随着人类社会的发展，天文学的研究对象从太阳系发展到整个宇宙。现在天文学按研究方法分类已形成天体测量学、天体力学和天体物理学（见物理学部分）三大分支学科；按观测手段分类已形成光学天文学、射电天文学和空间天文学几个分支学科。天文学循着观测—理论—观测的发展途径，不断把人的视野伸展到宇宙的新的深处。

阅读材料

天文学主要分支学科见表 11-6。

表 11-6　天文学主要分支学科与典型规律

天文学	内涵	分支学科	典型规律
天体测量学 （astrometry）	研究和测定天体的位置和运动，建立基本参考坐标系和确定地面点的坐标	球面天文学、方位天文学、实用天文学、天文地球动力学	球面几何
天体力学 （celestial mechanics）	应用力学规律来研究天体的运动和形	摄动理论、数值方法、定性理论、天文动力学、天体形状与自转理论、多体问题	大爆炸理论 开普勒方程 万有引力定律 摄动理论

6. 基础自然科学与应用自然科学

现代自然科学按照科研活动的不同阶段，可以分为基础自然科学和应用自然科学。

基础自然科学是对客观世界基本规律的认识，就研究自然界的基础科学来说，它包括天文学、地质学、物理学、化学、生物学，以及作为各门科学的工具和方法的数学，它们构成了现代自然科学的基石。基础自然科学有以下四个特点：① 它是物质运动最本质的规律性的反映，是在丰富的感性材料基础上总结出来的理性认识，其一般表现形式是由概念、定理、定律等组成的理论体系。② 它与生产实践的关系一般比较间接，必须要通过一系列的中间环节，才能转化为物质生产力。③ 基础自然科学的研究领域十分广阔，其研究工作具有长期性、艰苦性和连续性。④ 基础自然科学具有非保密性，它的研究成果可以公开发表在科学刊物上。

应用自然科学研究生产技术和工艺过程中的共同性规律，一般包括应用数学、计算机科学、材料科学、能源科学、信息科学、空间科学，以及应用光学、电子学、应用化学、医药科学、农业科学等。技术科学有以下两个特点：① 它相对于基础自然科学而言是研究具体对象的特殊运动规律（人工自然对于天然自然是具体的），但对更具体的工程科学而言就不那么具体了，其规律可以应用到工程科学中去。② 它与生产实践的关系比较密切，因而发展极其迅速。如 20 世纪初，力学刚从物理学领域脱离，便立即走上了技术科学的道路，迅速建立起如流体力学、空气动力学、弹性力学、固体力学等近学科。

二、技术现象、技术科学与技术规律

(一)技术现象

技术（technology）是关于如何行动以达到预期目标的知识，其目的在于达成目标，广义地讲，就是人类为实现社会需要而创造和发展起来的手段、方法和技能的总和。作为社会生产力的社会总体技术力量，包括工艺技巧、劳动经验、信息知识和实体工具装备，也就是整个社会的技术人才、技术设备和技术资料。

技术现象一直伴随着人类的进化与发展。技术最初表现为劳动者的技巧、技能和操作方法，即人类在生产经验基础上获得的主观能力，反映了手工工具时代技术的形象。在我国古代，技术泛指"百工"，在相当长的时期里，人们把技术看作世代相传的制作方法、手艺和配方。随着社会的发展、社会活动的日益丰富，"技术"一词的应用愈显广泛，其内涵从物质领域扩展到了非物质领域。人类正是通过技术化的手段，把自己积累经验、合乎自然规律和社会规律的意蕴创造出来，对自然界进行改造，才得以脱离动物世界，才使人类的本质力量得到了确认。

人类技术发展的历史大致可划分为以下四个时期：

（1）远古技术的发展时期（人类起源—公元前3000年）：这一时期的主导技术为木器技术、石器技术、钻木取火技术、陶瓷制造技术、弓箭制造技术、狩猎技术等。

（2）古代工匠技术的发展时期（公元前3000年—17世纪末期）：这一时期的主导技术为文字技术、冶铜和冶铁技术、造纸技术、印刷技术、指南针技术、火药技术等。

（3）近代工业技术的发展时期（18世纪—19世纪末）：这一时期的主导技术为以蒸汽机为主要代表的蒸汽动力技术、以发电机和电动机为主要代表的电气动力技术等。

（4）现代（科学）技术的发展时期（20世纪—现在）：这一时期的主导技术为以无线电电子技术、电子计算机为代表的自动化信息技术等。

各技术发展时期之间并非是截然分离的，而是相互联系的，在两个时期之间有一个过渡阶段，经过一个从量变到质变的演化与跃迁过程。各时期的主导技术仅表示出该时期的主要特征，并不说明其他技术没有或不发展。按照通常的技术概念来看，在远古和古代技术发展时期，主要表现在技术器物的发明与发展；在近代和现代技术发展时期，由于管理科学的出现，技术制度及技术意识形态产生出来并得到发展。也就是说，从远古到现代，技术的发展大致是沿着技术器物——技术制度——技术意识形态这条路线发展而来的。

技术现象几乎遍布人类社会经济生活的各个领域：日常生活的吃穿住行用离不开技术和技术装备，吃有烹饪技术、食品加工与保鲜技术，穿有制衣技术、服装设计技术，以及服装搭配技术，住有建筑技术、照明技术、室内装修技术，行有驾驶技术、安全保障技术、交通管理技术等；生产领域的技术纷繁复杂，且处于快速发展和转型当中，如农业生产有育种技术、种植技术、收割技术、施肥技术、仓储技术、绿色农产品生产与加工技术等，工业生产和社会服务的技术更是数不胜数；为了满足人们日益增长的物质文化需求，科研工作者们还在不断地研发新的生产技术和新的产品，而公众也随着科学技术的发展，不断学习和熟悉新产品的使用技术，如计算机、5G 手机、数码相机、iPAD 等新产品的使用技术和现代远程控制技术等。

技术涵盖了人类生产力和社会发展水平的几乎所有标志性事物，是生存和生产工具、设施、装备、语言、数字数据、信息记录等的总和。同时，技术必须借助载体才可以流传和延续传递交流，能工巧匠、技师、工程师、制造大师、发明大师、科学家、管理大师、信息大师等为代表的高科技高技能人群，图纸、档案、各类多媒体存储记忆元器件、计算机芯片、计算机硬盘等，古代的甲骨文、竹简、印刷术都是技术进程的标志性载体，同时这些载体本身也是技术进步的成果体现。

（二）技术规律与技术科学

人类的技术主要来源于经验和科学，前者是一种知其然的技术，是一种以感性认识为基础的技术；后者是一种知其所以然的技术，是一种以理性知识为基础的技术。无论是来源于经验的技术还是来源于科学的技术，其产生、发展和演变都具有一定的规律性，这些规律与人的思维、实践，以及对其他相关规律的认识有密切的关系。人类最初的技术大多来源于本能和经验，如捕猎技术、驯化技术、火的利用技术、种植技术、纺织技术等；但当技术发展到一定阶段时，仅凭经验就难以推动技术的发展，这时就必须借助人们对技术产生、发展和演化的规律，以及自然规律、社会规律的认识，遵循科学的轨迹来发展各种实用技术。技术规律是技术发展的不同形态与不同阶段之间稳定的、必然的联系，它是以技术原理为依托不断发展完善的一个动态的过程概念。在众多的技术规律中，有些已经通过人类对自然规律的揭示而为人们所认识，从而形成相关的技术原理，如化学规律的揭示推动了人们对化工原理的认识，热力学规律的揭示推动了发动机技术原理的发展；有些技术规律依然处于云遮雾绕当中，人们仅能凭借经验，通过实验和研究，利用经验参数建立相关影响因素之间的科学关系，如中医理论是我国历代名医实践经验的总结，中药可以治病，但其中的药用机理目前依然没有研究透彻；各类工程技术参数和工程技术手册就是人们对于当前掌握的各类技术规律的总结；水利工程中常用的摩擦系数、糙率等工程技术参数，目前还无法通过逻辑推导和计算获得，仅能通过实验的方式来确定。

人们对于技术规律的揭示，逐步形成和发展成为门类众多的技术科学。技术科学是具体地研究人类的其他知识（特别是经验和自然科学知识）如何转化为生产技术、工程技术和工艺流程的原则和方法，是运用基础科学理论探讨技术机制、可行性和共同规律的科学。目前，技术科学已形成具有广泛领域、内容丰富的繁多门类，以 1998 年教育部发布的《高等学校本科专业目录》为例，工学类（主要属于技术科学）学科共包括 21 个类别、73 个专业、9 个引导性专业，农学类包括 7 个类别、16 个专业，医学类包括 8 个类别、16 个专业，此外理学类学科中有 8 个专业属于应用理论研究。为了满足人们日益增长的物质文化需求，在自然科学、社会科学等学科快速发展的同时，技术科学学科发展也非常迅速，每年都有新的技术科学专业产生，《2008 年度经教育部备案或审批同意设置的高等学校本科专业名单》显示，当年全国新增的工学专业点就有 571 个。另外，许多研究者认为技术科学的主要分支学科应当包括：农业工程学、矿山工程学、冶金学、工程力学、水利工程学、土木建筑工程学、机械工程学、化学工程学、电力工程学、半导体科学、自动化科学、仪器仪表工程学、宇航业工程学、海洋工程学、生物工程学等。技术科学往往有以下几个特点：① 研究目的十分明确，就是要通过研究制造特定的机器，绘制凝聚新思想的图纸，制定合适的工艺流程；② 与生产领域最接近，是要解决产业生产技术的一系列具体理论问题；③ 技术成果有一定程度的保密性，往往以申请专利的形式得到保护。

三、经济现象、经济科学与经济规律

（一）经济现象

个体生命的生存和发展离不开衣、食、住、行等基本生活需要，人类命运共同体的存在和发展同样离不开物质资料的生产，这些基本需要的满足是个体生命和人类社会得以延续的基本条件。为了满足这些基本需求，以及人类的其他物质和精神需求，人类社会产生了经济活动和经济现象。经济活动就是人们为了满足不同需求，尽可能高效地开发利用各种自然资源，进行生产、分配、交换、消费等行为的总和，是社会生产和再生产过程，以及社会生产关系的总和。经济活动是人类所进行的，满足维持、完善和发展自身需要的实践活动，是创造和实现物质文明的实践活动。

经济现象在人们的日常生活中随处可见，也是备受关注的一类现象，如交换与货币、就业与失业、工资与福利、销售与消费、利率和汇率、家庭收入增长与物价的涨跌、股票市场和期货市场、国家和地区经济繁荣、经济泡沫、经济危机等。有些经济现象或经济事件仅影响个体或家庭，如一次买卖、个人的富裕与贫穷、个人股票账户的盈亏等；有些经济现象或经济事件会影响许多人，小到一个单位，大到一个国家，甚至全世界，如一个企业经营状况的好坏、工资与福利待遇的高低、银行的基准利率、货币汇率、国家经济政策等，而2007年由美国次贷危机引发的全球经济衰退就是一个典型的重大经济事件。

经济活动的本质在于创造与实现物质文明，这种创造与实现的过程构成一个复杂而庞大的系统，其中包括经济主体、经济客体、生产力与生产关系，以及生产、交换、流通、消费等诸构成要素，它们彼此有机联系并且相互作用。经济有很多种分类，按经济活动的范围分，有微观经济、中观经济、宏观经济；按经济运行的方式分，有自然经济、计划经济、商品经济、混合经济等；按经济部门分，有工业经济、农业经济、商贸经济等；按经济规模分，有规模经济、规模不经济；按经济所有制分，有国有经济、集体经济、个体和私营经济；按经济的边缘交叉效应分，有科技经济、社会经济、政治经济、军事经济、环境经济等；按经济发展速度分，有高速经济、低速经济、滞胀经济等；按经济发达程度分，有发达经济、发展中经济、欠发达或落后经济；按经济增长方式分，有粗放式经济、集约式经济等。

作为人类的一种特殊的实践活动，经济活动特征主要包括以下几个方面，它们也是识别经济现象的重要依据。

（1）经济是一种有目的的活动。任何一项经济活动都带有明确的目的，即满足人类的某种需要，这种目的性体现在各个经济系统的目标中。

（2）经济是一种消耗性的活动。任何一项经济活动总要或多或少地消耗一定的资源

（包括自然资源、社会资源和经济资源）。

（3）经济是一种利益活动。任何一种经济活动都在追求一定的利益，这种利益有国家利益、集体利益、个人利益，没有利益的经济不存在，没有利益的经济体也不可能长久地生存发展下去。

（4）经济是一种有组织的实践活动。任何一项经济都是在一定的组织中进行的活动，组织是经济的结构系统；组织是由人组成的集体，包括管理者和被管理者；组织又是客体，包括物质资源、信息资源及管理手段等。在经济世界中，人们接受着各种相关组织的管理，没有组织就没有经济发展，组织水平的高低直接影响着经济发展的快慢。

（5）经济是一项系统性活动。经济世界是一个复杂的、多变的大系统，这一大系统由许多小系统构成，每一个系统都有自己的运行目标、结构、约束要素等，系统之间存在着复杂的关系。

（6）经济是一种竞争活动。由于经济是一种有目的、有利益的活动，需要消耗一定的相关资源，而资源又是稀缺的，加之人类需求的有限性（即受市场容量的限制），就使经济在资源配置、生产加工、市场占有等方面存在着竞争（公平和不公平）。竞争贯穿经济发展的全过程，没有竞争，就没有经济的快速发展；没有竞争，经济运行就难以保持活力。

（二）经济规律与经济科学

经济规律是人类经济活动中不以人们意志为转移内在的、本质的、必然的联系和趋势。依据存在的条件，经济规律可划分为两大类：共有经济规律，如生产关系适应生产力规律，适用于所有社会形态，在商品经济条件下必然存在供求规律、竞争规律和价值规律；特有经济规律，如有计划按比例发展、按劳分配是社会主义特有的经济规律等。人们对于经济规律的认识和利用可以极大地提高社会生产力的发展，历史上英国、荷兰等帝国的崛起，我国的改革开放和社会主义市场经济体制等就是典型的例证；自觉或不自觉地背离经济规律的客观要求，必然遭受经济规律的"惩罚"，如我国20世纪60—70年代试图以阶级斗争促进经济发展的努力、商品经济条件下的计划经济体制、美国缺乏监管的金融体制等，都给国家甚至世界的经济发展带来巨大损失。

对经济规律研究和认识的成果构成了人类的经济科学（通常称为经济学）。经济学自1776年亚当·斯密的《国富论》发表开始就已成为一门科学，至今有200多年的历史。从亚当·斯密起，经济学就已经脱离了经验认识阶段，形成了经济学界公认的理论体系。古典经济学的先驱配第提出了劳动价值论的一些基本观点，布阿吉尔贝尔强调了农业和畜牧业是财富的源泉。亚当·斯密的《国富论》全面系统地论述了价值、分配、货币和国际贸易问题，分析了自由竞争的市场机制，提出这一"看不见的手"支配着社会经济活动，反对国家干预经济活动；1817年，李嘉图的《政治经济学及赋税原理》发展了斯密的经济学说，建立了以劳动价值论为基础、以分配论为中心的严谨的理论体系，成为英国古典经济学的完成者。19世纪70年代初，英国的杰文斯、奥地利的门格尔和法国的瓦尔拉斯等几乎同时提出了边际效用价值论，继而建立的边际分析方法成为资产阶级经济学发展的重要基础。1890年，新古典经济学代表人物英国经济学家马歇尔出版的《经济学原理》，用折中主义的方法把供求论、边际效用论、生产费用论、边际生产力论等融合在一起，建立起一个以完全竞争为前提、以均衡价格论为核心的经济学体系。20 世纪 30 年代，凯恩斯发表了《就业、利息和货币通论》，提出了有效需求理论，强调国家的合理干预可以改善经济运行，发起了一场"凯恩斯革命"。第二次世界大战以后，随着资本主义世界"滞胀"弊病的产生，反对国家干预经济、鼓吹恢复经济自由主义的货币主义、供给学派、合理预期学派、供应学派等，向凯恩斯主义经济学发起了挑战。以加尔布雷思为代表的新制度学派在反对凯恩斯主义和经济自由主义的基础上，强调了社会经济的结构改革。上述经济学说都曾经是西方经济学不同历史时期的主导理论，这些理论中的经济规律在各自适应条件下得到了检验和确证，并不同程度地指导了西方国家的经济实践。17—19 世纪末，研究经济活动和经济关系的理论科学政治经济学逐步发展起来，19 世纪 40 年代初马克思和恩格斯创立了马克思主义政治经济学，以劳动二重性为基础建立起科学的劳动价值论，又在劳动价值论基础上创立了科学的剩余价值论。20 世纪 50 年代以来，数理经济学的发展使经济学在形式上获得了一种结构严密的公理化体系。决策理论、实验经济学及信息技术的发展，又使经济学在可检验性方面有所进步。20 世纪 80 年代兴起的复杂性经济学革命，以复杂性科学的兴起为背景，以非线性经济学和模糊经济学为主体，使经济学在科学认识上开始迈进"第二近似"的时代。

经济学是近代发展最为迅速的科学，被称为"最古老的艺术和最新颖的科学""社会科学的皇后"。基于资源的稀缺性产生的各种各样的经济问题，大多数经济学家把经济学的研究内容界定为：经济学（economics）研究的是一个社会如何利用稀缺资源生产有价值的物品和劳动，并将它们在不同的人中间进行分配。可见，经济学是研究资源配置及其效率的一门学科。经济学现已发展为具有 170 多门分支学科所组成的庞大的学科体系，犹如一座大厦，各个分支学科成为其有机的组成部分。经济学通常可以分为理论经济学、经济史、经济思想史、应用经济学、经济数量分析和计量方法科学、边缘经济学等 6 个主要门类。

阅读材料

经济学的主要分支学科见表 11-7。

表 11-7 经济学的主要分支学科与典型规律

经济学	内涵	分支学科	典型规律
理论经济学	研究经济学的基本概念、基本原理，以及经济运行的一般规律，为其他经济学科提供理论基础	宏观经济学	乘数论、加速原理、一般价格水平的确定、货币数量说
		微观经济学	供求价格平衡理论，消费者行为理论，产量、价格决定理论，分配理论等
		马克思主义政治经济学	劳动价值论、剩余价值论、生产力决定生产关系、生产关系对生产力具有反作用、经济基础决定上层建筑

续表

经济学	内涵	分支学科	典型规律
经济史	研究人类社会各个历史时期不同国家或地区的经济活动和经济关系发展演化的具体过程和特殊规律	国别经济史（英国经济史、法国经济史等）、地区经济史（欧洲经济史、非洲经济史等）、世界经济史（古代经济史、近代经济史、现代经济史）、部门经济史（工业发展史、农业发展史等）	
经济思想史	研究各个历史时期出现的经济观点、经济思想、经济学说、经济学派的演化及其社会历史地位，以及各个人物、各个学派之间的承袭、更替、对立关系等	古代经济思想史、中世纪经济思想史、近代经济思想史、现代经济思想史；英国经济思想史、美国经济思想史、日本经济思想史、中国经济思想史等	
应用经济学	研究国民经济各个部门、各个专门领域的经济活动、经济运行的规律的科学	工业经济学、农业经济学、建筑经济学、运输经济学、商业经济学等；劳动经济学、财政学、货币学、银行学等；城市经济学、农村经济学、区域经济学；国际贸易学、国际金融学、国际投资学等；企业经济管理学、会计学、市场营销学等；	公共物品的提供、生产与定价、绝对优势理论、比较优势理论、赫克歇尔—俄林理论
经济数量分析和计量方法科学	研究经济现象和经济运行中的数量关系	数理经济学、经济统计学、经济计量学等	计量模型、估算参数
边缘经济学	研究与社会科学、自然科学等有关学科相结合的经济现象和经济过程的科学	社会经济学、生态经济学、环境经济学、教育经济学、卫生经济学	生态价值理论、生态经济效益、绿色国民经济核算

注：宏观经济学是以资本主义国家整个国民经济的国民收入、就业量、经济周期、经济增长和通货膨胀等经济总量和总体的经济活动为研究对象；微观经济学是以单个经济单位即单个厂商或单个消费者和单个市场的经济活动为研究对象。

四、社会现象、社会科学与社会规律

（一）社会现象

人们通常用社会现象一词来表示社会中所发生的一切现象，或者表示同社会中或多或少有利益关系的普遍的概括的现象。按照这种看法，所有关于人类的事情，都可以称得上是"社会现象"。社会现象可区分为社会存在和社会意识两个基本方面。社会存在是指社会生活的物质方面，包括自然地理环境、人口因素等，广义上来讲还包括一些经济现象。社会意识是指社会生活的精神方面，包括政治、法律、思想、艺术、道德、宗教、哲学、科学，以及风俗习惯等。

社会（society）是指人们以共同物质生产活动为基础，按照一定的行为规范相互联系而结成的有机总体。社会大体上由经济构件、政治构件组成（如果细分还可以分出生活构件）。经济构件是满足各种物质和精神需求的经济活动的总和。政治构件的本质是维系和保障社会内部的人际关系和谐，从而使分工合作能够协调顺利进行下去，使人们的需要能够获得更大的实现。人们为了满足自己的生活需要，就必须进行分工合作。人的利己本性决定每一个人都是基于自己的利益需要行事的（利己假定），在分工合作的过程中，为了避免由于地位差异导致不同群体之间利益需要方面的对立和冲突，以实现社会利益的最大化，就必须调解、处理、解决人们之间的对立和冲突的活动。人们调解、处理、解决这种对立、冲突活动的形态和产物的总和就是社会的政治构件。马克思指出："社会——不管其形式如何——究竟是什么呢？是人们交互作用的产物。"社会主要有以下一些特征：

第一，社会是由人群组成的。人是社会有机体中最基本的要素，没有人，也就无所谓社会。人是社会生活的开拓者、社会关系的物质承担者、社会活动的发起者。

第二，社会以人与人的交往为纽带。人与人的多方面联系，形成了整个社会系统。这些联系有横纵两个方面。所谓横向联系，即同时代人们之间的联系；所谓纵向联系，即人类文明前后相继的无止境的发展过程。

第三，社会是有组织（网络），也需要"组织"（管理）的系统。人类社会与动物结群不同，社会创造出了原来自然界中没有的文化与文化体系。文化形成以后，又成为社会的最主要的构成要素，而社会又按照一定的文化模式组织起来。

第四，社会是以人们的物质生产活动为基础的。生产力、生产关系、经济基础、上层建筑的复杂系统构成社会的大网络。但是如果把社会看作一个活的有机体，那么维系、操纵这个社会机体的恰恰是社会的经济、政治（法律）和文化制度等。

构成社会的基本要素是自然环境、人口和文化。人们之间通过生产关系派生了各种社会关系，构成社会；在人类社会发展过程中，产生各种社会制度，用于约束人们的行为，保证社会有序地运行。狭义的社会，也叫"社群"，可以只指群体人类活动和聚居的范围，如村、镇、城市聚居点等；广义的社会则可以指一个国家、一个大范围地区或一个文化圈，如英国社会、东方社会、东南亚或西方世界，均可作为社会的广义解释，也可以引申为它们的文化习俗。随着经济活动在人类社会中的重要性日益突显，一般习惯于将经济系统独立于社会体系之外，但并不割裂经济系统与社会整体之间的密切联系。

（二）社会规律与社会科学

社会规律，就是指社会现象或社会事物之间的本质的、必然的联系，是社会发展的必然方向和推动社会发展进步的动力。人本哲学认为人的需要是推动社会向前发展进步的原始动力并且决定着社会发展进步的方向，人的知识是推动社会向前发展进步的直接动力。唯物史观认为，社会历史的进程并不是杂乱无章的，而是遵循着一定的客观规律发展的。因此，在社会领域里，人们的社会意识和历史活动也必须根据社会的发展，并由社会发展的客观过程来检验。从总体上说，社会是一个由政治、经济、思想、文化等不同领域所组成的复杂系统，因而社会发展的规律也不是单一的，而必然是复杂的、多系统的规律体系。

与自然规律相比，社会规律有其自身的特点。① 从形成机制上，它形成于人的实践活动之中。人类的实践活动必须遵循物质运动的共同规律，但同时又受到观念指导，因此又体现出自然界物质运动所不具有的能动性物质运动规律。② 从作用方式上，社会规律只有通过人的有目的、有意识的活动才能实现。③ 从表现形式上，社会规律主要表现为统计学规律，揭示的是必然性和多种随机现象之间的规律性关系。单个社会事件的发生具有随机性。人们不可能准确地预见具体的单项社会事件，但可能预见社会发展的总体趋势。

社会规律的客观性表现为它是无数创造历史的个人相互作用的"合力"，它不以任何人的意志为转移。恩格斯说："历史是这样创造的：最终的结果总是从许多单个的意志的相互冲突中产生出来，而其中每一个意志，又是由于许多特殊的生活条件，才成为它所成为的那样。这样就有无数互相交错的力量，有无数个力的平行四边形，因此就产生出一个合力，即历史结果；而这个结果又可以看作一个作为整体的、不自觉的和不自主地起着作用的力量的产物。因为任何一个人的愿望都会受到任何另一个人的妨碍，而最后出现的结果就是谁都没有希望过的事物。所以到目前为止的历史总是像一种自然过程一样进行，而且实质上也是服从于同一运动规律的。"具体而言，社会发展的基本规律表现在以下几个方面：① 人的活动的目的不是主观自生的，而是由人所生活的物质条件所决定的；② 人们活动的目的是预期的，但活动的结果取决于客观规律，这说明目的和结果之间并无必然联系；③ 人类有意识的活动可以加速或延缓社会历史进程，但不能改变历史发展的总趋势和总过程；④ 由人们相互作用的合力所形成的客观规律不仅不由人的意志所决定，相反的它却制约着人们的目的、意志的实现程度和活动的成败，并规定着社会发展的基本趋势。

社会科学就是以社会现象为研究对象的科学，它的任务在于研究与揭示各种社会现象及其发展规律。近代的社会科学起源于欧洲，作为一门独立的科学，发展至今已有一百多年历史了，期间涌现出了马克思、韦伯、齐美尔、曼海姆等经典社会学家，他们影响了整个社会学的发展。从概念和内涵的广度，社会科学可分为狭义的社会科学和广义的社会科学。狭义的社会科学一般仅指社会学（sociology），它是以人类社会为研究对象的学科，主要研究人类群体生活、社会关系、制度的学问，并且关注个人与个人、个人与团体，以及团体与团体的互动关系的学科。广义的"社会科学"（social science），是探讨人类生活层面的知识领域，以及探索人类文化与其周围环境之间关系的科学，是以社会为研究对象的各种学科的总称，它的分支学科覆盖极为广泛，主要包括：政治学、经济学、管理学、法学、社会学、心理学、教育学、伦理学、文学、美学、艺术学、逻辑学、语言学、史学、人文地理学、军事学、人类学、考古学、民俗学、新闻学、传播学等学科。社会科学的各种学说一般属于意识形态和上层建筑的范畴，在有阶级存在的社会中它们一般具有阶级性质。在追求学科专门化的过程中，经济学得到了长足发展，达到独立的科学地步，因此本书所讨论的社会科学是指除经济学以外的广义的社会科学。

社会科学的研究至少有下列几个主要的特质：

（1）以"人"及人类社会为研究的重心。社会科学个别学科均以研究或解决与人类有关的问题为主，并且尽量针对这些问题寻求答案。

（2）社会科学无法全面涵盖或是独占所有对"人类"事物与问题的研究。在人类生存的空间与环境，以及所面临的诸多问题中，社会科学只能处理部分的问题，其他仍需要不同的学科领域来进行共同的研究、分析、探讨与寻求解决之道。

（3）社会科学的属性在"科学"与"非科学"两极之间摇摆。

阅读材料

表 11–8 列出了社会科学主要分支学科的研究内容，以及部分业已为人类所认识的典型规律。

表 11–8　代表性社会科学分支学科与典型规律

社会科学	内涵	分支学科	典型规律
政治学	研究政治关系及其发展规律的科学	政治学基本理论、政治思想、政治制度、行政管理、国际政治、政治管理学、政治心理学、政治社会学、比较政治学	马克思主义国家政权理论、国家契约论、法约尔跳板原理、渐进决策理论、软权力论、国家利益论、博弈论、集体安全论
管理学	系统研究管理活动的基本规律和一般方法的科学	管理科学与工程、工商管理学、农林经济管理学、公共管理学、图书馆·情报与档案管理学	科学管理原理、组织的动力学过程、权变理论、消费者理论
法学	是研究法、法的现象，以及与法相关问题的专门学问，是关于法律问题的知识和理论体系	理论法学（立法学、法社会学、法解释学、比较法学）、应用法学（法学、民商法学、刑法学、程序法学等）、历史法学（中外法律制度史学、中外法律思想史学、法学史学）、综合法学、科技法学、法医学、司法鉴定学、司法精神病学、法律统计学等	法理学、价值论、认知心理学、功利原理、最大幸福原理、康德道德立法原理

续表

社会科学	内涵	分支学科	典型规律
社会学	从社会整体出发，通过社会关系和社会行为来研究社会的结构、功能、发生、发展规律的综合性学科	理论社会学、方法社会学、文化社会学、发展社会学、制度社会学、组织社会学、行为社会学、应用社会学、区域社会学	社会演化理论、社会进化论、社会周期论、历史唯物主义、复杂社会理论、社会有机体论、文化批判理论
心理学	研究人和动物心理现象发生、发展和活动规律的一门科学	普通心理学、生理心理学、社会心理学、变态心理学、发展心理学、教育心理学、劳动心理学、文艺心理学、体育运动心理学、航空航天心理学、组织管理心理学、临床或医学心理学、司法与犯罪心理学	四种人格（胆汁质、多血质、黏稠质、抑郁质）、韦伯定律（感觉阈限定律）
教育学	教育学是研究人类教育现象和问题、揭示一般教育规律的一门社会科学	幼儿教育、小学教育、中学教育、大学教育、成人教育、职业教育、计算机辅助教育	人才培养规律、认知规律

五、环境现象、环境科学与环境规律

（一）环境现象

环境现象，指的是人与环境相互作用所产生的种种现象，其主要内容是人类在进行资源利用、工农业生产、城乡建设、科学研究、物品使用及废弃物排放等活动中造成的各种环境影响和变化。环境现象的特点在于影响和改变人与环境的和谐程度，有些表现为提升人与环境的和谐程度，有些表现为损害人与环境的和谐——这类现象习惯上也被称为环境问题。在现实生活中，损害人与环境和谐的环境现象随处可见，本书第一篇描述的环境污染问题和第二篇第九章"人与环境和谐"中描述的自然灾害、生态破坏、人口剧增、资源短缺都属于此列。但是，在人类追求发展、追求人与环境和谐的历程中，也有大量的维护和提升人与环境和谐程度的环境现象，如环境意识觉醒后，大量的污染控制技术、清洁生产技术、生态修复和建设技术、绿色产品的涌现和环境科学的快速发展；我国的全民植树运动和三北防护林、三江源头水源涵养林、生态公益林的建设；绿色农业、生态农业、生态工业与循环经济体系；生态城市运动；退耕还林、还草、还湿；环境保护法、限塑令、节能减排计划，以及其他环境管理规则；环境保护志愿者与环境保护公益活动、环境保护公益广告，等等。

（二）环境规律与环境科学

本书将环境规律定义为"人与环境相互作用规律"。这十个字的定义分成三个词组：

"人与环境""相互作用""规律"，其中"人与环境"定义环境规律的适用对象，"相互作用"定义规律的具体内涵。

理解这一定义需要明确辨析几个相似的概念。第一，"人与环境"和"人与自然"。"人与自然"是当前讨论环境问题时常用的一个概念，通常很容易被理解为"人与自然环境"，这是人们误将人类环境等同于自然环境的结果；而事实上人类的环境包括自然环境和人工环境，而人工环境又是人类与环境相互作用最为频繁、强度最大的重要环境客体；重视"人与自然"的关系，容易使人们误以为人工环境的建设就是对"自然"的破坏，进而导致对必要的人工环境（如大型水利工程、城乡人居环境、交通基础设施等）建设的抵制。"人与环境"有三层含义，即人与自然环境、人与人工环境、人工环境与自然环境，能够较为全面地概括环境规律的适用对象；第二，"相互作用"与"相互关系"。多年来学者广泛使用人与环境"相互关系"的提法，语义上侧重描述事物相互作用、相互影响的状态，不能完全涵盖环境规律的具体内涵。"相互作用"是"相互作用的现象、过程、机理、效应、调控"等多项内容的缩写，还使得"人与环境相互作用"含有"人类能动作用"与"环境反馈作用"的含义，能够全面而准确地表达环境规律的具体内涵。

环境科学是研究和揭示环境规律、指导人类环境实践的科学体系。基于环境问题、环境现象的多样性、复杂性和综合性，环境规律体系和环境科学体系的内涵非常丰富。环境规律体系主要包括环境基本规律、环境自然规律、环境技术规律、环境经济规律和环境社会规律；与之相对应的，环境科学体系包括环境学、环境自然科学、环境技术科学、环境经济科学、环境社会科学和环境应用科学等。本书将在第十二章系统讲述环境规律体系和环境科学体系的具体内容。

第二节 五律协同原理

客观世界存在五类规律（简称五律），根据影响事物发展规律类别的不同，可将事物分为五类：一律事物（仅有一类规律作用，如没有人类活动影响的自然系统，仅有自然规律发挥作用）、二律事物、三律事物、四律事物、五律事物。五律协同原理适用于五律事物，即五律并存的事物。

客观规律决定着事物发展的方向和结果，不符合客观规律的结果和目标不可能实现（如永动机）；与此同时，发挥作用的规律，以及产生的方向和结果，也取决于事物本身的客观场景条件和实现目标的路径。就既定目标而言，规律的作用通常表现为三种状态：支持或促进目标达成（协同者）、阻碍或阻止目标达成（拮抗者）、产生偏离目标的不良副作用（偏离者）。五律协同原理是指，在五律事物发展变化过程中，目标的确定要满足五类规律，实现目标的路径设计也需要满足各种相关规律成为协同者的要求。五律协同的目标是可达目标，五律协同的途径是最优路径。

五律协同原理的要点分三个层次：第一层次，一体五律（客观存在）；第二层次，一体五和（追求目标）；第三层次，一体五则（实现路径）。

一、一体五律

一体五律指同一事物五律并存，或者说，五律并存于同一系统，共同决定事物的发展变化。

（一）一体五律案例 1：环境污染

在几十年前人们普遍认为，环境问题是由人类活动违背自然规律造成的恶果。《环境学》则认为，环境问题的产生是五律（自然、社会、经济、技术、环境）联合作用的结果，它并不违背自然规律，恰恰相反，它顺应自然规律，但是损伤或破坏了人与环境的和谐，在环境规律作用下产生了不利于生态环境、人体健康及人类社会发展的结果。

1. 水污染

污水排入江河湖海，水污染物在水体中的扩散、沉降/挥发、迁移、发生化学/生物转化等，是自然过程，它们都遵循自然规律。水污染物的环境效应，是由于水体中的某些污染物或水质因子（如 COD、TP、TN、重金属、POPs、pH 等）超出了生态环境良性循环或服务人类工农业生产和生活的底线要求，轻则丧失饮用和养殖动能，重则导致黑臭、生态恶化，损伤/破坏水体的正常功能，违背了环境核心（和谐）规律关于提升人与环境和谐程度的目标追求。水污染的严重程度与污水排放强度和水环境承载力之间的关系直接相关，其中水环境承载力主要受制于自然规律（污染物的迁移转化、水环境生态系统过程等）和环境规律（人类生产生活对水质、水生态的需求），污水排放强度则都是技术、经济、社会三项因素的函数，无论是工业污染源、农业污染源或生活污染源，都是如此。

20 世纪 70—80 年代我国兴起乡镇工业热潮，五花八门的企业遍地开花，未经任何处理的原污水就地随处排放，在"要经济还是要环境"的选项中，政府、企业、居民的意识高度集中统一：要温饱。在这样的背景下，产业快速发展、人口城市化快速推进过程中，由于生产技术和污染治理技术水平的落后，以及环境意识的缺失，城镇、工业、养殖业、农业排放大量未经有效处理的污染物，远远超出了水环境承载消纳的上限，导致水环境质量快速下降，突破人们饮用水、工农业生产用水取水的底线要求，甚至出现大面积湖泊藻华、大范围河流黑臭等生态灾难，破坏了人与环境和谐的基础条件，从而带来严重的水环境污染问题。

经过几十年的改革开放和生态环境整治的不懈努力，随着技术-经济-社会不断联动升级，至 21 世纪 20 年代我国已全面实现小康，社会、经济、技术全方位进入新高度（小康水平），随之而来的是人们的环境意识也逐步觉醒，环保需求逐步加强。在同样面临"要经济还是要环境"的选择时，更多的人选择：经济与环境协同发展。城市规划与国民经济发展计划（社会）、产业结构和产业布局要以区域环境承载力为基础（经济、社会、环境），环境法规与管理政策（社会）、生态产业链构建（经济）、清洁生产技术（技术）、环境友好技术和污染控制与治理技术（技术）快速发展，更好地促进了在生态环境约束基础上的高质量发展，从基础条件和发展机制上，实现了水环境污染小康水平的有效治理，促进了人与环境和谐程度的提升。

从以上简述中可以清晰地看到，水污染的发生到小康水平的治理是五律联合作用的结果。

2. 大气污染

以煤为燃料的火力发电（简称煤电）是导致酸雨、碳排放的重点污染源。电力需求是社会、经济和技术的函数；发电技术的选择取决于资源禀赋和发电技术的成熟度（自然规律、技术规律）；煤电排放的污染物在大气中的迁移转化显然遵循自然规律，它造成的环境效应（酸雨效应、温室效应）则破坏了人与环境的和谐，在环境规律作用下，形成一系列环境问题。在绿色可持续发展策略指引下，当前的发电技术正在经历历史性的变革，从煤电→油电→气电→光电、风电、水电→核（聚变）电，届时人类发电过程不再产生负面环境效应，可以实现发电的五律协同。这是一个自然 – 技术 – 经济 – 社会 – 环境五律联动不断升级的过程，最终实现全人类电力事业与大气环境的和谐达到五律协同的层次，是极为复杂的全球性系统工程。

（二）一体五律案例 2：能源

能源是一体五律的典型案例，它表现在能源的五个属性上。

1. 能源的自然属性

自然界中能够提供能量的自然资源及由它们加工或转化而得到的产品都统称为能源。所有已知的能源都是自然物或者自然过程，煤、石油、天然气、可燃冰、地热、核裂变能、核聚变能、化学能、太阳能、风能、潮汐能等，无一例外都是自然产物。能源按其能源存在和转移形式可以分为能体能源和过程性能源。能体能源是包含能量的物质或实体，可以直接存储和运输，如化石燃料、核燃料、生物质、地热水和地热蒸汽等。过程性能源是随着物质运动而产生，并且仅以运动过程的形式存在的能源，无法直接存储和运输，如风能、水能、海潮、波浪等。

2. 能源的技术属性

人类可以开采、转化、利用不同的能源。每一种能源都有各自不同的开发、利用技术，这些技术的成熟度和适用条件不尽相同。例如，核聚变发电前景值得期待，但其技术成熟度尚未能够满足商业化的需求；化石燃料都比较容易存储，发电系统输出灵活性较好，便于连续供应或间歇供应、应急供应；而太阳能、风能等可再生能源则不易保存，能源转化效率不稳定、电能品质（电压稳定性、频率稳定性和谐波含量）相对较差，能量供应也可能有波动性和间歇性；对于长途、大功率运输而言，柴油动力强于汽油动力，更强于纯电驱动。

3. 能源的环境属性

各种能源有各自的环境效应，如化石能源的碳排放效应、酸雨效应；核能则有辐射效应等。按照环境污染程度分类，能源可分为清洁能源（如太阳能、风能、海洋能、生物沼气等）和非清洁能源（煤炭等化石燃料）。清洁与非清洁能源的划分也是相对的，化石能源间环境污染影响差异也很大，通常天然气（包括可燃冰）优于石油，石油优于煤炭。随着技术的进步，一些化石能源也能实现清洁利用。

4. 能源的经济属性

能源的经济效应显而易见。所有的能源都有其开采、转化、利用的成本和收益，还有其相关的产业链条和就业岗位，能源价格与需求之间存在符合经济规律的相互影响。相较于化石燃料与核燃料较大的能流密度，各种可再生能源的能流密度一般都比较小，经济性就偏差，不利于开发利用。化石能源与核燃料的勘探、采掘、加工、运输均需投入大量人力和物力，而其发电设备单位容量的初期投资较小；水电、太阳能发电的开发费用主要是一次性设备投资，其设备造价比较高，而运营费用很低。能源开发、利用的成本与资源丰度、转化利用技术关系密切，随着技术进步、政策倾斜、污染代价计入等影响，可再生能源发电相较于化石燃料火力发电的经济劣势正在被逐步扭转。

5. 能源的社会属性

能源是人类社会不可或缺的必需品，能源安全是国家安全体系的重要组成部分，能源结构及利用方式的演变推动了技术、经济和社会发展的变革。能源产权具有属地性，其开采、加工、输送和利用需要一定的技术、经济条件和良好的社会管理能力；能源开采与加工过程中的科研、就业、事故及人员伤亡等都对社会生活和治理产生较大影响。能源的国际贸易常常是大国博弈的重要战场，能源输出地区政治形势和社会稳定性的变化，通常会对局部或全球的能源安全产生较大影响。

（三）一体五律案例 3：人口

人口问题涉及面极广，包括人口规模、人口素质、人口结构等。这里仅就人口出生率举例说明人口的一体五律。

1. 自然因素

人的生老病死遵循自然规律。无论是怀胎十月，还是科学的生育间隔，都需要以孕妇的健康为前提；由生物学规律决定的出生人口性别比（以女性为 100，男性在 102～107 之间）；人口规模的稳定，需要全社会总和生育率达到世代更替水平 2.1。

2. 环境因素

一个国家的人口总量不应超过环境承载力。环境承载力的内涵非常丰富，包括水资源、土地资源、植物资源、矿物资源、能源、基础设施、碳排放等。环境承载力是限制人口过度增长和实行计划生育的最重要的理论依据之一。

3. 技术因素

在医疗技术落后的年代，新生儿夭折的概率很高，为保障有小孩长大成人，往往多生。随着医疗水平不断提高，新生儿夭折的机会大幅下降，随之生育率大幅下降。随着生产力、经济水平、生活水平、医疗水平大幅提升，自然资源的承载能力和人的平均寿命也大幅提升，人口总量也随之提升。

4. 经济因素

在农耕年代，儿女是劳动力，是家庭财富的来源，也是父母养老的保障，俗称养儿防老；通过以大带小、衣物及生活用品公用等方式，多子女家庭的平均养育成本通常可以摊薄；当儿女成年时，家庭财富由子辈流向父辈（孝道）。这样的经济形势下盛行多子多福的观念，生育率高。

进入现代社会后，生育的经济效益发生逆转。在较好的社会保障条件下，父母享受退休金，经济上无须依靠子女"防老"；优生优育和广泛竞争的形势下养育小孩的经济成本大幅上升，心理负担也急剧上升，上学、就业、购房、结婚、生子等，父母有操不完的心；随着文明进步和妇女解放，女性更多地参与社会经济活动，她们生育和养育子女的机会成本越来越高；子女成年后，因为收入难以支付快速上升的生活成本，还需要父母持续提供经济支持，家庭财富从父辈流向子辈，父辈生育欲望急剧下降，少生不生成为潮流。

5. 社会因素

在农耕年代，家庭人丁兴旺不仅是经济问题，更是社会问题。多子女是家庭位居社会高位的标志，也是竞争有限资源的重要凭仗。在现代社会中，更为宽容的生育观的社会效应也发生巨大变化，尤其在城市，人们不再在意生儿育女，少子女家庭、丁克家庭被普遍接纳。

在我国，生育率还具有显著的政策效应。国家强制实行计划生育政策，使得独生子女家庭占比明显上升，社会总合生育率快速下降。

（四）一体五律案例 4：经济

经济发展有其自身的规律，但也受自然资源、社会文化、科学技术进步和生态环境保护的影响。

1. 经济规律

经济学按照供给需求的特性，将物品分为三类：共有物品、公共物品、市场物品。共有物品指全人类甚至全生物共享的物品，如生物多样性、全球气候、大气环境、公海、南极等。公共物品由国家财政配置，如国防、义务教育、基础医疗、公共卫生、基础研究等。市场物品则由市场配置，包括衣食住行、娱乐、旅游等。物品的配置方式与物品属性相关，公共物品应由国家财政配置，如果采用市场方式配置则会出乱子。例如部队经商、基础教育产业化、基本医疗产业化等探索性改革试验都出现过严重的负面效应。

市场物品可分为三次产业，一产是民生之基，二产是强国之基，三产是富国之基。总体而言，目前世界主要国家的一产总量在增加而在 GDP 中的占比不断下降，三产不仅总量在增长，占比也在上升。

经济所有制一直是学界关注的焦点之一，我国从全面全民所有制逐步改革过渡到现行的混合经济所有制体制。其中，作为国有经济主力军的国企有其自身的特点和优势，它们对国民经济做出的贡献，在国民经济中承担的任务，在国际经济中的竞争力和发展潜力，以及部分功能（如重大基础设施建设、重大国防装备研制、重大民生保障、脱贫攻坚、生态治理与修复、粮食储备等）是外企和民企无法替代的。当然，民营经济也有其特点和优势，对国家经济的发展做出了突出贡献，包括税收、就业、出口等。外资企业也对国家经济的发展发挥着重要的补充作用，包括税收、就业、出口，特别是国外先进技术、先进装备、先进管理经验的引进，为我国产业经济的发展发挥了重要作用。

2. 技术规律

经济离不开技术，如医药技术、农业技术、工业技术、交通技术、空间技术、通信技术、智能技术等，这是显而易见的。

当今十分流行的另一类产业分类方式是，低端产业、中低端产业、中高端产业、高端产业，分类的主要依据是产业的技术水平。技术水平的高低不仅决定了产业的类别，也影响它的市场竞争力和经济效益，越处于高端，竞争力越强，经济效益越好。

一般而言，发展中国家的经济总是从低端产业起步，经过不懈努力，才能逐步实现产业升级。产业升级的基本前提是技术创新，技术创新三要素是人才、资金、市场，这又和社会发展、经济规律产生交叉。

3. 社会规律

社会是经济发展的重要载体，社会体制、制度、文化、军事、外交等都会对经济发展和运行产生重要的影响。我国是社会主义国家，政治、文化、军事、外交等社会要素与经济的关系密切。

我国社会拥有三个特点：第一，党中央集中统一领导；第二，超大的人口规模；第三，人口素质高，勤劳节俭且善于学习。这三个特点引申出两大优势：优势一，精英人才辈出；优势二，市场规模巨大。两大优势必定产生巨大的创新效应，精英人才是技术创新的源泉，巨大的市场必定给予技术创新以巨额的正向回馈，两者相互激励必将推动技术创新层出不穷，推动产业不断升级，逐个夺取占领国际经济高地。我国近20年来人才培养、技术创新、产业升级，进而占领高地、引领世界的多个产业实践案例，已经验证了这一点。

4. 自然规律

经济与自然规律的联系最直接最明显是经济活动离不开自然资源，所有的自然资源都是自然规律的产物。

经济与自然规律的第二层联系是技术，经济离不开技术，而所有技术的基本原理都来自对自然规律的认知。

经济与自然规律的第三层联系是产业活动深受自然规律制约，第一产业如农、林、牧、渔，第二产业如制造业、建筑业、电力等，第三产业如交通、通信等，所有实体经济活动都必须遵循自然规律。

5. 环境规律

由于环境污染限制着经济结构选型，而污染治理往往成为企业的经济负担，因此，人们的思维中常常把环境保护与经济发展视为对立关系。

经济发展源自需求。为满足人类物质产品需求，经济开发出物质生产的供应链。为满足人类精神产品需求，经济开发出精神产品生产的供应链。

环境核心规律是人与环境和谐，《环境学》将其概括为五个层次：适应生存、环境安全、环境健康、环境舒适、环境欣赏。

人类的环境需求有五个层次。与物质需求、精神需求相同的是，环境需求必然导致经济开发出环境产品的生产供应链。与物质、精神需求不同的是，环境需求不仅独立存在，而且会全方位渗透进物质生产和精神生产全过程。

（五）一体五律案例5：工程

工程可行性报告一般都必须完成自然、社会、经济、技术四项内容的可行性研究，在国家立法建立环境影响评价制度之后，凡政府要求编制环境影响评价报告的工程项目必定是一体五律工程。

（六）一体五律案例6：国家

国家作为一体显而易见是五律并存的，是一体五律最高级别的案例。研究国家事务，国家是纲，国家所属事务是目，纲举目张。一般而言，大凡全局性的国家事务都具有五律并存的特点，如人口、经济、资源、环境、城市、农村、自然生态保护、重大工程建设等。

二、一体五和

一体五和指五类和谐协同统一于同一五律事物，是五律事物追求的目标。

（一）基本概念

1. 和谐

和谐描述系统的状态，特指系统有序、均衡、融洽的状态，是系统良态。良态的反面则是劣态，即不和谐状态，系统无序、失衡、冲突的状态都是劣态，劣态的极端是灾难、解体、崩溃。

2. 五类和谐（五和）

与五律相对应存在同名的五类系统，与五类系统相对应则存在五类和谐。

（1）自然和谐：自然和谐有两层含义。第一，自然体是和谐的。人体、生物体、生态系统都是和谐的。自然科学原理自洽从科学层面证明自然系统的和谐。第二，人与自然和谐。首先，人类要爱护自然、保护自然，如保护生物多样性；其次，人类要合理开发利用自然资源、改造自然环境，以满足人类发展的需要；最后，人类要抵御自然灾害，提升防灾减灾能力。

（2）社会和谐：社会和谐是社会大系统和各子系统各自处于并彼此处于有序、均衡、融洽状态的简称。社会和谐的内涵十分丰富，横向看涉及政治、文化、军事、外交、民族等社会管理的方方面面，纵向看涉及国际、国家、区域、家庭。这里仅就和谐在社会主义核心价值观中的定位提供一个看法与之分享。国家提出的社会主义核心价值观是富强、民主、文明、和谐、自由、平等、公正、法治、爱国、敬业、诚实、友善。其中，和谐是社会主义核心价值观的核心，理由是，其他价值观是社会和谐的标志、是实现社会和谐的途径、是社会和谐产生的效应，总之，和谐是社会主义核心价值观的核心，是社会发展追求的目标。

（3）经济和谐：经济是大系统，就层级而言有全球、全国、区域、产业、行业、企业等，就供需而言有供应链、需求链、供需关系等。经济和谐指各类经济系统处于有序、均衡、融洽的状态，更简洁的描述是经济系统健康运行在合理的区间内。

（4）环境和谐：环境和谐是人与环境和谐的简称。本书第九章将人与环境和谐概括为五个层级，即适应生存、环境安全、环境健康、环境舒适和环境欣赏。

（5）技术和谐：任何单项技术本身就构成一个系统，多项关联技术形成技术体系、技术集群，则更是大系统。凡系统都有和谐问题。技术系统有序、均衡、融洽状态是和谐态。换言之，技术和谐也可以更直观地表述为技术成熟、配套、齐全、高效、先进。

3. 和谐的量化

五类科学对各自研究的系统建立了系统性的量化指标，对系统状态可以实现定量描述，其中和谐态往往是研究重点。例如自然科学建立了物理学、化学、生物学、生态学、地质学、地理学、气象科学、天文学等一系列量化指标，对自然系统状态实现定量描述，平衡态往往是自然科学研究重点。与自然科学类似，现代技术科学、社会科学、经济科学、环境科学都建立了各自的量化指标体系，对各自的研究系统实现量化描述，和谐态的定量表述一般都是各自研究的重点，或侧重系统间的耦合，或侧重公平，或侧重效率/效益，能够较好地反映和表征系统的良态。

4. 和谐升级

系统状态是变化的，和谐态也是变化的。自然界的演变是慢变化，而经济系统、社会系统、环境系统、技术系统则是快变化，与此相应和谐态也是变化的。一般而言和谐态向更加和谐的状态变化称为和谐升级，最常见的有技术升级、产业升级、经济升级、社会升级、环境升级。自然生态升级一般是慢过程，但也有例外，如在人类干预下荒漠变绿洲、湿地变良田、高峡出平湖、海滩矗高楼等，则是和谐快速升级的例子。正因为和谐态是变化的，因此不存在一成不变的最和谐态，只存在更加高级的和谐态。系统的和谐下有底线，上无止境。从人类发展需要的角度，各类系统的和谐态存在一定的基本要求，突破这个底线通常会产生系统和谐状态的降级，甚至丧失对人类的综合价值。

对于五律事物，它们的状态是五律的函数，因此五律事物的和谐态也是五律的函数。

5. 一体五和

和谐是系统良态，人们总是追求良态，排斥劣态，预防劣态，换言之，和谐是理想，是努力实现的目标。对于五律事物，五和是理想，是目标。这里五和有两层含义，其一，自然、社会、经济、环境、技术各自和谐，其二，它们彼此协同。一体五和是五类和谐共存并彼此协同于一体的简称。五和必须统筹兼顾，一个也不能少，但视具体情况可有强弱之分。例如环境治理，在谋求环境和谐的同时必须兼顾自然和谐、技术和谐、经济和谐、社会和谐，做到五类和谐协同才能实现最终目标。又如，经济发展在追求经济和谐的同时，必须统筹兼顾环境和谐、技术和谐、社会和谐、自然和谐，五和协同才能最终实现经济的健康发展。

（二）国家五和

国家五和是总纲，其目标全面覆盖我国人与环境相互作用的各个层面，全面满足自然生态环境健康、科学技术有序提升、经济高效发展、社会井然有序等和谐目标，全面满足人民短期和长远的需求和远景。

国家五和统领全局，囊括了目标顶层设计的五和，中层接力的五和，以及基层落实的五和。

实现国家五和是超大系统工程，包括人口五和、经济五和、资源五和、环境五和、城市五和、农村五和、重大工程五和等。

为说明一体五和的科学性和设计难度，现举两例予以阐释。

1. 人口五和

人口是国家发展的基石。我国人口峰值不宜过高、远期人口不宜过少、峰值过后人口下降速度不能过快等人口调控的基本要求，也来源于人口发展的五和：受自然资源、环境承载力、社会和经济承载力限制，人口规模峰值不宜过高，否则资源滥采、生态环境污染和破坏、城市病、大规模失业和过度竞争等都将制约国家的发展；从劳动力人才竞争力、科技创新能力、市场规模效应、市场活跃度、国防动员能力等综合国力角度来看，较大规模的人口显然更具有战略优势，我国所处的国际形势要求我们保持强大的综合国力竞争力，决定了远期人口不宜过少；合理的抚养比、社会公共服务能力（妇幼医疗、幼儿保育、基础教育、城市基础设施等）的有效配置、基础设施和社会经济资源的有效利用决定峰值过后人口下降速度不能过快。但定量预测我国未来人口的变化趋势，预设远期我国人口合理规模，预计人口从峰值到达远期稳态所历时间，分析我国这一历史性人口变迁产生的自然、社会、经济、环境、技术诸多正负效应，通过这些效应的深入分析，完成我国未来人口的五和顶层设计，是我国面临的一项国家级重大难题。

2. 红旗河工程五和

红旗河西部调水工程的基本构想是将青藏高原的水资源输送到干旱的西北和华北地区，输水线全长 6 188 km，年输水量约 600 亿 m³，总投资约 4 万亿人民币，工程设想规模空前。作为全国人民瞩目的超大水利工程，其顶层设计必须五和。自古以来，中国就有很多超级水利工程，如京杭大运河，始建于春秋，后经历朝历代修缮扩建，至今已运行 2 600 多年。又如都江堰水利工程，始建于先秦，已运行 2 200 多年。现在计划中的红旗河工程的规模前所未有，不应该是短期应急调水工程，而应当是百年大计千年大计，其顶层设计必须考虑以下因素。

首先，自然效应。近几年已经发现我国西北地区降水有所增加，曾经干涸的湖泊又有水了。随着全球变暖和气候变化，未来几十年几百年，西北、华北地区的降水会不会增加，以至于水资源可以自给，无须从外地调水？

其次，社会效应。红旗河水源涉及国际河流，虽然红旗河取水点位于国内且取水量也会充分考虑对下游邻国的影响。但必须充分估计到国际社会反华势力的恶意挑拨和下游邻国政党纷争的借口。此外，红旗河输水至人口稀少的大西北地区，而开发的产业是效益低端的农林牧草渔，需要大量的劳动力。有充分理由预见，随着我国人口下降、生产力提升、社会经济发展，几十年几百年后我国将不会再有巨量外出打工的农民工，产业劳动力需求难以满足。

最后，经济效应。没有大量廉价劳动力迁至西北，连低端的产业都无法开发；即使开发了，随着人口规模的下降，农牧渔产品在国内普遍过剩，加之远距离调水导致水资源成本过高，其产品在国际市场也无竞争力，无法实现工程的经济效益。

三、一体五则

五类好规则协同统一于一体简称一体五则，它是实现一体五和的必由之路。

（一）基本概念

1. 好规则

规则是人定的，有好坏、对错、优劣之分。好规则的评判标准有三：谋和谐、循规律、看实效。谋和谐指规则出台的目的，它是好规则的基本前提。循规律是出台的规则要遵循规则管辖事物的内在规律。检验规则好坏、对错、优劣最终由规则实施后的实践效应来检验。

总结人类历史，大的历史问题和错误都表现在规则犯错。第一类错误是规则出台的目的出错，不是谋良（和谐）而是谋私利、谋劣甚至是谋灾（如发动侵略掠夺战争）。第二类错误是规则违背规律，南辕北辙，规则出台初衷是谋和谐，但规则实施结果因违背客观规律的要求而没有达到预期。

人生规则犯错人生错，家庭规则犯错家庭错，企业规则犯错企业错，国家规则犯错国家错。好规则关乎国家、企业、家庭、人生的命运，理性制定出好规则至关重要。我国治国理政的纲领明确提出，好的政策和策略是党的生命。

2. 规则创新与和谐升级

改革是时代流行词，改革本质上是修改规则，改规则有改好的，也有改差的，不是凡改都好，一改就灵。改革本质上就是规则创新，创新的规则也不一定就是好规则。创新的规则依然要按前文论述的好规则三项标准来检验，可能是好规则，也可能是差规则，甚至是劣规则。

好规则的首要标准是谋和谐，因此好规则可以使和谐升级，但和谐分五类，是哪一类和谐升级则取决于规则创新的主攻目标是哪类。例如，环境规则创新谋求环境和谐升级，它对其他四和产生的效应则可能有正负之别，如经济结构被迫调整、污染企业减产停产、职工下岗、引发社会波动等。

3. 一体五则与一体五和

一体五则是五类好规则协同统一于一体的简称，它是实现一体五和的必由之路。需要指出，五则是广义分类，对于具体五律事物而言不一定能清晰分辨出五则。例如，南水北调工程的顶层设计目标肯定是五和（充分利用先进适用技术，促进自然、经济、社会、环境的协同发展），为实现五和必定要设计一整套工程技术及管理规则，包括依循水资源自然分布和地形地势条件设计调水路线、整体资金筹措与有序使用、工程实施的技术规范、沿途各地区的协调配合、水源地和调水河道水质保障策略等，都体现了一体五则。

（二）国家规则

实现国家五和的必由之路是制定协同匹配的五类好规则。

国家规则统领全局，尤其是国家纲领性规则，按好规则三项评判标准要求，它必须谋五和、循五律、获五益：自然效益、社会效益、经济效益、环境效益、技术效益。

制定国家规则是超大系统工程，为实现人口五和、经济五和、资源五和、环境五和、城市五和、农村五和、工程五和等都必须制定出与之相匹配的五类好规则。实现上述任何一个五和本身都是一个大号系统工程。

1. 人口政策调整

我国人口达峰后下降速度将很快，从人口五律分析中得知，从家庭层面上看，经济、社会、技术三大规律都是推动人口少生甚至不生。从国家层面上看，人口快速下降将必然导致社会、经济等一系列负面效应，如劳动力不足、劳动力抚养负担加重、市场规模缩减、市场需求快速减少、创新能力下降、国防动员能力下降等，导致综合国力竞争力显著下降。为拯救人口快速下降的危机，建议国家适时实施鼓励生育的新政策。

① 国家为生育提供经济补贴，一胎、二胎、三胎直至多胎的补贴额度不同，城乡有

别、地区有别;

② 给予生育女性更好的职业发展保障、经济收入保障,强化婴幼儿抚育社会服务支撑能力和经济负担;

③ 综合降低社会教育和就业"内卷"程度,降低优生优育的焦虑情绪;

④ 对城市化进程作战略调整,使城乡人口政策向鼓励生育方向转变。城市五和与农村五和的目标有别,建设成本有别,两者人口生育力也有别。全面提升社会公共服务均等化水平,特别是教育、医疗、交通等基本保障能力,让城市人口适度回迁农村,加快建设农村五和进程,既可提升实现国家全面现代化速度又可提升人口生产率,一举两得。

2. 中美博弈

中美博弈是当前国际关系的热点,也将是一个长期的过程。两个国家分别代表着两种不同的国体、政体和发展路径,其长期竞争的输赢,不仅仅体现在经济总量、科技实力和军事实力上,更多的是两种不同的规则体系与两国国情、国际发展态势的"和谐"程度的比较。中美博弈的内涵更多地体现着国家发展中的一体五则和一体五和,国家规则体系的构建和优化,更加宏观、复杂和艰难,也更加考验两国人民及领导者的智慧。一定程度上,两国的国体和国策从根基上决定了两国各自的国运。

习题与思考

1. 举例说明污染源减排是技术、经济、社会(政府、企业、居民)三方联动的成果。以某种特定污染物为例,阐明它在水体中的迁移转化过程遵循自然规律,它产生的环境效应违背人与环境和谐的要求。

2. 人口快速增长和人口快速下降,哪个负面效应更大? 如何有效提高人们的生育意愿和社会总合生育率? 你认为我国远期人口的底线是多少? 我国人口快速下降对国家五和将产生怎样的冲击?

3. 点评国企的特点和优势,对国民经济做出的贡献,在国民经济中承担的任务,在国际经济中的竞争力和发展潜力;点评民营企业的特点和优势,对国家经济的贡献,包括税收、就业、出口等;点评外企的特点和优势,了解外资企业对国家经济的补充作用,包括税收、就业、出口。举例说明企业改制,从国营改为民营,或者从民营改为国营,对企业五和会产生什么影响?

4. 查阅我国各主要产业的发展历程资料,整理出我国当今各主要产业,哪些已居世界领先水平,哪些与世界处于同步水平,哪些落后于世界正在奋力追赶,哪些尚处于空白状态。从调研获取的大量信息中,请对我国未来的产业升级前景做出判断。

5. 国内外流行一个观点,凡改变自然状况的行为都是反自然、与自然不和谐的行为,如建设长江三峡工程。你怎样看?

6. 为什么国家五和全面覆盖了国家所有目标? 为什么说国家五和全面满足人民美好的愿望? 逐一体会人口五和、经济五和、资源五和、环境五和、城市五和、农村五和的基本内涵。试比较城市五和和农村五和的建设成本差异。城市和农村人口生产力哪个高? 为什么?

7. 阅读分析公开发布的法律法规、规划、工程设计、改革方案等,了解文件规则出台的目的是什么，解决什么问题，实现什么目标，理解规则制定修订如何谋和谐。

8. 规则是否遵循客观规律是好规则的第二项标准。阅读分析改革开放以来大量的改革实例，请理出遵循规律、偏离规律和背离规律的案例，深刻体会好规则的第二项标准。例如，经济所有制改革、市场经济、加入世贸组织、脱贫攻坚、"一带一路"、全面小康、全面从严治党、反腐、计划生育、部队经商、教改市场化、医改市场化等。

9. 检索党的十八大以来我国五则重大创新史实，简评它们对促进国家五和的贡献。

第十二章 环境科学

环境科学是一门研究人与环境相互作用规律的科学，寻求人类与环境和谐和科学发展的途径与方法，是由多学科到跨学科的庞大科学体系组成的学科。随着世界范围内的环境污染和资源短缺问题日益恶化，环境保护和生态文明已成为时代的主题，面向生态文明和美丽中国建设的环境科学前景广阔。

第一节　环境科学的形成与发展

人类对环境的研究和利用虽然源远流长，但是现代环境科学作为一门新兴的综合性学科，从形成至今只有四五十年的历史，是当今世界发展最为迅速的学科门类之一。

一、探索时期

人们对环境问题的认识和治理可以追溯到公元前 5000 年左右，中国古代烧制陶器的古窑中就有排烟的烟囱。考古发现，公元前 2300 年中国就开始使用陶质排水管，公元前 2000 年古印度城市中就有地下排水通道。荀子《王制》一文："圣王之制也，草木荣华滋硕之时，则斧斤不入山林，不夭其生，不绝其长也；鼋、鼍、鱼、鳖、鳅、鳝孕别之时，罔罟毒药不入泽，不夭其生，不绝其长也；春耕、夏耘、秋收、冬藏四者不失时，故五谷不绝，而百姓有余食也；汙池渊沼川泽，谨其时禁，故鱼鳖优多而百姓有余用也；斩伐养长不失其时，故山林不童而百姓有余材也"体现了朴素的保护自然和可持续发展思想。

19 世纪下半叶开始，环境问题日益凸显，逐步受到人们的重视。来自地学、生物学、物理学、医学和工程技术科学等学科的学者，分别从各自母学科的角度出发探索环境问题的解决途径。1847 年，德国植物学家弗拉斯在《各个时代的气候和植物界》一书中论述了人类活动影响植物和气候的变化；1864 年，美国学者马什在《人与自然》中从全球观点出发论述了人类活动对地理环境的影响；1869 年，德国学者海克尔创立"生态学"概念；1935 年，英国学者坦斯利提出"生态系统"概念。

环境因素的致癌作用很早就为人们所关注：1775 年，英国外科医生波特发现烟囱清扫工患阴囊癌的较多，并认为与接触煤烟有关；1915 年，日本学者山极胜三郎用实验证明煤焦油可诱发皮肤癌。20 世纪 20 年代以来，公共卫生学逐渐开始关注环境污染对人群健康的危害。

环境保护工程技术方面，最先发展起来的是给排水部门。1850 年，人们开始用化学消毒法杀灭水中的病菌；1897 年，世界上第一座污水处理厂出现在英国。此外，消烟除尘技术在 19 世纪后期逐步发展起来，20 世纪初期开始采用布袋除尘器和旋风除尘器。

这些基础学科和工程技术学科对环境问题的探索和研究为现代环境科学的形成与发展奠定了基础。

二、形成时期

现代环境科学是在 20 世纪 50 年代环境问题严重化的背景下诞生的，是为了解决人类面临的环境问题，为了创造更适宜、更美好的环境而逐渐发展起来的。20 世纪 60 年代以后，学者纷纷从各自母学科出发，对环境问题进行了大量分散的调查和研究，逐渐发展形成了环境地学、环境生物学、环境化学、环境物理学、环境医学、环境工程学、环境经济学、环境法学、环境管理学等新兴学科，在这些分支学科的基础上孕育产生了环境科学。1954 年，美国学者最早提出了"环境科学"一词，当时研究的是宇宙飞船中的人工环境。1962 年，卡逊女士发表《寂静的春天》，推动了全球的环境保护运动。1964 年，国际科学联合会理事会设立国际生物圈计划，研究全球各类生态系统生产力和人类福利的生物基础，呼吁科学家注意生物圈所面临的威胁。1965—1974 年的国际水文十年和 1965—1979 年的全球大气研究计划的实施，促使人们重视水环境问题和气候变化问题。1968 年，国际科学联合会理事会设立了环境问题科学委员会，标志着环境科学成为一门独立的学科。

三、发展时期

20 世纪 70 年代以来，环境科学进入了快速发展的轨道。1972 年，联合国人类环境会议通过了《人类环境宣言》，不仅从整个地球的前途出发，也从社会、经济和政治角度来讨论环境问题，要求人们理智地管理地球。20 世纪 70 年代前期的环境著作大多关注污染或公害问题，之后人们认识到环境问题不仅仅是排放污染物引起的危害人类健康的问题，而且包括自然保护、生态平衡，以及维持人类生存发展的资源问题。20 世纪 70 年代后期开始出现环境科学的综合性专著。环境科学初步汇集成一门具有广泛领域和丰富内容的环境科学学科，从主要侧重揭示污染的自然机理和研发污染控制工程技术等方面，发展成为涉及自然科学、社会科学、经济科学、技术科学多个学科的一门综合性很强的庞大学科群。环境科学的兴起和发展，标志着人类对环境的认识、利用和改造进入了一个新的阶段。

1972 年，美国麻省理工学院受罗马俱乐部委托研究出版的《增长的极限》，利用数学模型和系统分析方法提出"零增长论"，是环境悲观论的代表作；美国未来研究所发表的《世界经济发展——令人兴奋的 1978—2000 年》，认为人类总会有办法应对未来出现的问题，对世界前景持乐观态度。1983 年，联合国成立世界环境与发展委员会，经过 4 年的研究与论证，出版了《我们共同的未来》，提出要对传统的发展方式进行反思，提出了可持续发展的理论与模式，标志着环境科学从以污染治理和环境管理为基础转向以为人类可持续发展提供理论与方法为基础，从研究控制污染物排放量和末端治理技术转向改变人类生活方式、生产方式、价值观的理论与方法，促使环境科学的分支学科逐步成熟和壮大。1992 年，联合国召开世界环境与发展大会，通过了《21 世纪议程》，可持续发展思想逐步成为各国的共识，并落实到具体的行动计划和国际合作方案上。

环境科学落实到环境保护实践，大体经历了 4 个阶段：① 20 世纪 60 年代中期，许多国家颁布了一系列政策、法令，采取法律和经济手段，开展以污染源治理为主的环保工程；② 20 世纪 60 年代末期，开始进入防治结合、以防为主的阶段（如美国 1970 年开始实行环境影响评价制度）；③ 20 世纪 70 年代中期以后，强调环境管理以防为主，注重全面规划、合理布局和资源的综合利用；④ 20 世纪 90 年代以后，重视和逐步落实可持续发展理念。

四、中国的环境科学研究

20 世纪 70 年代以前，我国的一些基础学科、医学、工程技术等方面已经零星地开展了一些有关环境保护的研究工作，但大多分散在各自的学科系统中。1973 年，国务院召开了第一次全国环境保护会议，会议审议通过的《关于保护和改善环境的若干规定（试行草案）》明确了"全面规划，合理布局，综合利用，化害为利，依靠群众，大家动手，保护环境，造福人民"的环境保护方针，确立了未来环境保护事业发展的初步理念，推动了我国环境科学的发展。1973 年第一次环境保护会议制定了 1974—1975 年环境保护科学研究任务，之后又制定了 1978—1985 年全国环境保护科学技术长远发展规划，并纳入全国科学技术发展规划。1983 年，环境保护成为一项基本国策。1992 年，在协调环境与发展关系上提出"十大对策"，在国际上第一个制定了国家级的《中国 21 世纪议程》，确定了我国实施可持续发展的战略、政策和行动框架。30 多年来，我国环境科学研究紧密结合国情和环境保护实践需要，面向经济建设和社会发展，为人口、资源、环境与经济协调发展提供科学方案和依据，努力探索环境科学自身的基础理论，研究和开发适用的污染防治和资源合理利用技术，探索多种手段结合的环境保护途径和方法，积极开展全球性和地区性环境问题的国际合作研究。

五、环境科学的研究内容与方法论

环境科学所研究的环境，是以人类为主体的外部世界，即人类赖以生存和发展的各种因素的综合体。也就是说，环境科学研究的环境，其主体是人类，客体是人类周边的相关事物，其涉及的范围之广泛是其他学科所研究的环境所无法相比的。在环境科学研究中，不同的环境在功能和特征上存在着很大的差异。通常，根据环境特征和功能的差别，将人类环境划分为自然环境和人工环境。

（一）环境科学的研究内容

环境科学的研究可以分为宏观和微观两个方面。从微观上讲，环境科学要研究环境中的物质，尤其是人类活动产生的污染物，在环境中的产生、迁移、转变、积累、归宿等过程、效应及其运动规律，为环境保护实践提供科学基础。从宏观上讲，研究人和环境相互作用的规律，揭示社会、经济、技术和自然、环境协调发展的基本规律，研究环境污染综合防治技术和管理措施，寻求环境污染预防、控制、消除，以及环境保护、改善与建设的途径和方法，提高人与环境的和谐程度，走科学发展和可持续发展之路。

环境科学的研究内容大体上可以概括为以下几个方面：

（1）揭示人类活动和自然环境的关系。人类通过生产和消费，不断影响自然环境的质量。例如，人类对植被的开发会引起土壤、气候、地貌、水体的一系列变化。人类生产、消费中的物流、能流的迁移、转化过程异常复杂，环境科学研究人类活动和自然环境的关系，寻求人与环境和谐和科学发展的途径：使物流、能流的输入和输出保持相对平衡；限制排放环境的废弃物不超过环境的自净能力，以免造成环境污染；合理开发、利用不可再生资源，以保障自然资源的永续使用；研究人类行为对自然环境的影响，增强人类对自然环境的保护与恢复能力。

（2）考察环境变化对人类生存的影响。环境变化是由物理、化学、生物、社会、经济、技术等多种因素，以及这些因素的相互作用引起的，环境科学研究污染物在环境中的迁移、转化过程及其环境效应（如"三致"效应）等，探索污染物迁移、转化和形成环境效应的内在机理，为制定各项环境标准和环境管理规范提供科学依据。

（3）研究环境污染综合防治技术和对策。引起环境问题的因素很多，需要应用多种环境保护与建设技术，集成社会、经济和技术措施，寻求解决问题的最佳方案。

（4）加强对自然系统的研究。开发新的预测工具，考察地球承载力和生命支持能力，研究土地、海洋、大气之间的能量流动关系，分析生物多样性、遗传物质的丧失对自然环境的影响，预防自然灾害。

随着人类环境保护实践和科研方面所取得的进展，环境科学这一新兴学科也日趋成熟，并形成自己的基础理论和研究方法，从分门别类研究环境和环境问题，逐步发展到从整体上进行综合研究。例如在环境质量评价中，逐步建立起一个将环境的历史研究同现状研究结合起来，将微观研究同宏观研究结合起来，将静态研究同动态研究结合起来的研究方法；并且运用数学统计理论、数学模式和规范的评价程序，形成一套基本上能够全面、准确地评定环境质量的评价方法。现代环境科学的研究，正从多学科向跨学科的整体方向发展。环境问题是由于自然环境，以及人类社会、经济、政治、技术等相关环境行为综合作用的结果。当今人类面临的环境问题和科技、经济、政治紧密相连，不是单一学科所能解决的，需要运用环境科学的众多分支科学和相关学科进行综合研究。

（二）环境科学研究的基本方法论

环境科学针对环境问题的复杂性、综合性和整体性的特征，建立自己的方法论体系：复杂环境体系方法论、环境质量全过程系统控制方法论、系统分析与系统综合方法论。

1. 复杂环境体系方法论

人类的环境是一个开放的、随时空变化的复杂体系，具有多物质、多界面、多过程、多机制、多效应的特征，面对诸如酸雨、光化学烟雾、臭氧层破坏、河流污染、湖泊富营养化、全球变暖等环境问题，简单采用单要素、单过程的可控实验室研究方法无法满足环境科学研究的需要，必须建立起研究复杂环境的方法体系，包括多要素实时在线观测方法，多要素复杂系统模拟和模型方法等。

2. 环境质量全过程系统控制方法论

环境质量是环境科学研究人与环境和谐的核心问题之一，环境科学建立了以"基准—标准—监测—评价—控制—管理"等内容为核心的环境质量全过程系统控制方法论，建立了以环境基准与环境质量标准、环境技术规则、环境管理规则为主要内容的环境规则体系。

3. 系统分析与系统综合方法论

环境问题的产生、演变和消除过程是由自然、技术、社会、经济、环境等多要素共同决定的，因此对环境问题产生和演化规律的认识必须采取多要素的系统解析方法，解决环境问题也必须采用多要素的系统综合方法。

第二节　环境科学学科体系

一、环境科学学科体系与环境规律体系

环境科学长期以来缺乏自己的基础理论。1990 年，教育部环境科学教学指导委员会成立大会针对环境科学是一门尚未建立起自己理论体系的综合性新兴学科的现实，决定建设"环境学"，期望它系统阐述环境科学的基础理论。本书作者自 1990 年开始，历时 19 年潜心攻研这一科学难题；2000 年主持教育部的新世纪教学改革工程重点项目"环境类专业基础理论建立与课程体系整体优化的研究"（1281B06211），以《环境学》为代表系统阐述环境科学基础理论体系。随着环境学理论研究的突破与深入，本书作者在"制约人类生存发展的第五类规律"（1999）一文中曾将环境科学的学科结构概括为环境学、环境自然科学、环境人文社会科学、环境技术科学，简称"1+3"体系。在教育部新世纪教改工程"环境类专业基础理论建立与课程体系优化研究"（2000—2004 年）中提出环境科学"2+4+x"的学科结构建议："2"是环境学和生态学，"4"是环境自然科学、环境技术科学、环境经济科学和环境社会科学，"x"是环境科学其他综合性分支学科。在 2009 年《环境学系列专著》出版论证中，生态学专家认为生态学应属于自然科学，为了学科体系的完整性，尊重现有环境科学学科分布特点，本书将生态学归于环境自然科学领域，以显示生态学在环境科学知识体系中的地位；此外，不断发展的环境科学综合性分支学科都集中在应用方面，可以归纳为环境应用科学。据此提出环境科学"1+4+1"学科体系，前一个"1"指环境学、"4"包括环境自然科学、环境技术科学、环境经济科学和环境社会科学，后一个"1"指环境应用科学（见表 12-1）。

表 12-1　环境规律体系与环境科学体系

	环境规律体系	环境科学体系	主要分支学科
1	环境基本规律	环境学	
4	环境－自然规律	环境自然科学	生态学、环境化学、环境物理学、环境生物学、环境毒理学、环境地学；水环境学、大气环境学、土壤环境学等
	环境－技术规律	环境技术科学	环境工程学、环境监测学、清洁生产学等
	环境－社会规律	环境社会科学	环境伦理学、环境法学、环境管理学等
	环境－经济规律	环境经济科学	环境经济学、生态经济学等
1		环境应用科学	环境评价学、环境规划学、环境调控学等

　　基于"现象－规律－科学"对应关系，环境科学的核心任务在于揭示环境规律，寻求人类与环境和谐与科学发展的途径和方法。与环境科学学科体系相对应，人类当前认识的环境规律体系包括环境基本规律、环境－自然规律、环境－技术规律、环境－社会规律和环境－经济规律5类，其中环境学揭示人与环境相互作用的基本规律，即环境基本规律；环境自然科学、环境技术科学、环境经济科学和环境社会科学四大类交叉学科分别揭示环境－自然规律、环境－技术规律、环境－经济规律和环境－社会规律四大类二级环境规律，具有基础性、应用性、交叉性三个属性，分别运用自然科学、技术科学、经济科学、社会科学的知识、方法和手段，认识和研究环境现象、解决环境问题、保护和改善环境；环境应用科学本身不直接揭示环境规律，重在应用其他学科揭示的环境规律，开展环境保护与建设实践。环境规律既不从属于自然规律，也不从属于技术规律、社会规律、经济规律，是一类独立的规律。环境规律的独立性决定了环境科学的独立性。环境科学现有的各分支学科，正处于蓬勃发展时期，而且这些分支学科在深入探讨环境科学的基础理论和解决环境问题的途径和方法的过程中，还将出现更多新的分支学科。

二、环境科学主要分支学科

（一）环境学

　　环境学是环境科学的基础学科，阐述环境科学的基础理论，回答环境科学的研究对象和任务、知识体系和学科体系等基本理论问题，其核心任务在于揭示环境基本规律，它是环境规律不能被其他四类规律所涵盖的基本内核。

1. 环境科学的研究对象和基本任务

　　环境科学是研究人与环境相互作用规律的科学。近几十年来，环境科学文献和教科书关于环境科学研究对象有多种提法，如"人地关系""人与环境关系""环境问题""环境污染""环境质量"等。然而科学的任务在于揭示客观规律，环境科学如果只作现象/事实描述而不能揭示其内在的客观规律的话，就很难被公认为一门科学，也难以持续发展。

因此，环境科学的准确定义应当是"研究人类与环境相互作用规律的科学"，其研究对象是"人与环境的相互作用"，核心任务在于揭示环境规律。这一概念更科学、更准确，直接表明了环境科学研究的核心任务；它具有包容性，能容纳环境科学所有的分支学科；它具有永恒性，只要人类存在，就必然存在着人类与环境的相互作用；它具有唯一性，除环境科学以外，没有任何其他学科将"人与环境相互作用"作为其研究对象。

2. 环境基本规律

环境基本规律可以概括为环境多样性原理、人与环境和谐原理、规律规则原理，以及五律协同原理。在人与环境的相互作用中，环境多样性是基础规律，认识和解读环境多样性、揭示环境多样性的内在规律是环境科学研究的基础科学问题。人与环境和谐是人与环境相互作用的核心规律，度量、维系和提高人与环境的和谐程度，是环境科学研究的核心科学问题。制定符合客观规律的环境规则，是环境管理的基本科学问题。五律解析是认知环境问题的系统分析方法，五律协同是确定解决环境问题最佳策略的综合决策方法，五律解析与五律协同是环境决策的核心科学问题。

（二）环境自然科学

环境自然科学是自然科学与环境科学的交叉学科群，研究和揭示自然规律与环境规律联合作用领域内的特征规律，即环境–自然规律；运用自然科学的理论和方法，认识环境现象、解决环境问题，通过化学解析、生物解析、物理解析和地学解析等手段系统解析环境多样性，全面认识环境污染物质或因素的性质、环境过程和环境效应等，从自然科学角度揭示人与环境和谐的机理，并建立量度基准。根据各自然科学母学科和研究对象的差别，环境自然科学可分为环境化学、环境生物学、环境毒理学、环境物理学、环境地学，以及水环境学、土壤环境学、大气环境学等分支学科。

环境自然科学是人们认识环境的起点，为环境监测技术、污染控制技术、环境治理技术、环境修复与建设技术开发提供理论源泉，为环境管理、环境法律、环境伦理、环境经济等环境综合管理手段提供科学依据。环境自然科学是学习后续知识点的重要基础知识，一般要求学生能够掌握基本的生态过程与效应、环境化学过程与效应、环境生物过程与效应、环境地学过程与效应等。

（三）环境技术科学

环境技术科学是技术科学与环境科学的交叉学科群，研究技术规律与环境规律联合作用领域内的特征规律，即环境–技术规律；运用工程技术科学的理论和方法，认识环境和寻求解决环境问题的途径。主要包括环境监测学、环境工程学、清洁生产学等分支学科，其中环境监测是人们认识环境要素的重要手段，环境工程（包括水、大气、固废、噪声等污染控制，以及清洁生产技术、循环经济技术、生态修复技术等）是人们治理环境污染、提高环境质量的重要途径。

（四）环境经济科学

环境经济科学是经济科学与环境科学的交叉学科群，研究经济规律与环境规律联合作用领域内的特征规律，即环境–经济规律；运用经济科学的理论和方法，对环境现象进行经济解析，建立与贯彻环境经济规则。主要包括环境经济学、资源经济学、生态经济学等分支学科。

（五）环境社会科学

环境社会科学是社会科学与环境科学的交叉学科群，研究社会规律与环境规律联合作用领域内的特征规律，即环境－社会规律；运用社会科学的理论和方法，对环境现象进行社会解析，建立与贯彻环境社会规则。主要包括环境伦理学、环境法学、环境管理学等分支学科。

（六）环境应用科学

环境应用科学是综合运用环境规律来解决环境问题、保护和提升人与环境的和谐程度的学科群，包括环境影响评价学、环境规划学、环境调控学等；其显著特点是，它们的研究内容具有高度的综合性，理论基础和方法论都具有浓重的环境科学特色，基本脱离了"母学科"的学科背景，是环境科学走向独立学科的标志之一。

阅读材料

环境科学专业教育内容包括环境学、环境自然科学、环境技术科学、环境经济科学、环境社会科学、环境应用科学和环境科学实验与实践等，其专业知识体系与核心课程的设置见表12-2。

表 12-2　环境科学专业知识体系与核心课程

知识领域	核心知识单元	选修知识单元	核心课程
环境学	环境问题、环境学原理、环境科学研究方法		环境学
环境自然科学	生态过程与效应、环境化学过程与效应、环境生物过程与效应、环境地学过程与效应	环境物理过程与效应、环境数学模拟	生态学 环境化学 环境生物学 环境地学
环境技术科学	水污染控制、大气污染控制、土壤污染控制、固体废物污染控制、环境监测	物理污染控制、生物污染防治、区域污染控制、生态修复	环境工程学 环境监测学
环境经济科学	环境经济	资源经济、环境经济分析、环境计量经济	环境经济学
环境社会科学	环境管理、环境法律	环境伦理	环境管理学 环境法学
环境应用科学	环境评价、环境规划	环境调控、全球环境问题及对策	环境评价学 环境规划学
环境科学实验与实践	环境科学专业实习、毕业论文或毕业设计	环境化学实验、环境生物实验、环境监测实验、环境工程实验、环境信息实验、环境物理实验	

 习题与思考

1. 了解环境科学各分支学科及学科前沿，理解学科发展的国家需求、市场需求，理解各分支学科发展的导向。

2. 了解环境保护实践各个领域、各种岗位的能力需求，思考自己的兴趣偏好与能力适配性，思考自己的职业规划和专业发展规划。

附录 追梦之路

笔者本科毕业于清华大学工程物理系，1979 年考进南京大学攻读环境科学硕士学位，从事环境系统工程方向研究，1982 年毕业留校，至今 41 年。笔者现年 80 岁，回顾以往岁月一直在追梦，前两个梦已醒，第三个仍在追梦中。

一、人生第一梦　江苏水污染治理

笔者有幸承担了江苏三个水污染治理规划研究项目："六五"在常州、"七五"在镇江、"八五"在苏北。

（一）常州市经济－水环境预测对策研究（1982—1985）

"六五"期间，常州市入选国家首批环境科技攻关项目。笔者有幸主持经济－水环境预测对策研究，它是常州课题的重中之重，市政府十分期盼它能提出破解常州难题的好对策。笔者基于系统工程原理在研究中首次建立环境问题系统化思维模式：统筹考虑自然条件、经济增长、社会发展、技术进步、环境保护五大要素，站在全局高度、预测未来、拟定对策。上述系统化思维让笔者终身受益。第一，据此提出的常州市经济－水环境五项对策当年受到市政府的肯定，先后在常州落地生根结果，获得预期效益，令人深感欣慰。第二，出版首部专著《环境系统工程导论》（南京大学出版社，1985）。第三，它为日后探索环境学原理、定位环境规律为五律之一提供了最早的感悟。

（二）镇江市水污染治理方案及工程可行性研究（1986—1990）

"七五"期间主持镇江课题，完成该市水污染集中治理方案及可行性研究，工程竣工，取得预期效益。该项研究开创了江苏省第一个市区污水集中处理的先例，为日后规划江苏全省水污染治理方案提供了新思路。

（三）苏北水环境综合整治方案研究

1992 年，江苏省环保厅立项研究苏北水环境综合整治方案，笔者竞标成功主持此项研究。该项研究面临江苏境内三大国家级水污染治理难题：一是淮河严重污染，苏北地处淮河流域下游；二是国家决定建设南水北调东线工程，输水线（京杭大运河苏北段）要以平交方式穿越苏北全境，国务院要求"先治污、后调水、调清水"，怎样治污实现调清水是亟待解决难题；三是太湖富营养污染严重，曾造成无锡市区长时间停水事件。笔者力排众议，拒绝分散治理，反对达标排放，力主区域污水归槽，集中完成深度处理。经过深入现场考察，深思熟虑之后，最终提出清污两制、控源导流、尾水三线的治理方案。清污两制指绝大部分地表水系执行清水标准，极少数水域专用于污水净化（尾水线）。控源导流指对污染源进行适度控制后尾水导流进入尾水线。尾水三线是尾水北线、尾水中线、尾水南线。尾水北线和尾水中线的任务是承接苏北地区城镇污水，尤其是南水北调东线工程沿线城镇的污水，完成深度处理。尾水南线是太湖尾水导流工程，其任务是截断常武地区下泄入湖尾水和无锡市区入湖尾水，将其北调长江，使太湖富营养化程度显著降级。尾水北线选址新沂河北泓。新沂河始于骆马湖嶂山闸，东入黄海，全长 143 km，承接沂沭泗洪水入海，河道很宽，上游起始段宽 550 m，下游河宽 3 500 m，河道很浅与河外地面持平，河道南北两泓紧邻河堤，南泓有灌溉输水功能，北泓洪水过后干涸，是汇集区域城镇污水最终完成净化的理想选址。尾水中线选址淮河入海水道南泓。淮河入海水道与苏北灌溉总渠全程平行，全长 165 km，入海水道河宽 700 m，分南北两泓，南泓的主要水利功能是泄洪，经水利部门研究确认南泓可以承接流域周边城镇污水，集中净化后排海。江苏水污染治理方案设计指出，尾水北线和尾水南线是一个过渡性方案，随着社会经济发展，区域内城镇污水处理厂的兴建，污水的浓度将逐步降低成为真正的尾水，届时尾水线将名副其实。在方案论证和决策中遇到的最大难题：一是污水导流违背国家环境法规，法规明令禁止污水跨境转移，江苏省环保厅向省人大报告治理方案时受到质疑；二是课题组提出的方案怎样上升为国家决策。唯一的解决办法是求助国家决策者。1993 年全国人大来江苏执法检查召开专家座谈会，会上笔者就江苏水污染治理方案报告 11 min，会后得知全国人大资环委主任作出回应"大手笔、新思路"，由此开启了进军决策之门。1994 年淮河发生特大污染事故，笔者致信国务院环委会，建议国家实施流域治理，最佳治理方针是控源导流，于 1995 年 1 月 26 日收到批示"很有吸引力"。为有效治理太湖严重的富营养污染，笔者致信国务院领导建议建设太湖尾水导流工程，领导于 2001 年 12 月 11 日作出批示，回应"有见地、有新意"。国家决策层的共识是江苏水污染治理方案落地的关键，多年后笔者回忆起这段终生难忘的经历，百感交集，这是笔者人生第一梦，终于梦醒了。

二、人生第二梦　《环境学》

1990 年秋，教育部决定成立环境科学教学指导委员会，并在中山大学召开首届年会。会后环境科学教指委首任主任丁树荣教授（原南京大学环科所所长）向我传达如下会议要点：会上教育部和环保总局提了同一个问题，环境科学升级为一级学科，它的基础理论是什么？与会几十位教授异口同声，环境科学没有自己独立的基础理论，国内没有国外也没有。经过会议认真讨论一致认为建立环境科学自己独立的基础理论是必要的，会议一致决定建设一门新课题，定名为环境学，课题任务是系统阐述环境科学这一新兴学科的基础理论。

丁树荣教授征求我的意见，愿不愿意承担这项工作。他说，这类研究出不了文章，因此升职称很难。其次，这类研究挣不到经费，没有经费你带不了研究生。再次，研究难度超高，不仅国内没有建立环境科学基础理论，国外也没有。环境科学发展很快，大专家很多，你初出茅庐，不一定能弄出个名堂，即使弄出个名堂，大专家们也未必认可。最后，话锋一转，他规劝说，你用几十年精力真地弄出一点名堂，出一本教材，那你这一辈子就非常值得了。你要知道，论文很专业，看你文章的同行也就几十位，很难过百，教材则不同,读者成千上万,代代相传,更何况这是首部系统阐述环境科学基础理论的教材,是开山之作,奠基之作。

丁树荣教授的这次谈话重重地拨动了我的心弦,人生能有几次搏?从此我暗下决心,开启人生第二梦,探讨环境科学基础理论,出版《环境学》。

从1990年开始至今(2023年)整整33年几乎无时无刻不在思考《环境学》,每产生一个新思维新理念总是千百万次地问自己,对吗?能经得起实践检验吗?能经受得住历史检验吗?能回答同行专家的质疑吗?常常深夜在梦中想环境学,突然惊醒,彻夜难眠。

(一)环境规律定义

在编写《环境学》之前,文献中检索不出环境规律这个词。笔者注意到,科学与规律有对应关系,如自然科学揭示自然规律、社会科学揭示社会规律、经济科学揭示经济规律、技术科学揭示技术规律,而环境科学已在全球范围内得以确认,但环境规律则是空白。笔者认为,环境学研究的第一个突破点就是填补环境规律这一空白。

有人曾提醒,技术科学很发达,但鲜见技术规律的提法。事实上,技术规律的表述可以很简洁:技术原理、技术专利,前者源自自然科学,后者则完全靠技术探索,正如自然科学探索自然规律一样。

还曾有人提醒,只有环境问题没有环境规律,环境科学应环境问题而生随环境问题消失而亡。果真如此吗?笔者长久思考的结果否定了上述看法。笔者定义的环境规律是人类与环境相互作用的规律,只要人类不消亡,它与环境相互作用则不会消亡。

为了系统理解环境规律的定义,现作如下说明。

1. 人类与环境相互作用的环境规律定义中,人类是相互作用的主体,环境是相互作用的客体。

2. 就环境这一客体而言,可分两大类:自然环境和人工环境。自然环境包括山水林草沙及其生物、空气、气候、太空、月亮、太阳。人工环境(含半人工环境)包括城市、农村、农田、果园、道路、运河,以及其他人工建造物。

3. 人类与环境相互作用五类行为方式产生五类环境效应。请注意:环境效应的外在表现是环境现象,而环境效应的内在机理则是环境规律。人有两重性,即生物人与智慧人(亦称社会人)。智慧人与环境相互作用的下述四种行为方式是生物人没有的,即人类的社会行为与环境相互作用产生社会行为环境效应,经济行为与环境相互作用产生经济行为环境效应,技术行为与环境相互作用产生技术行为环境效应,认识自然–保护自然–改造自然–开发自然–利用自然的智慧人自然行为与环境相互作用产生自然行为环境效应。此外,生物人与环境相互作用产生生物人生态行为环境效应。

(二)环境规律定位与环境科学定位

笔者在《环境学》中将环境规律定位为五律之一,五律是自然规律、社会规律、经济规律、技术规律、环境规律。将环境科学定位于五学之一,五学是自然科学、社会科学、经济科学、技术科学、环境科学。

对上述两个定位,有人质疑,是否人为有意拔高环境科学地位?环境科学能与自然科学相提并论吗?思虑多年,笔者确实没有自我拔高环境科学的意识,而是根据环境规律自身具有的独立性来定位的。

如前所述，环境规律源自人与环境相互作用产生的智慧人自然行为环境效应、社会行为环境效应、经济行为环境效应、技术行为环境效应、生物人生态行为环境效应，它们同时存在，环境规律这种综合性无法将它归类于其中的某一类，只能独立成新类。

环境规律的独立性同步也决定了环境科学的独立性。

（三）环境科学的学科结构

环境科学作为一门新兴学科从 20 世纪中叶起在全球迅猛发展，围绕环境问题这一中心，大量学者从各自的母学科出发，开展环境研究，由此形成环境科学学科集群。为了优化环境科学专业课程体系，笔者曾承担教育部的专题研究。研究提出"1+4"环境科学课程体系。"1"是环境学，"4"依次是环境自然科学、环境社会科学、环境经济科学、环境技术科学。在历届环境科学教指委年会上多次讨论过"1+4"学科结构，取得委员们的一致认同。

（四）环境学原理

《环境学》将环境学基本理论概述为"两定四原理"。"两定"前文已述。"四原理"依次是环境多样性原理（基础）、人与环境和谐原理（核心）、规律规则原理（路径）、五律协同原理（综合）。

以"两定四原理"为基本理论的《环境学》具有以下特点。

1. 能自圆其说，即自洽。环境多样性研究环境过程和环境效应的多样性，它是整个环境科学基础。人与环境和谐原理是核心规律，它从适应生存、环境安全、环境健康、环境舒适、环境欣赏五个层级全方位确立人与环境和谐的界限，可以简洁明了地说，违背和谐原理即违背环境规律。规律规则原理则是实现人与环境和谐的必由之路，环境规则也有好坏、对错、优劣之分，好的环境规则有三个评判标准：谋和谐、循规律、看实效。

2. 能容纳环境科学学科集群的所有子学科，每个子学科在多样性原理、和谐原理、规则原理中都能找到自己的研究空间，换言之，环境学原理是它们的共同基础。

3. 环境学四原理能容纳人类已取得的所有环境问题的研究成就，也有足够的空间容纳未来的研究成果。

（五）环境学基本理论经过同行学者广泛长期深入论证

从 1990 年首届环境科学教指委决定建设环境学直到 2002 年出版《环境学》历时 12 年，其间环境科学教指委每届年会，环境学都是会议议题的必选题，出版前教指委又专门邀请全国各地专家召开了环境学编写大纲的专题审定会。

《环境学》出版第一版后，笔者丝毫没有放松对它的深入研究，带领研究团队于 2009 年继续出版环境学系列专著共五部（科学出版社，2009 年），曾邀请 16 位专家（含 11 位院士）进行专题论证，论证意见指出，"环境学系列专著对《环境学》奠定的环境科学基础理论起了夯实作用"，在上述研究的基础上笔者继而出版《环境学》第二版（高等教育出版社，2010 年）。

从 1990 年至 2023 年历时 33 年，环境学研究一直是我的主攻方向。2002 年出版《环境学》第一版，2005 年笔者主持建设的环境学入选国家级精品课程，同年笔者主持的国家级教改项目"环境类专业基础理论体系建立与课程体系整体优化研究"荣获国家级教学成果二等奖，2006 年荣获国家级教学名师奖，2011 年《环境学》第二版入选国家级精品教材，2012年《环境学原理》入选国家精品视频公开课，2014年《环境学原理》入选大学素质教育精品通选课。

三、人生第三梦　五律协同

笔者自认为五律协同是最心仪的原始创新，因此付出的思考最多，经历的时间最长，寄予的希望最高。

最早的思维萌芽于20世纪90年代初期，当时国家环保部门不断下达水污染治理政策和治理方案，但收效甚微。由此联想到物理学能守恒定律的故事，自它确立之后终结了人类对永动机的无效探索，从此避免了财力和精力的浪费。据此推想，是否存在这样的原理，事先能预判政策、方案的预期效应，无效的不出台，低效的少出台，只许高效的才出台，以减少财力、物力、人力损失。

从哲学中早已获知，人类行为必须遵守客观规律，否则事与愿违。时至20世纪90年代人们普遍认为环境问题是人类行为违背自然规律造成的，并反复引用恩格斯一句话作为理论依据。笔者从常州课题中就感悟到环境污染控制分三个过程：发生、处理、环境。在发生过程有三大主因起作用：技术、经济、社会（政府、企业、居民）。在水环境中，污染物的迁移转化不仅不违背自然规律，恰恰相反它遵循自然规律，但污染物产生的环境效应污染了水质，破坏了水体功能。由此产生一个推论，水污染是技术、经济、社会、自然四律联合作用的结果，并不违背自然规律，而产生的环境效应则是负面的。由此进而推想，如果弄明白了制约环境污染治理的客观规律，治理方案只要遵守它们而不违背，则治理方案将不至于完全无效，其有效度则取决于方案与规律的吻合程度。

根据高校招生专业分类目录和当代科技领域分类目录提供的信息，可以进而将学科归类为五个大类，即自然科学、技术科学（工业交通类、农业类、医药类）、社会科学、经济科学，环境科学。根据科学与规律对应关系，由此可确定五类科学对应五类规律的基本架构。值得指出，这里归纳的五类规律与水污染控制三过程中五要素是彼此吻合的。

根据唯物主义哲学原理，人类行为不能违背客观规律，既然现有五类客观规律，任何一个都不能违背，都必须遵循，于是五律协同理念便油然而生。

五律协同理念第一个应用案例是江苏水污染治理方案：清污两制、控源导流、尾水三线。从方案构建到方案可行性预判都得到五律协同的指导。

1998年秋在东北师范大学召开的教育部环境科学教指委年会上笔者首度作了五律协同报告。1999年3月2日在《科技日报》发表"制约人类生存发展的第五类规律"。

21世纪初，笔者带领团队先后竞标承担/参与广州、厦门、昆山、常州、南京、徐州、天津等市生态城市规划研究，用五律协同原理为指导不仅完成课题研究，并将成果汇集出版了《环境调控系列丛书》共8部（科学出版社，2008年），将五律协同原理初次应用于人口–环境调控、经济–环境调控、能源–环境调控、土地资源–环境调控、水资源调控、水环境调控、城市环境和农村环境调控，提出一批富有创意的新见解和建议。上述研究成果写进了《环境学》第二版环境调控篇。

2010年《环境学》第二版出版之后，笔者在南京大学开设一门全校选修通识课"五律协同观"，直至 2019 年结束课程教学，历时 10 年。在教学中，笔者进一步开拓了思路，建立起五律观、和谐观、规则观、协同观。

自 2008 年至 2023 年，经过 15 年的再思考，重新整理思路，撰写了本书第十一章，以一体五律、一体五和、一体五则为目，首次系统阐述五律协同原理要点，从此开启了人生第三梦。

人生第三梦想是，五律协同进入国家决策，普及大众，落地中国。

左玉辉

2023 年 11 月于南京

主要参考文献

［1］Li C, McLinden C, Fioletov V, et al. India is overtaking China as the world's largest emitter of anthropogenic sulfur dioxide［J］. Science Reports, 2017, 7（1）, 1–7.

［2］阿诺德·柏林特. 生活在景观中——走向一种环境美学［M］. 陈盼, 译. 长沙: 湖南科学技术出版社, 2006.

［3］陈怀满. 环境土壤学［M］. 北京: 科学出版社, 2005.

［4］陈若愚, 赖发英, 周越. 环境污染对生物的影响及其保护对策［J］. 生物灾害科学, 2012, 35（02）: 226–229.

［5］陈望衡. 环境美学［M］. 武汉: 武汉大学出版社, 2007.

［6］范瑾初, 金兆丰. 水质工程［M］. 北京: 中国建筑工业出版社, 2009.

［7］冯晓娟, 王依云, 刘婷, 等. 生物标志物及其在生态系统研究中的应用［J］. 植物生态学报, 2020, 44（4）: 384–394.

［8］高伟生, 肖德桢, 宇振东, 等. 环境地学［M］. 北京: 中国科学技术出版社, 1992.

［9］郭新彪. 环境健康学基础［M］. 北京: 高等教育出版社, 2011.

［10］侯鹏, 高吉喜, 陈妍, 等. 中国生态保护政策发展历程及其演进特征［J］. 生态学报, 2021, 41（4）: 1656–1667.

［11］华新, 柏益尧, 孙平, 等. 规律规则原理［M］. 北京: 科学出版社, 2010.

［12］蒋展鹏, 杨宏伟. 环境工程学［M］. 3 版. 北京: 高等教育出版社, 2013.

［13］鞠瑞亭. 生物入侵: 人类社会新面临的生态环境危机［J］. 科技视界, 2022, 12（19）: 1–3.

［14］雷英杰. 读懂生物多样性的经济价值［J］. 环境经济, 2021, 308（20）: 18–21.

［15］李天杰, 赵烨, 张科利, 等. 土壤地理学［M］. 3 版. 北京: 高等教育出版社, 2004.

［16］李玉宝, 夏锦梦, 论东东. 土壤重金属污染的 4 种植物修复技术［J］. 科技导报, 2017, 35（11）: 47–51.

［17］梁英, 倪天华, 张毅敏, 等. 环境多样性原理［M］. 北京: 科学出版社, 2010.

［18］林世东, 杜国强, 顾君, 等. 我国生物基及可降解塑料发展研究［J］. 塑料工业, 2021, 49（03）: 10–12, 37.

［19］刘培桐. 环境学概论［M］. 2 版. 北京: 高等教育出版社, 2019.

［20］曲广波, 陆达伟. 我国环境污染与健康基础研究的若干新需求［J］. 中国科学院

院刊，2021，36（5）：614–621.

［21］肖功建.气象灾害及其防御［M］.北京：气象出版社，2001.

［22］罗理恒，张希栋，曹超.中国环境政策40年历史演进及启示［J］.环境保护科学，2022，48（4）：34–38.

［23］吕忠梅，田时雨，王玲玲.《环境保护法》实施现状及其法典化"升级"［J］.中国人口·资源与环境，2023，33（1）：1–14.

［24］钱易，唐孝炎.环境保护与可持续发展［M］.2版.北京：高等教育出版社，2010.

［25］孙平，华新，柏益尧，等.人与环境和谐原理［M］.北京：科学出版社，2010.

［26］王金南，董战峰，蒋洪强，等.中国环境保护战略政策70年历史变迁与改革方向［J］.环境科学研究，2019，32（10）：1636–1644.

［27］王凯雄，徐冬梅，胡勤海.环境化学［M］.2版.北京：化学工业出版社，2018.

［28］吴良镛.人居环境科学导论［M］.北京：中国建筑工业出版社，2018.

［29］于希贤.法天象地：中国古代人居环境与风水［M］.北京：中国电影出版社，2006.

［30］余潇枫.外来有害生物入侵与生物安全共治［J］.人民论坛，2022，742（15）：22–25.

［31］曾维华，程声通.环境灾害学引论［M］.北京：中国环境科学出版社，2000.

［32］张小筠，刘戒骄.新中国70年环境规制政策变迁与取向观察［J］.改革，2019（10）：16–25.

［33］张自杰.环境工程手册水污染防治卷［M］.北京：高等教育出版社，1996.

［34］章非娟.工业废水污染防治［M］.上海：同济大学出版社，2001.

［35］赵烨.环境地学［M］.3版.北京：高等教育出版社，2024.

［36］郑彤.甲基汞诱导人肝细胞线粒体介导的细胞凋亡机制研究［D］.长春：吉林大学，2019.

［37］建筑垃圾资源化产业技术创新战略联盟.中国建筑垃圾资源化产业发展报告（2014年度）［R］.北京：建筑垃圾资源化产业技术创新战略联盟，2014.

［38］中国科学院南京研究所土壤系统分类组.中国土壤系统分类（修订方案）［M］.北京：中国农业科技出版社，1995.

［39］周鸿.人类生态学［M］.北京：高等教育出版社，2001.

［40］周鸿.生态文化与生态文化建设［N］.中国环境报，2007–3–20.

［41］朱炳祥，社会人类学［M］.2版.武汉：武汉大学出版社，2009.

［42］左玉辉，华新，柏益尧，等.环境学原理［M］.科学出版社，2010.

郑重声明

读者意见反馈

为收集对教材的意见建议，进一步完善教材编写并做好服务工作，读者可将对本教材的意见建议通过如下渠道反馈至我社。

咨询电话 　400-810-0598
反馈邮箱 　hepsci@pub.hep.cn
通信地址 　北京市朝阳区惠新东街 4 号富盛大厦 1 座
　　　　　高等教育出版社理科事业部
邮政编码 　100029

防伪查询说明

用户购书后刮开封底防伪涂层，使用手机微信等软件扫描二维码，会跳转至防伪查询网页，获得所购图书详细信息。

防伪客服电话 　（010）58582300

数字课程账号使用说明

一、注册 / 登录

访问 https://abooks.hep.com.cn，点击"注册 / 登录"，在注册页面可以通过邮箱注册或者短信验证码两种方式进行注册。已注册的用户直接输入用户名加密码或者手机号加验证码的方式登录。

二、课程绑定

登录之后，点击页面右上角的个人头像展开子菜单，进入"个人中心"，点击"绑定防伪码"按钮，输入图书封底防伪码（20 位密码，刮开涂层可见），完成课程绑定。

三、访问课程

在"个人中心"→"我的图书"中选择本书，开始学习。